21 世纪高等学校数字媒体专业规划教材

# 数字媒体技术导论(第 2 版)

刘清堂　主编

清华大学出版社
北京

## 内 容 简 介

本书系统全面地介绍了数字媒体技术的概念、原理及其典型的技术方法和系统。本书的特点是既注重系统性和科学性，又注重实用性。本书共分 14 章。其中，第 1 章介绍了数字媒体技术的基本概念；第 2 章简述了数字媒体的技术基础；第 3 章～第 7 章概括性描述了数字媒体如声音、视频、图像、动画、游戏等特性、设计方法和基本操作；第 8 章概述了虚拟现实交互技术；第 9 章详细地说明了数字媒体的 Web 集成与应用；第 10 章～第 13 章梳理了数字媒体的压缩、存储、版权保护和传输技术；第 14 章展望了数字媒体技术的发展趋势。

本书可作为高等学校信息科学和数字媒体相关专业的"数字媒体技术"课程的教材或教学参考书，也可作为需要开发数字媒体相关产品的广大计算机用户的阅读参考书。



**图书在版编目(CIP)数据**

数字媒体技术导论/刘清堂主编. —2 版. —北京：清华大学出版社，2016(2022.6重印)
21 世纪高等学校数字媒体专业规划教材
ISBN 978-7-302-42019-4

Ⅰ. ①数…　Ⅱ. ①刘…　Ⅲ. ①数字技术—多媒体技术　Ⅳ. ①TP37

中国版本图书馆 CIP 数据核字(2015)第 263803 号

**责任编辑**：魏江江　王冰飞
**封面设计**：杨　兮
**责任校对**：梁　毅
**责任印制**：宋　林

**出版发行**：清华大学出版社
**网　　址**：http://www.tup.com.cn，http://www.wqbook.com
**地　　址**：北京清华大学学研大厦 A 座　　**邮　　编**：100084
**社 总 机**：010-83470000　　**邮　　购**：010-83470235
**投稿与读者服务**：010-62776969，c-service@tup.tsinghua.edu.cn
**质量反馈**：010-62772015，zhiliang@tup.tsinghua.edu.cn
**课件下载**：http://www.tup.com.cn，010-83470236

**印 装 者**：三河市少明印务有限公司
**经　　销**：全国新华书店
**开　　本**：185mm×260mm　　**印　张**：23.25　　**字　　数**：575 千字
**版　　次**：2008 年 3 月第 1 版　2016 年 2 月第 2 版　　**印　　次**：2022 年 6 月第 15 次印刷
**印　　数**：64501～69500
**定　　价**：39.50 元

产品编号：039237-01

# 出版说明

数字媒体专业作为一个朝阳专业，其当前和未来快速发展的主要原因是数字媒体产业对人才的需求增长。当前数字媒体产业中发展最快的是影视动画、网络动漫、网络游戏、数字视音频、远程教育资源、数字图书馆、数字博物馆等行业，它们的共同点之一是以数字媒体技术为支撑，为社会提供数字内容产品和服务，这些行业发展所遇到的最大瓶颈就是数字媒体专门人才的短缺。随着数字媒体产业的飞速发展，对数字媒体技术人才的需求将成倍增长，而且这一需求是长远的、不断增长的。

正是基于对国家社会、人才的需求分析和对数字媒体人才的能力结构分析，国内高校掀起了建设数字媒体专业的热潮，以承担为数字媒体产业培养合格人才的重任。教育部在2004年将数字媒体技术专业批准设置在目录外新专业中（专业代码：080628S），其培养目标是“培养德智体美全面发展的、面向当今信息化时代的、从事数字媒体开发与数字传播的专业人才。毕业生将兼具信息传播理论、数字媒体技术和设计管理能力，可在党政机关、新闻媒体、出版、商贸、教育、信息咨询及IT相关等领域，从事数字媒体开发、音视频数字化、网页设计与网站维护、多媒体设计制作、信息服务及数字媒体管理等工作”。

数字媒体专业是个跨学科的学术领域，在教学实践方面需要多学科的综合，需要在理论教学和实践教学模式与方法上进行探索。为了使数字媒体专业能够达到专业培养目标，为社会培养所急需的合格人才，我们和全国各高等院校的专家共同研讨数字媒体专业的教学方法和课程体系，并在进行大量研究工作的基础上，精心挖掘和遴选了一批在教学方面具有潜心研究并取得了富有特色、值得推广的教学成果的作者，把他们多年积累的教学经验编写成教材，为数字媒体专业的课程建设及教学起一个抛砖引玉的示范作用。

本系列教材注重学生的艺术素养的培养，以及理论与实践的相结合。为了保证出版质量，本系列教材中的每本书都经过编委会委员的精心筛选和严格评审，坚持宁缺毋滥的原则，力争把每本书都做成精品。同时，为了能够让更多、更好的教学成果应用于社会和各高等院校，我们热切期望在这方面有经验和成果的教师能够加入到本套丛书的编写队伍中，为数字媒体专业的发展和人才培养做出贡献。

**21世纪高等学校数字媒体专业规划教材**

**联系人：魏江江　weijj@tup.tsinghua.edu.cn**

# 前言

数字媒体技术及内容产业已经成为软件产业乃至整个信息产业中发展最快、最具前景的产业。数字媒体以数字化、网络化、虚拟化和多媒体化为特征，具有丰富的内涵。数字媒体包括文本、图形、图像、声音、动画、视频等数字化内容形式，通过创意设计生成电影、电视、音乐、游戏、广告、数字图书等数字化产品。数字媒体技术可以广泛应用于数字教育、数字旅游、文化创意、非物质遗产保护、数字社区、智慧城市等行业领域。

数字媒体技术涉及数字媒体的获取、创建、存储、检索、管理、转换、编码、分发和发布、播放和交互等各个环节的技术问题，要求建立一个共享、开放的存储基础，以安全可靠的管理策略来整合数字媒体内容，达到内容的个性化及信息的动态发布，为用户提供方便实用的接口。数字媒体技术不仅具有管理和控制系统存储的所有内容的功能，还具有媒体服务、应用系统的接口，如内容索引管理、检索结果匹配、内容资源调度、存储设备调度等重要功能。

数字媒体内容产业主要包含：数字广播产业，如数字电视、数字广播、短信、音乐、新闻及移动多媒体电视服务；数字影音应用产业，如传统的电影、电视、音乐的数字化和新的数字音乐、数字电影、数字 KTV、互动的数字节目等；数字游戏产业，如家用游戏机游戏、计算机游戏、网络游戏、大型游戏机游戏、掌上游戏机游戏等；计算机动画产业，如用于影视、游戏、网络等娱乐方面的应用和用于建筑、工业设计等工商业的应用；数字学习产业，包括网络远程教育、教育软件及各种课程服务等以计算机等终端设备为辅助工具的学习活动；网络服务产业，有线电视、卫星电视、无线广播电视及各种 ICP、ASP、ISP、IDC、MDC 等；数字出版典藏产业，如数字出版、数字图书馆、各类数据库等。

本书共分 14 章。第 1 章～第 8 章首先从数字媒体及技术的特性及概念着手，介绍了数字媒体的属性、获取、设计、制作、操作和交互等技术；第 9 章描述了数字媒体内容的集成与整合技术；第 10 章～第 13 章介绍了数字媒体的编码与压缩、存储与管理、传输和版权保护等技术；第 14 章研讨了数字媒体产业发展现状，并展望了媒体技术发展趋势。

编写人员中，陈迪、徐菊红负责第 2 章～第 5 章的编写和修订；王忠华负责第 6 章、第 11 章和第 13 章的编写与修订；刘清堂负责第 1 章、第 7 章、第 9 章、第 10 章和第 12 章的编写和修订；王志锋负责新增的第 8 章的编写，并修订了第 14 章内容。部分研究生参与了相关章节内容的编写和修订，他们是白新国、徐宁、毛刚、张思、范桂林、黄景修、胥晓欢、王淑娟、徐泽兰、付蕾、杨琛、孔维梁、余艳、周永强、彭浩、王建波和汪伟男等。

本书的撰写得到了清华大学出版社编辑们的大力支持，在此表示感谢！

由于时间仓促，本书必定存在不当之处，敬请广大读者批评指正！

编　者

2015 年 10 月修订于武汉桂子山

# 目录

# 第1章　数字媒体技术概论

互联网、数字广播、数字电视等多种媒体改变了人们交流、生活和工作方式。媒体包括信息和信息载体两个基本要素。数字媒体采用二进制表示媒体信息。数字媒体具有数字化、交互性、趣味性、集成性和艺术性等特性。数字媒体技术包括内容制作、音视频内容搜索、数字版权保护、人机交互与终端技术、数字媒体资源管理与服务和数字媒体交易等，涉及数字媒体表示与操作，媒体压缩、存储、管理和传输等若干环节。本章介绍媒体、数字媒体以及数字媒体技术相关内容，其相互关系如下：

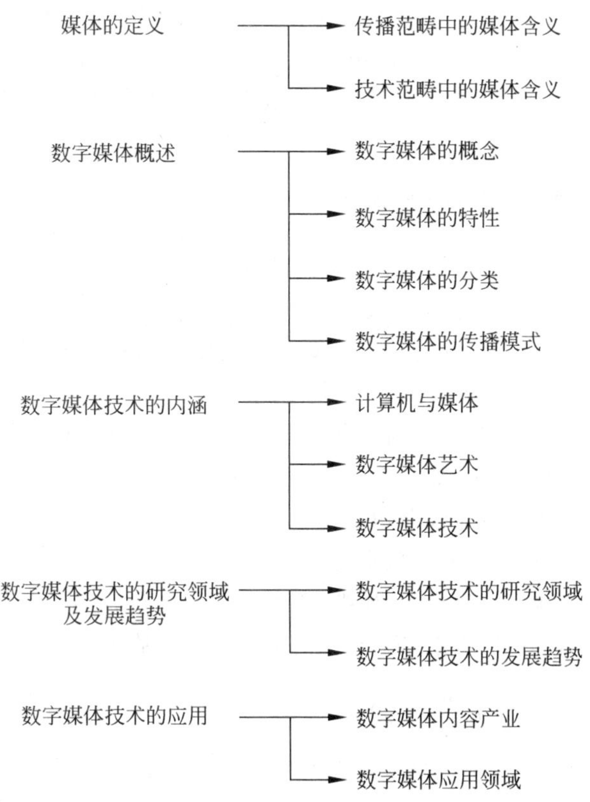


本章概述媒体、数字媒体的特性及内涵，并介绍数字媒体技术研究及应用开发领域，主要分为以下五个部分。

(1) 媒体的概念及特性。阐述媒体的定义及内涵、媒体包含的技术成分。

(2) 数字媒体概述。主要从数字媒体的定义、特性、分类和传播模式角度进行阐述。

(3) 数字媒体技术的内涵。主要从数字媒体艺术、数字媒体技术角度进行阐述。

(4) 数字媒体技术的研究领域。探讨数字媒体的研究领域与发展趋势。

(5) 数字媒体技术的应用。首先分析了数字媒体内容产业，然后从数字媒体的应用开发领域进行了探讨。

通过本章内容的学习，学习者应能达到以下学习目标：

(1) 了解媒体的概念、特性及分类。

(2) 掌握数字媒体的定义、传播模式及其特性。

(3) 了解数字媒体技术的研究及应用开发领域。

## 1.1 媒体的定义

随着计算机技术、通信技术的发展，人类获得信息的途径越来越多，获得信息的形式越来越丰富，信息的获得也越来越方便、快捷。人们对媒体这个名词越来越熟悉。媒体，有时也被称为媒介或媒质。

媒体包括多种含义。在《现代汉语词典》(1998 年修订本，商务印书馆)中对媒体的解释是“媒体是指交流、传播信息的工具，如报刊、广播、广告等”。在《现代英汉词典》中对媒体的解释是“媒体是数据记录的载体，包括磁带、光盘、软盘等”。这两种解释说明媒体是一种工具，包括信息和信息载体两个基本要素。一张光盘不能称为媒体，只有记录了信息，并可进行信息传播时才称为媒体。

### 1.1.1 传播范畴中的媒体含义

媒体的英文单词是 Medium，源于拉丁文的 Medius，其含义是中介、中间的意思，常用复数形式 Media。同时，媒体又是信息交流和传播的载体。“现代大众传播学之父”施拉姆(Wilbur Schramm)认为“媒介就是插入传播过程之中，用以扩大并延伸信息传送的工具。”英国南安普顿大学的媒介教育学家 A. 哈特(Andrew Hart)把媒介分为三类：示现的媒介系统、再现的媒介系统、机器媒介系统。传播学研究领域最有影响的媒介研究学者、加拿大多伦多大学教授麦克卢汉认为“媒介就是信息”。媒体包括以下两层含义。

(1) 传递信息的载体，称为媒介，是由人类发明创造的记录和表述信息的抽象载体，也称为逻辑载体，如文字、符号、图形、编码等。

(2) 存储信息的实体，称为媒质，如纸、磁盘、光盘、磁带、半导体存储器等。载体包括实物载体，或由人类发明创造的承载信息的实体，也称为物理媒体。

### 1.1.2 技术范畴中的媒体含义

《自然辩证法百科全书》中把技术定义为“人类为了满足社会需要依靠自然规律和自然界的物质、能量和信息来创造、控制、应用和改进人工自然系统的手段和方法”。这个定义也充分反应出了技术实际上包括有形的物质和无形的精神活动及方法。也就是说技术的本质应该既包括客观要素，又包括主观要素。

国际电信联盟(International Telecommunication Union，ITU)从技术的角度定义媒介(Medium)为感觉、表示、显示、存储和传输。这一定义对全面、系统地理解传播范畴的媒介，尤其是互联网、广播电视等电子媒介的概念具有极大的指导意义。

按照国际电信联盟(CCITT)分类，将媒体划分为以下 5 类。

(1) 感觉媒体(Perception Medium)：是指能够直接作用于人的感觉器官，使人产生直接感觉(视、听、嗅、味、触觉)的媒体，如语言、音乐、各种图像、图形、动画、文本等。

(2) 表示媒体(Presentation Medium)：是指为了传送感觉媒体而人为研究出来的媒体，借助这一媒体可以更加有效地存储感觉媒体，或者是将感觉媒体从一个地方传送到远处另外一个地方的媒体，如语言编码、电报码、条形码、语言编码、静止和活动图像编码以及文本编码等。

(3) 显示媒体(Display Medium)：用于通信中，是指使电信号和感觉媒体间产生转换用的媒体。显示媒体又分为两类，一类是输入显示媒体，如话筒，摄像机、光笔及键盘等，另一种为输出显示媒体，如扬声器、显示器及打印机等。

(4) 存储媒体(Storage Medium)：用于存储表示媒体，也即存放感觉媒体数字化后的代码的媒体称为存储媒体，如磁盘、光盘、磁带、纸张等。简而言之，是指用于存放某种媒体的载体。

(5) 传输媒体(Transmission Medium)：是指传输信号的物理载体，如同轴电缆、光纤、双绞线及电磁波等。

## 1.2 数字媒体概述

### 1.2.1 数字媒体的概念

在人类社会中，信息的表现形式是多种多样的。用计算机记录和传播信息的一个重要特征是：信息的最小单元是比特(bit)。任何信息在计算机中存储和传播时都可分解为一系列“0”或“1”的排列组合。把通过计算机存储、处理和传播的信息媒体称为数字媒体(Digital Media)。

与数字媒体相近的概念有许多。从内容的角度看，包括欧盟的 e-Content、韩国的数码内容；从媒体的角度看，有多媒体(Multimedia)、新媒体(New Media)或者网络媒体(Network Media)等；从数字媒体产业看，有爱尔兰的内容产业(Content Industry)和英国的创意产业(Creative Industry)等。

数字媒体包括两个组成部分：

(1) 信息，内容采用二进制表示；

(2) 媒介，能存储、传播二进制信息。一种被数字化的信息通过一种媒介传播就构成数字媒体的内涵。数字媒体在媒体的分类中代表了一种信息内容表现形式上的变化，任何直接的信息必须能被数字化，即能用 0、1 表示。那么不同的信息表现形式也决定了信息存储和传播的方式不同。

我国的“数字媒体”概念来源于国家 863 计划，比较科学地反映了相应的技术及产业内涵。数字媒体是数字化的内容作品以现代网络为主要传播载体，通过完善的服务体系，分发到终端和用户进行消费的全过程。这一定义强调了网络为数字媒体的传播方式，而光盘等媒介则被排除在数字媒体范畴之外。据称，这样定义是因为网络传播是数字媒体传播过程中最显著和最关键的特征，也是将来必然的趋势，而光盘等方式本质上仍然是传统的传播渠道。数字媒体具有数字化特征和媒体特征。有别于传统媒体，数字媒体不仅在于内容的数字化，更在于其传播手段的不同。

数字媒体是指最终以二进制数的形式记录、处理、传播、获取的信息媒体。这些媒体包括数字化的文字、图形、图像、声音、视频影像和动画及其编码等逻辑媒体和存储、传输、显示逻辑媒体的物理媒体。一般意义上的数字媒体常指逻辑媒体。

### 1.2.2 数字媒体的特性

数字媒体使人们以原来不可能的方式交流、生活、工作，如用于零售业的市场推广、一对一销售；医药行业的诊断图像管理；政府机构的视频监督管理；教育行业的多媒体远程教学；电信行业中无线内容的分发；金融行业的客户服务等。根据香农的信息传递模型，数字媒体技术是实现数字媒体的表示、记录、处理、存储、传输、显示、管理等各个环节的硬件和软件技术。数字媒体技术具有数字化、交互性、趣味性、集成性和艺术性等特性。

**1. 数字化**

人们过去熟悉的媒体几乎都是以模拟的方式存储和传播内容的，而数字媒体却是以比特的形式通过计算机进行存储、处理和传播。

比特只是一种存在的状态：开或关、真或假、高或低、黑或白，总之简记为 0 或 1。比特易于复制，可以快速传播和重复使用，不同媒体之间可以相互混合。比特可以用来表现文字、图像、动画、影视、语音及音乐等信息。

**2. 交互性**

交互性能的实现，在模拟传输中是相当困难的，而在数字传输中却容易得多。计算机的“人机交互作用”是数字媒体的一个显著特点。数字媒体就是以网络或者信息终端为介质的互动传播媒介。

**3. 趣味性**

互联网、IPTV、数字游戏、数字电视、移动流媒体等为人们提供了宽广的娱乐空间，媒体的趣味性真正体现出来。如观众可以参与电视互动节目，观看体育赛事的时候可以选择多个视角，从浩瀚的数字内容库里搜索并观看电影和电视节目，分享图片和家庭录像，浏览高品质的内容。

**4. 集成性**

数字媒体技术是结合文字、图形、影像、声音、动画等各种媒体的一种应用，并且是建立在数字化处理基础上的。它不同于一般传统媒体，是一个利用计算机技术的应用来整合各种媒体的系统。媒体依其属性的不同可分成文字、音频及视频。文字可分为文字及数字，音频(Audio)可分为音乐及语音，视频(Video)可分为静止图像、动画及影片等。它们包含的技术非常广，大致有计算机技术、超文本技术、光盘储存技术及影像绘图技术等。计算机多媒体的应用领域也比传统多媒体更加广阔，如 CAI、有声图书、商情咨询等。

**5. 艺术性**

信息技术与人文艺术、左脑与右脑之间都有着明显差异，但数字媒体传播却可以在这些领域之间架起桥梁。计算机的发展与普及已经使信息技术离开了纯粹技术的需要，数字媒体传播需要信息技术与人文艺术的融合。例如，在开发多媒体产品时，技术专家要负责技术规划，艺术家/设计师要负责所有可视内容，清楚观众的欣赏要求。

### 1.2.3 数字媒体的分类

数字媒体的分类形式多样，人们从不同的角度对数字媒体进行不同种类的划分。

从实体角度看，数字媒体包括数字图片（也称数码图片）、数字文字（如 Word 文件）、数字声音（也称数字音频）、数字图像（也称数字视频，包含数字动画）；从载体角度看，数字媒体包括数字书报刊、数字广播、数字电视、数字电影、计算机及网络；从传播要素看，数字媒体包括数字媒体内容、数字存储媒体、数字媒体内容、数字媒体机构、数字传输媒体、数字接收媒体，一般将数字存储媒体、数字传输媒体、数字接收媒体统称为数字媒介，数字媒体机构称为数字传媒，数字媒体内容称为数字信息。

若是从数字媒体定义的角度来看，则可以从以下三个维度划分。

(1) 按时间属性划分，数字媒体可分成静止媒体(Still Media)和连续媒体(Continues Media)。静止媒体是指内容不会随着时间而变化的数字媒体，如文本和图片；而连续媒体是指内容随着时间而变化的数字媒体，如音频、视频、虚拟图像等。

(2) 按来源属性划分，则可分成自然媒体(Natural Media)和合成媒体(Synthetic Media)。其中自然媒体是指客观世界存在的景物、声音等，经过专门的设备进行数字化和编码处理之后得到的数字媒体，如数码相机拍的照片、数码摄像机拍的影像等。合成媒体则是指以计算机为工具，采用特定符号、语言或算法表示的，由计算机生成（合成）的文本、音乐、语音、图像和动画等，如用 3D 制作软件制作出来的动画角色。

(3) 按组成元素划分，则又可分成单一媒体(Single Media)和多媒体(Multi Media)。顾名思义，单一媒体就是指单一信息载体组成的载体；而多媒体则是指多种信息载体的表现形式和传递方式。简单来讲，“数字媒体”一般就是指“多媒体”，是由数字技术支持的信息传输载体，其表现形式更复杂、更具视觉冲击力、更具有互动特性。

### 1.2.4 数字媒体的传播模式

信息技术的革命和发展不断改变着人们的学习方式、工作方式和娱乐方式。由比特组成的数字媒体通过计算机和网络进行信息传播，将改变传统大众传播中传播者和受众的关系以及信息的组成、结构、传播过程、方式和效果。

数字媒体传播模式主要包括大众传播模式、媒体信息传播模式、数字媒体传播模式、超媒体传播模式等。

**1. 大众传播模式**

传统的大众传播媒体，是一对多的传播过程，由一个媒介出发达到大量的受众，如图 1-1 所示。无论何种媒体信息，如文本、图像或声音、视频，通过编码后都转换成比特。

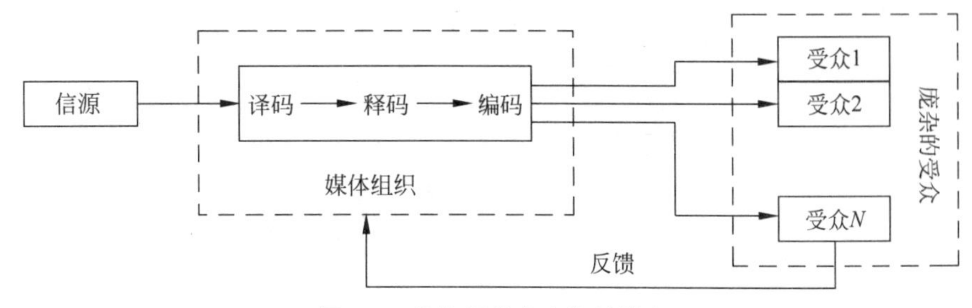


图 1-1　施拉姆的大众传播模式

实际的音频和视频信息都是连续变化的模拟信息。编码的过程实际上是根据一定的协议或格式把这种模拟信息转换成比特流的过程。8 个比特组成一个字节，也称一个码字。译码是编码的逆过程，它是根据相同的协议把比特流转换成媒体信息，同时去掉比特流在传播过程中混入噪声的过程。比特流实际上包括信息码和控制码两部分。从传播学的角度分析，编码是把信息转换成可供传播的符号或代码；译码就是指从传播符号中提取信息。

**2. 媒体信息传播模式**

1949 年，信息论创始人、贝尔实验室的数学家香农与韦弗一起提出了传播的数学模式，如图 1-2 所示。一个完整的信息传播过程应包括信息来源(Source)、编码器(Encoder)、信息(Message)、通道(Channel)、解码器(Decoder)、接收器(Receiver)。其中，“通道”就是香农对媒介的定义，技术上定义为铜线、同轴电缆等。

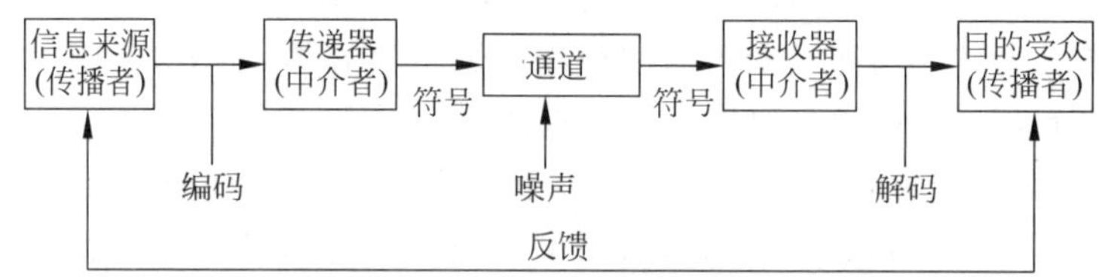


图 1-2 香农-韦弗的传播过程模式

**3. 数字媒体传播模式**

数字媒体系统完全遵循信息论的通信模式。从通信技术上看，它主要由计算机和网络构成，如图 1-3 所示。它在传播应用方面比传统的大众传播更有独特的优势。在数字媒体传播模式中，信源和信宿都是计算机。因此，信源和信宿的位置是可以随时互换的。这与传统的大众传播如报纸、广播电视等相比，发生了深刻的变化。

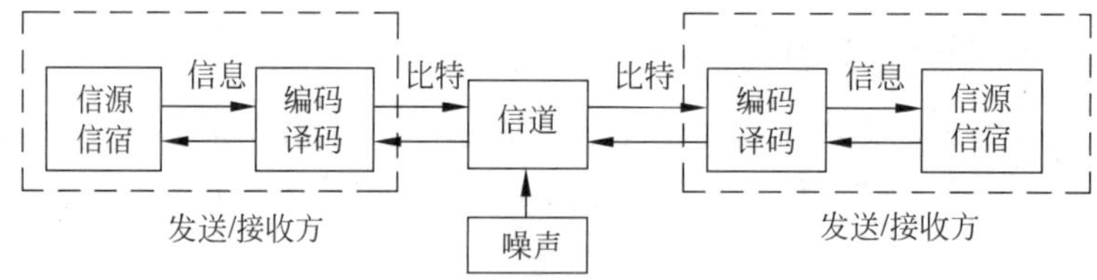


图 1-3 数字媒体传播模式

数字媒体传播的理想信道是具有足够带宽的、可以传输比特流的高速网络信道。网络可能由电话线、光缆或卫星通信构成。图 1-3 描述的是两点之间的传播过程，实际上数字媒体可以是多点之间的传播，如图 1-4 所示。

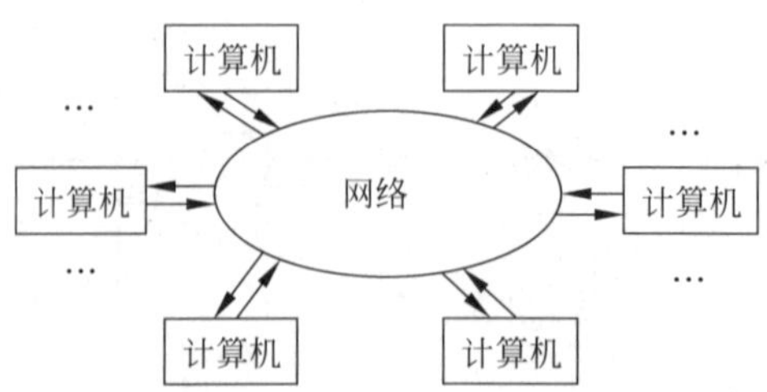


图 1-4 网络上的多点传播模式

**4. 超媒体传播模式**

范德比尔大学的两位工商管理教授霍夫曼与纳瓦克(Donna L. Hoffman and Thomas P. Novak)提出了超媒体的概念。霍夫曼认为以计算机为媒介的超媒体传播方式延伸成多人的互动沟通模式；传播者 F(Firm)与消费者 C(Consumer)之间的信息传递是双向互动的、非线性的、多途径的过程，如图 1-5 所示。

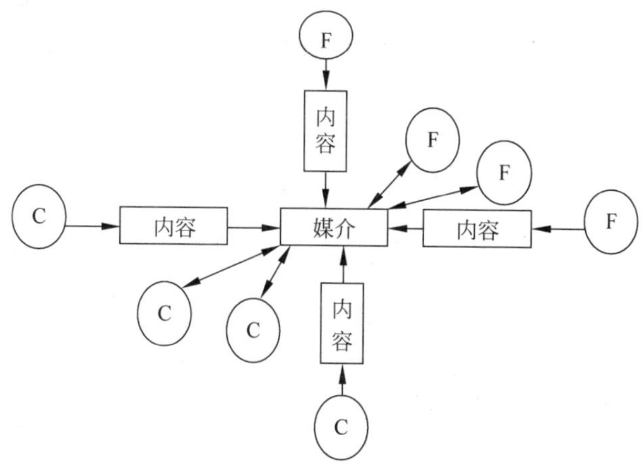


图 1-5　超媒体传播模式

超媒体整合全球互联网环境平台的电子媒体，包括存取该网络所需的各项软硬件。此媒体可达到个人或企业二者彼此以互动方式存取媒体内容，并透过媒体进行沟通。

超媒体传播理论是学者们第一次从传播学的角度研究互联网等新型媒介，得到了国际网络传播学研究者的重视。

# 1.3　数字媒体技术的内涵

## 1.3.1　计算机与媒体

传统的媒体主要包括广播、电视、报纸、杂志等，随着科学技术的发展，基于传统媒体的基础之上，逐渐衍生出新的媒体，如 IPTV、电子杂志等。计算机也逐渐成为信息社会的核心技术，基于计算机的多媒体技术得到人们越来越多的关注。

多媒体，一般来说被理解为多种媒体的综合，但并不是各种媒体的简单叠加，而是代表着数字控制和数字媒体的汇合。多媒体技术是一种把文本、图形、图像、动画和声音等多种信息类型综合在一起，并通过计算机进行综合处理和控制，能支持完成一系列交互式操作的信息技术，主要具备以下 4 个特点。

(1) 多样性。主要体现在信息采集或生成、传输、存储、处理和显现的过程中，要涉及多种感知媒体、表示媒体、传输媒体、存储媒体和呈现媒体，或者多个信源或者信宿的交互作用。

(2) 交互性。真正意义上的多媒体应该是具有与用户之间的交互作用，即可以做到人机对话，用户可以对信息进行选择和控制。

(3) 实时性。在多媒体系统中多种媒体之间无论在时间上还是空间上都存在着紧密的联系，是具有同步性和协调性的群体。

（4）集成性。多媒体技术是多种媒体的有机集成，集文字、图像、音频、视频等多种媒体于一体。



## 1.3.2 数字媒体艺术

数字媒体艺术是随着20世纪末数字技术与艺术设计相结合的趋势而形成的一个新的交叉学科和艺术创新领域，一般是指以“数字”作为媒介素材，通过运用数字技术来进行创作的，具有一定独立审美价值的艺术形式或艺术过程，是一种在创作、承载、传播、鉴赏与批评等艺术行为方式上推陈出新，颠覆传统艺术的创作手段、承载媒介和传播途径，进而在艺术审美的感觉、体验和思维等方面产生深刻变革的新型艺术形态。数字媒体艺术是一种真正的技术类艺术，是建立在技术的基础上并以技术为核心的新艺术，以具有交互性和使用网络媒体为基本特征。

数字媒体艺术不仅融合了多种学科元素，而且技术与艺术的融合，使得技术与艺术间边界逐渐消失，在数字艺术作品中技术的成分变得越来越重要，其现阶段特征表现如下。

**1. 数字化的创作和表达方式**

数字媒体艺术的创作工具或展示手段都离不开计算机技术。计算机软件是数字媒体艺术的创作工具，计算机硬件和投影设备是数字媒体艺术的展示手段。

**2. 多感官的信息传播途径**

数字媒体艺术的多感官传播途径不是机械地掺和人体感受，而是在融合中保留了各个感官的差异性，并力图实现多种感受的同一性和多元化的审美原则。

**3. 数字媒体艺术的交互性和偶发性**

数字媒体艺术因其交互特征具有偶发性，这种不确定的方式不仅改变了以往静态作品一成不变的局面，增强了艺术的多样性，而且对界面两边的交流与沟通给予了更多的关注。互动特征给予观众更多的自由和权力，也给他们带来切身的艺术体验和情感的满足。

**4. 数字媒体艺术的沉浸特征和超越时空性**

沉浸感是与交互性同等地位的数字媒体艺术特征，它使人们欣赏数字媒体艺术时不受时间和空间的限制。在数字媒体艺术中，可以用虚拟的内容替代实像，依然能够使人们有真实的感受。数字化的虚拟现实技术拓宽了艺术家的视野，使艺术的创作范围更为广泛，甚至可以超越时间或空间的限制进行创作。

**5. 新媒体艺术的创作走向平民化**

传统的艺术家需要有扎实的艺术功底和与众不同的创作风格，但是，新媒体艺术的产生使艺术创作日益走向平民化。以摄影艺术为例，传统暗房技术的掌握需要经过长期训练并要求对光的运用有很好的把握，修片工作需要艺术家对前期拍摄的底片进行二次创作，这是一种具有独创性的创作方式。但随着数码摄影技术的成熟，以及数码相机和数字暗房技术的普及，摄影艺术开始在大众范围内广泛传播。Photoshop软件通过其预置模式，能够轻松实现传统暗房的效果，摄影艺术变得不再神秘。数字媒体艺术成为大众化的艺术形式使得非专业人士也可以参与艺术创作，艺术不再是少数人的舞台。

**6. 技术的重要性凸显**

所谓“技艺”，技术和艺术向来是分不开的。艺术的实现往往需要技术作为支撑，但是在传统艺术强大的感染力下，技术成了不被重视的一部分。而随着科学的发展以及数字媒体艺术的诞生，两者的关系开始变得愈发密切。因此，艺术对技术的依赖性变得愈发明显，技术成为完成一件艺术作品必不可少的部分。

### 1.3.3 数字媒体技术

数字媒体技术是一项应用广泛的综合技术，主要研究图、文、声、像等数字媒体的捕获、加工、存储、传递、再现及其相关技术。基于信息可视化理论的可视媒体技术还是许多重大应用需求的关键，如在军事模拟仿真与决策等形式的数字媒体(技术)产业中有强大需求。

数字媒体涉及的技术范围很广，技术很新、研究内容很深，是多种学科和多种技术交叉的领域。主要技术范畴包括以下几个方面。

(1) 数字媒体表示与操作，包括数字声音及处理、数字图像及处理、数字视频及处理、数字动画技术等。

(2) 数字媒体压缩，包括通用压缩编码、专门压缩编码(声音、图像、视频)技术等。

(3) 数字媒体存储与管理，包括光盘存储(CD 技术、DVD 技术等)、媒体数据管理、数字媒体版权保护等。

(4) 数字媒体传输，包括流媒体技术、P2P 技术等。

## 1.4 数字媒体技术的研究领域及发展趋势

### 1.4.1 数字媒体技术的研究领域

数字媒体包括用数字化技术生成、制作、管理、传播、运营和消费的文化内容产品及服务，具有高增值、强辐射、低消耗、广就业、软渗透的属性。“文化为体，科技为酶”是数字媒体的精髓。由于数字媒体产业的发展在某种程度上体现了一个国家在信息服务、传统产业升级换代及前沿信息技术研究和集成创新方面的实力和产业水平，因此数字媒体在世界各地得到了政府的高度重视，各主要国家和地区纷纷制定了支持数字媒体发展的相关政策和发展规划。美、日等国都把大力推进数字媒体技术和产业作为经济持续发展的重要战略。

数字媒体设计是随着计算机的发展和应用而产生的一种新的交叉型设计领域，它综合应用许多领域的知识，如软件设计、界面设计、书籍装帧设计等。它把传统的编辑手法与平面设计、界面设计、信息设计以及软件设计技巧结合起来，构成基于计算机和网络的信息传达系统。数字媒体设计包括网络媒体设计、光盘媒体设计、程序软件与媒体软件设计等。

数字媒体技术的研究领域，其主要的研究方向包括以下几个方面。

(1) 数字声音处理，包括音频及其传统技术(记录、编辑技术)、音频的数字化技术(采样、量化、编码)、数字音频的编辑技术、话音编码技术(如 PCM、DA、ADM)。数字音频技术可应用于个人娱乐、专业制作、数字广播等。

(2) 数字图像处理，包括数字图像的计算机表示方法(位图、矢量图等)、数字图像的获取技术、图像的编辑与创意设计。常用的图像处理软件有 Photoshop 等。数字图像处理技术可应用于家庭娱乐、数字排版、工业设计、企业徽标设计、漫画创作、动画原形设计、数字绘画创作。

(3) 数字视频处理，包括数字视频及其基本编辑技术、后期特效处理技术。常用的视频处理软件有 Premiere 等。数字视频处理技术可应用于个人、家庭影像记录、电视节目制作、网络新闻。

(4) 数字动画设计，包括动画的基本原理、动画设计基础(包括构思、剧本、情节链图片、模板与角色、背景、配乐)、数字二维动画技术、数字三维动画技术、数字动画的设计与创意。常用的动画设计软件有 3ds Max、Flash 等。数字动画可应用于少儿电视节目制作、动画电影制作、电视节目后期特效包装、建筑和装潢设计、工业计算机辅助设计、教学课件制作等。

(5) 数字游戏设计，包括游戏设计相关软件技术(Directx、OpenGL、Director 等)、游戏设计与创意。

(6) 数字媒体压缩，包括数字媒体压缩技术及分类、通用的数据压缩技术(行程编码、字典编码、熵编码等)、数字媒体压缩标准，如用于声音的 MP3、MP4、用于图像的 JPEG、用于运动图像的 MPEG。

(7) 数字媒体存储，包括内存储器、外存储器、光盘存储器等。

(8) 数字媒体管理与保护，包括数字媒体的数据管理、媒体存储模型及应用、数字媒体版权保护概念及框架、数字版权保护技术，如加密技术、数字水印技术、权利描述语言等。

(9) 数字媒体传输技术，包括流媒体传输技术、P2P 技术、IPTV 技术等。

### 1.4.2 数字媒体技术的发展趋势

数字媒体产业链漫长，数字媒体所涉及的技术包罗万象。"十一五"期间，在国家科技部高新司的指导下，国家 863 计划软硬件技术主题专家组组织相关力量，深入研究了数字媒体技术和产业化发展的概念、内涵、体系架构，广泛调研了数字媒体国内外技术产业发展现状与趋势，仔细分析了我国数字媒体技术产业化发展的瓶颈问题，提出了我国数字媒体技术"十一五"发展的战略、目标和方向，并将数字媒体产业划分为媒体内容制作、媒体内容存储、媒体内容传播、媒体内容利用(消费)、数字媒体技术支撑 5 个主要环节，并确定了包括六大类重点发展方向、AVS 的编码标准、内容制作的国家标准、数字版权的控制与保护、内容的消费体验等措施在内的数字媒体发展战略，以形成具有自主知识产权的数字媒体产业体系，如图 1-6 所示。我国"十二五"、"十三五"期间高度重视互联网的重要作用，提出了新的发展战略和发展目标，数字媒体产业发展成为其中重要内容。

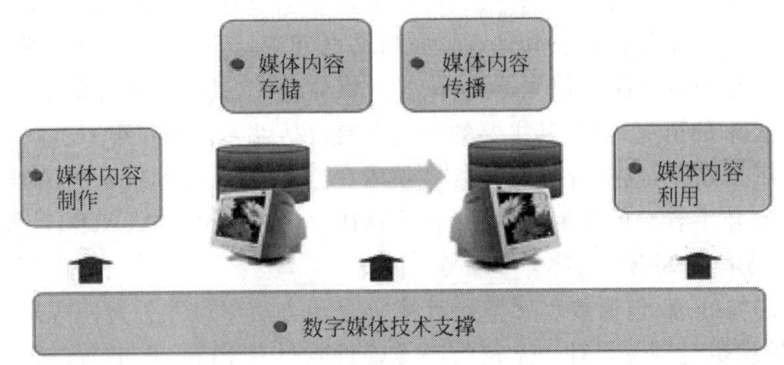


图 1-6 数字媒体产业体系

数字媒体内容产业将内容制作技术及平台、音视频内容搜索技术、数字版权保护技术、数字媒体人机交互与终端技术、数字媒体资源管理平台与服务、数字媒体产品交易平台与服务6个方向定义为发展重点。其中,前4个属于技术与平台类,后两个属于技术与服务类。

(1) 内容制作技术及平台:应以高质量和高效率制作为导向,研究开发国际先进的数字媒体内容制作软件或功能插件。

(2) 音视频内容搜索技术:海量数字内容检索技术使数字内容能够得到有效的制作、管理与充分的利用。

(3) 数字版权保护技术:为了保障数字媒体产业的持续、健康发展,必须采取一套有效的数字版权保护机制。这是数字媒体服务产业发展的核心问题之一。

(4) 数字媒体人机交互与终端技术:如何将数字媒体用最好的体验手段展现给用户,是数字媒体产业最后能否得到市场接受的重要环节。

(5) 数字媒体资源管理平台与服务:对纷繁复杂的海量数字内容素材、音视频作品及最终产品,需要建立基于内容描述的资源集成、存储、管理、数字保护、高效的多媒体内容检索与信息复用机制等服务。

(6) 数字媒体产品交易平台与服务:在统一的数字媒体运营与监管标准与规范制约下,通过贯穿数字媒体产品制作、传播与消费全过程的版权受控形成自主创新的数字媒体交易与服务体系。

# 1.5 数字媒体技术的应用

## 1.5.1 数字媒体内容产业

随着计算机技术、网络技术和数字通信技术的飞速发展,信息数据的容量猛增,传统的广播、电视、电影技术正快速地向数字化方向发展,数字音频、数字视频、数字电影与日益普及的计算机动画、虚拟现实等构成了新一代的数字传播媒体——数字媒体。

互联网和数字技术的快速发展正在颠覆传统媒体,使得人们获取信息、浏览信息,以及对信息反馈的方式都在发生相当大的变化,如图1-7所示。数字媒体新趋势将在未来几年内成为不容忽视的重大经济驱动力,目前主要呈现出几大发展趋势。数字媒体产业价值链的延伸,是在3C(Computer、Communication、Consumptive Electronics,计算机、通信、消费电子)融合基础上,传媒业、通信业和广电业相互渗透所形成的新的产业形态,如图1-8所示。

**1. 内容创建**

内容创建是数字媒体价值链过程中的第一个阶段。数字媒体对象的创建有多种手段,可以从非数字化的媒体对象中采集,如利用视频采集卡、音频采集卡、扫描仪等设备可将电视信号、声音、图片等采集为数字媒体;可以从已有的数字媒体对象中截取,如应用视频编辑软件可以截取数字视频中的某些片段或数字声音中的某一部分;可以从某些数字媒体对象中分离,如将数字视频分解为静态的图片或单独的数字声音等。创建阶段的产品的存在形式一般是在存储介质中的各种格式的媒体文件。

**2. 内容管理**

在数字媒体价值链中,数字媒体的内容管理是非常重要的一个阶段,包括存储管理、查

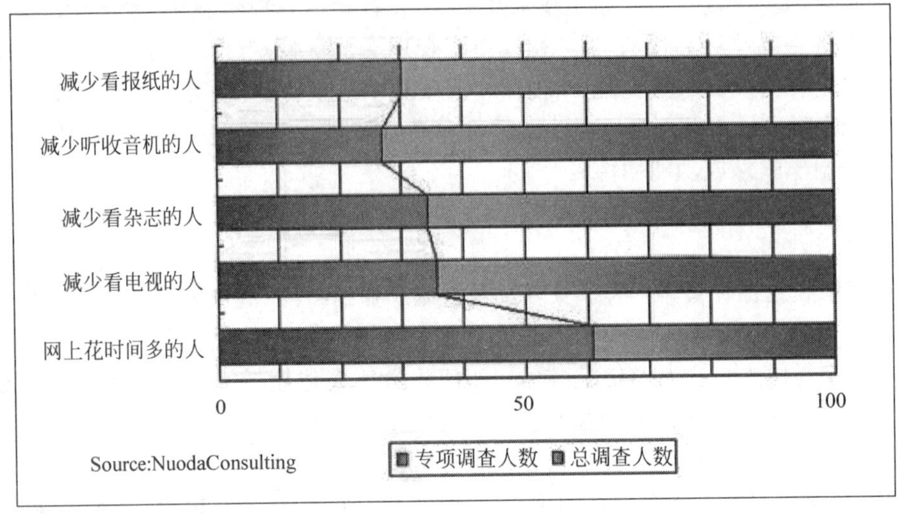


图 1-7 网络使用者媒体消费行为调查结果

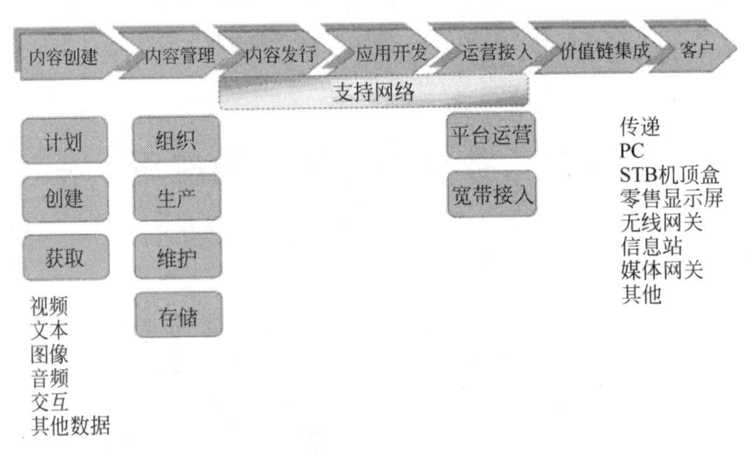


图 1-8 数字媒体产业价值链

询管理、目录、索引等，在这个阶段，数字媒体携带的信息需要被格式化地表示出来，它的使用也将在管理阶段被规范。目前对数字媒体的管理大都是各个应用程序中根据应用的需要单独设计、单独完成的。

**3. 内容发行**

信息发布环节的主要作用是将信息送到用户端。例如，对数字媒体对象的买卖交易、在线销售等。和管理阶段一样，目前对数字媒体的发布也是每个应用程序单独设计、单独完成。

**4. 应用开发**

应用开发是将内容展现给用户的应用，包括音乐点播服务、视频点播服务、游戏服务等。将制作出来的数字媒体内容，经过一定的资源整合和优化配置，形成新的应用提供能力。并与数字媒体的运营平台合作，共同向客户提供服务。

**5. 运营接入**

运营接入是将数字媒体应用提供和传播给客户的运营平台和传输通道。采用一系列先进的网络技术手段，实施内容产品管理、带宽管理、网络使用的授权管理、安全认证服务等。

**6. 价值链集成**

价值链集成是指面向客户销售和交易数字媒体时，存在着最后对价值链的集成环节，以提供给最终客户更高性价比、内涵丰富的各种服务集成产品，为整个价值链创造更多价值。价值链的集成包括商务集成和技术集成。

**7. 媒体应用**

客户利用各种接收装置来获取数字媒体的内容，如PC、STB机顶盒、零售显示屏、无线网关、信息站、媒体网关等。数字媒体的最终使用者既是价值链的起点、价值链的归宿，也是价值链的源泉。

## 1.5.2 数字媒体应用领域

数字媒体有着广泛的应用和开发领域，包括教育培训、电子商务、信息发布、游戏娱乐、电子出版、创意设计等。

在教育培训方面，可以开发远程教育系统、网络多媒体资源、制作数字电视节目等。数字媒体因能够实现图文并茂、人机交互、反馈，从而能有效地激发受众的学习兴趣。用户可以根据自己的特点和需要来有针对性地选择学习内容，主动参与。以互联网为基础的远程教学，极大地冲击着传统的教育模式，把集中式教育发展成为使用计算机的分布式教学。学生可以不受地域限制，接受远程教师的多媒体交互指导。因此，教学突破了时空的限制，并且能够及时交流信息，共享资源。

在电子商务领域，开发网上电子商城，实现网上交易。网络为商家提供了推销自己的机会。通过网络电子广告、电子商务网站，能将商品信息迅速传递给顾客，顾客可以订购自己喜爱的商品。目前，国际上比较流行的电子商务网站有网上拍卖电子湾 eBay、亚马逊 Amazon，国内的电子商务网站有卓越网、阿里巴巴、淘宝网等。

在信息发布方面，组织机构或个人都可以成为信息发布的主体。各公司、企业、学校及政府部门都可以建立自己的信息网站，通过媒体资料展示自我和提供信息。超文本链接使大范围发布信息成为可能。讨论区、BBS 可以让任何人发布信息，实时交流。如清华大学的 BBS 水木清华站拥有广泛的国内外用户。另外，博客、播客等形式提供了展示自我和发布个人信息的舞台。

在个人娱乐方面，开发娱乐网站，利用 IPTV、数字游戏、影视点播、移动流媒体等为人们提供娱乐。随着数据压缩技术的改进，数字电影从低质量的 VCD 上升为高质量的 DVD。通过数字电视，不仅可以看电视、录像，实现视频点播，而且微机、互联网、联网电话、电子邮箱、计算机游戏、家居购物和理财都可以使用。另外，数码相机、数码摄像机及 DVD 光碟的发展，也推动了数字电视的发展。计算机游戏已成为流行的娱乐方式，特别是网络在线游戏因其新颖、开放、交互性好和娱乐性强等特点，受到越来越多人的青睐。

在电子出版方面，开发多媒体教材，出版网上电子杂志、电子书籍等。实现编辑、制作、处理输出数字化，通过网上书店，实现发行的数字化。电子出版是数字媒体和信息高速公路应用的产物。我国新闻出版署对电子出版物曾有以下界定："电子出版物系指以数字代码方式将图、文、声、像等信息存储在磁、光、电介质上，通过计算机或类似设备阅读使用，并可复制发行的大众传播媒体。"目前，电子出版物基本上可以分为两大类：封装型的电子书刊和电子网络出版物。前者以光盘等为主要载体，后者以多媒体数据库和 Internet 为基础。电子出版物的内容可以包括教育、学术研究、医疗资料、科技知识、文学参考、地理文物、百科全书、字典词典、检索目录、休闲娱乐等。目前，许多国内外报刊杂志都有相应的网络电子版，如《中国青年报》(http://www.cyd.com.cn)等。

电子出版与传统出版的比较如表 1-1 所示。

**表 1-1　电子出版与传统出版的比较**

| 比较方面 / 出版物 | 出版形式 | 内容 | 编辑制作 | 介质 | 发行方式 | 阅读方式 |
|---|---|---|---|---|---|---|
| 传统出版物 | 有纸印刷 | 文字、图片 | 电子照排 | 纸张 | 传统 | 传统 |
| 电子出版物 | 光盘出版 | 多媒体信息 | 多媒体制作 | 光盘 | 传统 | 多媒体计算机 |
| 电子出版物（网络） | 网络出版 | 多媒体信息 | 多媒体制作 | 硬磁盘 | Internet | 网络多媒体计算机 |

创意设计方面，包括工业设计、企业徽标设计、漫画创作、动画原形设计、数字绘画创作、游戏设计等。创意设计是多媒体活泼性的重要来源，好的创意不仅使应用系统独具特色，也大大提高了系统的可用性和可视性。精彩的创意将为整个多媒体系统注入生命与色彩。多媒体应用程序之所以有巨大的诱惑力，主要是其丰富多彩的多种媒体的同步表现形式和直观灵活的交互功能。

虚拟现实(Virtual Reality，VR)是当今多媒体技术研究中的热点技术之一。它综合了计算机图形学、人机交互技术、传感技术、人工智能等领域的最新成果，用以生成一个具有逼真的三维视觉、听觉、触觉及嗅觉的模拟现实环境。它是由计算机硬件、软件以及各种传感器所构成的三维信息的人工环境，即虚拟环境，是可实现的和不可实现的物理上的、功能上的事物和环境，用户投入这种环境中，就可与之交互作用。例如，美国在训练航天飞行员时，总是让他们进入到一个特定的环境中，在那里完全模拟太空的情况，让飞行员接触太空环境的各种声音、景象，以便能够在遇到实际情况时能做出正确的判断。沉浸(immersion)、交互(interaction)和构想(imagination)是虚拟现实的基本特征。虚拟现实在娱乐、医疗、工程和建筑、教育和培训、军事模拟、科学和金融可视化等方面获得了应用，有很大的发展空间。

## 练习与思考

### 一、填空题

1. 对于媒体的含义，可以从________和________两个范畴理解。

2. 国际电信联盟定义了 5 类媒体，它们分别是________、________、________、________、________。

3. 计算机记录和传播的信息媒体的一个共同的重要特征就是信息的最小单元是________。

4. 数字媒体的特点有：________性、________性、________性和________性。

5. ________________是结合文字、图形、影像、声音、动画等各种媒体的一种应用。

6. 数字媒体压缩包括________压缩编码和________压缩编码。

7. 数字版权保护技术包括________、________等。

**二、简答题**

1. 请你谈谈对媒体和数字媒体概念的认识。

2. 你认为数字媒体的研究和应用开发领域有哪些?

3. 结合媒体技术发展趋势,谈谈数字媒体技术有哪些新的应用特征?

4. “互联网+”成为我国“十三五”发展战略,“互联网+”与数字媒体融合会产生哪些新的行业应用?

## 参考文献


[1] 冯广超. 数字媒体概论. 北京:中国人民大学出版社,2004.

[2] 刘惠芬. 数字媒体设计. 北京:清华大学出版社,2006.

[3] 刘惠芬. 数字媒体——技术·应用·设计. 北京:清华大学出版社,2008.

[4] 什么是数字媒体技术. HTTP://www.csiencenet.cn/blog/user_content.aspx? id=15410, 2014.6.

# 第 2 章　数字媒体技术基础

数字媒体本质上是处理、存储、传递信息的新兴媒体。数字化技术手段和数字化信息共同构成数字媒体的全部。因此，了解数字化信息本身特性和数字化手段组成是理解数字媒体的基础。

本章主要介绍信息的数字化表示方式、数字信息的处理核心设备和数字媒体系统的组成 3 个内容。内容间相互关系如下：

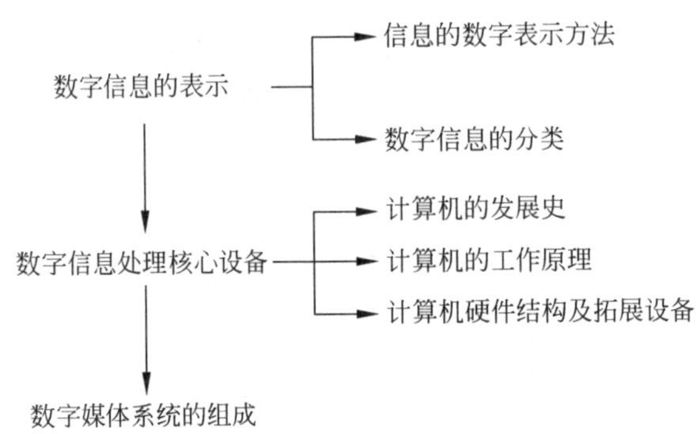


通过本章内容的学习，学习者应能达到以下学习目标：

(1) 了解数字信息的表示方法。

(2) 理解数字媒体信息的分类。

(3) 了解计算机的构成，能够从性价比的角度去思考计算机配置方法。

(4) 掌握数字媒体系统的组成，并能列举各层实例。

## 2.1　数字媒体信息的表示方法和分类

现代计算机以二进制的“0”和“1”来存储数据，而这二进制的数据却可以表现出千变万化的多媒体信息。

### 2.1.1　数字媒体信息的表示方法

计算机要处理的信息是多种多样的，如日常生活中的十进制数、文字、符号、图形、图像和语言等。但是计算机无法直接“理解”这些信息，所以计算机需要采用数字化编码的形式对信息进行存储、加工和传送。

**1. 二进制**

信息的数字化表示就是采用一定的基本符号，使用一定的组合规则来表示信息。计算机中采用二进制编码，其基本符号是“0”和“1”。在计算机内部采用二进制来表示数和其他各种状态变化，其主要原因有以下几个方面。

(1) 电路简单，易于表示。计算机是由逻辑电路组成的，逻辑电路通常只有两个状态。例如，开关的接通和断开、晶体管的饱和和截止、电压的高与低等。这两种状态正好用来表示二进制的两个数码0和1。若是采用十进制，则需要有10种状态来表示10个数码，实现起来比较困难。

(2) 可靠性高。两种状态表示两个数码，数码在传输和处理中不容易出错，因而电路更加可靠。

(3) 运算简单。二进制数的运算规则简单，无论是算术运算还是逻辑运算都容易进行。十进制的运算规则相对烦琐，现在已经证明，$R$进制数的算术求和、求积规则各有$R(R+1)/2$种。如采用二进制，求和与求积运算法只有3个，因而简化了运算器等物理器件的设计。

(4) 逻辑性强。计算机不仅能进行数值运算而且能进行逻辑运算。逻辑运算的基础是逻辑代数，而逻辑代数是二值逻辑。二进制的两个数码1和0，恰好代表逻辑代数中的"真(True)"和"假(False)"。

**2. 成组编码**

计算机中虽然只有两种状态的逻辑电路，但为了使其能够存储和演化千变万化的信息形态和内容，需要将二进制的"0"和"1"联合起来，进行成组编码，以对应千变万化的信息内容需要。

例如，计算机中某种信息的表示有0～7共8种状态，可以用000、001、010、011、100、101、110、111来进行分别代表，这是编码的过程，由3个比特位的0和1来进行成组编码形成的8种状态。当计算机中呈现出某一种状态时，即可解读出其对应的意思，这就是解码过程。

这里最本质的概念是，信息就是代表多种可能性。例如，当你和别人谈话时，说的每个字都是字典中所有字中的一个。如果给字典中所有的字从1开始编号，人们就可能精确地使用数字进行交谈，而不使用汉字了。

使用比特来表示信息的一个额外好处是我们清楚地知道我们解释了所有的可能性。拥有的比特位数越多，可以传递的不同可能性就越多。只要比特的位数足够多，就可以代表单词、图片、声音、数字等多种信息形式。

**3. 数据的表示单位**

信息在计算机中常常被称为数据，是由人工或自动化手段加以处理的事实、概念、场景或指示的数字表示形式，包括字符、符号、表格、声音和图形等。数据可在物理介质上记录或传输，并通过外围设备被计算机接收，经过处理而得到结果，计算机对数据进行解释并赋予一定意义后，便成为人们所能接受的信息。

计算机中数据的常用单位有位、字节和字。

1) 位(b)

计算机中最小的数据单位是二进制的一个数位，简称位。正如前文所述，一个二进制位可以表示两种状态(0或1)，两个二进制位可以表示4种状态(00、01、10、11)。显然，位越多，所表示的状态就越多。

2) 字节(B)

字节是计算机中用来表示存储空间大小的最基本单位。一个字节(B)由8个二进制位组成。例如，计算机内存的存储容量、磁盘的存储容量等都是以字节为单位进行表示的。

除了用字节为单位表示存储容量外，还可以用千字节(KB)、兆字节(MB)及吉字节(GB)等表示存储容量，另随着数据的剧增，现在已经开始出现太字节(TB)。它们之间存在下列换算关系：

1B＝8b　　1KB＝1024B　　1MB＝1024KB＝1 048 576B

1GB＝1024MB＝1 073 741 824B　　1TB＝1024GB＝1 099 511 627 776B($1024^4$)

3）字(Word)

字和计算机中字长的概念有关。字长是指计算机在进行处理时一次作为一个整体进行处理的二进制数的位数，具有这一长度的二进制数则被称为该计算机中的一个字。字通常取字节的整数倍，是计算机进行数据存储和处理的运算单位。

计算机可按照字长进行分类，如8位机、16位机、32位机和64位机等。字长越长，则计算机所表示数的范围就越大，处理能力也越强，运算精度也就越高。在不同字长的计算机中，字的长度也不相同。例如，在8位机中，一个字含有8个二进制位，而在64位机中，一个字则含有64个二进制位。

### 2.1.2 数字媒体信息的分类

随着计算机技术、网络技术和数字通信技术的高速发展与融合，传统的报刊、广播、电视、电影等快速地向数字报刊、数字音频、数字视频、数字电影方向发展，传统媒体都同时以数字化的方式存在和传播，媒体数字化浪潮滚滚而来。媒体当前的数字化表现形式多种多样，包括数字报刊、数字音乐、数字电影、数字动画、网络游戏等。当然，这些数字媒体传递、承载的根本是数字信息。而数字信息的分类，我们可以将其按照感官进行分类，分成数字视觉信息和数字听觉信息，以及数字感觉信息。

在数字视觉信息上，可以划分为以下几种类型。

(1) 文本信息：包括数字文字与数值。数字文字是指计算机中表示存储的标点符号、英文字母或汉字等符号状态，也可称为非数值数据。数值是指计算机中表示存储的可以用于加减乘除等数学运算的符号状态。需要说明的是，0～9形成的任何组合既可以作为数字文字，也可以作为数值，如“1”，可以用来表示1＋1＝2，也可以用来表示顺序第一，前者是数值，后者是文字。

(2) 图信息：包括数字图形、数字图像。先要说明的是图信息一般是指静态的单帧单画面的信息。数字图形是指由线条和色块构成，通过计算机绘图产生的图案。数字图像是指通过相关数字化设备对现实世界进行数字化处理后的客观真实反映。例如，用计算机中的画图软件，通过鼠标或其他工具进行数字化的绘画，所得到的数字图，可以称之为数字图形；但如果将其打印出来，再通过数码相机拍照得到数字图，这时就是数字图像。

(3) 动态信息：包括数字动画、数字视频。数字动画是指由计算机生成的连续渐变的图形序列，延时间轴顺次更换显示，可分为数字二维动画和数字三维动画。而数字视频是指数字化的、连续的反映客观世界的图像序列。这里同样要说明的是，数字化后的传统动画，如在计算机和网络上看到的老版《猫和老鼠》之类的，只能算是数字视频，而非真正意义上的数字动画，具体见“动画”内容。

数字听觉信息包括了规则的音频信息和不规则音频信息。规则的音频信息包括数字语音、数字音效和数字音乐。而不规则的数字音频信息则多指噪声，这类信息并不是完全无用处，在某些时候可以成为还原真实视听感受的有力武器，甚至可以成为鉴别数字音频信息真伪(有否特殊处理)的有效手段。

而数字感觉信息则是现代计算机技术进一步发展后的感官体验，如电影院里的4D、5D电影，手机中的触屏和震动等相关信息的存储和表现，同样需要媒体信息中存储数据。

数字技术的进一步发展，使得媒体出现超越传统信息感官的、新的媒体类型，将诸多感官信息利用数字化技术集于一身。例如，用于网络虚拟体验和设计的富媒体，在用户交互界面嵌入大量的数字信息数据，除通过文字、图片、音频、视频、三维等视听感官刺激外，还可以使用户体验手动控制、方位感知、全景显示等多种感官体验，用户体验的立体化和全方位是得益于数字信息的多样性发展。

## 2.2 数字信息处理的核心设备——计算机

数字信息的处理、加工、承载和传输的物质基础是计算机及其组成的网络系统。而计算机则是系统中最核心和关键的终端设备。

### 2.2.1 计算机的发展史

**1. 计算机的产生**

第一台计算机是美国军方定制，专门为了计算弹道和射击特性表面而研制的，承担开发任务的“莫尔小组”由4位科学家和工程师埃克特、莫克利、戈尔斯坦、博克斯组成。1946年这台计算机主要元器件采用的是电子管，被取名为ENIAC(Electronic Numerical Integrator And Calculator)，如图2-1所示。该机使用了1500个继电器，18 800个电子管，占地170$m^2$，重达30多吨，耗电150kW，造价48万美元。这台计算机每秒能完成5000次加法运算，400次乘法运算，比当时最快的计算工具快300倍，是继电器计算机的1000倍、手工计算的20万倍。用今天的标准看，它是那样的“笨拙”和“低级”，其功能远不如一只掌上可编程计算器，但它使科学家们从复杂的计算中解脱出来，它的诞生标志着人类进入了一个崭新的信息革命时代。

图2-1　第一台计算机ENIAC

**2. 计算机的发展过程**

1) 第一代的电子管计算机

这一阶段计算机的主要特征是采用电子管元件作基本器件，用光屏管或汞延时电路作存储器，输入或输出主要采用穿孔卡片或纸带，体积大、耗电量大、速度慢、存储容量小、可靠性差、维护困难且价格昂贵。在软件上，通常使用机器语言或者汇编语言；来编写应用程序，因此这一时代的计算机主要用于科学计算，如图 2-2 所示。

这时期的计算机的基本线路是采用电子管结构，程序从人工手编的机器指令程序过渡到符号语言，第一代电子计算机是计算工具革命性发展的开始，它所采用的是以冯·诺依曼为代表的二进制与程序存储等基本技术思想，奠定了现代电子计算机技术基础。

图 2-2　电子管计算机

2）第二代的晶体管计算机

1948 年，晶体管的发明大大促进了计算机的发展，晶体管代替了体积庞大电子管，电子设备的体积不断减小。1956 年，晶体管在计算机中使用，晶体管和磁芯存储器导致了第二代计算机的产生，如图 2-3 所示。

第二代计算机体积小、速度快、功耗低、性能更稳定。1960 年，出现了一些成功地用于商业领域、大学和政府部门的第二代计算机。第二代计算机用晶体管代替电子管，还有现代计算机的一些部件，如打印机、磁带、磁盘、内存、操作系统等。

计算机中储存的程序使得计算机有很好的适应性，可以更有效地用于商业用途。在这一时期出现了更高级的 COBOL 和 FORTRAN 等语言，以单词、语句和数学公式代替了二进制机器码，使计算机编程更容易，进而促进了新职业（程序员、分析员和计算机系统专家）和软件产业的诞生。

3）第三代的集成电路计算机

虽然晶体管比起电子管是一个明显的进步，但晶体管还是产生大量的热量，这会损害计算机内部的敏感部分。1958 年德州仪器的工程师 Jack Kilby 发明了集成电路 IC，将 3 种电子元件结合到一片小小的硅片上。科学家使更多的元件集成到单一的半导体芯片上。于是，计算机变得更小，功耗更低，速度更快。这一时期在软件方面，有了标准化的程序设计语言和人机会话式的 BASIC 语言，其应用领域也进一步扩大；此外还使用了操作系统，使得计算机在中心程序的控制协调下可以同时运行许多不同的程序，如图 2-4 所示。

图 2-3　晶体管计算机

图 2-4　集成电路计算机

4）第四代的大规模集成电路计算机

出现集成电路后，唯一的发展方向是扩大规模。大规模集成电路 LSI，可以在一个芯片上容纳几百个元件。到了 20 世纪 80 年代，超大规模集成电路 VLSI 在芯片上容纳了几十万个元件，后来的 ULSI 将数字扩充到百万级。可以在硬币大小的芯片上容纳如此数量的元件使得计算机的体积和价格不断下降，而功能和可靠性不断增强。

20 世纪 70 年代中期，计算机制造商开始将计算机带给普通消费者，这时的小型机带有友好界面的软件包，供非专业人员使用的程序和最受欢迎的字处理和电子表格处理程序。这一领域的先锋有 Commodore、Radio Shack 和 Apple Computers 等。

1981 年，IBM 推出个人计算机 PC 用于家庭、办公室和学校。20 世纪 80 年代个人计算机的竞争使得价格不断下跌，微机的拥有量不断增加，计算机继续缩小体积。与 IBM PC 竞争的 APPLE Macintosh 系统于 1984 年推出，Macintosh 提供了友好的图形界面，用户可以用鼠标方便地操作。大规模集成电路计算机示意图如图 2-5 所示。

图 2-5　大规模集成电路计算机

### 2.2.2　计算机的工作原理

计算机问世 50 年来，虽然现在的计算机系统从性能指标、运算速度、工作方式、应用领域和价格等方面与当时的计算机有很大的差别，但基本体系结构没有变，都属于冯·诺依曼计算机。

**1. 冯·诺依曼设计思想——程序存储**

冯·诺依曼设计思想最重要之处在于他明确地提出了"程序存储"的概念。他认为：计算机的工作过程应该是按照既定程序执行的过程。

冯·诺依曼设计思想可以简要地概括为以下三点(图 2-6)。

(1) 计算机应包括运算器、存储器、控制器、输入和输出设备五大基本部件。

(2) 计算机内部应采用二进制来表示指令和数据。每条指令一般具有一个操作码和一个地址码。其中，操作码表示运算性质，地址码指出操作数在存储器的位置。

(3) 将编好的程序和原始数据送入内存储器中，然后启动计算机工作，计算机应在不需操作人员干预的情况下，自动逐条取出指令和执行任务。

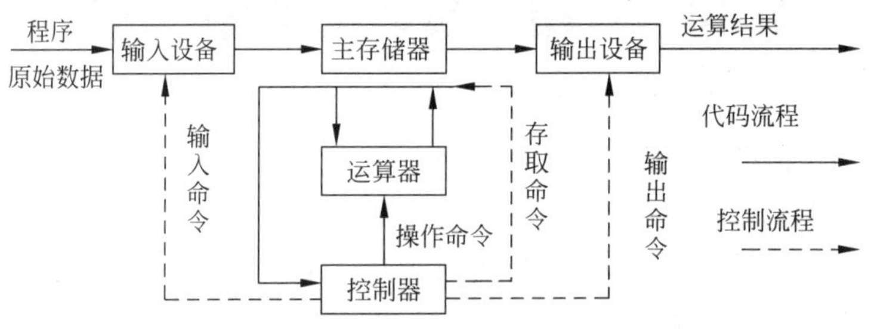


图 2-6　程序存储思想

他的全部设计思想，实际上是对"程序存储"要领的具体化。如怎样组织存储程序，涉及计算机体系结构问题。

**2. 计算机的工作过程**

现在的计算机都是基于"程序存储"概念设计制造出来的，也就是如果想让计算机工作，就得先把程序编写出来，然后通过输入设备送到存储器保存起来，即程序存储。计算机工作的过程其实就是执行程序的过程，如图 2-7 所示。

根据冯·诺依曼的设计，计算机应能自动执行程序，而执行程序又归结为逐条执行指令。执行一条指令又可分为以下 4 个基本操作。

(1) 取出指令：从存储器某个地址中取出要执行的指令送到 CPU 内部的指令寄存器暂存。

(2) 分析指令：把保存在指令寄存器中的指令送到指令译码器，译出该指令对应的微操作。

(3) 执行指令：根据指令译码，向各个部件发出相应控制信号，完成指令规定的各种操作。

(4) 为执行下一条指令做好准备，即取出下一条指令地址。

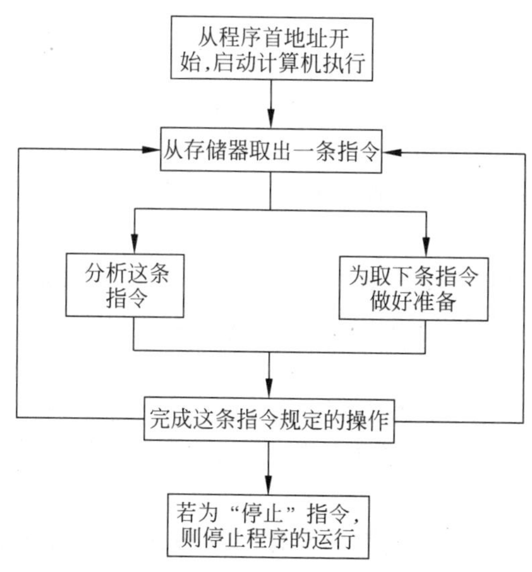


图 2-7 计算机工作过程

## 2.2.3 计算机的结构及拓展设备

一个完整的计算机系统是由硬件系统和软件系统两大部分组成的。而对于计算机而言，其硬件系统无疑是程序存储和执行的根本，因此了解计算机的内部结构及其作用十分重要。大多数商用计算机都是封装在黑盒子中，对于按照冯·诺依曼思想设计出来的计算机而言，在使用的过程中，不需要关注黑盒子里面的结构和运作过程，只需关注输入和输出的。计算机的硬件系统包括内部硬件和外部拓展设备。

**1. 内部硬件**

内部硬件是由多种部件组合而成的，从外观看是一个整体，俗称主机。经过大规模集成电路的发展，虽说很多部件都开始集成，但现代计算机的内部硬件包括至少 5 种以上的独立组成部件。

(1) 电源：内部独立硬件之一，电源是计算机中不可缺少的供电设备，它的作用是将 220V 交流电转换为计算机中使用的 5V、12V、3.3V 直流电，其性能的好坏直接影响到其他设备工作的稳定性，进而会影响整机的稳定性。

(2) 主板：内部独立硬件，主板是计算机中各个部件工作的一个平台，它把计算机的各个部件紧密连接在一起，各个部件通过主板进行数据传输。也就是说，计算机中重要的“交通枢纽”都在主板上，它工作的稳定性影响着整机工作的稳定性。现在较多主板都集成了显卡、声卡和网卡。

(3) CPU：内部独立硬件，CPU(Central Precessing Unit)即中央处理器，其功能是执行算术运算、逻辑运算、数据处理、输入输出的控制，协调地完成各种操作。作为整个系统的核心，CPU也是整个系统最高的执行单元，因此CPU已成为决定计算机性能的核心部件，很多用户都以它为标准来判断计算机的档次。

(4) 内存：又称为内部存储器(RAM)，属于电子式存储设备，它由电路板和芯片组成，特点是体积小、速度快，有电可存，无电清空，即计算机在开机状态时内存中可存储数据，关机后将自动清空其中的所有数据。

(5) 硬盘：内部独立硬件，硬盘属于外部存储器，由金属磁片制成，而磁片有记功能，所以存储到磁片上的数据，不论在开机还是关机，都不会丢失，硬盘损坏除外。

(6) 声卡：是组成多媒体计算机必不可少的一个硬件设备，其作用是：当发出播放命令后，声卡将计算机中的声音数字信号转换成模拟信号送到音箱上发出声音。它可以是独立模块，也可以集成于主板上。

(7) 显卡：在工作时与显示器配合输出图形、文字，其作用是负责将CPU送来的数字信号转换成显示器识别的模拟信号，传送到显示器上显示出来。它可以是独立模块，也可以集成于主板上。

(8) 调制解调器：是通过电话线上网时必不可少的设备之一。它的作用是将计算机上处理的数字信号转换成电话线传输的模拟信号。它可以是独立模块，也可以集成于主板上，不过在网络日益普及的当前，已基本被淘汰。

(9) 网卡：其作用是充当计算机与网线之间的桥梁，它是用来建立局域网的重要设备之一，它可以是独立模块，也可以集成于主板上。

(10) 软驱：用来读取软盘中的数据，为可读写外部存储设备，现已基本被淘汰。

(11) 光驱：是用来读取光盘中的设备，光盘为外部存储设备。

**2. 外部拓展设备**

外部设备主要作用是输入输出数据，实现人机交互的设备。

(1) 显示器：有大有小，有薄有厚，品种多样，其作用是把计算机处理完的结果显示出来。它是一个输出设备，是计算机必不可缺少的部件之一。

(2) 键盘：是主要的输入设备，用于把文字、数字等输入到计算机上。

(3) 鼠标：当人们移到鼠标时，计算机屏幕上就会有一个箭头指针跟着移动，并可以很准确地指到想指的位置，快速地在屏幕上定位，它是人们使用计算机不可缺少的部件之一。

(4) 音箱：通过它可以把计算机中的声音播放出来。

(5) 打印机：通过它可以把计算机中的文件打印到纸上，它是重要的输出设备之一。

(6) 摄像头、扫描仪、数码相机等设备。

## 2.3 数字媒体系统的组成

数字媒体归根到底是加工、承载、传输数字信息的工具和载体。对于数字信息的处理、加工、承载与传输而言，这一系列过程需要用到一系列相关的软硬件技术支持，而这些软硬件技术则组成了数字媒体系统。

从计算机数据处理的角度来看，媒体信息数据的处理系统的构成也应该是以计算机硬件为核心而构成的软硬件合成系统，具体图 2-8 所示。

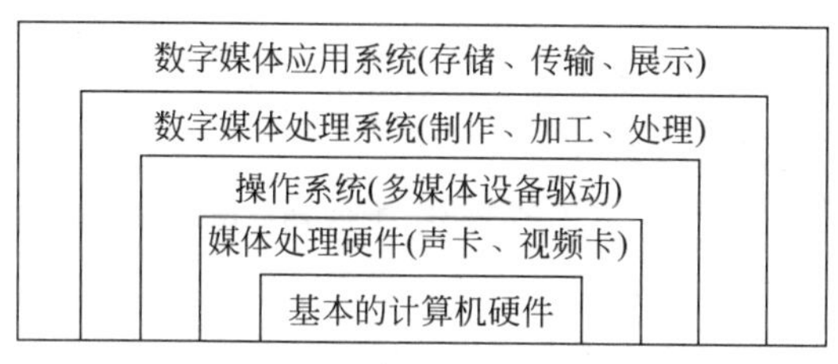


图 2-8　数字媒体系统的功能性结构

由图 2-8 可知，数字媒体系统一般由硬件系统、操作系统、媒体处理系统、媒体应用系统构成。

**1. 硬件系统**

数字媒体硬件系统包括计算机组成硬件中的全部内部和外部设备，为数字媒体信息的处理、加工、存储、传输提供物质环境，是数字媒体赖以生存的核心基础和前提条件，从数字媒体处理的角度来看，又可划分为基本的计算机硬件和媒体处理硬件。基本的计算机硬件提供数据处理的核心功能，而媒体处理硬件则在现实世界与计算机数字世界间提供转换接口。

**2. 操作系统**

操作系统是管理计算机软硬件资源、控制程序运行、改善人机界面和为应用软件提供支持的一种系统软件。操作系统还可以管理整台计算机的硬件，控制 CPU 进行正确的运算，可以分辨硬盘里的数据并进行读取，它还必须能够识别所有的适配卡，为正确地使用所有的媒体处理硬件提供沟通保障。

**3. 数字媒体处理系统**

数字媒体处理系统则多由多媒体处理软件组成，用于多媒体信息进行生产、加工、处理等各项产品制作，以满足用户的各种数字媒体信息需求。如用来录音的微软录音机，用来处理图片的美图秀秀，都可以成为数字媒体处理系统中的组成部分。

**4. 数字媒体应用系统**

数字媒体应用软件则是负责将成品的媒体信息进行合理的存储和管理，并为用户的观看和浏览提供良好的传输和展示服务。例如，一些大型媒体公司用到的媒资管理系统，抑或是优酷、土豆网之类的大型视频存储系统；再如，用户进行网络音乐播放的在线播放器等都属于媒体应用系统中的一员。

由上可见，数字媒体系统的构成是具有数字媒体信息处理功能的软硬件系统。这一系统所包含的功能应该涵盖了对数字媒体信息的生产、加工、存储、传输和展示等方面的功能。数字媒体系统的这些组成部分都是相互依赖、相辅相成、缺一不可的；而其核心根本则是以计算机为核心的硬件系统。

## 练习与思考

1. 二进制和十进制间的转换机制是什么？

2. 为何二进制的数可以形成千变万化的视听信息？

3. 简述数字媒体信息的类型划分。

4. 以当前的市场技术主流，配置一台个人计算机，并列举自己参考的各部件主要性能指标和价格分析。

5. 简述数字媒体处理系统的构成与各自功能。

## 参考文献

[1] 百度百科. 计算机发展历程. http://baike.baidu.com/link? url=6mm9FITIulEo3_DHU8kqqqz1IJ0XbNea51UZA8h22NvDs4-T94I7tP1G8Kj1zcHtkhbaapWxrlR5AX88Eo1Iu.

[2] 高辉. 计算机系统结构. 武汉：武汉大学出版社，2006.

# 第3章　数字音频技术基础

声音被看成一种波动的能量，主要用3个基本参数表征：频率、振幅和波形。对应到人耳的主观感觉就是音调、响度和音色。声音的数字化包括采样、量化和编码3个基本过程，数字化声音质量好坏取决于采样的频率和精度。

本章以“传统模拟音频到数字音频”为纵向过渡线索，在阐明了音频的概念的前提下，先后介绍了模拟音频的记录和处理的技术及设备、传统音频技术的特点、数字音频发展的需要，进一步阐释了数字音频的概念、获取方法、常见类型以及编辑技术，并结合生活实际介绍了数字音频技术的现实应用。内容间相互关系如下：

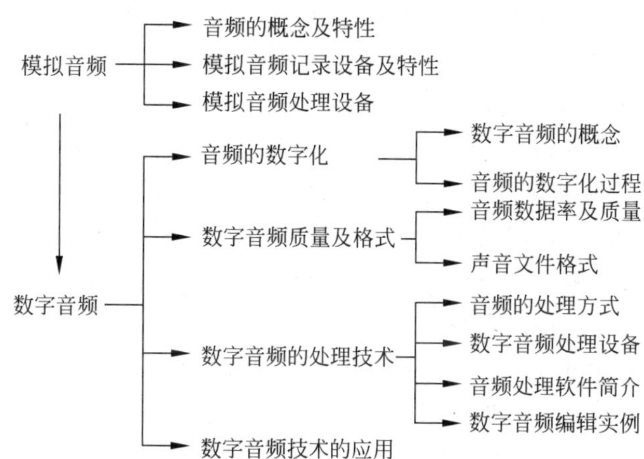


通过本章内容的学习，学习者应能达到以下学习目标：

(1) 知道音频的3个特性及其相关概念。

(2) 说出几种声音记录设备。

(3) 了解模拟音频处理技术涉及的设备及各自主要功能。

(4) 掌握音频数字化的过程。

(5) 能够列举几种常见数字音频格式，并进行简单的比较。

(6) 了解几款常见的数字音频编辑软件，并知道其基本性能。

(7) 熟练掌握一款数字音频编辑软件的操作方法。

## 3.1　音频技术及特性

### 3.1.1　音频的概念及特性

在日常生活语言中，一般习惯上将“音频”和“声音”这两个概念等同起来。人之所以能感受到声音最主要的原因是耳蜗里面的听觉细胞会震动。关于声音的理解和定义有两个不同领域的表述。

物理学上，声音被看成一种波动的能量，即声波。声波是由物体振动所产生并在介质中传播的一种波，具有一定的能量。同时在物理学上，一般用声音的3个基本特性来描述声音，即频率、振幅和波形。

生理学上，声音是指声波作用于听觉器官所引起的一种主观感觉。声音的主观感觉是听觉的主观属性，属于心理学范畴。人的感觉不像麦克风的测试系统那样绝对化，人类对物理量的响应通常与所描述的物理单位量并不一致，因为这里存在一个心理物理量的问题。这就是为什么会出现人们对声音量的主观描述，如响度、音调、音色和音长等。

尽管这两个关于声音的理解含义有所不同，但它们之间有一定的内在联系。在物理学上声音的频率、振幅和波形3个基本特性，对应到人耳的主观感觉就是音调、响度和音色。具体来说，所谓频率，即发声物体在振动时，单位时间内的振动的次数，单位为赫兹(Hz)。一般来说，物体振动越快，频率就越高，人感受到的音调也越高，反之亦然。这也是为什么把声音称之为“音频”的主要原因。

振幅是指发声物体在振动时偏离中心位置的幅度，代表发声物体振动时动势能的大小。振幅是由物体振动时所产生的声音的能量或声波压力的大小所决定的。声能或声压越大，引起人耳主观感觉到的响度也越大。

音色是指声音的纯度，它由声波的波形形状所决定。即使某种声音的振动和频率都一样，也就是说它们的音调高低、声音强弱都相同，但它们的波形不一样，因此听起来就会有明显的区别。例如，听音乐时，因为音色不同，人们能分辨出胡琴、小提琴和钢琴等乐器。日常生活中人们听到的多是复合音，单纯的纯音是很少的。实验室的音频发生器和耳科医生用来检查病人听觉用的音叉能发出纯音。

声音在生活中是无处不在的，不但能够为人们传递信息，也能够带来感官的愉悦。人们通常对声音的分类方法也有多种不同。

按照人耳可听到的频率范围，声音可分为超声、次声和正常声。人耳不是对所有物体的振动都能听得见。物体振动次数过低或过高，人耳都不能感受。人耳可感受声音频率的范围介于20～20 000Hz。声音高于200 00Hz为超声波，低于20Hz为次声波。

按照声音的来源以及作用来看，可分为人声、乐音和响音。人声包括人物的独白、对白、旁白、歌声、啼笑、感叹等；乐音也可称为音乐，是指人类通过相关乐器演奏出来的声音，如影视作品中的背景声音，一般起着渲染气氛的作用；响音是指除语言和音乐之外电影中所有声音的统称，也称为音响，如动作音响、自然音响、背景音响、机械音响、特殊音响。

### 3.1.2 模拟音频记录设备

最初声音信息的传播是瞬时性的，不能对声音进行存储和回放。直到爱迪生发明留声机，声音才得以记录和重放。爱迪生的留声机记录声音利用的是“声音是由振动产生的”这一基本原理。留声机从发明到现在，其设备外形和记录介质已有千差万别，在记录形式和记录技术上也有所不同。下面通过几种不同的声音记录设备来简述一下声音记录技术的发展历史。

**1. 机械留声机**

最早用来记录声音的是机械式留声机,1877 年由美国人爱迪生发明。初期的留声机结构非常简单,只是在一个木盒中装上一只铜制的大喇叭,录放音的声波都经过这只喇叭传递。之后,留声机不断改进,出现了爱氏(爱迪生)和贝氏(贝利纳(Emil Berliner))留声机,当然音质很差,频响为 200~3000Hz,失真、噪声都较大,动态范围很小。1925 年美国的贝尔研究所开始运用电子管放大器和传声器进行电气灌片——电唱机。虽然机械式留声机音质很差,但在当时它是唯一的声音记录设备,因此经历了五十多个春秋之后才销声匿迹。图 3-1 是爱迪生留声机。

图 3-1 爱迪生留声机

**2. 钢丝录音机**

世界上最早出现的钢丝录音机由丹麦科学家波尔森于 1898 年发明,通过把声音信号记录在钢丝上,第一次用磁性记录的方式记录声音。最初的钢丝录音机采用无偏磁录音,失真度很大,到 1907 年出现用直流偏磁法进行录音,失真和灵敏度才大有改观,但信噪比仍很差。直到 1927 年美国科学家卡尔逊发明了交流偏磁技术才使音质大有提高,在 20 世纪四五十年代很多的优秀文艺节目都是利用这种录音机保留下来的,直到 20 世纪 60 年代初还在使用这种机器。

**3. 磁带录音机**

磁带录音机属于磁性记录技术的改进,是根据电磁感应定律,提出用永久剩磁录音的可能性,把声音记录在磁带上,接着再用磁带进行还原的一种技术。从 1926 年美国人开始用纸质带基制作成最初的磁带到进化成塑料带基涂敷型磁带,进而出现环形磁头、使用氧化铁粉磁带。这时的录音机已基本定型为开盘式的,一直到 1949 年英国马可尼公司利用非线性磁头制成世界上第一台立体声录音机。立体声录音很快风行全世界,许多录音机制造厂也就应运而生。

录音机由开盘式衍生出各种各样的盒式录音机,广播电台、电视台、电影厂的盒式专业录音机和民用录音机纷纷出现。由于音频技术的迅猛发展,在机型的繁衍、结构的改进、功能的扩展、性能的提高诸多方面都取得了瞩目的进步。

上述材料中显示了传统音频记录技术的演变历史,从记录介质上看历经了石蜡(锡箔)

记录、钢丝记录、磁带记录；从技术手段上来看经历了机械记录和磁性记录，从外形上来看录音设备由原来的开放式结构变成后来的封闭式设备（盒式）。

### 3.1.3 模拟音频处理设备

在对声音进行处理的过程中，除了对声音进行记录之外，还需要对声音进行一些其他方面的调整。例如，对声音进行音调的调节、多声音混合、高中低音的调整，还有诸如原始声波信号的拾取等问题。这就会涉及一些其他音频处理设备。

**1. 话筒（Microphone，麦克风）**

图 3-2 为专业话筒示意图。话筒的主要功能就是进行声音能量的收集。例如，在机械留声机中的铜制大喇叭除了完成还原声音（播放）这一功能外，另一个功能就是在记录声音时进行声音能量的收集，这可以说是最早的话筒雏形。当出现磁性记录技术之后，话筒的功能就开始发生变化，除了完成声音的收集外，还要完成声能向电能的转化（声音信号转化成电流信号），其还原声音的功能已逐渐消失。

图 3-2 专业话筒示意图

**2. 音箱（Speaker，扬声器）**

音箱的主要功能就是还原声音，将音频电流信号变换成声音信号，可以说是留声机中大喇叭另一功能的转化，图 3-3 为音箱示意图。

图 3-3 音箱示意图

**3. 调音台（Mixer，调音控制台）**

调音台在现代电台广播、舞台扩音、音响节目制作中是一种经常使用的设备，如图 3-4 所示。它具有多路输入，每路的声音信号可以单独被处理，例如，可放大，作高音、中音、低音的音质补偿，给输入的声音增加韵味，对该路声源做空间定位等；还可以进行各种声音的混合，且混合比例可调；拥有多种输出(包括左右立体声输出、编辑输出、混合单声输出、监听输出、录音输出以及各种辅助输出等)。调音台在诸多系统中起着核心作用，它既能创作立体声、美化声音，又可抑制噪声、控制音量，是声音艺术处理必不可少的一种设备。

图 3-4　调音台

## 3.2　音频数字化

在传统音频处理技术中，通常处理的是模拟音频信号。一般模拟信号在时间或者空间维度上可以无限制地细分下去。模拟信号最大的特点就是它是一种连续的、不间断的信号。如果用数学函数来表示的话，模拟信号的函数属于连续函数，在空间坐标轴上可以描出函数曲线上的无数个点。

在对音频模拟信号进行处理时，一般采用模拟的技术手段。例如，在记录音频信号时，是用无数个连续变化的磁场状态来记录，人们根本无法从中找到一个能代表声波元素的绝对磁场强度，而且每个点的磁场强度也不是单独存在的。在进行磁性信号记录之前，信号的传递是线性的传递，即便是在不同能量形式之间的转换(声能—电能—磁能)也是如此，信号各点之间的关系是不变的。电气元件是将连续的原始信号的变化形式原封不动地传递给下一单元，这就是模拟的处理方式。

“原封不动”是指信号本身的连续性，在信号的强弱和纯净度上或许由于电子器件本身的频响特性而有一定的出入。例如，在记录时，会出现磁性材料的自身噪声难以完全去除，模拟电子器件信号传输过程中的噪声电流无法避免等问题，这是模拟处理方式的缺陷所在。

由于模拟音频处理技术对声音的处理会无法避免的引入噪声，难以最大限度保持声音的原本效果，例如存储介质的磁性变化便会直接影响到模拟音频的回放质量。因此，科学工作者开始探究数字音频技术，试图通过数字来保存声音，而且目前数字音频技术已经取得了良好的实际应用效果。那么，究竟什么是数字音频？数字音频技术解决了什么问题？数字音频技术中的关键是什么？

### 3.2.1 数字音频的概念

模拟音频信号在能量转换、传输和记录存储以及声音信号的重放过程中，其信号是连续不间断的。实际上，根据人耳的听觉特性，人们是无法区别间隔微秒级别以上声音的前后差别的，而且模拟音频处理设备在工艺上也无法保证在微秒级别上的前后声音频率响应特征完全一致。

数字音频是指用一连串二进制数据来保存的声音信号。这种声音信号在存储和电路传输及处理过程中，不再是连续的信号，而是离散的。关于离散的含义，可以这样去理解，比如说某一数字音频信号中，数据 A 代表的是该信号中的某一时间点 $a$，数据 $B$ 是记录的时间点 $b$，那么时间点 $a$ 和时间点 $b$ 之间可以分多少时间点，就已经固定，而不是无限制的。也就是说在坐标轴上描述信号的波形和振幅时，模拟信号是用无限个点去描述，而数字信号是用有限个点来描述，如图 3-5 所示。

数字音频只是在存储和传输处理过程中采用离散的数据信号方式，而非全部的音频处理过程。因为在采集数字音频时的处理对象（音源信号）以及还原数字音频时所得信号其实都还是模拟信号。数字信号与模拟信号相比较而言，具有处理技术简单、传输过程中无噪声以及可多次无损复制等优点。音频处理倾向于采用数字音频技术，而且只需一台多媒体计算机和简单的配套设施，人们就可以组建起个人音频工作室。

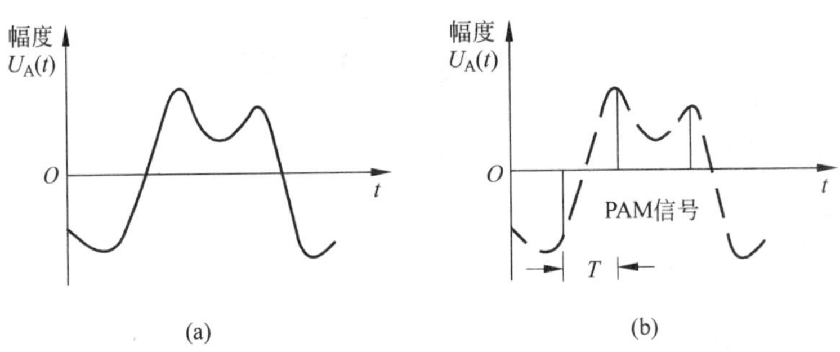


图 3-5 模拟与数字的区别

### 3.2.2 音频的数字化过程

模拟信号能够还原声音比较容易理解，因为模拟信号本身就是连续的电压信号，用电压信号就可以直接驱动音箱进行声音的还原。但数字信号在计算机中只有两种状态，那么用这两种状态如何来表示声音信号中前后的千变万化呢？这就是数字音频处理过程中最关键的问题：音频的数字化问题，也就是如何获得数字音频的问题。

通常情况下，要获得数字化的音频信号，可以考虑两种途径：第一种途径就是将现场声源的模拟信号或已存储的模拟声音信号通过某种方法转换成数字音频；第二种途径就是在数字化设备中创作出数字音频，如电子作曲。一般而言，第一种途径即为音频数字化，通常经过 3 个阶段，即“采样—量化—编码”。

音频数字化过程的具体步骤如下。

(1) 将麦克风转化过来的模拟电信号以某一频率进行离散化的样本采集，这个过程就称为采样。

(2) 将采集到的样本电压或电流值进行等级量化处理，这个过程就是量化。

(3) 将等级值变换成对应的二进制表示值(0 和 1)，并进行存储，这个过程就是编码。

通过这 3 个环节，连续的模拟音频信号即可转换成离散的数字信号——二进制的 0 和 1。

在采样过程中，具体的操作就是每隔一定的时间去测量对应时间点的电流或电压幅度值，用这一个时间点的幅度值去代表在该点前后间隔之间的全部幅度值。例如，用 10ms 的时间间隔去测得某一音频信号第一秒钟的幅度值为 1V，那么也就代表在采样后第 1 秒与第 1.01 秒之间全部的幅度值都为 1V，没有其他的变化值。而在实际模拟信号中，第 1 秒与第 1.01 秒之间，肯定还有其他的幅度变化值。

而在量化的过程中，要决定的问题是定义多少伏特为一个等级，并将 1V 变换成对应的等级，例如可以定义 0.5V 为一个等级，那么 1V 的等级数值就为“2”，1.6V 就为“3”，需要注意的是这里的等级都是整数，没有小数等级。

在编码的过程中，则是要将量化的等级值变换成二进制数值，便于数字处理。例如，将“2”编码形成“10”，“3”编码形成“11”，这样就可以方便数字处理芯片进行脉冲传输和加工。量化过程中的等级也决定了编码过程中二进制数据的位数。

数字化过程中，有两个指标非常重要，直接决定了数字音频最终还原出来的声音质量。一是量化深度，也可称为量化分辨率，是指单位电压值和电流值之间的可分等级数；二是采样频率，即采样点之间的时间间隔。这两者与音质还原的关系是：采样频率越高，量化深度越大，声音质量越好。图 3-6 为采样与量化示意图。

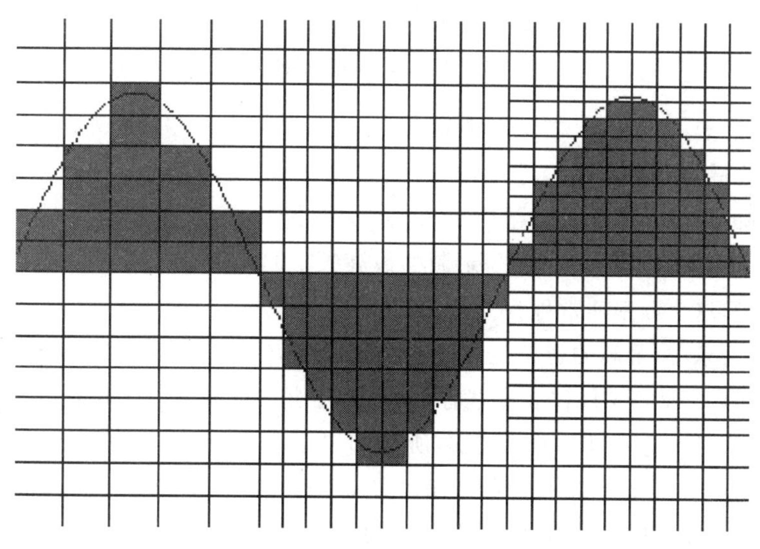

图 3-6　采样与量化示意图

如图 3-6 所示，横坐标是时间轴(采样频率)，纵坐标是幅度值(量化分辨率)，曲线代表的是模拟信号对应的波动曲线，带颜色的方格是采样量化后所得结果。由图中可以得知，当频率越小（时间间隔越短），量化深度（量化分辨率）越大，两者的轮廓越吻合，这也说明数字化的信号能更好地保持模拟音频信号的形状，有利于保持原始声音的真实情况。

在数字音频的衡量指标中，采样频率的单位是 Hz，量化深度一般用比特（b）来度量。例如，某一音频的数字化指标是 44.1kHz，8 个比特位。那么这里的 44.1kHz 比较容易理解，但 8 比特位并不是说把某一单位的电压（电流）值成 8 份，而是分成 $2^8=256$ 份；同理 16 位是把纵坐标分成 $2^{16}=65\,536$ 份。

通常情况下，在音频数字化的过程中，设置的采集频率可以选择 3 种：32kHz、44kHz、48kHz。特别是在 CD 制作过程中，一般的采样频率是 44.1kHz，那么为什么会设置这 3 个档次呢？如图 3-7 所示，上半部分表示原始音频的波形；下半部分表示录制后的波形；点表示采样点。

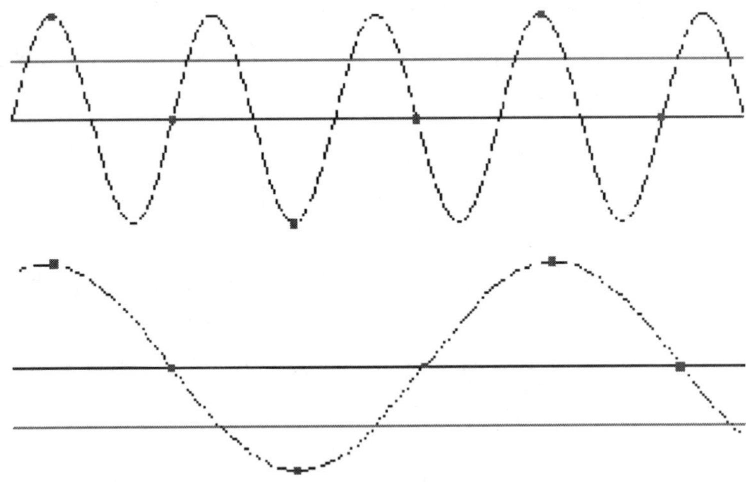

图 3-7　采样频率对波形的影响

大家可以发现，上下波形之所以不吻合，是因为采样点不够多，或是采样频率不够高。这种情况，称为低频失真。

关于合理的采样频率这一问题在 Nyquist（奈奎斯特）定理中早已有明确的答案：要想不产生低频失真，则采样频率至少是录制的最高频率的两倍（图 3-7 中，采样频率只是录制频率的 4/3 倍），这个频率通常称为 Nyquist 极限。

在正常的音乐中，最高的音符也只不过 7～8kHz，这似乎意味着 16kHz 的采样频率便已足够。其实这 7～8kHz 仅仅表示基音的音高，还有大量的泛音未包括在内，故用这种方法来定采样频率是十分不科学的。其实，所谓“不失真”，是指“人们听不到失真”。人类的听力范围是 20Hz～20kHz，所以采样频率至少是 20kHz×2＝40kHz，便可保证不产生低频失真。CD 音质的 44.1kHz 正是这样制定出来的（略高于 40kHz）。按照 Nyquist 定理，这样的采样频率可以保证即使是 22.05kHz 的超声波也不会产生低频失真。而音频的工业标准所规定的 48kHz 采样频率（如 Digital Audio Tape，DAT）则有更高的 Nyquist 极限，满足更苛刻的要求。

## 3.3 数字音频质量及格式

### 3.3.1 音频数据率及质量

数字音频文件存储在计算机中要占据一定的空间，不同的采样频率、量化深度和录制时间生成的音频文件大小也不同。例如，用 44.1kHz、16b 来进行立体声（即两个声道）采样（标准的 CD 音质），录制（或采集）3 分钟的音频，那么在该未经压缩的声音数据文件的大小为：一秒钟内采样 44.1×1000 次，每次的数据量是 16×2＝32b（因为立体声是两个声道），那么 3 分钟的总共数据量是 44 100×32×60×3＝ 254 016 000(b)，换算成计算机中的常用单位(B)，总共数据量是 254 016 000÷8÷1024÷1024＝ 30.28MB。同样还可以计算出另一个间接衡量音频质量的指标——音频流码率，也称为比特率，即每秒钟音频的二进制数据量。上述例题的比特率是 176.4kB/s。

一个汉字在计算机里占用两个字节，那么 176.4kB 的空间可以存储 176.4kB / 2B＝88 200 个汉字，也就是说一秒钟的数字音频数据量与近九万个汉字（一部中篇小说）的数据量相当。由此可见，数字音频文件的数据量是十分庞大的。

如果要衡量一个数字音频的音质好坏的话，通常可以参考以下指标。

(1) 采样频率：即采样点之间的时间间隔，采样间隔时间越短，音质越好。

(2) 量化深度（量化分辨率）：是指单位电压值和电流值之间的可分等级数，可分等级越多，音质越好。

(3) 音频流码率：数字化后，单位时间内音频数据的比特容量，流码率越大音质越好。

以上 3 个方面的指标中，前面两个指标是绝对指标，而音频流码率是一个相对指标，可以间接用来考察音频的质量。其原因具体分析如下。

首先来回顾一下数字化的过程：声音由模拟信号经采样、量化和编码后得到的。其实在编码的过程中除了将数字信号转换成相应的 0 和 1 表示外，还需要去描述这些 0 和 1 的排列统计方式，一个简单的例子：在计算机的某一数据中连续有 4 个 0，那么有没有必要去用“0000”这样去记录呢？能不能用另一种表述方法“0 ^4”的形式呢？

可能有人会问这样有什么好处？很简单，其目的就是为了减少数据量，节约硬盘的存储空间，而这就需要“编码”这一过程。例如，“0000”和“0 ^4”相比较，在字符的个数上而言，不是少了一个字符吗？当然计算机是不能识别“0 ^4”的，它只能识别 0 和 1。因此，同样一个声音，在保证声音效果基本相同，用不同的编码方式进行编码，在存储容量上就会有大小差别，当然在播放时需要的解码时间长短也不一样。

由此音频流码率是一个间接的指标，当两个数字音频文件用同样的编码方式时，可以用流码率来衡量它们之间的音质好坏，但对于不同编码方式的数字音频文件，则不一定适用。

### 3.3.2 数字音频文件格式

其实，不同的编码方式就对应计算机中不同的文件格式，反映在计算机中就是文件的后缀名不同。对于数字音频的常见格式有以下几种。

**1. WAV 格式**

WAV 格式是微软公司开发的一种声音文件格式，也称为波形声音文件，是最早的数字音频格式，被 Windows 平台及其应用程序广泛支持。WAV 格式支持许多压缩算法，支持多种音频位数、采样频率和声道，采用 44.1kHz 的采样频率，16 位量化位数，因此 WAV 的音质与 CD 相差无几，但 WAV 格式对存储空间需求太大不利于交流和传播。

**2. MIDI 格式**

MIDI 是 Musical Instrument Digital Interface 的缩写，又称为乐器数字接口，是数字音乐/电子合成乐器的统一国际标准。它定义了计算机音乐程序、数字合成器及其他电子设备交换音乐信号的方式，规定了不同厂家的电子乐器与计算机连接的电缆和硬件及设备间数据传输的协议，可以模拟多种乐器的声音。MIDI 文件就是 MIDI 格式的文件，存储的是一些指令，把这些指令发送给声卡，由声卡按照指令将声音合成出来。

**3. CDA 格式**

大家都很熟悉 CD 这种音乐格式了，扩展名 CDA，其取样频率为 44.1kHz，16 位量化位数。CD 存储采用了音轨的形式，又称为“红皮书”格式，记录波形流，是一种近似无损的格式。

**4. MP3 格式**

其全称是 MPEG-1 Audio Layer 3，在 1992 年合并至 MPEG 规范中。MP3 能够以高音质、低采样率对数字音频文件进行压缩。换句话说，MP3 格式能够在音质丢失很小的情况下将大型文件（如 WAV 文件）压缩得更小。

**5. MP3 Pro 格式**

该格式是由瑞典 Coding 科技公司开发的，其中包含了两大技术：一是来自于 Coding 科技公司所特有的解码技术，二是由 MP3 的专利持有者法国汤姆森多媒体公司和德国 Fraunhofer 集成电路协会共同研究的一项译码技术。MP3 Pro 可以在基本不改变文件大小的情况下改善原先的 MP3 音乐音质。它能够在用较低的比特率压缩音频文件的情况下，最大限度地保持压缩前的音质。

**6. WMA 格式**

WMA (Windows Media Audio)是微软在互联网音频、视频领域的力作。WMA 格式是以减少数据流量但保持音质的方法来达到更高的压缩率目的，其压缩率一般可以达到 1∶18。此外，WMA 还可以通过 DRM(Digital Rights Management)方案加入防止复制，或者加入限制播放时间和播放次数，甚至是播放机器的限制，可有力地防止盗版。

**7. MP4 格式**

该格式采用美国电话电报公司（AT&T）所研发的以“知觉编码”为关键技术的 A2B 音乐压缩技术，由美国网络技术公司（GMO）及 RIAA 联合公布的一种新的音乐格式。MP4 在文件中采用了保护版权的编码技术，只有特定的用户才可以播放，有效地保证了音乐版权的合法性。另外 MP4 的压缩比达到了 1∶15，体积较 MP3 更小，但音质却没有下降。不过因为只有特定的用户才能播放这种文件，因此其流传广度与 MP3 相比差距甚远。

**8. SACD 格式**

SACD(SA＝SuperAudio)是由 SONY 公司正式发布的。它的采样率为 CD 格式的 64 倍，即 2.8224MHz。SACD 重放频率带宽达 100kHz，为 CD 格式的 5 倍，24 位量化位数，远远超过 CD，声音的细节表现更为丰富、清晰。

**9. Quicktime 格式**

QuickTime 是苹果公司于 1991 年推出的一种数字流媒体，它面向视频编辑、Web 网站创建和媒体技术平台，QuickTime 支持几乎所有主流的个人计算平台，可以通过互联网提供实时的数字化信息流、工作流与文件回放功能。

**10. VQF 格式**

VQF 格式是由 YAMAHA 和 NTT 共同开发的一种音频压缩技术，它的压缩率能够达到 1∶18，相同情况下压缩后 VQF 的文件体积比 MP3 小 30%～50%，更便利于网上传播，同时音质极佳，接近 CD 音质(16 位 44.1kHz 立体声)。但 VQF 未公开技术标准，至今未能流行开来。

**11. DVD Audio 格式**

DVD Audio 是新一代的数字音频格式，与 DVD Video 尺寸以及容量相同，为音乐格式的 DVD 光碟，取样频率为“48kHz/96kHz/192kHz”和“44.1kHz/88.2kHz/176.4kHz”可选择，量化位数可以为 16 位、20 位或 24 位，它们之间可自由地进行组合。低采样率的 192kHz、176.4kHz 虽然是 2 声道重播专用，但它最多可收录到 6 声道。而以 2 声道 192kHz/24b 或 6 声道 96kHz/24b 收录声音，可容纳 74 分钟以上的录音，动态范围达 144dB，整体效果出类拔萃。

**12. MD 格式**

SONY 公司的 MD(MiniDisc)大家都很熟悉了。MD 之所以能在一张小小的盘中存储 60～80 分钟采用 44.1kHz 采样的立体声音乐，就是因为使用了 ATRAC 算法(自适应声学转换编码)压缩音源。这是一套基于心理声学原理的音响译码系统，它可以把 CD 唱片的音频压缩到原来数据量的 1/5 而声音质量没有明显的损失。ATRAC 利用人耳听觉的心理声学特性(频谱掩蔽特性和时间掩蔽特性)以及人耳对信号幅度、频率、时间的有限分辨能力，编码时将人耳感觉不到的成分不编码、不传送，这样就可以相应减少某些数据量的存储，从而既保证音质又达到缩小体积的目的。

**13. RA 格式**

RealAudio 是由 Real Networks 公司推出的一种文件格式，最大的特点就是可以实时传输音频信息，尤其是在网速较慢的情况下，仍然可以较为流畅地传送数据，因此 RealAudio 主要适用于网络上的在线播放。现在的 RealAudio 文件格式主要有 RA (RealAudio)、RM(RealMedia，RealAudio G2)、RMX(RealAudio Secured)3 种，这些文件的共同之处在于随着网络带宽的不同而改变声音的质量，在保证大多数人听到流畅声音的前提下，令带宽较宽敞的听众获得较好的音质。

**14. Liquid Audio 格式**

Liquid Audio 是一家提供付费音乐下载的网站。它通过采用自己独有的音频编码格式来提供对音乐的版权保护。Liquid Audio 的音频格式就是所谓的 LQT。如果想在 PC 中播放这种格式的音乐，就必须使用 Liquid Player 或 Real Jukebox 播放器。这些文件不能够转换成 MP3 和 WAV 格式，因此采用这种格式的音频文件无法被共享和刻录到 CD 中。如果非要把 Liquid Audio 文件刻录到 CD 中，就必须使用支持这种格式的刻录软件和 CD 刻录机。

**15. Audible 格式**

Audible 拥有 4 种不同的格式：Audible1、Audible2、Audible3、Audible4。Audible.com 网站主要是在互联网上贩卖有声书籍，并使用 4 种格式来对网站中所销售商品、文件进行保护。格式的选择主要考虑音频源以及所使用的收听设备的不同，格式 1、2 和 3 采用不同级别的语音压缩，而格式 4 采用更低的采样率及与 MP3 相同的解码方式，所得到语音更清楚，而且可以更有效地从网上进行下载。Audible 采用专有的桌面播放工具，即 Audible Manager，使用这种播放器就可以播放存放在 PC 或者是传输到便携式播放器上的 Audible 格式文件。

**16. VOC 文件格式**

在 DOS 程序和游戏中常会遇到这种文件，它是随声霸卡（Creative 公司生产的声卡）一起产生的数字声音文件，与 WAV 文件的结构相似，可以通过一些工具软件方便地互相转换。

**17. AU 格式**

在 Internet 上的多媒体声音主要使用该种文件。AU 文件是 UNIX 操作系统下的数字声音文件，由于早期 Internet 上的 Web 服务器主要是基于 UNIX 的，所以这种文件成为 WWW 上使用的唯一标准声音文件。

**18. AIFF 格式**

AIFF(.AIF)是苹果公司开发的声音文件格式，被 Macintosh 平台和应用程序所支持。

**19. Amiga 格式**

Amiga(.SVX)是 Commodore 所开发的声音文件格式，被 Amiga 平台和应用程序所支持，不支持压缩。

**20. MAC 格式**

MAC(.snd)是苹果公司所开发的声音文件格式，被 Macintosh 平台和多种 Macintosh 应用程序所支持，支持某些压缩。

**21. S48 格式**

S48(stereo、48kHz)采用 MPEG-1 layer 1、MPEG-1 layer 2(简称 MP1，MP2)声音压缩格式，由于其易于编辑、剪切，因此在广播电台应用较广。

**22. AAC 格式**

AAC 是高级音频编码的缩写，是由 Fraunhofer IIS-A、杜比和 AT&T 共同开发的一种音频格式。它是 MPEG-2 规范的一部分，采用的运算法则与 MP3 的运算法则有所不同，AAC 通过结合其他的功能来提高编码效率。AAC 的音频算法在压缩能力上远远超过了以前的一些压缩算法(如 MP3 等)。它还同时支持多达 48 个音轨、15 个低频音轨、更多种采样率和比特率、多种语言的兼容能力、更高的解码效率。总之，AAC 可以在比 MP3 文件缩小 30%的前提下提供更好的音质。

从另外一种角度而言，一种数字音频格式就对应这一种数字音频的编码方式，关于编码的算法方式在其他章节中另有讲解，在播放不同格式的音频文件时可能需要不同的播放器(技术上一般称为解码器或音频解码算法)。

数字音频给人类的生活带来了前所未有的变化。它以音质优秀、传播无损耗、可进行多种编辑和转换而成为主流，并且应用于各个方面。例如，音响设备、IP 电话、卫星电话、数字卫星电视以及专业录音、制作等。展望未来，数字音频将会应用于更多的领域，而且会拥有更清晰、更真实的音质、更小巧的体积和更方便的传输和转换功能。

## 3.4 数字音频处理技术

### 3.4.1 数字音频处理的操作技术

对音频进行处理，其目的主要是为了使得到的声音效果能够满足人们听觉上的需要，通过数字的方式可以使音频处理更加简便、更大众化。对于数字音频的技术操作具体来说可以归纳为以下 6 个方面的内容。

**1. 数字录音**

该技术操作是指通过数字方式将自然界中的声源或者存储在其他介质的模拟声音通过"采样—量化—编码"的方式将其变成计算机中或其他数字音频设备中能够识别的数字声音。

**2. 数字音乐创作**

该技术操作是指通过相关的数字音频创作工具(如计算机和 Midi 键盘、Midi 吉他等)直接创作数字音频，通常是数字音乐。

**3. 声音剪辑**

该操作旨在对数字音频素材进行裁剪或者复制。例如，将某个音频文件中的多余片段去掉，或者将需要重复的声音片段复制到该素材中的其他位置，或者仅仅是将两段声音按照顺序连接在一起。

**4. 合成声音**

合成声音是指根据需要，把多个声音素材叠加在一起，生成混合效果。也可称为混音，这和声音剪辑中的两段声音的连接是不一样的，两段声音的连接是有时间的先后，而声音的合成可以使两个声音在同一时间点上出现，例如，有一个音频素材是鸡鸣声，而另一个是狗叫声，如果进行声音剪辑的话，那么鸡鸣和狗叫就有先后，而声音合成可以是先后出现，也可以是在鸡鸣的时候狗也开始叫唤。

**5. 增加特效**

增加特效是指对原始的数字音频素材进行听觉效果的优化调整，以使其符合需要。例如，增加混响时间使声音更加圆润，增加回声效果，改变频率、增加淡入淡出效果或者形成倒序声音效果，使效果更加丰富。

**6. 文件操作**

对数字音频的文件操作是指对整个音频文件进行的操作，而非仅仅改变其音色、音效。例如，保存 WAV 文件，生成 MP3 文件，转换声音文件指标和文件格式，或者对数字音频文件进行播放、网络发布、光盘刻录等操作。

### 3.4.2 数字音频处理的硬件技术

在模拟处理手段中，无论是声音的存储、优化，还是混合和播放等操作都需要用到对应的硬件设备。对于数字音频而言，可以采用专门为数字音频处理而开发的设备，也可以采用多媒体计算机和相应的软件。数字音频处理设备可以分为两类：一类是专用数字音频设备，另一类是非专为处理音频而设计的多媒体计算机。

**1. 数字调音台**

前面介绍过模拟的调音台，可以知道调音台的作用有两个：其一是将每一路进行优化和调节；其二，对多路声音进行混合输出。数字调音台也具有这些作用，其外形和模拟调音台一样，不同的地方在于：其内部处理电路是以数字的方式处理数字信号。正是因为数字调音台采用的是数字处理方式，因此它比模拟调音台更优越：数字信号处理不产生劣化，能获得比模拟调音台更高的音频质量；可以实现计算机控制，为高度自动化和智能化提供了可能。

**2. 数字录音机**

图3-8所示为数字录音机。数字录音机是对模拟录音方式进行了升级，采用数字记录方式来存储音频信号。一般可用硬盘记录方式或者光盘记录方式。例如，大家所熟悉的带录音功能的MP3就是数字录音机的代表。其实早在1967年日本就开始研制数字录音机，只不过一直在高端市场运作，如广播电台、电视台中的录音等。直到近几年才开始步入百姓生活。

图3-8 数字录音机

**3. 数字音频工作站**

图3-9所示为数字音频工作站。数字音频工作站是一台能够完成从录音、编辑、混合、压缩，一直到最后刻出母盘等全部音频节目制作过程的设备。拥有这样一台设备就相当于拥有了调音台、多轨录音机、编辑机、效果器等这些录音棚中价值不菲的全部设备。它最大的特点就是集成度高，免去录音连线的烦恼，且便于携带。

在进行数字音频处理时，除了用到上述几种专用的硬件设备外，还会用到一些其他配套设备，如麦克风、音箱等。不管是专用设备，还是多媒体计算机，在处理数字音频时，其关键的硬件技术内核包括以下几种。

1）模/数转换器

模/数转换器(Analog to Digital Converter，ADC)是一个硬件芯片，一般用在带录音功能的音频处理设备之中，其作用就是将模拟的音频电压(流)信号转成数字脉冲电压(PCM)信号。任何ADC都包括采样、量化和编码3个基本功能，用来完成从模拟的音频信号向数字音频信号的采集过程。

图 3-9　数字音频工作站

2）数/模转换器

数/模转换器(Digital to Analog Converter,DAC)也是一个硬件芯片,一般用在数字音频的重放设备中,用来将数字音频信号还原成模拟的音频信号。可以把 DAC 想象成 16 个小电阻,各个电阻值是以 2 的倍数增大。当 DAC 接收到来自计算机中的二进制 PCM 信号,遇到 0 时相对应的电阻就开启,遇到 1 相对应的电阻不作用,这样每一批 16B 数字信号都可以转换为相对应的电压大小。如图 3-6 所示,还原后的电流信号看起来就像阶梯一样,当然会跟原来平滑的信号有些差异,但是人的耳朵没有那么灵敏,只要采样的频率和量化深度足够的话,一般不会察觉到差异。

3）数字信号处理器

数字信号处理器(Digital Signal Processor,DSP)是一个专门用来处理数字声音的微型处理器,类似于计算机中的 CPU,可以用来模拟和产生声场,并对声音效果进行控制。

### 3.4.3　数字音频处理的软件技术

进行数字音频处理时,人们可以依赖专业数字音频设备来完成各种音频编辑操作,也可以依赖于普通的多媒体计算机和相应的软件技术来完成相应的技术处理。在某些时候,还可以将专业设备与计算机相结合起来,用计算机和软件来控制专业设备或两者协同工作,共同进行数字音频编辑。

数字音频编辑软件可分为两种：一种是音源软件(音序器软件),主要是针对数字音乐创作而言。它是一种可以用来产生和模拟各种乐器或发声物的应用软件。音源软件中最核心的是音序器,其主要作用是把音乐元素或事件进行系列或序列编程。这类软件一直与 MIDI 音乐创作联系在一起。另外一种软件是编辑软件,可以完成对声音的录音、剪辑、混音合成、特效处理。下面来介绍几款较为常用的数字音频编辑软件。

**1. 数字音频处理软件中的技术概念**

通过上述音频工作站软件的描述可以看到，一般工作站软件主要是完成音频的录制、剪辑、混音、特效处理、后期合成等工作，是一种对音频素材进行整合优化的软件。在该类软件中，涉及几个关键的技术概念。

1）声道

声道（Sound Channel）是指声音在录制或播放时在不同空间位置采集或回放的相互独立的音频信号，所以声道数也就是声音录制时的音源数量或回放时相应的扬声器数量。

对于声音而言，声道是控制声音的立体感觉的一种手段。如当声音源在人的左侧或者是右侧时，人们很容易就能够知道声音的方位。其原因很简单，主要是因为声音到达左右耳朵有一定的距离，造成的声音强弱度不一样；那么，同样对于有各种声源的声音记录和重放的时候（如音乐会，各自乐器对于观众的距离和方位都有不同），重放出来的声音能不能反应出当时的现场呢？这就取决于记录后声音的声道数。

当然，多个声道不一定就能有好的效果，要看声音的采样频率和量化等级，还要看声卡和功放的还原能力，以及音箱的数量和能力。各个环节都很重要，多个音箱表现一个声道效果不会好，多个声道用一个音箱更不堪入耳。

可以这样去理解：声道就是不同位置发出的声音。这一概念在音序器软件中同样存在。

2）音轨

音轨就是在音频处理软件中看到的一条一条的平行“轨道”。每条音轨分别定义了该条音轨的属性，如音轨的音色、音色库、通道数、输入/输出端口、音量等。无论是音序器软件还是调音台软件都会使用到这一技术，这是数字音频处理中使用频率最高的技术。

在音序器软件中一条音轨对应于音乐的一个声部或者对于一种乐器，它把 MIDI 或者音频数据记录在特定的时间位置。对于音频工作站软件而言，每一音轨对于一个原始音频素材文件或者前后对应多个音频文件。所有的音频处理软件都可以允许多音轨操作，也就是在某一段时间内，可以同时让多个音频素材同时播放，产生混音效果。

3）时序

时序是数字音频处理软件中的一个相当重要的概念。所谓时序，其实也就是时间的顺序，这是编辑处理视频、音频、动画等媒体的一个共同概念和基本思想。人们在处理多个轨道多个音频素材时，这些素材的先后顺序如何去定义，这就是时序的思想。

**2. 音源软件**

首先来介绍两款音序器软件。

1）Cakewalk

Cakewalk 是全世界使用率最高的专业作曲软件，其功能非常全面，不但可以制作 MIDI，还能录制音频；在歌曲伴奏制作完后，通过 Cakewalk 的音频功能，可以将制作的歌曲伴奏录制成音频（WAV）文件，也可以在 Cakewalk 的界面下直接录制人声，将 MIDI 和音频文件混合编辑。从它推出的新版本 Sonar 开始向音源和音频工作站一体化方向发展。

2）FL Studio

FL Studio 是一款音乐创作利器，能够让作者的计算机变成全功能的录音室。它首先提供了音符编辑器，可以根据音乐创作人的要求编辑出不同音律的节奏，例如鼓、镲、锣、钢琴、笛、大提琴、筝、扬琴等。其次提供了音效编辑器，音效编辑器可以编辑出各类声音在不同音乐中所要求的音效，例如各类声音在特定音乐环境中所要展现出的高、低、长、短、延续、间断、颤动、爆发等特殊声效。另外它还提供了方便快捷的音源输入，对于在音乐创作中所涉及的特殊乐器声音，只要通过简单外部录音后便可在 FL Studio 中方便调用，音源的方便采集和简单的调用造就了 FL Studio 强悍的编辑功能。

**3. 音频工作站软件**

音频编辑软件及功能如下。

1）Cubase

Cubase 是德国著名的 Steinberg 公司出品的苹果、PC 双平台软件。虽然使用人数低于 Cakewalk，但它却更受专业人士的推崇。Cubase 在许多方面技术都比 Cakewalk 要优秀，其录音、混音功能更加完善。而 Steinberg 推出的 ASIO 平台使得软件录音技术能够真正实用。

但是 Cubase 的操作不太人性化，很不方便，需要花较多的时间去学习，而且要想发挥 ASIO 的优势，需要安装一块支持 ASIO 技术的专业声卡。音频方面，Cubase 比 Cakewalk 较成熟；而软件合成器方面，Cubase 占有绝对优势。

Cubase 从 5.0 版开始全面支持软件合成器技术。它是目前最成熟的 MIDI/音频/合成器一体化音乐工作站。

2）Nuendo

Nuendo 是 Steinberg 新推出的，它似乎是 Cubase 的变种版本。但它主要强调的是录音、混音和环绕声制作。著名的老牌摇滚乐队 Queen 刚刚推出的最新杜比环绕声 DVD 音乐大碟就是用 Nuendo 做的。而 Cubase、Cakewalk 都不能制作多声道环绕声。Nuendo 也能够进行视频配音配乐工作。

Nuendo 是一个非常优秀的多轨录音、混音软件。

3）Logic Audio

Logic Audio 是一个功能强大的“音乐工作站”，既有苹果版又有 PC 版，在美国应用广泛，适合专业人士使用。它是 MIDI/音频/合成器一体化的音乐工作站。

4）Samplitude

Samplitude 并不是一个全能的音乐工作站软件，因为它的 MIDI 功能非常弱，而且不支持软件合成器插件。但它的混音能力效果好，比较适合在独立的计算机中工作，是一款非常优秀的多轨录音、混音、音频编辑软件。

5）Vegas Audio/Video

Vegas Audio 是一款多轨音频软件，Vegas Video 则是多轨视频软件，它们都是著名的 Sonic Foundry 公司出品的。功能上很接近，所不同的是前者有一条视频轨，后者有无限条视频轨。它们都没有 MIDI 功能，只有音频和视频功能。

Vegas Audio 的音频编辑能力非常强，具有无限轨道，26 个 Aux，而且操作非常方便。Vegas Audio 对各种格式的支持非常好，能够在同一轨道里混排不同格式的音频数据，是一款很好的多轨音频软件。

Vegas Video 既是一个强大的多轨音频工作站，又是一个专业的视频编辑软件。它的视频功能几乎等同于著名的 Premiere：无限视频轨，强大灵活的剪辑操作，支持各种视频格式，全面支持 DV，全面支持网络流媒体文件，支持 DVD，各种特效、字幕工具，支持效果插件。它的运行速度和处理速度比 Premiere 快得多，对系统的消耗很少。除视频之外，它在音频方面则更是遥遥领先于其他视频软件。

6）Sound Forge

Sound Forge 是著名的 Sonic Foundry 公司的主打产品，是广泛应用于计算机多媒体领域的音频编辑软件，同时大量用于游戏音效的处理和编辑。Sound Forge 的音频编辑功能十分完善，能够对音频文件进行非常精细的编辑，自带各种效果器，支持 DirectX 插件，能够为视频配音配乐，能刻制音乐 CD。

7）Wavelab

Wavelab 的功能与 Sound Forge 不相上下，双方都有各自的优势。Sound Forge 的优势是各种功能很多，对各种音频格式的支持很好，操作方便；而 Wavelab 的优势是处理速度快，能够进行实时效果处理，能够进行简单的多轨混音。

Wavelab 的效果实时处理是它的一大特色。它有一个主通道调音台，可以实时调节音量，以及加各种效果。一般认为，Sound Forge 更适合多媒体音频编辑工作，而 Wavelab 可以胜任音乐制作方面的任务。

8）Cool Edit

Cool Edit 是一个很强大的软件，分为 Cool Edit Pro 和 Cool Edit 2000 版，前者是全功能的专业版，后者是简化版。Cool Edit 的处理效果非常专业。Cool Edit Pro 有两种操作方式——多轨的和单个文件的，也可以作为一个简单的多轨音频工作站软件来使用。Cool Edit 在效果处理方面领先于其他同类软件，尤其是降噪和变调功能。

9）Adobe Audition

Adobe Audition 是集音频录制、混合、编辑和控制于一身的音频处理工具软件，前身就是 Cool Edit Pro。它功能强大，控制灵活，可以录制、混合、编辑和控制数字音频文件，也可以轻松创建音乐、制作广播短片、修复录制缺陷，还可以在使用外部硬件的情况下自动记录参数，在侦听的同时调节音量、面板和效果控制，实时记录这些变化。如果使用外部硬件控制设备产生变化，这些变化以可编辑的封装形式实时呈现。

10）Wavecn

这是一款国产音频处理软件，具有录音、剪辑、处理效果、文件操作等多种音频处理功能。

### 3.4.4 数字音频处理实例

下面通过一个简单的数字音频合成实例，介绍数字音频编辑的操作步骤。下面的实例任务是录制一首歌曲。

（1）准备好必要的硬件设备，通常必须的工具有多媒体计算机、声卡、话筒和耳机，当然还有录制软件，对于初学者来说用 Cool Edit Pro 软件比较方便。

（2）准备伴奏音乐。确定好要录制的歌曲后，可以到网络中下载所需要的伴奏。如果伴奏是乐器现成演奏的，还可以通过软件现场录制。

（3）开始录制工作。打开 Cool Edit Pro 软件，进入多音轨界面，如图 3-10 所示，将上一步中准备好的伴奏导入到音轨 1 处。将音轨 2 作为人声录制音轨，做好准备后，按下“录制”

键开始录制。注意录制前，一定要调节好总音量及麦克音量，录制时要关闭音箱，通过耳机来听伴奏，跟着伴奏进行演唱和录音。如果中间觉得录制得不够好，想重新录制的话，可以先删除已录制的文件，然后重新录制。

图 3-10　Cool Edit 录音及合成

(4) 检查并输出。录音完毕后，可选中音轨 2 人声文件进行试听，看有无严重的出错，是否要重新录制，满意后便可将伴奏和人声混缩合成在一起，并将混缩合成后的文件存为 MP3 或 WMA 格式，并取一个文件名。至此任务就完成了。

## 3.5　数字音频技术的应用

如前文所述，人类接受信息的来源中有 21% 是来自于声音。而就声音的处理技术上，数字音频技术比模拟音频技术有更大的优势，特别是在当前数字化设备越来越普及的情况下，数字音频技术在工业生产和日常生活中的应用范围也越来越大，大有替代模拟音频处理技术之势。下面就简单地介绍数字音频技术在几个方面的具体应用。

**1. 数字广播**

相比较而言传统的音频广播技术有其不可克服的技术缺陷，例如，声音质量逐渐满足不了人民的生活需求；广播业务单一，受众只能被动接受广播信息和数据；接收质量不能有效保证，特别是在移动接收的情况下。

而数字广播可以克服这些缺点。试想一下，每个人只要拥有一台自己的计算机，就可以自己制作广播节目，可以自己建立一个基于互联网的数字广播台，自己可以有选择地收听他人制作的各种节目而不受时间的限制。当然这仅仅是基于互联网的数字音频广播技术，人们也可以利用数字通信卫星来传输数据信号，从而实现数字音频无线广播，这样无论从声音节目的制作、传输和接收上都可以采用数字的方式。可以试想一下，借助于这种无线音频广播技术，人们无论身置何处，通过一个数字式的收音机就可以听到CD音质的广播节目，在校园广播中也收听到自己宿舍录制的节目等。

**2. 音乐制作**

通常音乐制作中追求的是声音效果，在传统的音乐制作过程中，追求音乐效果是以昂贵的专业设备为代价的。而对于现在的音乐制作而言，并非专业录音棚中才能出成果。通过普通的话筒、声卡，再配上专业的调音台软件和一个技术操作能手，人们就可以制作出能与传统工艺媲美的音乐作品，还可以通过数字音源软件去模拟专业乐器的声音效果，去创作层次更丰富的音乐产品，而无须手指弹奏。

**3. 影视游戏配乐**

影视和游戏作品中的声音元素是非常重要的。对于影视作品中的声音，除了现场的同期声之外，还有后期处理过程中加上去的背景音乐等，在传统影视制作过程中，这就需要音频制作的相关技术。而在当前影视制作技术开始数字化的情况下，影视制作中的配音和配乐也越来越多地依靠数字音频技术，在声音与画面的对位上面，借助于数字化技术可以更方便，同时也可以得到效果更逼真的声音记录。对于游戏而言，好的背景音乐和逼真的音响效果是增强游戏人气的重要一环。

**4. 个人家庭娱乐**

数字音频技术还广泛的应用于个人和家庭娱乐生活。例如，录制个人原创或翻唱歌曲、记录家庭生活声音片断、网络发布个人播客(个人电台)等。

当然，数字音频技术的应用范围非常广泛，在这里仅仅列举这几个方面，更多的是要大家今后广泛地去实践和体验。

## 练习与思考

1. 模拟音频获取和处理所涉及的设备有哪些？说出各自的主要功能。

2. 原始声音信号是一种模拟信号，而计算机、数字CD、数字磁道中存储的都是数字化声音。计算机要对声音信号进行处理，必须将模拟音频信号转换成数字音频信号。请说明模拟声音信号数字化过程中的3个基本步骤。

3. 选择采样频率为22、样本精度为16位的声音数字化参数，在不采用压缩技术的情况下，录制1分钟的双声道音频信号需要的存储空间为多少(千字节)？请写明计算步骤。

4. 下列采集的波形声音质量最好的是(　　)。

A. 单声道、8位量化、22.05kHz采样频率

B. 双声道、8位量化、44.1kHz采样频率

C. 单声道、16位量化、22.05kHz采样频率

D. 双声道、16位量化、44.1kHz采样频率

5. 下列采样频率中，(　　)是目前声卡所支持的。

A. 20kHz　　B. 22.05 kHz　　C. 100 kHz　　D. 50 kHz

6. 在网上下载一首 MP3 格式的歌曲，用一款音频处理软件将其分别转换为其他数字音频格式，比较其文件大小和声音质量的变化。

## 参考文献

[1] 吕庆全. 音频信号记录的百年沧桑——兼论国内外录音技术发展动态. 西部广播电视，1996(1).

[2] 音频处理软件和音序器软件详细介绍. http://www.docin.com/p-62380827.html.

[3] 爱迪生与留声机. http://tech.sina.com.cn/d/2007-11-23/14421870793.shtml.

[4] 音频数字化技术基础. http://wenku.baidu.com/.

[5] 什么是音频数字化. http://blog.csdn.net/oldmtn/article/details/7743445.

[6] 关于数字音频的基本知识. http://wenku.baidu.com/.

# 第4章　数字图像处理技术

媒体分为文本、声音、图形、图像、动画和视频等。图像相较于声音携带了更大量的信息，而且更加形象、直观，表达信息更为具体、准确，因而信息传播效果好，应用十分广泛。图像的显示方式与颜色模式相关，常见的颜色模式包括RGB、YUV、CMYK等，并且相互之间可以转换。图像的基本属性包括分辨率、颜色深度和颜色模式。图像的获取、编辑、处理与设备、软件等相关，其核心的概念包括图层、通道、滤镜、蒙版、路径和选择区等。

本章首先介绍图像的基本知识（如颜色模型、图像基本属性），在此基础上介绍了数字图像的获取技术及相关设备，并重点阐述了数字图像的编辑软件、编辑流程和技术，最后还概括了数字图像处理技术的实际应用。内容相互关系如下：

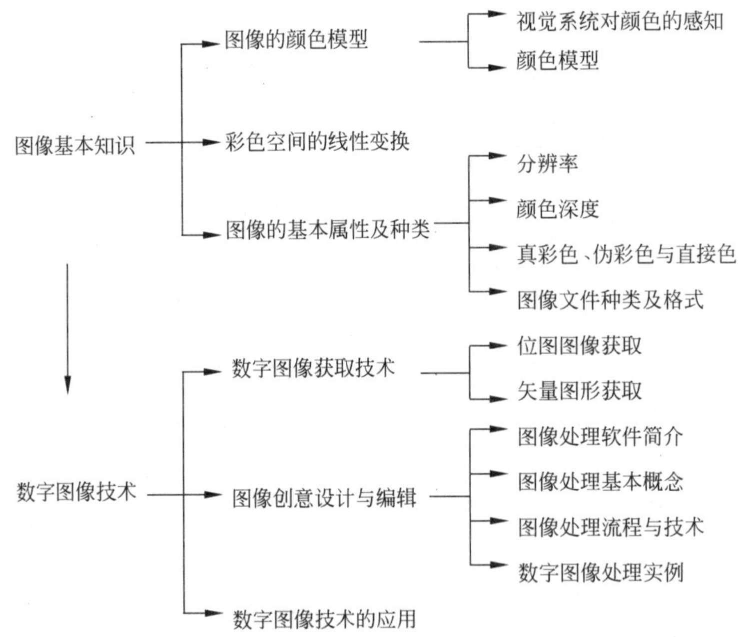


通过本章内容的学习，学习者应能达到以下学习目标：

（1）了解颜色模型概念、颜色表示方法；理解各模型与RGB模型之间的变换方法。

（2）掌握图像的基本属性。

（3）了解位图和矢量图文件的获取和编辑方法。

（4）能较熟练操作数码相机、扫描仪和绘图板等。

（5）初步掌握Photoshop软件的核心概念以及基本操作。

## 4.1 数字图像基础

### 4.1.1 视觉系统的图像感知

眼睛看到的自然景观或图像，除了本身的形状、材质等特征外，还与一个重要的因素：颜色。在计算机中颜色对于图像的获取、存储和处理起着至关重要的作用。在认识图像之前，有必要先了解颜色的有关知识。

同一种光线条件下，之所以会看到不同景物具有各种不同的颜色，这是因为物体的表面具有吸收或反射不同光线的能力。光不同，眼睛就会看到不同的色彩。因此，色彩的产生是光对人的视觉和大脑发生作用的结果，需要经过"光—眼—神经"的过程才能见到色彩，是一种视知觉。

当人的眼睛受到380～780nm范围内可见光谱的刺激以后，除了有亮度的反应外，同时产生色彩的感觉。一般情况下光进入视觉通过以下3种形式。

(1) 光源。光源发出的色光直接进入视觉，像霓虹灯、日光灯、蜡烛等的光线都可以直接进入视觉。

(2) 透射光。光源穿过透明或半透明物体后再进入视觉的光线，称为透射光。透射光的亮度和颜色取决于入射光穿过被透射物体之后所达到的光透射率及波长特征。

(3) 反射光。反射光是光进入眼睛的最普遍的形式。在有光线照射的情况下，眼睛能看到的任何物体都是该物体的反射光进入视觉所致。

眼睛对可见光谱的光十分敏感，波长不同所产生的色觉有别，因此能辨别五彩缤纷的世界万物。物体色彩的显示方式多种多样。一类物体的色彩是由其本身辐射的光波形成的，这类物体称为发光体，如太阳、火焰、电灯等。发光体的颜色决定于所发色光的光谱成分。而自然界中绝大多数的物体并不发光，它们的颜色是通过对照射光的吸收、反射或透射来显示的，这类物体称为非发光体。

当光(包括光源光、透射光、反射光)的刺激通过瞳孔到达视网膜，视网膜上有大量的视神经体，即锥状细胞和柱状细胞，会吸收光线。其中，锥状细胞有感受红、绿、蓝三基色光的细胞，能感受色彩。柱状细胞不能识别色彩，但感受光线明暗能力强，在弱光下锥状细胞感受迟钝，由柱状细胞以明暗深浅辨别色彩。正常色觉的人，大致能区别750万种色彩。视神经受到光线刺激，转化为神经冲动，通过神经纤维，将信息传达到大脑的视觉中枢，产生色彩的感觉。

通常人们在通过视觉器官感知色彩的同时，往往伴随着其他感觉器官及大脑等的活动而产生综合性的知觉和意识活动。因此，当使用色彩时，不仅要依据客观的科学知识，而且要结合印象、记忆、联想、象征，经验和传统习惯等以达到良好色彩效应。

### 4.1.2 数字图像的种类及特点

按照图像在计算机中显示时不同的生成方式可以将图像分为矢量图(形)和点位图(像)。所谓矢量图，是用一系列计算机指令来表示一幅图，如点、线、曲线、圆、矩形等。这种方法实际上是用数学方法来描述一幅图，然后变成许多的数学表达式。在显示图时，也往往能看到画图的过程。例如，一幅画的矢量图形实际上是由线段形成的外框轮廓，由外框的颜色及外框所封闭的颜色决定一幅画显示出的颜色。绘制和显示这种图的软件通常称为绘图程序，如 Adobe Illustrator、CorelDraw 绘图软件。

矢量图文件一般较小。矢量图文件的大小主要取决图的复杂程度。矢量图最大的优点还在于当它被放大、缩小或旋转等操作时不会失真。矢量图与分辨率无关，可以将它缩放到任意大小和以任意分辨率在输出设备上打印出来，都不会影响清晰度。因此，矢量图是文字（尤其是小字）和线条图形（如徽标）的最佳选择。然而，当图变得很复杂时，计算机就要花费很长的时间去执行绘图指令。此外，对于一幅复杂的彩色照片（例如一幅真实世界的彩照），恐怕就很难用数学来描述，因此它最大的缺点是难以表现色彩层次丰富的逼真图像效果，遇到这种情况往往就要采用点位图表示。

点位图简称位图，与矢量图不同，它是把一幅图分成许多的像素，每个像素用若干个二进制位来指定该像素的颜色、亮度等属性。一幅图由许多描述各个像素的数据组成，而这些数据组成一个文件来存储，这种文件即位图文件。位图文件大小与分辨率有关，换句话说，它包含固定数量的像素，代表固定的图像数据。因此，如果在屏幕上以较大的倍数放大显示，或以过低的分辨率打印，位图会出现锯齿边缘，或会遗漏细节。位图文件占据的存储器空间比较大，在表现复杂的图像和丰富的色彩方面有明显的优势。点位图的获取通常用扫描仪、摄像机、录像机、激光视盘以及视频信号数字化卡等设备，通过这些设备把模拟的图像信号变成数字图像数据。

矢量图和点位图之间可以用软件进行转换，由矢量图转换成点位图采用光栅化（Rasterizing）技术，这种转换也相对容易；由点位图转换成矢量图用跟踪（Tracing）技术，这种技术在理论上说很容易，但在实际中很难实现，对复杂的彩色图像尤其如此。

所谓图像格式，即图像文件存放在存储器上的格式，各种文件格式通常是为特定的应用程序创建的。不同的文件格式可以用不同的扩展名来区分，如 PSD、BMP、TIFF、JPG 等。目前流行的计算机图像处理软件有许多种，这些软件对各自产生的图像文件的存储方式有着不同的规定，因此就有了众多的文件格式。这些文件格式大致上可以分为两大类：一类是属于位图图像文件格式，另一类是属于矢量图形的文件格式。

位图图像常用的文件格式有以下几种。

（1）PSD 图像格式。扩展名是 PSD，全名为 Photoshop Document，它是 Photoshop 的专用文件格式，也是唯一可以存储 Photoshop 特有的文件信息以及所有彩色模式的格式。如果文件中含有图层或通道信息时，就必须以 PSD 格式存档。PSD 格式可以将不同的物件以图层分离存储，便于修改和制作各种特效。

（2）BMP 图像格式。扩展名是 BMP，全名为 Bitmap-File。它是 Windows 采用的图像文件存储格式，在 Windows 环境下运行的所有图像处理软件都支持这种格式。该图像格式采用的是无损压缩，因此其优点是图像完全不失真，其缺点是图像文件的尺寸较大。

（3）JPEG 图像格式。扩展名是 JPG，全名为 Joint Photograhic Experts Group。它利用一种失真式的图像压缩方式将图像压缩在很小的储存空间中，其压缩比率通常为 10∶1～40∶1。这样可以使图像占用较小的空间，所以很适合应用在网页图像中。JPEG 格式的图像压缩的主要是高频信息，对色彩的信息保留较好，因此也普遍应用于需要连续色调的图像中。

(4) GIF 图像格式。扩展名是 GIF，全名是 Graphics Interchange Format。此种格式的图像特点是文件尺寸较小，支持透明背景，特别适合作为网页图像。此外，GIF 文件格式可在一个文件中存放多幅彩色图形、图像可以像演幻灯片那样显示或者像动画那样演示。

(5) TIFF 图像格式。扩展名是 TIF，全名是 Tagged Image File Format。它是一种非失真的压缩格式(最高只能做到 2～3 倍的压缩比)，能保持原有图像的颜色及层次，但占用空间却很大。例如，一个 200 万像素的图像，差不多要占用 6MB 的存储容量，故 TIFF 常被应用于比较专业的用途，如书籍出版、海报等，极少应用于互联网上。

矢量图形的文件格式主要有以下几种。

(1) CDR 格式。CDR 是 CorelDraw 中的一种矢量图形文件格式。它是所有 CorelDraw 应用程序中均能够使用的一种文件格式。

(2) DWG 格式。DWG 是 AutoCAD 中使用的一种图形文件格式。

(3) DXF 格式。DXF 是 AutoCAD 中的图形文件格式，以 ASCII 码方式存储图形，在表现图形的大小方面十分精确，可被 CorelDraw、3ds Max 等大型软件调用编辑。

(4) EPS。EPS 是用 PostScript 语言描述的一种 ASCII 图形文件格式，在 PostScript 图形打印机上能打印出高品质的图形图像，最高表示 32 位图形图像。

### 4.1.3 数字图像的颜色模式

颜色模型是用来描述人们能感知的和处理的颜色。在图形图像显示领域，通常用到的颜色模型包括 RGB、CMYK、HSB、YUV(YIQ)和 CIE Lab 5 种。

**1. RGB 颜色模型**

RGB 颜色模型是颜色最基本的表示模型，也是计算机系统彩色显示器采用的颜色模型。其中，R、G、B 分别代表红(Red)、绿(Green)、蓝(Blue)三色。RGB 颜色模型通常用图 4-1 所示的单位立方体来表示。

RGB 颜色模型也称为加色模型，各种颜色由不同比例红、绿、蓝 3 种基本色的叠加而成。当三基色按不同强度相加时得到的颜色称为相加色。任意颜色 $F$ 的配色方程为：

$$F=r[R]+g[G]+b[G]$$

式中，$r[R]$、$g[G]$、$b[G]$为 $F$ 色的三色分量。其中，等量的红绿相加而蓝为 0 值时得到黄色；等量的红蓝相加而绿为 0 时得到品红色；等量的绿蓝相加而红为 0 时得到青色；等量的红绿蓝三色相加时得到白色。三基色相加的结果如图 4-2 所示。如果 $r[R]$、$g[G]$、$b[G]$ 3 个分量各占一个字节(8 位)，这样共可表示 $2^{24}=16\ 777\ 216$ 种颜色。

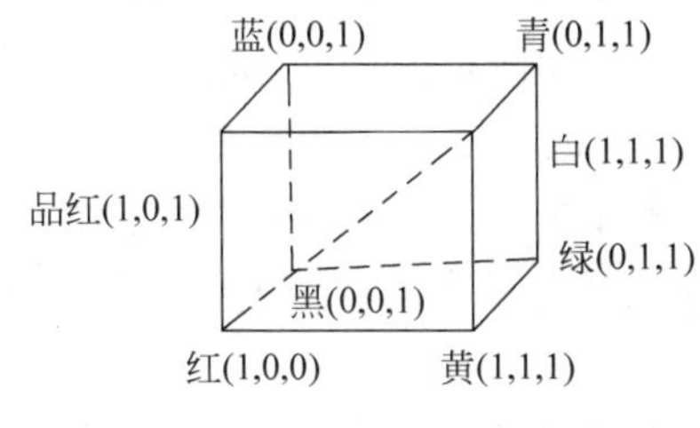


图 4-1 RGB立方体

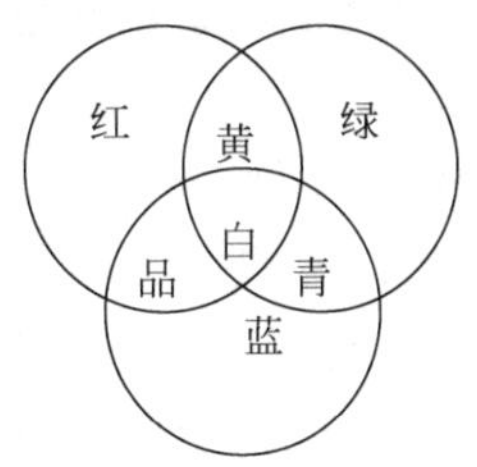


图 4-2 RGB三基色叠加效果

R、G、B 3 种基本色的光混合得到的颜色与 RGB 颜色模型是一致的，因此 RGB 颜色模型可以用来描述发光设备，如计算机显示器、电视机等装置所表现的颜色。对于发光物体，它的颜色由该物体发出的光波决定。3 种颜色的光越强，到达眼睛的光就越多，它们的比例不同，人看到的颜色也就不同。当 3 种基本色的光等量到达眼睛，人看到的就是白色。

**2. CMYK 颜色模型**

CMYK 模型以打印在纸上的油墨的光线吸收特性为基础。当白光照射到半透明油墨上时，色谱中的一部分被吸收，而另一部分被反射回眼睛。哪些光波反射到眼睛中，决定了人们能感知的颜色。CMYK 模型中也定义了颜料的 3 种基本颜色——青色（Cyan）、品红（Magenta）和黄色（Yellow）。在理论上说，任何一种颜色都可以用这 3 种基本颜料按一定比例混合得到。这 3 种基本颜料颜色通常写成 CMY，因此相应模型称为 CMY 模型。由于所有打印油墨都包含一些杂质，因此这 3 种油墨实际生成土灰色，必须与黑色（K）油墨合成才能生成真正的黑色（为避免与蓝色混淆，黑色用 K 而非 B 表示），所以 CMY 又写成 CMYK。

需要说明的是 CMYK 模型主要描述非发光体的颜色，因而与 RGB 模型合成颜色的方式是不同的。对于不发光的物体，它的颜色由该物体吸收或者反射哪些光波决定。通常，某一颜色的不发光物体将吸收它自身颜色以外的光并反射它自身颜色的光。当多种颜色相混，将根据各颜色比例，吸收更多的颜色光。用彩色墨水、油墨或颜料进行混合，这样得到的颜色称为相减色，这是因为它减少了为视觉系统识别颜色所需要的反射光。与 RGB 模型相对，CMYK 模型被称为减色模型。

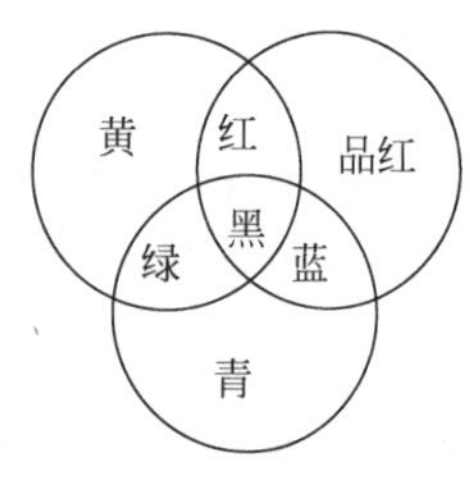


图 4-3　CMYK 颜色模型减色效果

理论上，在相减混色中，等量黄色（Y）和品红（M）相减而青色（C）为 0 时，得到红色（R）；等量青色（C）和品红（M）相减而黄色（Y）为 0 时，得到蓝色（B）；等量黄色（Y）和青色（C）相减而品红（M）为 0 时，得到绿色（G）。100％的 3 种基本颜料合成将吸收所有颜色而生成黑色。这些三基色相减结果如图 4-3 所示。

CMYK 彩色模型主要应用于彩色印刷、彩色打印，在准备要用印刷色打印的图像时，应使用 CMYK 模型。相加色与相减色是互补色，每对减色产生一种加色，反之亦然。利用它们之间的关系，可以把显示的颜色（RGB）转换成输出打印的颜色（CMYK）。

**3. HSB 颜色模型**

RGB、CMY 都是硬件设备使用的颜色模型，比较而言，HSB 模型是面向用户的。

HSB 模型建立在人类对颜色的感觉基础之上。H 表示色调（Hue，也称色相）、S 表示饱和度（Saturation），B 表示亮度（Brightness）。色调反映颜色的种类，如红色、橙色或绿色，是人们眼看一种或多种波长的光时产生的彩色感觉。饱和度是指颜色的深浅程度或纯度，即各种颜色混入白色的程度；要减少颜色的饱和度可在该颜色中添加白色，对同一色调的光，饱和度越高则颜色越鲜艳或者说越纯。色调和饱和度通常统称为色度，亮度是颜色的相对明暗程度。HSB 颜色模型可用图 4-4 表示。

用 HSB 表示颜色很容易为画家所理解。画家配色的方法与 HSB 模型是相对应的。画家的做法是，在一种纯色中加入白色以改变色浓，加入黑色以改变色深，若同时加入不同比例的白色、黑色，即可获得各种不同的色调。图 4-5 为某个固定色彩的颜色的三角形表示。

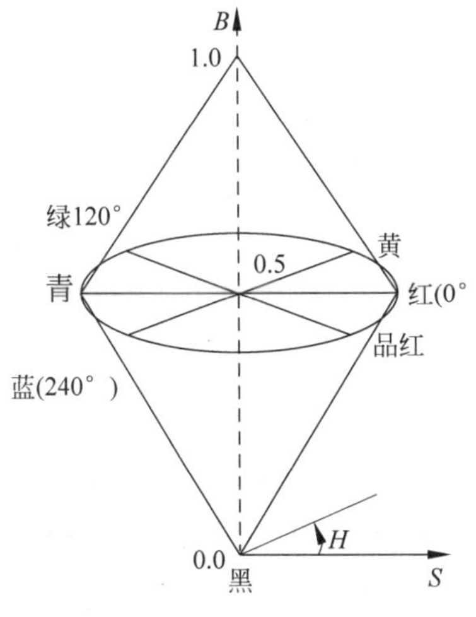


图 4-4　HSB 颜色模型

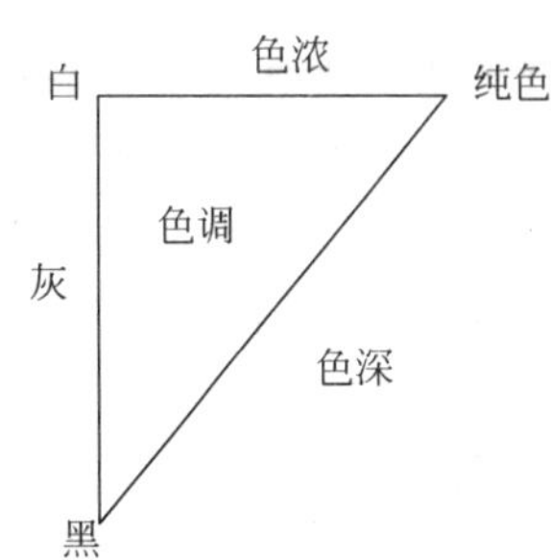


图 4-5　色浓、色深、色调之间的关系

纯色颜料对应于 $B=1$、$S=1$。添加白色改变色浓，相当于减小 $S$；添加黑色改变色深，相当于减小 $B$ 值。同时改变 $B$、$S$ 值即可获得不同的色调。

在多媒体计算机中，使用 HSB 颜色模型为多媒体计算机实时处理彩色图像提供了有效的方法。采用 HSB 模型能减小彩色图像处理复杂性，加快处理速度。

**4. YUV 与 YIQ 颜色模型**

彩色全电视信号采用 YUV 和 YIQ 模型表示彩色电视的图像。不同的电视制式采用的颜色模型不同。我国和一些西欧国家采用 PAL 电视制式，在 PAL 彩色电视制式中使用 YUV 模型，其中的 Y 表示亮度，UV 用来表示色差，$U$、$V$ 是构成彩色的两个分量；在美国、加拿大等国采用的 NTSC 彩色电视制式中使用 YIQ 模型，其中的 Y 表示亮度，I、Q 是两个彩色分量。

采用 YUV 颜色模型的有两个优点。一个优点是解决了彩色电视与黑白电视的兼容问题。亮度信号($Y$)和色度信号($U$、$V$)是相互独立的，也就是 $Y$ 信号分量构成的黑白灰度图与用 $U$、$V$ 信号构成的另外两幅单色图是相互独立的，所以可以对这些单色图分别进行编码。这样使黑白电视能够接收彩色电视信号。

另一个优点是可以利用人眼的特性来降低数字彩色图像所需要的存储容量。人眼对彩色细节的分辨率远低于对亮度细节的分辨率。若把人眼刚能分辨出的黑白相间的条纹换成不同颜色的彩色条纹，那么眼睛就不再能分辨出条纹来。由于这个原因，保持亮度方面的分辨率，把彩色分量的分辨率降低将不会明显影响图像的质量，而降低彩色分辨率可减少所需的存储容量。一幅大小为 640×480 像素的彩色图像，用 8∶2∶2YUV 格式(即 Y 分量用 8 位表示，而对每 4 个相邻像素(2×2)的 $U$、$V$ 值分别用相同的一个值表示)来表示，所需要的存储容量为 640×480×(8+2+2)/8=460 800 字节。若采用 RGB 8∶8∶8 格式表示，所需要的存储容量为 640×480×(8+8+8)/8=921 600 字节。操作上，可以用一个通道来传送 $Y$、$U$、$V$ 3 个信号，给亮度信号较大的带宽来传送图像的细节，而给色差信号较小的带宽来进行大面积涂色。在我国的 PAL/D 制式中，亮度 Y 的带宽为 6MHz，色差 U、V 的带宽为

1.3MHz。

YIQ 颜色模型的 $I$、$Q$ 与 YUV 模型的 $U$、$V$ 虽也为色差信号，但它们在色度矢量图中的位置却是不同的。$Q$、$I$ 正交坐标轴与 $U$、$V$ 正交坐标轴之间有 33°夹角，如图 4-6 所示。

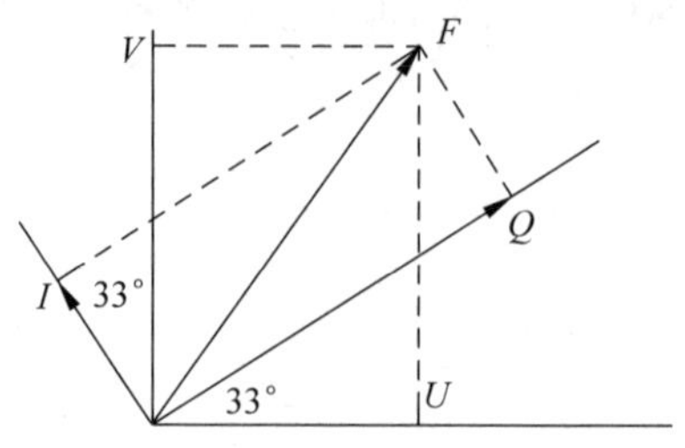

图 4-6　YUV 和 YIQ 彩色空间的关系

无论是用 YIQ、YUV 还是用 HSB 模型来表示彩色图像，由于现在所有的显示器都采用 RGB 值来驱动，这就要求在显示每个像素之前，须要把彩色分量值转换成 RGB 值。

**5. CIE Lab 颜色模型**

Lab 颜色模型设计目的是为了得到不依赖于具体设备的颜色标准，从而在实际使用中不论使用何种设备（如显示器、打印机、计算机或扫描仪）均能制作和输出完全一致的颜色。

Lab 颜色由亮度或光亮度分量（$L$）和两个色度分量组成：$a$ 分量保存从绿色到红色所对应的色彩信息；$b$ 分量保存从蓝色到黄色所对应的色彩信息，如图 4-7 所示。单个 $a$ 或 $b$ 无意义，只有 $a$、$b$ 结合才有意义。

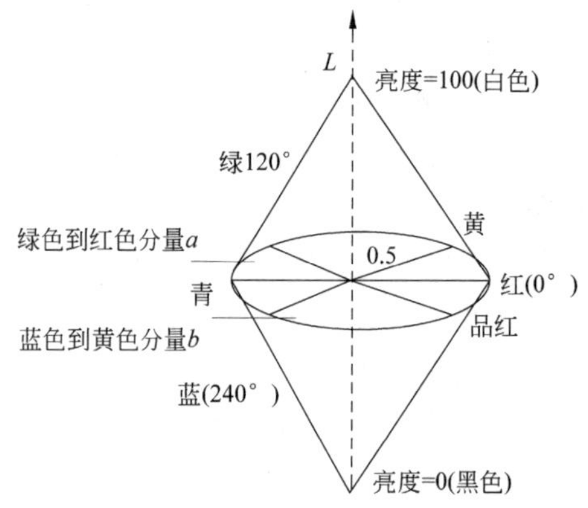

图 4-7　CIE Lab 颜色模型

Lab 模式的彩色空间最大，其他几个彩色空间都是它的子集。Lab 颜色是一些图像处理软件（如 Photoshop）在不同颜色模式之间转换时使用的中间颜色模式。

## 4.2　彩色空间的线性变换

前面已经介绍了 5 种常用的彩色颜色模型，各种颜色模型都有不同的适用场合，但是有的时候需要对已有的颜色模型进行变换。对彩色图像进行彩色空间变换一方面是适应不同类型设备的要求，如要将其他模型变换成 RGB 用于显示，或变换成 CMYK 用于印刷等；另一方面是充分利用彩色空间各自的特性，进行彩色图像数据的有效压缩，如前面介绍 YUV 的特性中的一个优点就是可以利用人眼对彩色细节的分辨率远低于对亮度细节的分辨率的特性来降低数字彩色图像所需要的存储容量，如果将 RGB 转换成 YUV 就可以利用 YUV 的特性降低数据量了。对颜色模型进行变换一般都是交给设备或软件来完成的，了解其中的变换原理能帮助大家更好地理解颜色在各设备中的表示。

### 4.2.1 YUV 与 RGB 之间的变换

在考虑人的视觉系统和阴极射线管(CRT)的非线性特性之后,RGB 和 YUV 的对应关系可以近似地用下面的方程式表示:

$$\begin{cases} Y = 0.299R + 0.587G + 0.114B \\ U = -0.147R - 0.289G + 0.436B \\ V = 0.615R - 0.515G - 0.100B \end{cases}$$

$$\begin{cases} R = Y - 0.001U + 1.402V \\ G = Y - 0.344U - 0.714V \\ B = Y + 1.772U + 0.001V \end{cases}$$

或者写成矩阵的形式

$$\begin{bmatrix} Y \\ U \\ V \end{bmatrix} = \begin{bmatrix} 0.299 & 0.587 & 0.114 \\ -0.147 & -0.289 & 0.436 \\ 0.615 & -0.515 & -0.100 \end{bmatrix} \begin{bmatrix} R \\ G \\ B \end{bmatrix}$$

$$\begin{bmatrix} R \\ G \\ B \end{bmatrix} = \begin{bmatrix} 1.0 & -0.001 & 1.402 \\ 1.0 & -0.344 & -0.714 \\ 1.0 & 1.772 & 0.001 \end{bmatrix} \begin{bmatrix} Y \\ U \\ V \end{bmatrix}$$

### 4.2.2 YIQ 与 RGB 之间的变换

$Y$、$U$、$V$ 到 $Y$、$I$、$Q$ 的转换,只是将其中的色度坐标作 33°旋转。因此,RGB 和 YIQ 的转换方程式可由上面方程间接推得:

$$\begin{cases} Y = 0.299R + 0.587G + 0.114B \\ I = 0.596R - 0.275G - 0.321B \\ Q = 0.212R - 0.523G + 0.311B \end{cases}$$

或者写成矩阵的形式:

$$\begin{bmatrix} Y \\ I \\ Q \end{bmatrix} = \begin{bmatrix} 0.299 & 0.587 & 0.114 \\ 0.596 & -0.275 & -0.321 \\ 0.212 & -0.523 & 0.311 \end{bmatrix} \begin{bmatrix} R \\ G \\ B \end{bmatrix}$$

### 4.2.3 HSI(HSB)与 RGB 之间的变换

HSB 和 RGB 的对应关系用下面的方程式表示:

$$\begin{cases} I = (R + G + B)/S \\ H = 1/360\{90 - \mathrm{Arctan}\{(2R - G - B)/(\sqrt{3}(G - B))\} + \{0, G > B; 180, G < B\}\} \\ S = 1 - [\min(R, G, B)]/I \end{cases}$$

### 4.2.4 YCrCb 与 RGB 之间的变换

YCrCb 与 YUV 的定义基本上是相同的,但应用有所不同。YUV 适用于 PAL 和 SECAM 彩色电视制式的模拟视频图像的表示,而 YCrCb 则适用于数字电视以及计算机用数字视频图像的表示。数字域中的彩色空间变换与模拟域的彩色空间变换不同，YCrCb 与 RGB 空间的转换关系如下：

$$\begin{cases} Y = 0.299R + 0.578G + 0.114B \\ \mathrm{Cr} = (0.500R - 0.4187G - 0.0813B) + 128 \\ \mathrm{Cb} = (-0.1687R - 0.3313G + 0.500B) + 128 \end{cases}$$

或者写成矩阵的形式：

$$\begin{bmatrix} Y \\ \mathrm{Cr} \\ \mathrm{Cb} \end{bmatrix} = \begin{bmatrix} 0.299 & 0.578 & 0.114 \\ 0.500 & -0.4187 & -0.0813 \\ -0.1687 & -0.3313 & 0.500 \end{bmatrix} \begin{bmatrix} R \\ G \\ B \end{bmatrix} + \begin{bmatrix} 0 \\ 128 \\ 128 \end{bmatrix}$$

RGB 与 YCrCb 之间的变换关系可写成如下的形式：

$$\begin{bmatrix} R \\ G \\ B \end{bmatrix} = \begin{bmatrix} 1 & 1.4020 & 0 \\ 1 & -0.7141 & -0.3441 \\ 1 & 0 & 1.7720 \end{bmatrix} \begin{bmatrix} 0 \\ \mathrm{Cr} - 128 \\ \mathrm{Cb} - 128 \end{bmatrix}$$

## 4.3 数字图像的描述属性

描述或处理一幅图像需要使用图像的属性。图像的属性包含分辨率、颜色深度、文件大小、真/伪彩色（色彩描述方式）等。

### 4.3.1 分辨率

与图像相关的分辨率包括显示分辨率、图像分辨率、打印分辨率和扫描分辨率等。

**1. 显示分辨率**

显示分辨率是指显示屏在水平和垂直方向上像素点的最大个数。例如，显示分辨率为 640×480 表示显示屏垂直方向显示 480 个像素，水平方向显示 640 个像素，整个显示屏共含有 307 200 个显像点。显示设备的分辨率越高，屏幕能够显示的像素越多，因此能够 1∶1 显示的图像尺寸就越大。分辨率不仅与显示尺寸有关，还要受显像管点距、视频带宽等因素的影响。

传统上采用点状式荫罩结构的 CRT 点距是指显像管两个最接近的同色荧光点之间的直线距离，点距越小，显示器显示图形越清晰。电视机用的 CRT 的平均点距为 0.76mm，而标准 SVGA 显示器的点距为 0.28mm，因而计算机显示器的分辨率要远高于电视机。

**2. 图像分辨率**

图像分辨率是指一幅图像在水平和垂直方向上像素点的最大个数。在数字化过程中，若采样像素点距固定，则原始图像尺寸越大则所得图像分辨率越大；若原始图像大小一样，而数字图像分辨率越大则代表组成该图的图像像素数目越多，数字化图像看起来就越细致逼真。

图像在显示设备上的显示效果与图像分辨率和显示分辨率相关。在 1∶1 的显示情况下，当图像分辨率大于显示分辨率，显示屏幕仅会显示图像的一部分；当图像分辨率小于显示分辨率，图像则只占显示屏幕的一部分。即分辨率为 640×480 的图像在 320×240 显示分辨率下将显示一半图像；在 640×480 显示分辨率下将显示全部画面；在 1280×960 显示分辨率下将只占显示屏幕的 1/2。

**3. 扫描分辨率与打印分辨率**

扫描分辨率是指用扫描仪扫描图像的扫描精度，通常用每英寸多少点(Dots Per Inch, DPI)表示。使用扫描仪时选择扫描的精度将直接影响扫描后的图像质量。扫描分辨率越大，得到的图像就越大，像素就越多。例如，用 300 DPI 来扫描一幅 8″×10″的彩色图像，将得到一幅 2400×3000 个像素的图像。一般而言，扫描图像的精度一般选择 100～150DPI，但若要进行 OCR 识别，为提高识别率，则要将扫描精度上调至 300DPI 以上。

打印分辨率是指图像打印时每英寸可识别的点数，也使用 DPI 为衡量单位。打印分辨率越大，在打印纸张大小不变的情况下，打印的图像将越精细。

## 4.3.2 颜色深度

颜色深度指一幅图像中可使用的颜色数的最大值，用来度量在图像中可以有多少颜色信息来显示或打印像素。较大的颜色深度意味着数字图像具有更多的可用颜色和更精确的颜色表示。

颜色编码二进制位数即为图像的颜色深度值。1 位二进制颜色编码的图像颜色深度为 1，最多有 $2^1$ 种颜色，即每个像素只能有两个可能的颜色值：黑色和白色；4 位颜色的图像，它的颜色深度是 4，它可有 $2^4$ 种颜色(或 16 种灰度等级)；8 位颜色的图像，颜色深度就是 8，它含有 $2^8=256$ 种颜色(或 156 种灰度等级)。24 位颜色可称为真彩色，位深度是 24，它能组合成 $2^{24}$ 种颜色，即 16 777 216 种颜色(或称千万种颜色)，超过了人眼能够分辨的颜色数量。当用 24 位来记录颜色时，实际上是以 $2^8\times2^8\times2^8=2^{24}$，即红、绿、蓝( RGB )三基色各以 $2^8$，即 256 种颜色而存在的，三色组合形成了 1600 多万种颜色。32 位颜色的位深度是 32，实际上是 $2^8\times2^8\times2^8\times2^8=2^{32}$，即青、洋红、黄、黑( CMYK )4 种颜色各以 $2^8$，即 256 种颜色而存在，四色的组合就形成 4 294 967 296 种颜色，或称为超千万种颜色。

常用的颜色深度值范围为 1～32。事实上，由于目前的计算机或其他显示设备只能显示 RGB 色彩，即 $2^{24}$ 的真彩色，因此大于这个数值的颜色深度是“不真实”的、理论上的，不能完全还原表现出来。

## 4.3.3 真彩色、伪彩色与直接色

**1. 真彩色(True Color)**

真彩色是指图像颜色与显示设备显示的颜色一致，即组成一幅彩色图像的每个像素值的 R、G、B 3 个基色分量都直接决定显示设备的基色强度，这样产生的彩色被称为真彩色。

**2. 伪彩色(Pseudo Color)**

伪彩色图像的含义是，每个像素的颜色不是由每个基色分量的数值直接决定，而是把像素值当作调色板(Palettes)或彩色查找表(Color Look-up Table, CLUT)的表项入口地址，去查找一个显示图像时使用的 R、G、B 强度值，如果图像中的颜色在调色板或彩色查找表中不存在，则调色板会用一个最接近的颜色来匹配。通过查找出的 R、G、B 强度值产生的彩色不是图像本身真正的颜色，因此称为伪彩色。

**3. 直接色(Direct Color)**

每个像素值分成 R、G、B 分量，每个分量作为单独的索引值对它做变换。也就是通过相

应的彩色变换表找出基色强度，用变换后得到的R、G、B强度值产生的彩色称为直接色或调配色。它的特点是对每个基色都进行了变换。这一点与伪彩色是有区别的。

### 4.3.4 图像的大小

图像大小是指图像以数字表示后的文件大小，单位是千字节(KB)、兆字节(MB)或吉字节(GB)。其大小主要受图像像素和颜色深度影响，与图像的像素数成正比。例如，一幅图像分辨率为768×576、颜色深度为24的图像大小为768×576×3/(1024×1024)=1.26MB，其中768×576为图像的总像素个数，每个像素用24位表示即为24b/8=3B。计算中，第一次除以1024得到单位为KB，第二次除以1024得到单位为MB，最后得到该图像的大小为1.26MB。

## 4.4 数字图像的获取技术

图像作为一种直观的视觉影像已经占据了各种媒体的头版。因此，有效地获取、处理图像，成为信息生活中不可或缺的基本技能。前面讲述了关于图像和色彩的有关知识，无论是对图像的基本认识还是对色彩的相关了解，都是为图像处理技术作准备的。下面将系统地讲述图像处理过程中的获取技术及涉及的相关设备。

### 4.4.1 位图获取的硬件技术

位图的获取通常用扫描仪、摄像机、录像机、激光视盘及视频信号数字化卡等设备。如果你遇到这样的情形：使用胶卷照相机拍摄的历史资料照片，现需要转换成数码格式，想想有几种可行的方法？通常可行的方法如下：

(1) 假如身边刚好有扫描仪，可以利用扫描仪把光学相片扫描进计算机里面，然后用图像处理软件进行处理，把它做成数码的格式。

(2) 可以用数码相机进行数字化后，把它存进计算机的硬盘里，再进行处理。

(3) 既没有数码相机又没有扫描仪的情况下，看能否通过网络搜到一样的历史照片(当然要注意版权问题)。

(4) 搜索相关的视频影片，从中抓取画面，保存在计算机上，然后再作处理。

综合以上4种可行方法不难总结出获取位图图像的3种常用方法：

①通过数字转换设备采集，如扫描仪或视频采集卡；②通过数字化设备进行拍摄，如数码相机、数码摄像机；③从数字图库中搜集，如光盘、网络、硬盘。

**1. 扫描仪**

扫描仪(Scanner)是一种高精度的光电一体化产品，它能将各种形式的图像信息输入计算机，是继键盘和鼠标之后的第三代计算机输入设备。从最直接的图片、照片、胶片到各类图纸、图形以及各类文稿都可以用扫描仪输入到计算机中，进而实现对这些图像的处理、管理、使用、存储和输出等。

1) 扫描仪的种类及原理

目前市场上流行的扫描仪有手持式扫描仪、滚筒式扫描仪和平台式扫描仪。

手持式扫描仪是1987年推出的技术产品，外形很像超市收银员拿在手上使用的条码扫描仪。手持式扫描仪绝大多数采用接触式感光(CIS)技术,光学分辨率为200DPI,有黑白、灰度、彩色多种类型,其中彩色类型一般为18位彩色。也有个别高档产品采用电荷耦合器件(CCD)作为感光器件,扫描效果较好。

平台式扫描仪也称为平板式扫描仪、台式扫描仪。这类扫描仪光学分辨率为300DPI~8000DPI,色彩位数从24位到48位,扫描幅面一般为A4或者A3,如图4-8所示。

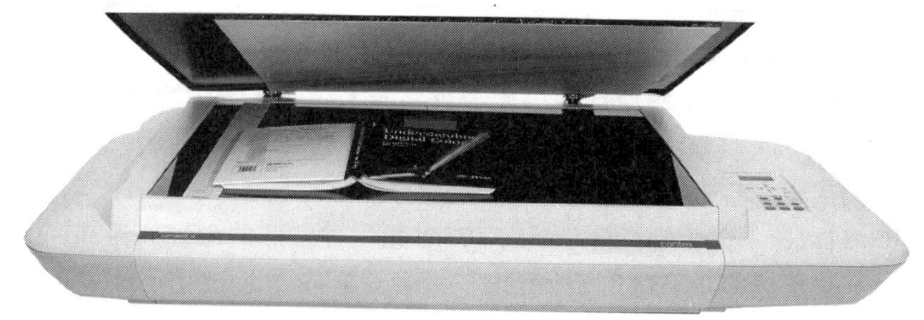

图4-8 平台式扫描仪

滚筒式扫描仪是比手持式扫描仪和平板式扫描仪更精密的扫描产品,如图4-9所示。这种产品一般采用光电倍增管(PMT)光电传感技术,极少数滚筒式扫描仪采用电荷耦合器件(CCD)技术,滚筒式的设计是将扫描仪的镜头固定而移动要扫描的物件,要扫描的物件必须穿过机器再送出,因此被扫描的物体不可以太厚。

图4-9 滚筒式扫描仪

其他扫描仪还包括大幅面扫描用的大幅面扫描仪、笔式扫描仪、条码扫描仪、底片扫描仪、实物扫描仪等。

以目前最常见的平板式扫描仪为例,扫描仪一般由光源、光学透镜、扫描模组、模数转换电路与塑料外壳构成。它利用光电元件将检测到的光信号转换成电信号,再将电信号通过模/数转换器转化为数字信号传输到计算机中处理。当扫描一幅图像的时候,光源照射到图像上,反射光穿过透镜会聚到扫描模组上,由扫描模组把光信号转换成模拟信号(即电压,它与接收到的光的强度有关），同时指出每个像素的灰暗程度。模/数转换电路把模拟电压转换成数字信号，传送到计算机。颜色由 RGB 色彩模式生成，即把每个颜色分量信号处理成 8 位、10 位或 12 位的数据输出。如果有更高的量化位数，意味着图像能有更丰富的层次和深度，但颜色范围已超出人眼的识别能力。对于实际图像来说，在可分辨的范围内，更高位数的扫描仪扫描出来的效果就是颜色衔接平滑，能够看到更多的画面细节。

2）扫描仪的光电器件

扫描仪的性能参数包括光电器件、分辨率等。一台扫描仪的光电器件是决定其性能的重要因素，目前市场上扫描仪所使用的感光器件主要有 4 种：光电倍增管、硅氧化物隔离 CCD、半导体隔离 CCD、接触式感光器件（CIS 或 LIDE）。如果要了解一款扫描仪的效果，应了解扫描仪是用什么品质的光电元件。

电荷耦合器件（Charge Coupled Device，CCD）是一种特殊的半导体器件。CCD 的构成是在一片硅单晶上集成了几千到几万个光电三极管。这些光电三极管分为三列，分别用红色、绿色、蓝色的滤色镜罩住，从而实现彩色扫描。两种类型 CCD 相比较，硅氧化物隔离 CCD 又比半导体隔离 CCD 好，半导体的 CCD 三极管间漏电现象会影响扫描精度，用硅氧化物隔离会大大减少漏电现象。

接触式感光器件使用的感光材料一般是用来制造光敏电阻的硫化镉，生产成本较 CCD 低。市场上同等精度的 CIS 扫描仪总是比 CCD 的扫描仪便宜不少。这种光电元件的扫描仪的缺点是扫描距离短，扫描清晰度低，甚至有的时候达不到标称值，温度变化比较容易影响扫描精度。硫化镉的电阻间漏电现象比半导体还大，这降低了扫描精度。

光电倍增管使用的感光材料主要是金属铯的氧化物。其扫描精度受温度影响的程度小，对应的价格也是最贵的。

3）扫描仪的分辨率

扫描仪的分辨率分为光学分辨率和最大分辨率。其中，光学分辨率是指扫描仪物理器件所具有的真实分辨率，而最大分辨率相当于插值分辨率，并不代表扫描仪的真实分辨率。

光学分辨率是扫描仪的光学部件在每平方英寸面积内所能捕捉到的实际的光点数，它的数值是由光电元件所能捕捉的像素点除以扫描仪水平最大可扫尺寸得到的数值。例如，一个具有 5000 个感光单元的 CCD 器件，用于 A4 幅面扫描仪，由于 A4 幅面的纸张宽度是 8.3 英寸，因此，该扫描仪的光学分辨率就是 5000/8.3＝600DPI。更多的时候，习惯于将扫描仪的光学分辨率用两个数字相乘表示，如 600×1200DPI，其中前一个数字代表扫描仪的横向分辨率（其实就是光学分辨率），后面的数字则代表扫描仪的纵向分辨率或机械分辨率，是扫描仪所用步进电机的分辨率。一般来说，扫描仪的纵向分辨率是横向分辨率的两倍，有时甚至是 4 倍。判断扫描仪光学分辨率时，应以最小的一个为准。

最大分辨率其实就是插值分辨率，是通过在相邻像素间求出颜色或灰度的平均值，从而通过计算机对图像进行分析，对空白部分进行数学填充（这一过程也称为插值处理），得以增加像素数的办法而提高的分辨率。这种方式在最大分辨率方式下可以增加图像的像素值，但不能增添更多的图像细节。

在产品的说明书上，往往还会有另一个名词——色彩分辨率，它是表示扫描仪分辨彩色或灰度细腻程度的指标，它的单位是 b（位）。色彩分辨率的含义是用多少个位来表示扫描得到的一个像素。例如，1 位只能表示黑白像素，它们分别代表黑与白；8 位可以表示 256

个灰度级($2^8=256$),它们代表从黑到白的不同灰度等级。

4) 扫描仪的接口方式

扫描仪的接口方式是指扫描仪与计算机的连接类型。接口技术是扫描仪除成像技术之外最重要的技术之一,直接关系到扫描仪作为输入设备的工作效率。扫描仪的常用接口方式如下。

(1) 小型计算机标准接口(SCSI):此接口最大的连接设备数为 8 个,通常最大的传输速度是 40Mbps,速度较快,一般连接高速的设备。SCSI 设备的安装较复杂,在 PC 上一般要另加 SCSI 卡,容易产生硬件冲突,但是功能强大。

(2) 增强型并行接口(EPP):一种增强了的双向并行传输接口,最高传输速度为 1.5Mbps。优点是不需在 PC 中用其他的卡,无限制连接数目(只要你有足够的端口),设备的安装及使用容易。缺点是速度比 SCSI 慢。此接口因安装和使用简单方便而在中低端对性能要求不高的场合取代 SCSI 接口。

(3) 通用串行总线接口(USB):最多可连接 127 台外设,具有即插即用功能。现在的 USB1.1 标准最高传输速度为 12Mbps,并且有一个辅助通道用来传输低速数据。USB2.0 标准的扫描仪速度可扩展到 480Mbps。

**2. 数码相机**

数码相机也称为数字式相机,英文全称 Digital Camera,简称 DC,如图 4-10 所示。数码相机是集光学、机械、电子一体化的产品,集成了影像信息的转换、存储和传输等部件,具有数字化存取模式、与计算机交互处理和实时拍摄等特点。数码相机最早出现在美国,美国曾利用它通过卫星向地面传送照片。

图 4-10 数码相机

1) 数码相机的工作原理

数码相机的工作原理:当按下快门时,镜头将光线汇聚到感光器件 CCD(电荷耦合器件）上，它代替了传统相机中的胶卷，功能是把光信号转变为电信号。感光器件得到了对应于拍摄景物的电子图像，A/D（模/数转换器）器件获得数字信号。微处理器（MPU）对数字信号进行压缩并转化为特定的图像格式，如JPEG格式。最后，图像文件被存储在内置存储器中，人们可以通过LCD（液晶显示器）查看拍摄到的照片。数码相机为扩大存储容量可使用可移动存储器，如PC卡或者软盘进行存储相片，并提供了连接到计算机和电视机的接口。

2）数码相机的工作部件

数码相机是由镜头、CCD、A/D（模/数转换器）、MPU（微处理器）、内置存储器、LCD（液晶显示器）、PC卡（可移动存储器）和接口（计算机接口、电视机接口）等部分组成的，通常它们都安装在数码相机的内部。

几乎所有的数码相机镜头的焦距都比较短，当你观察数码相机镜头上的标识时也许会发现类似f=6mm的字样，难道它的焦距仅为6mm？其实，这个焦距和传统相机还是有所区别的。f=6mm相当于普通相机的50mm镜头（因相机不同而不同）。主要原因在于：人们印象中的标准镜头、广角镜头、长焦镜头以及鱼眼镜头都是针对35mm普通相机而言的。它们分别用于一般摄影、风景摄影、人物摄影和特殊摄影等。各种镜头的焦距不同使得拍摄的视角不同，而视角不同产生的拍摄效果也不相同。焦距决定视角的另一个条件是成像的尺寸，35mm普通相机成像尺寸是24mm×36mm（胶卷），比数码相机中CCD的成像尺寸大两倍到10倍，在成像尺寸变小焦距也变小的情况下，就有可能得到相同的视角。

数码相机使用CCD代替传统相机的胶卷，CCD的分辨率被作为评价数码相机档次的重要依据。与扫描仪一致，数码相机也分光学分辨率和最高分辨率，而且含义也一致，这里不再重复。一般来说，数码相机的最高分辨率由生产厂商决定的，使用者只能在最高值范围之内进行有限级别的调整。现在许多高像素数码相机有多种分辨率的拍摄模式可供选择，如佳能PowerShot600轻便数码相机可根据拍摄者的需要，选择832×608、640×480、320×240 3种分辨率中的任何一种拍摄。

A/D转换器又称为ADC（Analog Digital Converter），即模/数转换器。它是将模拟电信号转换为数字电信号的器件。A/D转换器的主要指标是转换速度和量化精度。转换速度是指将模拟信号转换为数字信号所用的时间，由于高分辨率图像的像素数量庞大，因此对转换速度要求很高。量化精度是指可以将模拟信号分成多少个等级，常见的有8位、10位、12位和24位等。

数码相机要实现测光、运算、曝光、闪光控制、拍摄逻辑控制以及图像的压缩处理等操作必须有一套完整的控制体系。数码相机通过MPU（Micro-processor Unit）实现对各个操作的统一协调和控制。和传统相机一样，数码相机的曝光控制可以分为手动和自动，手动曝光就是由摄影者调节光圈大小、快门速度。自动曝光方式又可分为程序式自动曝光、光圈优先式曝光和快门优先式曝光。MPU通过对CCD感光强弱程度的分析，调节光圈和快门，又通过机械或电子控制调节曝光。

数码相机中存储器的作用是保存数字图像数据，这如同胶卷记录光信号一样，不同的是存储器中的图像数据可以反复记录和删除，而胶卷只能记录一次。存储器可分为内置存储器和可移动存储器。内置存储器为半导体存储器，安装在相机内部，用于临时存储图像。可移动存储器包括PC（PCMCIA）卡、CompactFlash卡、SmartMedia卡等，使用方便，拍摄完毕后可以取出更换，这样可以降低数码相机的制造成本，增加应用的灵活性，并提高连续拍摄的性能。

LCD(Liquid Crystal Display)为液晶显示屏。数码相机使用的LCD与笔记本电脑的液晶显示屏工作原理相同，只是尺寸较小。从种类上讲，LCD大致可以分为两类，即双扫扭曲向列液晶显示器(DSTN-LCD)和薄膜晶体管液晶显示器(TFT-LCD)。与DSTN相比，TFT的特点是亮度高，从各个角度观看都可以得到清晰的画面，因此数码相机中大都采用TFT-LCD。LCD的作用包括取景、显示相片和显示功能菜单。

数码相机的输出接口主要有计算机通信接口、连接电视机的视频接口和连接打印机的接口。常用的计算机通信接口有串行接口、并行接口、USB接口和SCSI接口。若使用红外线接口，则要为计算机安装相应的红外接收器及其驱动程序。如果数码相机带有PCMCIA存储卡，那么就可以将存储卡直接插入笔记本电脑的PC卡插槽中。

## 4.4.2 矢量图获取的硬件技术

矢量图形是通过计算机的绘图软件创作并在计算机上绘制出来，矢量图形的获取其实就是绘制。绘制一个图形必然涉及两个方面的内容：硬件和软件，即绘图所用的工具和绘图软件。绘图板是帮助人们利用计算机进行图形、影视、动画等制作的一种特殊工具，用笔替代鼠标、键盘完成它们无法完成的精细工作。比较典型的例子是《泰坦尼克号》或《星球大战前传》等大片，其中恢宏壮大的场面和叹为观止的电影特技是采用绘图板绘制而成。

**1. 绘图板的概念**

绘图板又称为数位板，它是一种专门针对计算机绘图而设计的输入设备，通常由一块板子和一支笔组成，主要面向美工、设计师或者绘图工作者、美术爱好者等用户，如汉王绘图板、WACOM绘图板等。绘图板最大的特色就是具备压力感测功能，配合相关软件(如Painter、Photoshop等)可以根据使用者下笔的轻重做出适当的反应，如笔画的粗细、颜色的浓淡，就像使用真的画笔一样，画出来的线条就很活泼。绘图板的另一个优势是在影像合成应用方面，通常要将数张图利用淡入淡出的效果贴合成在一起，有了压力感测的功能，只要适当控制下笔的轻重，就可以做出平顺的淡入淡出效果，而不用频繁切换工具的透明度或是动用滤镜处理，可节省大量的时间。

**2. 绘图板的功能**

绘图板可以模拟各种各样的画笔，如模拟最常见的毛笔，用力重时，毛笔能画很粗的线条，很轻时它可以画出很细很淡的线条。它也可以模拟喷枪，根据笔倾斜的角度，喷出扇形等的效果。除了模拟传统的各种画笔效果外，它还可以利用计算机的优势，实现使用传统工具无法实现的效果，例如根据压力大小进行图案的贴图绘画，使用者只需要轻轻几笔就能很容易绘出一片开满大小形状各异的鲜花的芳草地。

好的硬件需要好的软件支持，绘图板作为一种硬件输入工具，结合Painter、Photoshop等绘图软件，可以创作出各种风格的作品：油画、水彩画、素描等。利用绘图板和压感笔，并结合Painter软件就能模拟400多种笔触，并且可以自己定义。

绘图板除了可用于绘画之外，还可以用于照片处理、3D制作、游戏制作和影视制作等。随着科学技术的发展，绘图板作为一种输入工具，会成为鼠标和键盘等输入工具的有益补充，其应用也会越来越普及。

**3. 绘图板与手写板的区别**

手写板的作用和键盘类似，局限于输入文字或者绘画，也具有一些鼠标的功能。手写板一般是使用手写笔，或者手指在特定的区域内书写文字，通过各种方法将笔或者手指走过的轨迹记录下来，然后识别为文字。对于不喜欢使用键盘或者不习惯使用中文输入法的人来说是非常有用的，因为它不需要学习输入法。高档的手写板还可以用于精确制图，例如可用于电路设计、CAD设计、图形设计、自由绘画以及文本和数据的输入等。

与手写板不同，绘图板是一种专门针对计算机绘图而设计的输入设备，主要面向美工、设计师或者绘图工作者、美术爱好者等用户。手写板则主要是为了解决文字输入而设计的。

在原理上，大部分绘图板是靠电磁笔的感应识别的，可以和桌面的分辨率进行绝对对应的。例如，当笔尖在手写板的左上角时，鼠标箭头的位置也是在计算机屏幕的左上角，如果这个时候将笔拿起，再放到绘图板的右侧，鼠标箭头也会迅速移到对应的位置。早期的手写板的工作原理和笔记本的触摸板的原理类似，主要是靠接收笔尖施加的压力来读取光标的相对位置。手写笔上一般没有感应装置，甚至可以用别的东西（如牙签、手指等）代替手写笔在上面进行书写。

在外观上，手写板与绘图板并没有多大差别。图4-11展示了Wacom电磁绘图板，图4-12展示了蒙恬手写板。

总之，绘图板最大的特色就是具备压力感测功能，从低端产品的512级到高端产品的1024级压力感应，可让软件根据使用者下笔的轻重做出适当的反应，如笔画的粗细、颜色的浓淡。而使用鼠标或无压力感应的手写板所画的图，笔画粗细都是固定的。

图4-11　Wacom电磁绘图板

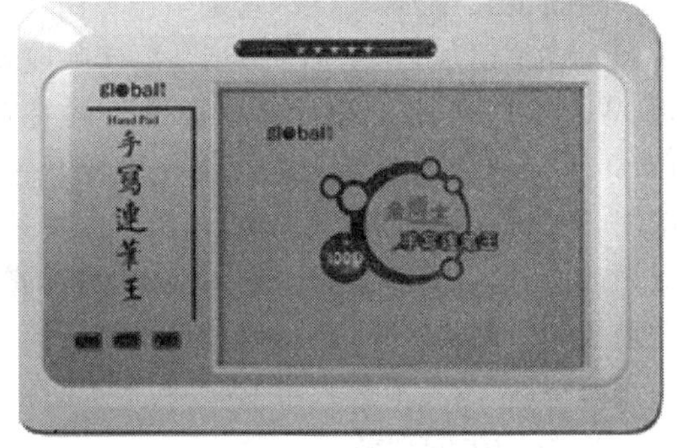


图4-12　蒙恬手写板

**4. 绘图板的主要性能指标**

绘图板的主要性能指标包括压感级数、有效尺寸、解析度、读取速度和接口类型等。

压感级数是衡量绘图板的重要技术指标之一。压感级数越大的绘图板越能表现细腻的质感，因而也能创造出更加丰富的视觉效果。电磁式感应板分为“有压感”和“无压感”两种，其中有压感的输入板可以感应到手写笔在手写板上的力度，从而产生粗细不同的笔画。以目前的技术而言，市面上所见到的压感技术基本上为512级。所谓的512级压感，就是利用手写笔的笔尖从接触手写板到下压100克力，在约5mm之间的微细电磁变化中区分出512个级数，然后将这些信息反馈给计算机，从而形成粗细不同的笔触效果，而专业的数位板则能达到1024级压感，能完成各种专业绘画的基本要求。

最大有效尺寸是手写板中一个很直观的指标，表示了绘画板有效的手写区域。目前市场上销售的绘图板，一般有5×4英寸、8×6英寸、12×9英寸等尺寸，可根据个人的使用需求来选择。当数位板的有效输入面积大的时候，一方面绘画的空间更多、动作更自然；另一方面就是画细节时，数位板的面积越大，单位面积上能够用来控制一个区域的识别点就越多，笔触也就能体现得越细腻；但是如果数位输入设备的面积与屏幕大小相差很多，那么实际上所画的大小与屏幕上看到的大小会按比例有很大差距，久而久之可能会影响绘画的手感。

理论上与屏幕等大的输入面积比较理想，对于一般的17寸显示器来说，基本等大输入面积大约是一张A4纸的大小，对于绘图板来说就是9×12英寸的有效面积。

绘图板的解析度是指板在单位长度上所分布的感应点数，单位为lpi(lines per inch)，也称为最大分辨率。解析度精度越高对手写的反映越灵敏，对绘图板的要求也越高。现在有些厂家已经推出高达5080lpi解析度绘图板了。不过对于普通的家庭用户来说，具有512级压感、2540lpi解析度的产品就可以满足使用要求了。

接口类型是指该绘图板与计算机主机之间的连接方式和类型。早期的老式绘图板一般采用串行接口(COM)与计算机进行连接，速度较慢，也不支持热插拔。近两年的产品基本上采用USB的连接方式，可迅速安装在PC上，即插即用，使用非常方便。

最高读取速度是绘图板每秒钟所能读取的最大感应点数量，单位pps (points per second)，也称为点/秒。最高读取速度越高，给人的直观感受就是绘图板反应速度越快，因此输入速度就越快。现在一般绘图板的最高读取速度为200pps。

作为计算机绘画制作的必备工具，绘图板核心技术的发展还很缓慢。在国外的创意产业中，专业级绘图板早已大面积地使用，几乎所有的计算机绘画制作都要用到。近年来，我国创意产业发展较快，对计算机数字绘图需求很大。

## 4.5 数字图像创意设计与处理技术

图像处理是指对已有的数字图像进行再编辑和处理。根据多媒体应用的需要，图像处理可能很简单，如把一幅图像裁剪为合适的尺寸，或在一幅图像上叠加文字等；图像处理也可能很复杂，如把多个图像素材剪接、合并到一幅图像中并加上特殊的艺术效果。

### 4.5.1 数字图像处理流程

一般的图像处理流程包括确定图像主题及构图、确定成品图的尺寸大小及画面基调、获取基本的数字图像素材、对素材进行处理、图片上叠加文字说明或绘制的图形、整体效果调整、图像的输出7个步骤。

(1) 确定图像主题及构图。图像的设计和处理都是围绕着主题进行的，因此必须首先确定主题和构图。主题可以帮助限定基本素材的选用范围，以及画面基调。构图决定了各素材的搭配位置，有助于形成初步的视觉效果。

(2) 确定成品图的尺寸大小及画面基调。根据设计目标，确定图像的图纸大小，也为以后各个对象确定一个可比较的基准。这一步如果是建立一幅新图，则应选择真彩/灰度模式，也可以根据基本图像素材重采样或裁剪、放大到合适的尺寸。

(3) 获取基本的数字图像素材。通常一幅成品图是由多个素材合成的，因此必须先准备好图片素材，然后就是输入待处理的图像素材。上一节学习的获取数字图像的方法在这里就可以派上用场了。

(4) 对素材进行处理。这个环节要做的就是将素材中需要的部分调入图像中，并进行效果调整。首先在各基本素材图像中定义所需素材的选择区，把各种素材从基本素材图像中"抠出"，并置于基图的不同图层当中。然后确定各个素材的大小、显示位置、显示顺序。这一步可能需要反复操作才能达到较理想的构图效果。然后就要融合各素材的边缘，使其看起来比较自然。如果有需要的话，可以用滤镜加上特殊的艺术效果。

(5) 图片上叠加文字说明或绘制的图形。如果设计中需要绘制一部分图，或叠加文字，绘制的图及文字都可分别生成新的图层，便于对各图层进行编辑及调整图层间的前后关系。

(6) 整体效果调整。该环节要做的是针对初步出现的整体效果进行最后调整。如果发现某图层需要处理，可首先将暂时不处理的图层消隐，在编辑窗口中仅露出当前需编辑的图层。对图层中图像的处理包括图像的色调、边缘效果及其他一些效果处理等。在图像处理的过程中，完成的几个较满意的操作或处理完一个图层以后，应注意及时保存，以便在进行了不满意的处理时，可恢复到前面的效果，或调出原有图层。根据整体效果，进行各部分的细调，以完成最终的图像作品。

(7) 图像的输出。图像处理完成以后，如果需要保存各图层信息，应保存一个 PSD 格式的文件，以便将来做进一步处理。然后，将处理完毕的图像进行变换，如果为了减小占用存储空间可将真彩色图像变换为 256 色图像。最后按一定的通用图像格式（如 TIFF、JPEG 等格式）保存该图像。

上面介绍的 7 个步骤指的是一般的流程，在实际处理时，有可能只涉及其中的某一步或几步。图像的主题和目标始终指导着图像处理的每一步。另外，图像的处理是一个包含技术和艺术的创作过程，需要反复实践才能达到得心应手的程度，平时多欣赏一些好的作品也是有帮助的。

### 4.5.2 数字图像处理技术

图像处理分为全局处理和局部处理，所谓全局处理，就是能够改变整个图片效果的处理。对应的局部处理就是允许对图片局部进行细小的变更，而不需要选择或遮蔽区域。一般来说，典型的全局处理技术包括亮度/对比度调整、色彩平衡调整、滤镜调整、蒙版遮蔽和选择。典型的局部处理技术包括仿制图章、颜色替换、涂抹、裁切、橡皮擦。

**1. 全局处理技术**

1) 亮度/对比度调整

当图像过暗或过亮，用户通常会去调整图像的亮度/对比度，这将整体上影响图像的高亮显示、阴影和中间色调。

2) 色彩平衡调整

如果感觉到图片偏色的时候，就需要进行色彩平衡调整。色彩平衡是指能够在色彩空间进行的调整，这些调整可以通过曲线和色阶等方法来完成。色彩平衡是对单独的色彩进行改变，但是改变的同时也会间接影响到图像中其他的颜色。与色彩平衡对应的一个概念就是色彩校正。色彩校正是针对色彩平衡而言的，它只改变图像中的一种颜色而不影响到其他的颜色。

色偏是指图像的颜色与原有的色调不同。当看到图片倾向于某一种颜色时，不要盲目地去除这种颜色，应先要考虑图像的用途、特点。有时色偏时可以突出或传递某种信息，如偏黄的照片可以营造出怀旧的感觉。在去除色偏之前应先搞清色偏的位置，一般的色偏可以通过视觉来辨别它的位置，色偏主要是集中在图像的主色调及反射高光上。

3）滤镜调整

如果用户希望图片出现特殊效果，通常采用 Photoshop 的滤镜工具。计算机中图像特殊效果通过计算机的运算来模拟摄影时使用的偏光镜、柔焦镜及暗房中的曝光和镜头旋转等技术，并加入美学艺术创作的效果而发展起来的。Photoshop 中滤镜效果包括油画、雕刻、扭曲变形、照明、锐化效果等。

4）蒙版遮蔽和选择

如果用户只想对图层中有着特殊形状的区域做处理，就需要用蒙版了。蒙版能改变一个图层可操作区域，添加了蒙版的图层如果在蒙版状态，用白颜色可以使这个图层的可操作区域变大（不会超过画布的尺寸），用黑色可以使这个图层的可操作区域变小。添加了蒙版的图层都可以在图层状态和蒙版状态两种状态下工作。蒙版的主要作用有 3 个：用来抠图；处理图的边缘淡化效果；融合不同图层。

**2. 典型的局部处理技术**

1）仿制图章

仿制图章可从图像中取样，然后将样本应用到其他图像或同一图像的其他部分。也可以将一个图层的一部分仿制到另一个图层。

2）颜色替换

颜色替换能够简化图像中特定颜色的替换。可以用校正颜色在目标颜色上绘画。

3）涂抹

使用涂抹工具可模拟在湿颜料中拖移手指的动作。该工具可拾取描边开始位置的颜色，并沿拖移的方向展开这种颜色。

4）裁切

裁切工具可以移去部分图像以形成突出或加强构图效果。

5）橡皮擦

橡皮擦用来擦除图像中不需要的部分。

### 4.5.3 图像处理软件简介

数字图像的处理技术是通过相关程序来实现，通过图像处理软件来实现图形界面的可视化操作。目前，图像处理的软件有很多，常用的有 Photoshop、Firework、ACDSee、Windows 的画图软件等，也有移动终端上使用的美图秀秀、美妆等。

**1. Photoshop**

Photoshop 是 Adobe 公司推出的一款功能强大、使用范围广泛的平面图像处理软件，是目前众多平面设计师进行平面设计，图形、图像处理的首选软件。Adobe 公司于 1990 年首次推出 Photoshop 图像处理软件，到目前为止，它主要经历了以下版本：1996 年 4.0 版本、1998 年 5.0 版本、1999 年 5.5 版本、2000 年 6.0 版本、2002 年又发布了功能强大的 Photoshop 7.0、2003 年年底发布 Photoshop CS、2005 年发布 Photoshop CS Ⅱ，目前已发行到 CC2015 版，成为创意套件中的重要一员。

Photoshop 广泛用于对图片、照片进行效果制作及对在其他软件中制作的图片做后期效果加工。例如，在 Coreldraw、Illustrator 中编辑的矢量图形，再导入 Photoshop 中做后期处理。Photoshop 的应用领域主要有：创建网页上使用的图像文件、创建用于印刷的图像作品、广告设计等。

**2. Fireworks**

Fireworks 是由 Macromedia 公司开发的(该公司现已被 Adobe 公司收购)，用来设计和制作专业化网页图形的网页制作软件。它在绘图方面结合了位图以及矢量处理的特点，不仅具备复杂的图像处理功能，并且还能轻松地把图形输入到 Flash、Dreamweaver 及第三方的应用程序。

作为网页三剑客之一的 Fireworks，它的主要任务就是制作矢量图为网页服务。Fireworks 也是 Flash 的最佳伴侣，从 MX 系列开始，Fireworks 和 Flash 的联系更为紧密，所以无论是网页制作还是 Flash 制作，Firework 都是不可或缺的利器。

**3. 画图**

画图是 Windows 系统中所附的绘图软件。利用它可以绘制简笔画、水彩画、插图或贺年片等，也可以绘制比较复杂的艺术图案。既可以在空白的画稿上作画，也可以修改其他已有的画稿。

**4. CorelDraw**

CorelDraw 是目前最流行的矢量图形设计软件之一，它是由全球知名的专业化图形设计与桌面出版软件开发商——加拿大的 Corel 公司于 1989 年推出的。目前，软件版本已经升级到 CorelDraw 12。

CorelDraw 绘图设计系统集合了图像编辑、图像抓取、位图转换、动画制作等一系列实用的应用程序，构成了一个高级图形设计和编辑出版软件包，并以其强大的功能、直观的界面、便捷的操作等优点，迅速占领市场，赢得众多专业设计人士和广大业余爱好者的青睐。

CorelDraw 无疑是一款十分优秀的图形设计软件，可以进行图形的绘制和报纸的排版，还可以做宣传册、产品包装、卡通画、名片设计等。

**5. ACDSee**

ACDSee 是目前非常流行的看图工具之一。它提供了良好的操作界面，简单人性化的操作方式，优质的快速图形解码方式，丰富的图形格式，强大的图形文件管理功能等。使用 ACDSee，可以通过数码相机和扫描仪高效获取图片，并进行便捷的查找、组织和预览，支持超过 50 种常用多媒体格式。

作为最重量级的看图软件，它能快速、高质量显示图片，再配以内置的音频播放器，人们就可以享用它播放出来的精彩幻灯片了。ACDSee 还能处理如 MPEG 之类常用的视频文件。此外 ACDSee 也是很好的图片编辑工具，拥有去除红眼、剪切图像、锐化、浮雕特效、曝光调整、旋转、镜像等功能，还能进行批量处理。

在 Windows 环境下，这些图像应用软件在其功能上都具有一定的共性，包括以下几个方面。

(1) 支持多种图像数据格式，具有图像编辑、变形变换、优化处理等功能。

(2) 可选定某个区域进行裁剪、复制、粘贴、水平或竖直翻转、镜像、旋转、变形、透视等操作。

(3) 具有不同的效果处理功能,包括可调亮度、色度、去噪声、模糊、锐化、边界等,还包括其他一些特技。

(4) 具有一定的绘图功能。

### 4.5.4 图像处理的基本概念

大多数图像处理软件中的核心技术概念是相似的,如图层、通道、滤镜、蒙版、路径、选择区、文字与绘图等,不同软件在某些方面的功能强弱不同,Adobe 公司的 Photoshop 软件的功能则相对较全面,下面以 Photoshop 软件为基础进行介绍。

**1. 图层**

图层在进行图像处理中,具有十分重要的地位,也是最常用到的功能之一。掌握图层的概念是学习图像处理的开始。

Photoshop 将一个图像按不同的图层(Layer)来记录和编辑。一个图层就是一个相对独立的图像单元,每层可以独立选择和处理,而绝不会影响到其他的图层信息。各层之间可按不同的透明度和前后顺序叠在一起。多图层的图像在保存时,若想保存各图层及全部信息,必须存为 PSD 格式。对图层的操作可用图层菜单和图层控制板进行。

图 4-13 图层控制面板

图 4-13 所示是图层控制板。打开一个图像文件的同时,图层控制板内会自动列出所有图层,最底层往往是背景。

通过"图层"菜单项、图层控制板上的弹出式菜单以及控制板底边的快捷按钮,可以对图层进行各种编辑操作,主要包括:①新建、复制、删除当前图层;②图层的移动,包括图层在图像平面内的移动和图层间的前后顺序移动;③图层色彩调整;④图层的变形,对当前图层进行各种拉伸、旋转和变形。

**2. 通道**

在 Photoshop 中有两种类型的通道——颜色通道和 Alpha 通道。

颜色通道是用来保存图像颜色信息的,当用户打开或创建一个新的图像文件时,程序将自动创建颜色信息通道。

Alpha 通道是用于保存选区的通道,将选区作为 8 位的灰度图像来保存,其中白色部分表示完全选中的区域,黑色部分表示没有选中的区域,而灰色部分表示被不同程度选中的区域。

在 Photoshop 中打开一幅图像时会自动产生默认的色彩通道。色彩通道的功能是存储图像中的色彩元素。图像的默认通道数取决于该图像的色彩模式,如 CMYK 色彩模式的图像有 4 个通道,分别存储图像中的 C、M、Y、K 色彩信息。可以把通道想象成彩色套印时的分色板,每块板对应一种颜色。黑白、灰度、半色调和调配色图只有一个色彩通道,RGB、Lab 图有 3 个色彩通道,另有一个复合色彩通道用于图像的编辑。

一般利用 Alpha 通道来保存和编辑蒙版,以便于高级图像编辑,创造出不同的图像效果。例如,在一个空白通道中进行渐变填充,然后把它作为蒙版使用,在图像上将产生渐变的透明效果。也可以把已有的选择区保存到一个新的或已有的通道中。

通道控制板的使用与图层控制板类似。当前图像的彩色通道会自动显示在通道控制板上，已经创建的图层蒙版也会显示在通道中，并指明是层蒙版。在快速蒙版方式时，Alpha通道内也会有快速蒙版的信息；退出快速蒙版方式，相应的通道信息也自动消失。

显然，图像的通道越多，文件容量越大。如在RGB图像中复制一个彩色通道将使文件容量扩大约1/3。另外，只有使用PSD、TIFF格式保存时图像中的Alpha通道信息才能被保留下来；否则Alpha通道信息将被丢失。

**3. 滤镜**

Photoshop之所以被许多专业以及非专业人士青睐，依靠的就是其强大的滤镜。因为有了滤镜，用户就可以轻易地创造出专业的艺术效果。

滤镜是图像处理软件所特有的，它主要是为了适应复杂图像处理的需求。滤镜是一种植入Photoshop的外挂功能模块，或者说它是一种开放式的程序，是众多图像处理软件为进行图像特殊效果而设计的系统处理接口。目前Photoshop内部自身附带的滤镜（系统滤镜）有近百种之多，另外还有第三方厂商开发的滤镜，以插件的方式挂接到Photoshop中。当然，用户还可以用Photoshop Fiter SDK来开发自己设计的滤镜。通常，可以把Photoshop软件内部附带的滤镜称为内部滤镜，把第三厂商开发的滤镜称为外挂滤镜。

工作在Photoshop内部环境中的滤镜主要有5个方面的作用：优化印刷图像、优化Web图像、提高工作效率、提供创意滤镜和创建三维效果。有了它，Photoshop的用户就会更加如虎添翼，能够以让人难以置信的简单方法来实现惊人的效果。其中外挂滤镜是扩展Photoshop处理功能的补充性程序，Photoshop程序根据需要把外挂滤镜程序调入和调出内存。由于外挂滤镜不是集成在Photoshop应用软件中写入的固定代码，因此，外挂滤镜具有很大的灵活性，最重要的是，要根据用户创作的意愿来更新或互换需要的外挂滤镜，而不必更新整个应用程序，这样就极大地扩展了Photoshop程序在特效处理方面的功能。

主要的内部滤镜功能组包括以下几种。

（1）艺术效果（Artistic），模拟各种美术处理效果。

（2）模糊（Blur），使边缘过于清晰或对比过于强烈的区域变得模糊柔和。

（3）笔触（Brush Strokes），模拟各种画笔处理的效果。

（4）扭曲变形（Distort），模拟各种不同的扭曲效果。

（5）噪化（Noise），使图像产生粗糙的纹理效果。

（6）块化（Pixelate），使图像产生分块平面化的效果。

（7）照明（Render），产生不同的光源效果。

（8）锐化效果（Sharpen），增加图像的对比，强化图像的轮廓。

（9）草图（Sketch），产生各种不同的轮廓效果。

（10）风格化（Stylize），模拟印象派及其他风格画派效果。

（11）纹理（Texture），通过颜色间的过渡变形，产生不同的纹理效果。

**4. 蒙版**

蒙版（Mask）是浮在图层之上的一块挡板，它本身不包含图像数据，只是对图层的部分数据起遮挡作用。当对图层进行操作处理时，被遮挡的数据将不会受影响。Photoshop的蒙版类似一个8位灰度等级的图层，该层上的点阵本身没有色彩，但有3种状态：不透明

(完全遮挡)、透明(完全不遮挡)和不同程度的半透明。实际上选择区可以看成是一个临时的蒙版。蒙版可以被保存、编辑和加载到某一图层上,因此可用来记录和再利用复杂费时的选择区,并对图像进行高级编辑处理。

在 Photoshop 中,有 3 种方式来创建和保存蒙版:图层蒙版、快速蒙版和 Alpha 通道方式。图层蒙版是为某一层创建的,可用来控制该层图像的各部分透明效果。只要编辑和改变图层蒙版,就可以使该图层产生不同的显示效果,而实际上图层数据并不改变。图层蒙版的效果可以转换成该层数据的永久变化,也可以删除图层蒙版,恢复图层数据的本来面目。在图层控制板中可以控制图层蒙版的各种状态。快速蒙版是把选择区当成临时蒙版来编辑修改的快捷方式。系统默认的快速蒙版是叠在原图上的一层红色半透明膜,原有的选择区则是完全透明的。由于蒙版可以用任何 Photoshop 的工具和手段来编辑处理,因此采用快速蒙版方式可以使选择区的编辑处理更加灵活方便,处理效果更佳。除了利用快速蒙版方式生成临时蒙版以及编辑选择区以外,选择区还可以存储到 Alpha 通道中,成为永久性蒙版。

**5. 路径**

路径(Paths)可以是一个点、一条直线、一条曲线,或一系列连续直线和曲线段的组合。路径提供一个精确定义选择区的方式,采用路径工具(钢笔、磁笔或自由式笔)可以定义出任何形状的路径。与绘图方式绘制的像素线条或几何图形不同,路径是一种不包含点阵的矢量对象,因此独立于图像数据之外,也不会被打印输出。由于路径采用矢量的方式记录线段组合,可以很容易地重新整形和修正。

路径是 Photoshop 中的重要工具,其主要用于选取和剪裁复杂的形体轮廓,也可以用来绘制光滑线条。一旦建立了一个路径,可把它保存到路径控制板中,也可以转换成选择区域,还可以用前景色绘制路径曲线或填充路径包围的区域。此外,选择区也可以转换成路径。由于路径比基于像素的数据更节省空间,因此它可以用来保存蒙版。路径可以随图像文件一起保存和打开。PSD、JPEG、TIFF 等图像格式都支持路径方式。

Photoshop 中提供了一组用于生成、编辑、设置"路径"的工具组,它们位于 Photoshop 软件中的工具箱浮动面板中,默认情况下,其图标呈现为"钢笔图标",单击此处图标保持两秒钟,系统将会弹出隐藏的工具组,如图 4-14 所示,按照功能可将它们分成结点定义工具、结点增删工具和结点调整工具三大类。

结点定义工具主要用于贝塞尔曲线组的结点定义及初步规划,包括"钢笔工具"、"磁性钢笔工具"、"自由钢笔工具"。

结点增删工具用于根据实际需要增删贝塞尔曲线结点,包括"添加结点工具"、"删除结点工具"。

结点调整工具用于调节曲线结点的位置与调节曲线的曲率,包括"结点位置调节工具"和"结点曲率调整工具"。

和通道、图层一样,在 Photoshop 中也提供了一个专门的控制面板:路径控制面板。路径控制面板主要由系统按钮区、标签区、列表区、图标区、控制菜单区所构成,如图 4-15 所示。

路径控制面板中列出已经保存了的路径以及临时路径的名称和小图样。临时路径(Workpath)是系统默认使用的路径空间,必须把临时路径改名才能永久保存其中的路径信息,否则系统下次再使用临时路径时会自动删除原有的内容。路径控制面板的使用与图层控制面板类似。

图 4-14 “路径”工具组

图 4-15 路径控制面板

**6. 选择区**

对图像的处理实际上是对图像中各个图层的处理。实际编辑处理过程中，往往要选取图层中的一部分进行特别的处理。例如，把一只苹果上的一片叶子复制成两片，首先要把叶子复制到另一个图层，然后再对新图层上的叶子进行处理。选择区的作用是在当前层上定义一个编辑区域，使得对该层图像的编辑操作仅对选择区域内的数据有效，而区域外的数据将不会受到影响。例如，复制苹果上的叶子，而该图层上的其他数据不受影响。

通过工具栏中的选择工具和 Select 菜单，可用多种方式创建选择区，也称为定义选择区。定义了选择区后，图层上出现一个闪动的黑白线条区域。选取选择区时，要根据区域的形状和色彩来确定采用的工具。工具选定后，通过参数控制面板调整其他参数和可控制项。一般采用多种工具混合使用来定义选择区。

几何工具：适用于选取规则的选择区，如矩形、椭圆、水平垂直线等。

魔棒工具：适合选取相近色调的区域。用魔棒单击图层上某一像素点，则以该点的色彩为中心确定了色彩的容限范围，与中心点相邻的像素如果落在色彩容限范围之内，则为选择区内的点。容限范围越大，选择的点越多。选定魔棒工具后，通过参数调色板可以改变色彩容限范围，最小为 1，最大为 255。

绳索工具：适用于选取色调和边界都不规则的区域。

色彩范围选择(Select/Color Range 菜单)：与魔棒工具的区别是选择图层内在色彩容限范围内的所有像素点。

在图层上定义了选择区，就可以采用 Edit 菜单提供的命令和工具箱中的工具对区域内的图像数据进行编辑处理，主要的处理包括剪切、复制与粘贴；沿边界画线可选择沿选择区边界中心、外沿或内沿画线；选择区填充，采用不同的色彩，不同的透明度对选择区填充；旋转、拉伸变形，与图层的相应操作类似，仅对选择区有效；用移动工具可以将选择区内的图像在本层内移动，原来的数据被删除。

**7. 文字与绘图**

Photoshop 具有一定的绘画、绘图功能。工具箱中所有工具按功能来分可分为色彩工具、绘画工具、绘图工具及文字工具，名种工具的可调参数在 Options 控制面板中显示。

1）色彩工具

色彩工具包括以下 3 种类型工具。

(1) 前景色、背景色：前景色为当前绘画工具提供颜色，背景色为图像底板提供颜色。

(2) 油漆桶：单击当前图层，或者选择区中的任意点，用前景色取代以该点为中心的、在色彩容限内的相邻像素。

(3) 渐变：可以建立两种或两种以上的颜色渐变效果，并填充至当前图层内或选定的范围内。填充的方向由鼠标在图像中选定。

2) 绘画工具

(1) 画笔：可产生笔触感柔和的线条。在笔刷控制面板中选定画笔的形状，决定在图像中画出的线条的外观效果。

(2) 喷枪：可产生由枪管中喷射出颜色的效果，适用于在图像上表现有层次感的色调。可以在笔刷控制板中选择喷枪的类型。不同类型的喷枪产生的效果不同。

(3) 铅笔：可以在图像中画出任意的线条。在笔刷控制板中选择铅笔的形状，以决定画出线条的粗细。在 Options 控制面板中可选择的参数和画笔的类似。

(4) 涂抹：模拟手指在未干的油画或水彩画上涂抹，使涂抹处的颜色顺着涂抹方向晕开，也可使画中某一物体的边缘柔化。在笔刷控制面板中选定不同形状，以决定每笔涂抹的范围。

(5) 色调：可以调整图像或选定范围内的明暗程度，变亮或变暗；调整饱和度的工具是海绵。在笔刷控制面板中可选定不同的形状，以决定每笔修改的大小。

3) 画线工具

用直线工具可画出不同粗细的直线或带箭头的直线。

4) 文字工具

利用文字工具，可在图像中加入各种效果的文字，文字工具可分为文字和文字蒙版两类。文字和文字蒙版的区别在于：文字工具产生的文字会直接填入前景色，并生成一个新的图层；而文字蒙版产生的文字实际是文字选择区，还需进一步处理才能形成图像数据。

### 4.5.5 数字图像处理实例

下面用一张小猫的图片和一张圣诞帽的图片合成制作一张圣诞贺卡。使用的素材图和最终效果图分别如图 4-16 和图 4-17 所示。

该任务完成，需要有一个基本操作思路。下面是一个基本的处理步骤。

(1) 由于最终要出现的成品这里已经给出，因此图像的主题及构图就不是这里的重点。其实在最开始学 Photoshop 时，你练习这种已经要求最终效果的作品对技术的锻炼是很有好处的，毕竟自己设计作品对初学者来说相对较难。

(2) 画面的尺寸就设计为 800 像素×600 像素，再设置一下背景色。

(3) 由于素材图已经给出，可以省去获取基本数字图像素材这一步了。

(4) 对素材进行处理。作品能否成功，这是关键。首先要把猫咪放到画面合适的地方，并调整到合适大小，于是首先应该想到必须给猫咪一个单独的图层。然后帽子也是，并要想办法将猫咪和帽子很好地融合在一起，想想是不是可以利用模糊图层边缘来实现。再往上一层就是那个方形的相框了，那种特殊的效果自然就想到可能要用到滤镜工具了，而那个方形相框的选择可能就要用到蒙版了。

(5) 所有的工作都满意之后，就可以将所有图层合为一层，并进行整体调整，做全局处理。

(6) 剩下的就是输出了。如果你想把这个电子贺卡通过网络发送给你的好友，那么图像文件就不能太大了，最好还是保存为压缩比比较高的 JPEG 格式。

图 4-16　素材图

图 4-17　最终效果图

## 4.6　数字图像技术的应用

随着计算机的普及，人们已经开始习惯通过数字图像来传递信息。图像处理也在生活中扮演着重要的角色。作为数字图像处理，与模拟图像处理相比，具有以下明显的优势。

**1. 再现性好**

数字图像处理与模拟图像处理的根本不同在于，它不会因图像的存储、传输或复制等一系列变换操作而导致图像质量的退化。只要图像在数字化时准确地表现了原稿，则数字图像处理过程始终能保持图像的再现。

**2. 处理精度高**

按目前的技术，几乎可将一幅模拟图像数字化为任意大小的二维数组，这主要取决于图像数字化设备的能力。对计算机而言，不论数组大小，也不论每个像素的位数多少，其处理程序几乎是一样的。换言之，从原理上讲不论图像的精度有多高，处理总是能实现的，只要在处理时改变程序中的数组参数就可以了。

**3. 适用面广**

图像可以来自多种信息源，它们可以是可见光图像，也可以是不可见的波谱图像（如X射线图像、超声波图像或红外图像等），可以小到电子显微镜图像，大到航空照片、遥感图像甚至天文望远镜图像。这些来自不同信息源的图像只要被变换为数字编码形式后，均可用计算机来处理。针对不同的图像信息源，采取相应的图像信息采集措施，图像的数字处理方法适用于任何一种图像。

**4. 灵活性高**

图像处理大体上可分为图像的像质改善、图像分析和图像重建三大部分，每一部分均包含丰富的内容。由于图像的光学处理从原理上讲只能进行线性运算，这极大地限制了光学图像处理能实现的目标。而数字图像处理不仅能完成线性运算，而且能实现非线性处理，即凡是可以用数学公式或逻辑关系来表达的一切运算均可用数字图像处理实现。

可见数字图像处理技术有着卓越的优越性，因此它在人们的实际生活中的应用也非常广泛。常见的情形有如下几种。

1）家庭娱乐

在家庭生活中，由于数码相机的流行，数字图像已经融入到家庭生活中。如果对以前拍得的数码照片不满意或者想将简单的生活照做出艺术照的效果，则数字图像处理技术完全可以帮上忙。

从相册里偶尔翻出来的生活照，你也可以处理出一些艺术效果。如用Photoshop可以给你的照片添加怀旧的味道，如图4-18和图4-19所示。

图4-18　原始照片

图 4-19　处理后的照片

如果你刚从外地旅游回来，可以在家里将途中拍的风景照重新处理一下，别有一番味道，如用 Photoshop 打造底片的特殊艺术效果，如图 4-20 和图 4-21 所示。

图 4-20　原始照片

图 4-21　处理后的照片

数字图像处理技术在家庭中应用已经比较广泛了，很多业余爱好者喜欢研究新的数码图像处理，然后将处理过程发布到网上。只要你有时间有兴趣，绝对可以利用图像处理技术让你的照片锦上添花。

2）工业设计、企业徽标设计

在生产工艺中，有时需要先绘制出产品的设计图，这个时候数字图像处理软件也会帮上忙，特别是 CorelDraw 软件。下面通过网上收集到的实例来说明。

用 CorelDraw 软件绘制 BMW 汽车，如图 4-22 和图 4-23 所示。

用 CorelDraw 软件制作索尼 DSC-P10 相机，如图 4-24 和图 4-25 所示。

CorelDraw 在工业设计这块领域有比较大的应用，另外因为它具有强大的绘图功能，在企业徽标设计领域中也有应用。如果你将来有意向做一名设计师，相信早点动手学习该软件是个不错的选择。

3）漫画创作、动画原型设计

很多图像处理软件带有绘图功能，无论是 Photoshop 还是 CorelDraw 都可以被用来作为漫画创作、动画人物原型设计的好工具。而且如果有专业的绘图板，相信你在创作的时候会更得心应手。

图 4-22　绘制过程中截图

图 4-23　最终绘制效果图

图 4-24　绘制过程截图

图 4-25　最终制作效果图

## 练习与思考

1. 矢量图与位图相比，不正确的结论是（　　）。
   A. 在缩放时矢量图不会失真，而位图会失真
   B. 矢量图适合于表现变化曲线，而位图适合于表现自然景物

C. 矢量图占用存储空间较大，而位图则较小

D. 矢量图侧重于绘制和艺术性，而位图侧重于获取和技巧性

2. 一幅 320×240 的真彩色图像，未压缩的图像数据量是（　　）。

A. 225KB　　B. 230.4KB　　C. 900KB　　D. 921.6KB

3. 简述 RGB 颜色模型如何表示颜色，它的主要应用领域有哪些。

4. 在网络上下载一幅 JPG 格式的图像，用 Photoshop 软件将其变换成其他格式，观察文件大小和图像质量的变换并做好记录。

5. 简述数码相机的工作原理。如果是你即将要购买一部数码相机，你将关注它哪些方面的数据指标呢？

6. 在 Photoshop 中导入一幅图像，分别尝试各种滤镜处理，看看处理后的效果。

7. 参考本章中的实例，自制一份电子贺卡送给同学。

## 参考文献

[1] 光与色. 天地会摄影社区摄影文集. http://www.chinacamera.net/.

[2] 扫描仪原理篇. http://www.docin.com/p-12052314.html.

[3] 用 Photoshop 制作卷边老照片效果. http://wenku.baidu.com/.

[4] Photoshop 制作圣诞贺卡. http://www.3lian.com/edu/2012/06-09/29875.html.

[5] 林福宗. 多媒体技术基础及应用. 第 2 版. 北京：清华大学出版社，2002.

# 第5章 数字视频技术

视频是根据人眼视觉特性以一定的信号形式实时传送的活动图像。目前世界上现行的彩色电视制式包括NTSC、PAL和SECAM 3种制式。彩色视频信号传输时，其信号可以划分为复合、分量和S端子视频信号。电视图像数字化采用彩色电视图像数字化标准，通过彩色空间转换、采样频率统一定义、有效分辨率定义、输出格式标准化等实现数字化。数字视频的获取通常采用从现成的数字视频库中截取、利用计算机软件制作视频、用数字摄像机直接摄录和视频数字化等多种方法。常用的设备包括摄像机、录像机、视频采集卡、数码摄像机。获取到的数字视频可以通过画面拼接或影视特效制作进行数字化编辑与处理，涉及镜头、组合和转场过渡等基本概念。影视特效主要处理电影或其他影视作品中特殊镜头和画面效果。后期特效处理通常采用抠像、动画特效和其他的一些视频特效包括镜头分割、文字特效、遮罩与蒙版、3D特效、粒子系统特效、运动与跟踪特效等技术。内容之间的关系如下：

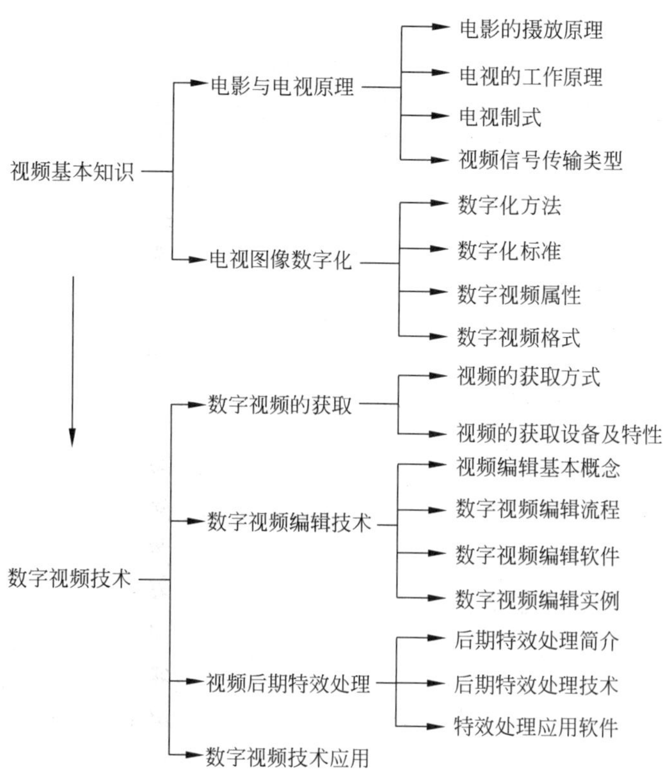


本章从视频基本知识到数字视频技术为线索，先介绍了电影与电视的基本知识，然后由电视图像数字化过渡到数字视频技术；接着简述了视频的获取方式及设备特性，重点介绍了视频编辑的基本流程、软件和编辑的范例；然后介绍了视频后期处理技术；最后概述了

数字视频技术的主要应用领域。

通过本章内容的学习，学习者应能达到以下学习目标。

（1）了解电影的放映原理。

（2）掌握几种主要的电视制式，并能分析它们之间的不同。

（3）掌握主要的数字视频获取设备基本操作和获取数字视频文件的方法。

（4）了解一种视频编辑软件的核心概念及基本操作。

（5）了解数字视频的基本编辑和特效处理技术，并熟悉一种后期特效处理软件。

## 5.1 电影与电视

在当前的媒体形式中，最受人追捧的、最能长时间吸引眼球的莫过于视频。无论是在电视机上看到的电视节目，还是在电影屏幕上看到的电影大片，以及在计算机上看到的动态图像，都属于视频范畴。

当前的视频媒体制作和传输越来越多地依赖数字技术的支撑，特别是在计算机上所看到的电影和电视节目。那么什么是数字视频？如何获得数字视频？在了解这些问题之前，大家有必要先了解一下电影和电视其本身的原理和历史。

### 5.1.1 电影的摄放原理

电影从诞生到现在，已经走过了100多年的历程。现代社会的飞跃式发展，使得电影的变化非常迅速。最早拍摄的电影（如法国的《工厂的大门》、美国的《梅·欧文和约翰·顿斯的接吻》、德国的《柏林风光》），以及稍后的叙事片（如梅里爱的《月球旅行记》、鲍特的《火车大劫案》等），与当代电影相比（如《星球大战》、《大白鲨》、《终结者》、《侏罗纪公园》、《辛德勒名单》等），技术和手段等都不可同日而语。后者拍摄的技术、技巧和方法，以及所蕴含的文化氛围和内涵，都大大超过了前者。

电影是人类史上的重要发明，它借助了照相化学、光学、机械学、电子学等多门学科的知识和原理。如果大家见过电影胶片的话，那么应该知道，电影胶片上的影像都是一格格的静止图像，而为什么人们能够在电影屏幕上看到连续、活动的图像呢？这其实就涉及了电影的放映原理。

**1. 电影的放映原理**

人们之所以能够看到电影屏幕上的活动影像，其中最大的原因在于人眼的自我欺骗。人眼有一个非常有趣的视觉特性——能够把看到的影像在视网膜上保留一段时间，这种特性称为视觉暂留。科学实验证明，人眼在某个视像消失后，仍可使该物像在视网膜上滞留0.1～0.4秒。而在电影放映的过程中，电影胶片以每秒24格画面匀速转动，而投影光栅则在每格画面滞留期间开光两次；这就相当于每一格画面给人眼的刺激是1/24秒（相当于0.04），每次刺激则是0.02秒，由于人的眼睛有视觉暂留的特性，一个画面的印象还没有消失，下一个稍微有一点差别的画面又出现在银幕上，连续不断的影像衔接起来，就组成了活动电影。

**2. 电影的拍摄**

利用电影摄影机就可以将现实生活中的活动影像记录在影像胶片上，它类似于照相机，但不同的是它可以连续不断地拍摄，1 秒钟之内可以拍摄很多张照片。在拍摄的过程中，每秒钟的拍摄格数（照片的张数）是可以控制的。例如，按照有声电影的标准，每秒钟应拍摄 24 格影像。与人们所看到活动影像和真实生活中的影像完全一样。如果每秒钟拍摄大于 24 格或小于 24 格的电影镜头，仍按照正常 24 格/秒去播放，那么就会出现慢镜头或快镜头。画面中的运动速度与人眼看到的速度会有所不同。

电影的拍摄是以电影胶片（条状感光胶片）为载体，借助透镜组（物镜）的光学成像，并根据视觉的生理与心理特性，以 24 幅/秒摄取被摄对象的一系列姿态渐次变化而活动连贯的静止画面的过程。对于现在的电影制作工艺而言，记录的材质并不一定完全就是电影胶片，例如当前提出的数字电影技术，其记录的材质是计算机硬盘。

### 5.1.2 电视的工作原理

现在广为人们接受的电视是在电影的基础上发展起来的。从传统黑白电视到彩色电视，从传统平板电视、CRT 显像管电视、背投电视等电视设备发展和普及，到现在数字电视概念和设备的提出，人们对电视实用性和可操作性的需求越来越大。电视让人们足不出户，却能够了解外界世界的多姿多彩。而多方面、多视角的了解社会信息与知识，丰富了百姓的娱乐生活，电视是近百年来最主要的信息传播途径之一。

**1. 电视的工作过程**

电视是根据人眼视觉特性以一定的信号形式实时传送活动景物（或图像）的技术。在发送端，用电视摄像机把景物（或图像）转变成相应的电信号，电信号通过一定的途径传输到接收端，再由显示设备显示出原景物（或图像）。其过程如图 5-1 所示。

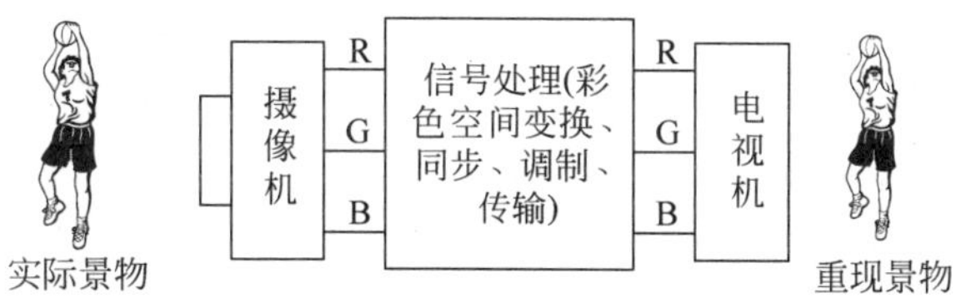


图 5-1　电视的工作过程

电视图像的传送在发送端是基于光电转换器件，在接收端是基于电光转换器件。20 世纪 90 年代以前，实现这两种转换的器件主要是摄像管和显像管。摄像管阴极发射出来的电子束，在电子枪的电场及偏转线圈的磁场力作用下，按从左到右、从上到下的顺序依次轰击荧光屏。屏幕内表面上涂的荧光粉在电子轰击下发光，其发光亮度正比于电子束所携带的能量，若将摄像端送来的信号加到显像管电子枪的阴极与栅极之间，就可以控制电子束携带的能量，使荧光屏的发光强度受图像信号的控制。若显像管的电—光转换是线形的，那么，屏幕上重现的图像时，其各像素的亮度基本正比于所摄图像相应各像素的亮度，屏幕上就会重现原图像。

**2. 扫描的机制**

电视图像的摄取与重现实质上是一种光电转换过程，分别是由摄像管和显像管来完成的。在发送端将平面图像分解成若干像素以电子束的形式顺序传送出去，在接收端再将这种信号复合成完整的图像，这种图像的分解与复合是靠扫描来完成的。

扫描有隔行扫描和非隔行扫描（也称为逐行扫描）之分，如图 5-2 所示。黑白电视和彩色电视一般用隔行扫描，而计算机显示图像时一般采用非隔行扫描。

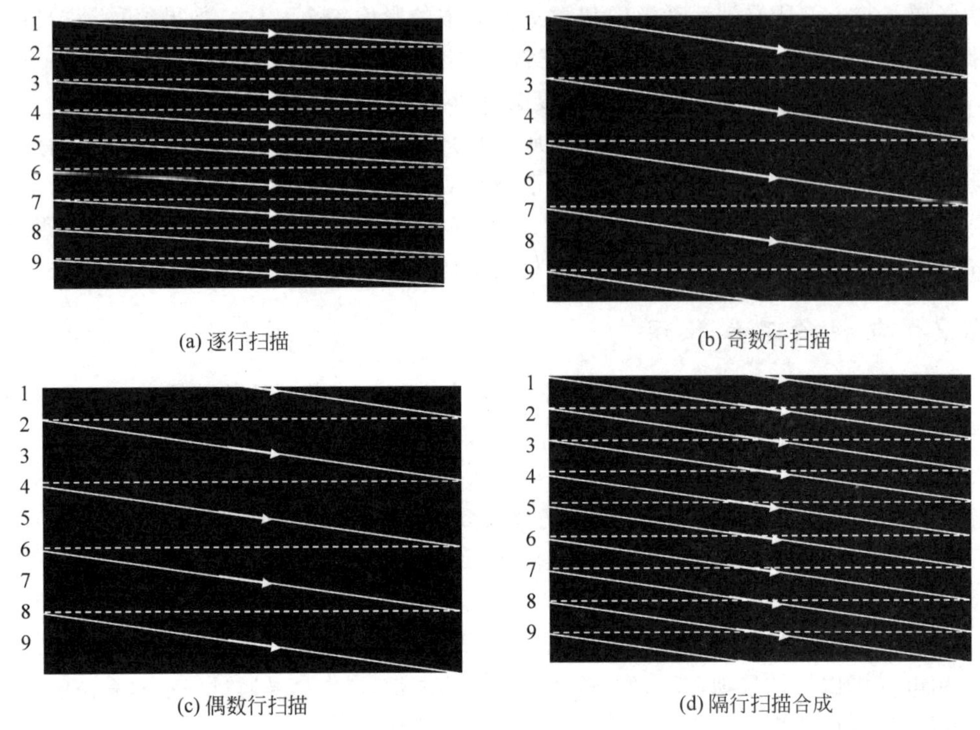


图 5-2　逐行扫描和隔行扫描

在非隔行扫描中，电子束从显示屏的左上角一行接一行地扫描到右下角，在显示屏上扫一遍就显示一幅完整的图像，如图 5-2 (a)所示。

在隔行扫描中，电子束扫描完第 1 行后回到第 3 行开始的位置接着扫描，如图 5-2(b)至图 5-2(d)所示，然后在第 5、7、…、9 行上扫描，直到最后一行。奇数行扫描完后接着扫描偶数行，这样就完成了一帧(Frame)的扫描。由此可以看到，隔行扫描的一帧图像由两部分组成：一部分由奇数行组成，称奇数场，另一部分由偶数行组成，称为偶数场，两场合起来组成一帧。因此在隔行扫描中，无论是摄像机还是显示器，获取或显示一幅图像都要扫描两遍才能得到一幅完整的图像。在隔行扫描中，扫描的行数必须是奇数。如前所述，一帧画面分两场，第一场扫描总行数的一半，第二场扫描总行数的另一半。隔行扫描要求第一场结束于最后一行的一半，不管电子束如何折回，它必须回到显示屏顶部的中央，这样就可以保证相邻的第二场扫描恰好嵌在第一场各扫描线的中间。正是这个原因，才要求总的行数必须是奇数。

在电视扫描机制中，每秒钟扫描多少行称为行频 $f_H$，每秒钟扫描多少场称为场频 $f_f$，每秒扫描多少帧称帧频 $f_F$。$f_f$和 $f_F$是两个不同的概念。

### 5.1.3　电视制式解析

目前世界上现行的彩色电视制式有 3 种：NTSC 制式、PAL 制式和 SECAM 制式。

NTSC(National Television Systems Committee)彩色电视制是 1952 年美国国家电视

标准委员会定义的彩色电视广播标准，称为正交平衡调幅制，美国、加拿大等大部分西半球国家，以及日本、韩国、菲律宾等国和中国台湾采用这种制式；德国（当时的西德）于1962年制定了PAL（Phase-Alternative Line）制彩色电视广播标准，称为逐行倒相正交平衡调幅制，德国、英国等一些西欧国家，以及中国、朝鲜等国家采用这种制式；法国制定了SECAM（Sequential Coleur Avec Memoire）彩色电视广播标准，称为顺序传送彩色与存储制，法国、俄罗斯及东欧国家采用这种制式。

上面提到的NTSC制、PAL制和SECAM制都是兼容制制式。这里说的“兼容”有两层意思：一是指黑白电视机能接收彩色电视广播，显示的是黑白图像，另一层意思是彩色电视机能接收黑白电视广播，显示的也是黑白图像，这称为逆兼容性。为了既能实现兼容性而又要有彩色特性，彩色电视系统应满足下列几方面的要求：

（1）必须采用与黑白电视相同的一些基本参数，如扫描方式、扫描行频、场频、帧频、同步信号、图像载频、伴音载频等。

（2）需要将摄像机输出的三基色信号转换成一个亮度信号，以及代表色度的两个色差信号，并将它们组合成一个彩色全电视信号进行传送。在接收端，彩色电视机将彩色全电视信号重新转换成三基色信号，在显像管上重现发送端的彩色图像。

各制式的区别主要就是规定的扫描频率、周期等特性的不同，3种制式的主要特性如下。

**1. PAL制式的主要特性**

（1）625行（扫描线）/帧，25帧/秒（40ms/帧）。

（2）高宽比（Aspect Ratio）：4∶3。

（3）隔行扫描，2场/帧，312.5行/场。

（4）颜色模型：YUV。

一帧图像的总行数为625，分两场扫描。行扫描频率是15 625Hz，周期为64μs；场扫描频率是50Hz，周期为20ms；帧频是25Hz，是场频的一半，周期为40ms。在发送电视信号时，每一行中传送图像的时间是52.2μs，其余的11.8μs不传送图像，是行扫描的逆程时间，同时用作行同步及消隐。每一场的扫描行数为625/2=312.5行，其中25行作场回扫，不传送图像，传送图像的行数每场只有287.5行，因此每帧只有575行有图像显示。

**2. NTSC制式的主要特性**

（1）525行/帧，30帧/秒（29.97帧/秒，33.37ms/帧）。

（2）高宽比：电视画面的长宽比（电视为4∶3；电影为3∶2；高清晰度电视为16∶9）。

（3）隔行扫描，一帧分成2场（Field），262.5线/场。

（4）在每场的开始部分保留20扫描线作为控制信息，因此只有485条线的可视数据。Laser disc约420线，S-VHS约320线。

（5）每行63.5μs，水平回扫时间10μs（包含5μs的水平同步脉冲），所以显示时间是53.5μs。

（6）颜色模型：YIQ。

一帧图像的总行数为525行，分两场扫描。行扫描频率为15 750Hz，周期为63.5μs；场扫描频率是60Hz，周期为16.67ms；帧频是30Hz，周期33.33ms。每一场的扫描行数为525/2=262.5行。除了两场的场回扫外，实际传送图像的行数为480行。

**3. SECAM 制式的主要特性**

这种制式与 PAL 制式类似，其差别是 SECAM 中的色度信号是频率调制(FM)，而且它的两个色差信号[红色差(R′－Y′)和蓝色差(B′-Y′)信号]是按行的顺序传输的。法国、俄罗斯、东欧和中东等约有 65 个地区和国家使用这种制式，图像格式为 4∶3，625 线，50Hz，6MHz 电视信号带宽，总带宽 8MHz。

**表 5-1 彩色电视国际标准**

| TV 制式 | PAL | NTSC | SECAM |
|---|---|---|---|
| 行/帧 | 625 | 525 | 625 |
| 帧/秒(场/秒) | 25(50) | 30(60) | 25(50) |
| 行/秒 | 15625 | 15734 | 15625 |
| 参考白光 | $C_{白}$ | $D_{6500}$ | $D_{6500}$ |
| 声音载频(MHz) | 5.5　6.0　6.5 | 4.5 | 6.5 |
| γ | 2.8 | 2.2 | 2.8 |
| 彩色副载频(Hz) | 4433618 | 3579545 | 4250000(＋U)<br>4406500(－V) |
| 彩色调制 | QAM | QAM | FM |
| 亮度带宽(MHz) | 5.0　5.5 | 4.2 | 6.0 |
| 色度带宽(MHz) | 1.3(Ut)<br>1.3(Vt) | 1.3(I)<br>0.6(Q) | >1.0(Ut)<br>>1.0(Vt) |

表 5-1 是各种制式的比较。由于主要特性的不同，各制式对播放和记录设备要求不同，因此现在诸多研究都希望能够将其进行完整的统一，能够完成所有厂家的同一性。数字视频技术因此应运而生，作为电视技术的一种突破，给人们的生活带来了更大的变化。

# 5.2 电视图像数字化

## 5.2.1 数字化方法

数字电视图像有许多优点。主要表现在：可直接进行随机存储使电视图像的检索变得很方便，复制数字电视图像和在网络上传输数字电视图像都不会造成质量下降，很容易进行非线性电视编辑，抗干扰能力强，保密性好，有效提高了电视的质量。

在大多数情况下，数字电视系统都希望用彩色分量来表示图像数据，如用 YCbCr、YUV、YIQ 或 RGB 彩色分量。因此，电视图像数字化常用“分量初始化”这个术语，它表示对彩色空间的每一个分量进行初始化。电视图像数字化常用的方法有以下两种。

(1) 先从复合彩色电视图像中分离出彩色分量，然后数字化。现在接触到的大多数电视信号源都是彩色全电视信号，如来自录像带、激光视盘、摄像机等的电视信号。对这类信号的数字化，通常的做法是首先把模拟的全彩色电视信号分离成 YCbCr、YUV、YIQ 或 RGB 彩色空间中的分量信号，然后用 3 个 A/D 转换器分别对它们数字化。

(2) 首先用一个高速 A/D 转换器对彩色全电视信号进行数字化，然后在数字域中进行分离，以获得所希望的 YCbCr、YUV、YIQ 或 RGB 分量数据。

## 5.2.2 数字化标准

在 20 世纪 80 年代初，国际无线电咨询委员会（International Radio Consultative Committee，IRCC）制定了彩色电视图像数字化标准，称为 CCIR 601 标准，现改为 ITU-R BT.601 标准。该标准规定了彩色电视图像转换成数字图像时使用的采样频率，RGB 和 YCbCr（或者写成 YCBCR）两个彩色空间之间的转换关系等。

**1. 彩色空间之间的转换**

在数字域而不是模拟域中 RGB 和 YCbCr 两个彩色空间之间的转换关系用下式表示：

$$\mathrm{Y} = 0.299R + 0.587G + 0.114B$$

$$\mathrm{Cr} = (0.500R - 0.4187G - 0.0813B) + 128$$

$$\mathrm{Cb} = (-0.1687R - 0.3313G + 0.500B) + 128$$

**2. 采样频率**

CCIR 为 NTSC 制式、PAL 制式和 SECAM 制式规定了共同的电视图像采样频率。这个采样频率也用于远程图像通信网络中的电视图像信号采样。亮度信号采样频率 $f_s=13.5\mathrm{MHz}$，色度信号采样频率 $f_c=6.75\mathrm{MHz}$ 或 13.5MHz。图 5-3 表示采样频率与同步信号之间的关系。对于所有制式，每个扫描行的有效样本数均为 720。数字信号取值范围：亮度信号 220 级，色度信号 225 级。

(1) 对 PAL 制式、SECAM 制式，采样频率 $f_s$ 为：

$$f_s=625\times25\times N=15\,625\times N=13.5\mathrm{MHz}$$

$$N=864$$

其中，$N$ 为每一扫描行上的采样数目。

(2) 对 NTSC 制式，采样频率 $f_s$ 为：

$$f_s=525\times29.97\times N=15\,734\times N=13.5\mathrm{MHz}$$

$$N=858$$

其中，$N$ 为每一扫描行上的采样数目。

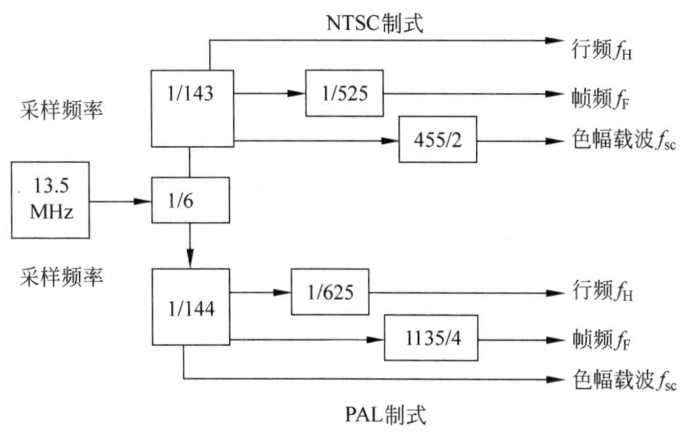


图 5-3 采样频率

**3. 有效显示分辨率**

对 PAL 制式和 SECAM 制式的亮度信号，每一条扫描行采样 864 个样本；对 NTSC 制式的亮度信号，每一条扫描行采样 858 个样本。对所有的制式，每一扫描行的有效样本数均为 720 个。ITU-R BT.601 的亮度采样结构如图 5-4 所示。

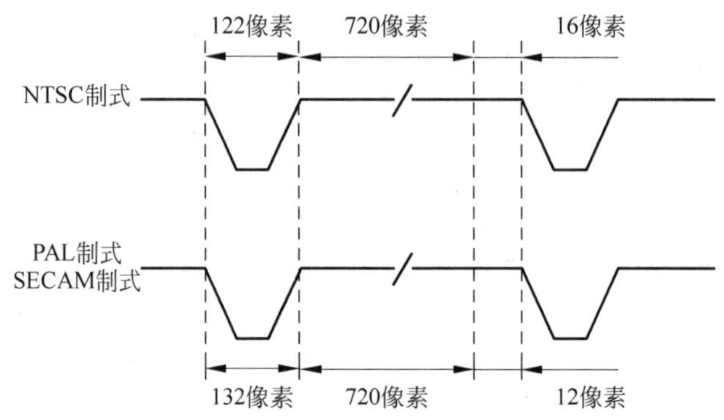


图 5-4　ITU-R BT.601 的亮度采样结构

**4．ITU-R BT.601 标准摘要**

ITU-R BT.601 用于对隔行扫描电视图像进行数字化，对 NTSC 和 PAL 制式彩色电视的采样频率和有效显示分辨率都做了规定。表 5-2 给出了 ITU-R BT.601 推荐的采样格式、编码参数和采样频率。

**表 5-2　彩色电视数数字化参数摘要**

| 采样格式 | 信号形式 | 采样频率(MHz) | 样本数/扫描行 | | 数字信号取值范围(A/D) |
|---|---|---|---|---|---|
| | | | NTSC | PAL | |
| 4∶2∶2 | Y | 13.5 | 858(720) | 864(720) | 220 级(16～235) |
| | Cr | 6.75 | 429(360) | 432(360) | 225 级(16～240) |
| | Cb | 6.75 | 429(360) | 432(360) | (128±112) |
| 4∶4∶4 | Y | 13.5 | 858(720) | 864(720) | 220 级(16～235) |
| | Cr | 13.5 | 858(720) | 864(720) | 225 级(16～240) |
| | Cb | 13.5 | 858(720) | 864(720) | (128±112) |

ITU-R BT.601 推荐使用 4∶2∶2 的彩色电视图像采样格式。使用这种采样格式时，Y 用 13.5MHz 的采样频率，Cr、Cb 用 6.75MHz 的采样频率。采样时，采样频率信号要与场、行同步信号同步。

**5．CIF、QCIF 和 SQCIF**

为了既可用 625 行的电视图像又可用 525 行的电视图像，CCITT 规定了通用中间格式 CIF(Common Intermediate Format)、1/4 通用中间格式(Quarter-CIF，QCIF)和(Sub-Quarter Common Intermediate Format，SQCIF)格式，具体规格如表 5-3 所示。

**表 5-3　CIF 和 QCIF 图像格式参数比较**

| | CIF | | QCIF | | SQCIF | |
|---|---|---|---|---|---|---|
| | 行数/帧 | 像素/行 | 行数/帧 | 像素/行 | 行数/帧 | 像素/行 |
| 亮度(Y) | 288 | 360(352) | 144 | 180(176) | 96 | 128 |
| 色度(Cb) | 144 | 180(176) | 72 | 90(88) | 48 | 64 |

### 5.2.3 数字视频属性

**1. 数字视频的概念**

数字视频是将传统模拟视频(包括电视及电影)片段捕获转换成计算机能处理的数字信号,较常见的 VCD 就是一种经压缩的数字视频。数字视频的出现从本质上改变了视频的记录方式和处理过程,为视频的处理带来了革命性的变化,它的引入也为电影电视制作开辟了一番新天地。

从表面上看,数字视频只不过是将标准的模拟视频信号转换成计算机能够识别的位和字节,其实这个过程并不简单。但是,一旦视频是以数字形式存在的,那么它就具备了许多不同于模拟视频的特点。

(1) 数字视频是由一系列二进位数字组成的编码信号,它比模拟信号更精确,而且不容易受到干扰。

(2) 视频信号数字化后,对数字视频的加工处理只涉及反映数字视频数据在计算机硬盘中的排列,即访问地址表。播放、剪辑数字视频只是控制着计算机硬盘的磁头读出是 1 还是 0,与信号本身并不接触,不涉及实际的信号本身,这就意味着不管对数字信号做多少次处理和控制,画面质量几乎是不会下降的,可以多次复制而不失真。

(3) 可以运用多种编辑工具(如编辑软件)对数字视频进行编辑加工,对数字视频的处理方式也是多种多样,可以制作许多特技效果。将视频融入计算机化的制作环境,改变了以往视频处理的方式,也便于视频处理的个人化、家庭化。

(4) 数字信号可以被压缩,使更多的信息能够在带宽一定的频道内传输,大大增加了节目资源。并且还可以突破单向式的数字信号传输,实现交互式的信号传输。随着数字视频应用范围不断发展,它的优势也越来越明显。

**2. 数字视频的属性**

如同图像一样,人们用属性来描述一段数字视频,常见的有视频分辨率、图像深度、帧率、视频文件格式。

视频分辨率:指视频信号本身的分辨率。模拟视频的分辨率与带宽有关,例如,50Hz 的黑白视频信号行正程中显示图像的时间是 52μs,视频信号的带宽最大约 6MHz,极限情况下,一个正弦波的波峰显示一个白点,波谷显示一个黑点,这样最多的点数可以表示为 $52\mu s \times 6MHz \times 2 = 624$ 点。而数字视频分辨率是离散的像素分辨率,例如在模拟视频信号的一个行上,若采样 600 个像素,则水平像素分辨率为 600,若采样 2000 个像素,则水平像素分辨率为 2000。

图像深度:与静态图像一样,视频的图像深度决定其可以显示的颜色数。某些编码(压缩算法)使用固定的图像深度,在这种情况下该参数不可调整。选择较小的图像深度可以减小文件的容量,但同时也降低了图像的质量。

帧率(fps):用来表示视频文件每秒钟能够显示的帧数。高的帧率可以得到更流畅、更逼真的画面。

压缩质量:选择了一种压缩算法后还可以调整压缩质量,这个参数常用百分比来表示,100%表示最佳效果压缩。一种压缩算法也间接代表了一种文件格式。同一种压缩算法下,压缩质量越低,文件容量越小,丢失信息也越多。

### 5.2.4 数字视频文件格式

目前，视频文件格式可分为适合本地播放的本地影像视频和适合在网络中播放的网络流媒体影像视频两大类。尽管后者在播放的稳定性和播放画面质量上可能没有前者优秀，但网络流媒体影像视频的特性使之正被广泛应用于视频点播、网络演示、远程教育、网络视频广告等互联网信息服务领域。

**1. 本地影像视频**

AVI 格式，英文全称为 Audio Video Interleaved，即音频视频交错格式。它于 1992 年被 Microsoft 公司推出，随 Windows3.1 一起被人们所认识和熟知。所谓“音频视频交错”，就是可以将视频和音频交织在一起进行同步播放。这种视频格式的优点是图像质量好，可以跨多个平台使用，其缺点是体积过于庞大。压缩标准不统一也是其主要问题之一，高版本 Windows 媒体播放器播放不了早期编码编辑的 AVI 格式视频，而低版本 Windows 媒体播放器又播放不了最新编码编辑的 AVI 格式视频。通常导致用户在进行 AVI 格式的视频播放时，需要下载相应的解码器来解决播放问题。

DV-AVI 格式，DV 的英文全称是 Digital Video Format，是由索尼、松下、JVC 等多家厂商联合提出的一种家用数字视频格式，早期流行的数码摄像机就是使用这种格式记录视频数据。它可以通过计算机的 IEEE 1394 端口传输视频数据到计算机，也可以将计算机中编辑好的视频数据回录到数码摄像机中。这种视频格式的文件扩展名一般是.avi，所以也称为 DV-AVI 格式。

MPEG 格式，英文全称为 Moving Picture Expert Group，即运动图像专家组格式，家庭广泛使用的 VCD、SVCD、DVD 就是这种格式。MPEG 文件格式是运动图像压缩算法的国际标准，它采用了有损压缩方法减少运动图像中的冗余信息，从而达到压缩的目的（其最大压缩比可达到 200∶1）。目前 MPEG 视频格式常见的压缩标准包括 MPEG-1、MPEG-2 和 MPEG-4。

MPEG-1：制定于 1992 年，它是针对 1.5Mbps 以下数据传输率的数字存储媒体运动图像及其伴音编码而设计的国际标准，也就是通常所见到的 VCD 制作格式。这种视频格式的文件扩展名包括 *.mpg、*.mlv、*.mpe、*.mpeg 及 VCD 光盘中的 *.dat 文件等。

MPEG-2：制定于 1994 年，设计目标为高级工业标准的图像质量以及更高的传输率。这种格式主要应用在 DVD/SVCD 的制作（压缩）方面，同时在一些 HDTV（高清晰电视广播）和一些高要求视频编辑、处理上面也有广泛的应用。这种视频格式的文件扩展名包括 *.mpg、*.mpe、*.mpeg、*.m2v 及 DVD 光盘上的 *.vob 文件等。

MPEG-4：制定于 1998 年，MPEG-4 是为了播放流式媒体的高质量视频而专门设计的，它可利用很窄的带度，通过帧重建技术、压缩和传输数据，以求使用最少的数据获得最佳的图像质量。这种视频格式的文件扩展名包括 *.asf、*.mov 和 DivX AVI 等。

DivX 格式是由 MPEG-4 衍生出的另一种视频编码（压缩）标准，也即 DVDrip 格式。它采用了 DivX 压缩技术对 DVD 盘片的视频图像进行高质量压缩，同时用 MP3 或 AC3 对音频进行压缩，然后再将视频与音频合成并加上相应的外挂字幕文件而形成视频，其画质直逼 DVD 并且体积只有 DVD 的数分之一。

MOV 格式是由美国 Apple 公司开发的一种视频格式，默认的播放器是苹果的 QuickTime Player。具有较高的压缩比率和较完美的视频清晰度等特点，但是其最大的特点还是跨平台性，即不仅能支持 MacOS，同样也能支持 Windows 系列。

**2. 网络影像视频**

ASF 格式，英文全称为 Advanced Streaming Format，是微软为了和 Real Player 竞争而推出的一种视频格式。用户可以直接使用 Windows 自带的 Windows Media Player 对其进行播放。由于它使用了 MPEG-4 的压缩算法，因此压缩率和图像的质量都很不错。

WMV 格式，英文全称为 Windows Media Video，也是微软推出的一种采用独立编码方式并且可以直接在网上实时观看的文件压缩格式。WMV 格式的主要优点包括本地或网络回放、可扩充的媒体类型、部件下载、可伸缩的媒体类型、流的优先级化、多语言支持、环境独立性、丰富的流间关系以及扩展性等。

RM 格式，Real Networks 公司所制定的音频视频压缩规范，称为 Real Media，用户可以使用 RealPlayer 或 RealOne Player 对符合 Real Media 技术规范的网络音频/视频资源进行实况转播，并且 RealMedia 可以根据不同的网络传输速率制定出不同的压缩比率，从而实现在低速率的网络上进行影像数据实时传送和播放。这种格式的另一个特点是用户使用 Real Player 播放器，可以在不下载音频/视频内容的条件下实现在线播放。另外，RM 作为目前主流网络视频格式，可以通过其 Real Server 服务器将其他格式的视频转换成 RM 视频并由 Real Server 服务器负责对外发布和播放。

RMVB 格式是一种由 RM 视频格式升级延伸出的新视频格式。RMVB 视频格式打破了原先 RM 格式那种平均压缩采样的方式，在保证平均压缩比的基础上合理利用比特率资源，就是说静止和动作场面少的画面场景采用较低的编码速率，留出更多的带宽空间，而这些带宽会在出现快速运动的画面场景时被利用。这样在保证了静止画面质量的前提下，大幅地提高了运动图像的画面质量，从而图像质量和文件大小之间就达到了微妙的平衡。

## 5.3 数字视频的获取

### 5.3.1 数字视频的获取方式

数字视频的获取渠道有很多种，其主要的获取途径包括：从现成的数字视频库中截取、利用计算机软件制作视频、用数字摄像机直接摄录和视频数字化。

第一，数字视频资源可以从现成的数字视频库中截取，包括从已有的视频文件中截取和从网站上下载。例如，通常看到的历史纪录片，一些历史事件片段都是从原来的视频库中截取得的。《新闻联播》里面插入的历史事件回顾就是简短的视频片段。

第二，利用计算机软件制作视频。比较常见的就是利用 Flash 软件制作二维动画和利用 3ds Max 制作三维动画，特别是三维动画的应用越来越广泛，如网页、建筑效果图、建筑浏览、影视片头、MTV、电视栏目、电影、科研、计算机游戏等。在电影《蜘蛛侠》、《泰坦尼克号》、《终结者》、《魔戒》中就可以看到三维动画的身影。

第三，通过数字摄像机直接记录成数字文件格式，然后存储到硬盘或者光盘之中。如用家用数码摄像机、手机摄像头记录就是用这种方式得到数字视频的。

另外，还可以通过一些设备和技术来实现从模拟视频到数字视频信号的转化，这个过程就称为视频数字化。在实际工作中，电视机、激光视盘、摄像机等都可提供丰富多彩的模拟视频信号，通过视频采集设备获取数字视频。

## 5.3.2 视频获取设备及特性

如果想要得到一段现实生活场景的数字视频，则需要借助一定的设备才行，通常分为两种途径：要么就先利用传统设备得到模拟视频然后再数字化，要么就利用数码摄像机直接得到一段数字视频。但无论是哪种情况，都必须完成从现实光图像变换成电磁图像的转换和保存过程。

**1. 摄像机**

1）摄像机的工作原理

不论是什么样的摄像机，其工作的基本原理都是一样的，即把光学图像信号转变为电信号。在拍摄一个物体时，物体上反射的光被摄像机镜头收集，使其聚焦在摄像器件的受光面（如摄像管的靶面）上，再通过摄像器件把光能转变为电能，即得到了"视频信号"。但信号很微弱，需通过预放电路进行放大，再经过各种电路进行处理和调整，最后得到的标准信号可以送到录像机等记录媒介上记录下来，或通过传播系统传播或送到监视器上显示。

2）摄像机的组成和功能

摄像机主要由镜头系统、主机、寻像器和附件等几个部分组成。

镜头与普通照相机的镜头起着同样的作用，用来收集从物体反射来的光，使其聚焦并投射到摄像器件的受光面上。

主机也可称为摄像机回路，它是摄像机的主体部分，可将镜头形成的光学图像转变为适用的电视信号。

摄像机工作时，连续显示摄像机拍摄的各种图像的微型黑白监视器被称为"寻像器"，它为摄像人员取景构图、调准焦点、调试机器以及显示机器的工作状态和监视来自录像机或特技台的视频运送信号，提供了一个方便的而且是不可缺少的观察场所。

摄像机的附件一般包括电池、录像带或存储卡、背包、UV 镜、三脚架、广角镜、增倍镜等。

3）摄像机的分类

摄像机的分类有很多种，根据制作节目图像质量的要求可将摄像机分为 3 个档次：广播级、业务级、家用级。也可根据感光元件的类型分为摄像管摄像机（早期）和固体感光摄像机。

广播级摄像机被用于电视台和节目制作中心，目前电视台用的广播级摄像机多为 FIT CCD 三片机（亦有 IT CCD 的），如 SONY 广播电视用摄像机 DSR-600P，如图 5-5 所示。

业务级摄像机常应用在教育和工业系统中，早先都是用的彩色单管机和双管机，现在是非广播级的三片（多为 IT 型 CCD）式彩色摄像机，如 SONY 专业摄像机 HVR-A1C，如图 5-6 所示。

家用级摄像机基本都是单片 CCD 摄像机，结构简单、体积小、质量轻、操作简单易学，又较便宜，而且多数为摄录一体化机，如佳能家用光盘摄像机，如图 5-7 所示。

图 5-5　SONY 广播电视用摄像机 DSR-600P

图 5-6　SONY 专业摄像机 HVR-A1C

图 5-7　佳能家用光盘摄像机

4）数字摄像机

数字摄像机是指摄像机的图像处理及信号的记录全部使用数字信号完成的摄像机。此种摄像机的最大的特征是记录的信号为数字信号，而非模拟信号。

数字摄像机摄取的图像信号经 CCD 转化为电信号后，经电路进行数字化，以后在记录到磁带之前的所有处理全部为数字处理，最后直接将处理完的数字信号直接记录到记录介质上。由于采用了数字电路，因此数字摄像机具有以下的特点：图像质量佳、记录密度高、可靠性高、低成本、完美的录音音质。

由于电子技术的不断发展，数字摄像机也面临着一次次的蜕变和发展，尤其是存储介质的变化表现得更是尤为明显。从当初最为传统的 DV 带一统天下，到如今的 DVD 光盘、硬盘、闪存。除了传统的 DV 带式摄像机外，另外 3 种都可以算是全新制式的摄像机，前几年表现尤为突出的是 DVD 光盘式和硬盘式摄像机。凭借着良好的便携性、简便操控和后期制作以及逐渐走低的价格，数字摄像机已经占领了大部分的市场份额。

如果数字摄像机采用的是 DV 带的存储格式，那么将 DV 带上的数据传送到计算机上要用到一个工具：1394 口。IEEE1394 是一种外部串行总线标准，400Mbps 的高速。严格地讲，1394 口是通用接口，其功能是把 DV 格式的数据从摄像带上复制到硬盘里，该过程不进行视频压缩。用一根 1394 线一边连接摄像机，另一边连接计算机上的 1394 口，通过视频编辑软件就可以将 DV 带上的数据复制到计算机硬盘上。

DVD 数字摄像机由于其使用的存储媒介是 DVD 刻录盘，因此与普通磁带摄像机相比，在简便易用性上取得了突破性的进步：DVD 数字摄像机可以随机地进行回放，免去了倒带、快进等烦琐程序，省却了上传到计算机后再制作成光盘的步骤，拍摄后可直接在 DVD 播放机或 PC 上播放，不必另外购置刻录机和压缩卡。而现在广泛使用的硬盘摄像机和 P2 卡式摄像机，更是使存储成本进一步降低。

**2. 录像机**

1）录像机的工作原理

录像机是利用磁记录原理把视频信号及其伴音信号记录在磁带上的设备，故也称为磁带录像机(VTR——Video Tape Recorder 或 VCR——Video Cassette Recorder)。与电视机类似，不同的录像机对应于不同制式的电视信号。录像机除了包含电子部件来进行电视信号的变换和处理以外，还主要包括精密机械部分来控制磁带的运动和读写等操作。机械部分的精密程度不同、磁带尺寸及磁记录的方式不同，导致了记录信号的精度不同以及磁带的不通用性。

2）录像机的分类

目前世界范围内使用的录像机种类繁多，指标各异，分类方法也很多。按用途分主要有广播级录像机、专业用录像机、家用录像机 3 种。

广播级录像机是最高质量的录像机，其技术指标是以视频信号的频带宽度来衡量的，在 20 世纪一般视频带宽可高达 5MHz，相当于 400 多线的水平分解率(每 1MHz 带宽相当于水平分解率约 80 线)，基本上可以无失真记录和重放视频信号。广播级录像机采用分量视频信号(Component Video)的记录方式，分量视频是指亮度 Y、色差 U 和 V 三路模拟信号，它们通过三路导线传送并记录在模拟磁带的三路磁迹上。分量视频由于其具有很宽的频带，可以提供最高质量及最精确的色彩重放。2006 年 6 月，SONY 推出了 HDV 1080i 高清晰度数字磁带录像机 HVR-M25C，如图 5-8 所示。

专业用录像机一般指工业、文教、卫生等方面使用的录像机，早期专业录像机视频信号的水平分解率可达 250 以上。除了具有信号的记录和重放功能以外，它还具有编辑等功能，价格是家用录像机的 10 倍左右。这是目前制作电视或录像节目时大量使用的机种。

家用录像机可处理和记录的视频带宽不够，因此采用将全电视信号中的色度信号降频到 1MHz 以下进行记录，重放时再将其升至色度副载波的方式。这样一降一升，信号质量自然下降。视频信号水平分解率只能达到 230～240 线，一般具有射频、复合视频以及音频的输入输出端口，可以与电视机的相应端口连接，进行节目的录制和重放。

图 5-8　广播级录像机

### 3. 视频采集卡

视频采集卡的作用是将模拟摄像机、录像机、LD 视盘机、电视机输出的模拟视频信号输入计算机，并转换成计算机可辨别的数据，存储在计算机中，成为可编辑处理的视频数据文件。

在计算机上通过视频采集卡可以接收来自视频输入端的模拟视频信号，对该信号进行采集、量化成数字信号，然后压缩编码成数字视频。大多数视频卡都具备硬件压缩的功能，在采集视频信号时首先在卡上对视频信号进行压缩，然后再通过 PCI 接口把压缩的视频数据传送到主机上。一般的 PC 视频采集卡采用帧内压缩的算法把数字化的视频存储成 AVI 文件，高档一些的视频采集卡还能直接把采集到的数字视频数据实时压缩成 MPEG-1 格式的文件。

由于模拟视频输入端可以提供不间断的信息源，视频采集卡要采集模拟视频序列中的每帧图像，并在采集下一帧图像之前把这些数据传入 PC 系统。因此，实现实时采集的关键是每一帧所需的处理时间。如果每帧视频图像的处理时间超过相邻两帧之间的相隔时间，则要出现数据的丢失，即丢帧现象。采集卡都是把获取的视频序列先进行压缩处理，然后再存入硬盘，也就是说视频序列的获取和压缩是在一起完成的，免除了再次进行压缩处理的不便。不同档次的采集卡具有不同质量的采集压缩性能。

目前的视频采集卡是视频采集和压缩同步进行，也就是说视频流在进入计算机的同时就被压缩成 MPG 格式文件，这个过程就要求计算机有高速的 CPU、足够大的内存、高速的硬盘、通畅的系统总线。

视频采集卡（专业级非线性编辑卡 Canopus EDIUS SP）实物图如图 5-9 所示。

图 5-9　视频采集卡实物图

# 5.4　数字视频编辑技术

通过上面章节的叙述,应该知道了数字视频的相关概念。对于数字媒体技术专业的学习者而言,仅仅“知道”一些概念是不够的,应该更多关注的是“做”。那么,数字视频能够“做些什么”、“如何去做”呢？理解这一问题,可以从以下几个方面去认识：其一,相对于传统的模拟视频编辑,数字视频编辑的优势有哪些？其二,对数字视频进行编辑,应该遵循怎样的流程？其三,进行数字视频编辑,需要哪些常用的编辑软件,这些软件中涉及的关键技术又包括什么？

## 5.4.1　视频编辑的基本概念

### 1. 视频编辑的定义

传统的电影作品编辑是将拍摄到的电影素材胶片用剪刀等工具进行剪断和粘贴,去掉无用的镜头,而对于现在的影视作品中的编辑概念而言,其内涵远远超出了传统意义上的界定。数字编辑除了对有用的影视画面的截取和顺序组接外,还包括了对画面的美化、声音的处理等多方面。例如,张艺谋拍摄的武侠片《英雄》中,漫天枫叶乱舞、浩浩荡荡的车马军队以及李连杰被万箭穿心时的效果;《侏罗纪公园》中恐龙的复活、《金刚》中硕大的猩猩、电视节目中精美的片头预告……这些都是当前视频编辑技术的体现。这些技术让人们感受到梦幻般的虚拟情境,把人们的视野扩展得更远更深,与此同时,也省去了大量的人力物力消耗,节省了电影制作的成本。

视频编辑包括了两个层面的操作含义：其一是传统意义上简单的画面拼接；其二是当前在影视界技术含量高的后期节目包装——影视特效制作。

就技术形式而言,视频可以分为两种形式：线性编辑和非线性编辑。传统的视频编辑是在编辑机上进行的。编辑机通常由一台放像机和一台录像机组成，剪辑师通过放像机选择一段合适的素材，把它记录到录像机中的磁带上，然后再寻找下一个镜头。此外，高级的编辑机还有很强的特技功能，可以制作各种叠画，可以调整画面颜色，也可以制作字幕等。但是由于磁带记录画面是顺序的，编辑者无法在已有的画面之间插入一个镜头，也无法删除一个镜头，除非把这之后的画面全部重新录制一遍，所以这种编辑称为线性编辑。以数字视频为基础的非线性编辑技术的出现，使剪辑手段得到很大的发展。这种技术将素材记录到计算机中，利用计算机进行剪辑。它采用了电影剪辑的非线性模式，用简单的鼠标和键盘操作代替了剪刀加糨糊式的手工操作，剪辑结果可以马上回放，所以大大提高了效率。它不但可以提供各种剪辑机所有的特技功能，还可以通过软件和硬件的扩展，提供编辑机也无能为力的复杂特技效果。

**2. 视频编辑中的基本概念**

无论是线性编辑还是非线性编辑，在进行视频编辑的过程中，常常会涉及一些最基本概念，如镜头、组合和转场过渡等。

1）镜头

镜头就是从不同的角度、以不同的焦距、用不同的时间一次拍摄下来，并经过不同处理的一段胶片，它是一部影片的最小单位。

镜头从不同的角度拍摄来分有正拍、仰柏、俯拍、侧拍、逆光、滤光等；以不同拍摄焦距分有远景、全景、中景、近景、特写、大特写等；按拍摄时所用的时间不同，又分为长镜头和短镜头。

2）镜头组接

谈到镜头的组接，一定会涉及一个专业术语——蒙太奇。蒙太奇是法语 montage 的译音，原是法语建筑学上的一个术语，意为构成和装配，后被借用过来，引申用在电影上就是剪辑和组合，表示镜头的组接。所谓镜头组接，即把一段片子的每一个镜头按照一定的顺序和手法连接起来，成为一个具有条理性和逻辑性的整体。它的目的是通过组接建立作品的整体结构，更好地表达主题，增强作品的艺术感染力，使其成为一个呈现现实、交流思想、表达感情的整体。它需解决的问题是转换镜头，并使之连贯流畅并创造新的时空和逻辑关系。

镜头的组接除了采用光学原理的手段以外，还可以通过衔接规律，使镜头之间直接切换，使情节更加自然顺畅，关于镜头的组接方法与规律，大家在实际动手实验中一方面可以自己体会，另一方面可以查阅相关资料。

3）转场

影视作品最小的单位是镜头，若干镜头连接在一起形成镜头组。一组镜头经有机组合构成一个逻辑连贯、富于节奏，含义相对完整的电影片段，称为蒙太奇句子。它是导演组织影片素材、揭示思想、创造形象的最基本单位。一般意义上所说的段落转换即转场，有两层含义：一是蒙太奇句子间的转换，二是意义段落的转换，即叙事段落的转换。段落转换是内容发展到一定程度的要求，在影像中段落的划分和转换，是为了使表现内容的条理性更强，层次的发展更清晰，为了使观众的视觉具有连续性，需要利用造型因素和转场手法，使人在视觉上感到段落与段落间的过度自然、顺畅。

转场效果是电影电视编辑中最常用到的方法，最常见的就是“硬切”了，即是从一个剪辑到另一个剪辑的直接变化。而有些时候，正如常在电视节目中看到的，有各种各样的转场过渡效果。为此，很多视频编辑软件都提供了多种风格各异的转场效果，并且每一种效果都有相应的参数设置，使用起来非常方便。

常用的转场方式有以下几种形式。

(1) 淡出与淡入。淡出是指上一段落最后一个镜头的画面逐渐隐去直至黑场，淡入是指下一段落第一个镜头的画面逐渐显现直至正常的亮度。淡出与淡入画面的长度，一般各为2秒，但实际编辑时，应根据电视片的情节、情绪、节奏的要求来决定。有些影片中淡出与淡入之间还有一段黑场，给人一种间歇感，适用于自然段落的转换。

(2) 扫换。扫换也称划像，可分为划出与划入。前一画面从某一方向退出荧屏称为划出，下一个画面从某一方向进入荧屏称为划入。划出与划入的形式多种多样，根据画面进、出荧屏的方向不同，可分为横划、竖划、对角线划等。划像一般用于两个内容意义差别较大的段落转换。

(3) 叠化。叠化是指前一个镜头的画面与后一个镜头的画面相叠加，前一个镜头的画面逐渐隐去，后一个镜头的画面逐渐显现的过程。在电视编辑中，叠化主要有以下几种功能：一是用于时间的转换，表示时间的消逝；二是用于空间的转换，表示空间已发生变化；三是用叠化表现梦境、想象、回忆等插叙、回叙场合；四是表现景物变幻莫测、琳琅满目、目不暇接。

(4) 翻页。翻页是指第一个画面像翻书一样翻过去，第二个画面随之显露出来。现在由于三维特技效果的发展，翻页已不再是某一单纯的模式。

(5) 静帧。前一段落结尾画面的最后一帧作停帧处理，使人产生视觉的停顿，接着出现下一个画面，这比较适合于不同主题段落间的转换。

(6) 运用空镜头。运用空镜头转场的方式在影视作品中经常看到，特别是早一些的电影中，当某一位英雄人物壮烈牺牲之后，经常接转苍松翠柏、高山、大海等空镜头，主要是为了让观众在情绪发展到高潮之后能够回味作品的情节和意境。空镜头画面转场可以增加作品的艺术感染力。

除以上常见的转场方法，技巧转场还有正负像互换、焦点虚实变化等方式，在今后的影视艺术课程中会有详细解读。

### 5.4.2 数字视频编辑的基本流程

数字编辑技术有很大的优越性，因此它在实际工作中的运用也越来越广泛。人们可以依托编辑软件把各种不同的素材片断组接、编辑、处理并最后生成一个AVI或MOV格式文件。其操作是使用菜单命令、鼠标或键盘命令以及子窗口中的各种控制按钮和对话选项的配合完成的。在操作工作中可对中间或最后的视频内容进行部分或全部的预览，以检查编辑处理效果。数字视频编辑包括以下7个基本步骤。

**1. 准备素材文件**

依据具体的视频剧本以及提供或准备好的素材文件可以更好地组织视频编辑的流程。素材文件包括：通过采集卡采集的数字视频AVI文件，由Adobe Premiere或其他视频编辑软件生成的AVI和MOV文件、WAV格式的音频数据文件、无伴音的动画FLC或FLI格式文件，以及各种格式的静态图像，包括BMP、JPG、PCX、TIF等。电视节目中合成的综合节目就是通过对基本素材文件的操作编辑完成的。

**2. 进行素材的剪切**

各种视频的原始素材片断都称为一个剪辑。在视频编辑时，可以选取一个剪辑中的一部分或全部作为有用素材导入到最终要生成的视频序列中。剪辑的选择由切入点和切出点定义。切入点指在最终的视频序列中实际插入该段剪辑的首帧；切出点为末帧。也就是说切入点和切出点之间的所有帧均为需要编辑的素材，使素材中的瑕疵降低到最少。

**3. 进行画面的粗略编辑**

运用视频编辑软件中的各种剪切编辑功能进行各个片段的编辑剪切等操作。完成编辑的整体任务。目的是将画面的流程设计得更加通顺合理，时间表现形式更加流畅。

**4. 添加画面过渡效果**

添加各种过渡特技效果，使画面的排列以及画面的效果更加符合人眼的观察规律，更进一步进行完善。

**5. 添加字幕(文字)**

在做电视节目、新闻或者采访的片段中，必须添加字幕，以便更明确地表示画面的内容，使人物说话的内容更加清晰。

**6. 处理声音及效果**

在片段的下方进行声音的编辑(在声道线上)，如添加背景音乐、音响效果，或对现场声进行裁减等；当然也可以调节左右声道或者调节声音的高低、渐近、淡入淡出等效果。

**7. 生成视频文件**

对窗口中编排好的各种剪辑和过渡效果等进行最后生成结果的处理称为编译(渲染)，经过编译才能生成为一个最终视频文件。在这一步骤生成的视频文件不仅可以在编辑机上播放，还可以在任何装有播放器的机器上操作观看。

### 5.4.3 数字视频编辑常用软件

数字视频编辑是以视频编辑软件为依托的，了解几款主流的编辑软件是十分重要。当前市场上的数字视频编辑软件系统种类繁多，性能及特点也各有不同，并且个人的编辑习惯和风格也不同，大家对这些软件有一个全面的了解之后，可以选择自己喜欢的软件。

**1. Sony Vegas**

Vegas 是 PC 平台上用于视频编辑、音频制作、合成、字幕和编码的专业产品。它具有漂亮直观的界面和功能强大的音视频制作工具，为 DV 视频、音频录制、编辑和混合、流媒体内容作品和环绕声制作提供完整集成的解决方法。Vegas 为专业的多媒体制作树立一个新的标准，应用高质量切换、过滤器、片头字幕滚动和文本动画，创建复杂的合成，关键帧轨迹运动和动态全景/局部裁剪，具有不受限制的音轨和非常卓越的灵活性；利用高效计算机和大的内存，从时间线提供特技和切换的实时预览，而不必渲染；Vegas 充分结合特效、合成、滤波器、剪裁和动态控制等多项工具，提供数字视频流媒体，成为 DV 视频编辑、数码影像、多媒体简报、广播等用户解决数字编辑的方案。

**2. Canopus Edius**

Canopus 提供有趣、快速、易用的视频编辑。第一，它拥有直观的界面，而且为视频爱好者提供强大的编辑控制功能，包括支持超过 10 个字幕和 10 个音频轨道功能，16∶9 编辑、波纹编辑以及先进的素材剪切；拥有素材库故事板，它让用户能够简单地管理项目中所有不同类型的视频、音频甚至是数字静态图像素材；第二，它拥有能够记录画外音功能，只需要一个和 PC 相连的麦克风，可以快速地为视频记录旁白，记录画外音功能会回放项目，同时把音频直接录到时间线上；第三，它拥有实时视频滤镜和特效，应用滤镜有助于改善电影片断的色彩和亮度，制作更有创意和复杂的效果。它提供超过100个不同的实时转场供选择，有适合任何类型项目的转场特效，有简单的基于2D的特效，如溶解和擦除，还有更多有创意的基于3D的转场，如翻页和飞出。每一个转场效果都有一个控制面板，可以用来自定义各种特性，包括方向、速度甚至是三维物体的实时照明和阴影。

**3. Adobe Premiere**

Adobe公司推出的基于非线性编辑设备的视音频编辑软件Premiere已经在影视制作领域取得了巨大的成功，现在被广泛的应用于电视台、广告制作、电影剪辑等领域，成为PC和MAC平台上应用最为广泛的视频编辑软件。Premiere 6.0完善地解决了DV数字化影像和网上的编辑问题，为Windows平台和其他跨平台的DV和所有网页影像提供了全新的支持。同时它可以与其他Adobe软件紧密集成，组成完整的视频设计解决方案。新增的Edit Original（编辑原稿）命令可以再次编辑置入的图形或图像。另外在Premiere 6.0中，首次加入关键帧的概念，用户可以在轨道中添加、移动、删除和编辑关键帧，对于控制高级的二维动画游刃有余。而从Premiere CC开始向云端提供服务转移。

Premiere软件为家庭视频编辑提供了创造性操作和可靠性的完美结合。它可自动处理冗长乏味的任务，用户可轻松地将镜头直接转移到时间线编辑模式，利用菜单和场景索引即可快速编辑所拍摄的镜头、添加有趣的效果，并创建自定义DVD。

**4. Ulead Video Studio**

Ulead Video Studio会声会影是一套专为个人及家庭所设计的影片剪辑软件，具有图像抓取和编修功能，可以抓取，转换MV、DV、V8、TV和实时记录，并提供有超过100多种的编制功能与效果，可制作DVD、VCD、CD光盘，并支持各类编码。9.0版本功能更为全面，操作更容易上手，并提供3种不同的编辑模式，以适应不同制作水平的初学者和制作高手。

操作简单、功能强大的会声会影编辑模式，从捕获、剪接、转场、特效、覆叠、字幕、配乐到刻录让用户全方位体验好莱坞级的家庭电影。其成批转换功能与捕获格式完整支持，让剪辑影片更快、更有效率；画面特写镜头与对象创意覆叠，可随意制作出新奇百变的创意效果；配乐大师让影片配乐更精准、更立体；酷炫的128组影片转场、37组视频滤镜、76种标题动画等丰富效果，让影片精彩有趣。

**5. Speed Razor**

Speed Razor是Windows完全多线程非线性视频编辑合成软件，提供全屏幕未压缩的品质视频、完全场渲染的NTSC或PAL。它具有不受限制的音视频层，以及DAT品质输出的高达20音频层的实时声音混合。它同差不多所有的编辑硬件一道工作，提供实时双流媒体或单流媒体配置。Speed Razor的主要特性包括：精确到帧的批量采集和打印到磁带、大量的快捷键、单步调整方法、不受层限制的合成、高达20个音轨的实时多通道音频混合、CD或DAT品质立体声输出和可以将作品发送到网站上。

**6. Fred Edit DV**

Fred Edit DV是基于Windows 2000平台上的一种短小精干的膝上型编辑设备，可以直接处理DV数字视频信号，是不需要任何视频硬件支持的纯软件编辑系统，用户只需一个IEEE 1394接口与设备连接，就能独立完成DV素材的采集、编辑、录制等非线性系统所能完成的工作。Fred Edit DV 首次在编辑中引入了 ID 号的概念，用户可以通过自定义 ID 号快速找到需要的素材。Fred Edit DV 为用户提供了字幕模板功能，用户可以直接将模板加到编辑线上，并且可以在编辑线上直接修改字幕内容。

除了以上介绍的 6 种基本编辑软件以外，Final Cut、On-line Express、Movie Pack、Incite Studio、Avid Express 等视频编辑软件也是在商业或者电视节目制作中经常用到的，都包含有功能强大的视频编辑、特技、音频、字幕、图像、合成和协同工作的工具。在进行软件的选择上，同学们可以根据自己的兴趣爱好选择自己最欣赏的、最易于上手的软件，并通过它去锻炼自己编辑技术和思维意识，并将其应用于专业学习、影视娱乐或其他可以发挥的领域。

### 5.4.4 视频编辑的数字技术概念

在进行数字视频处理时，人们当然可以完全依赖专业数字视频设备来完成各种视频编辑操作，但这并不代表只能依靠这些专门设备。特别是在当前的大众娱乐氛围下，人们也可以依赖于普通的多媒体计算机和相应的软件技术来完成相应的技术处理，用计算机和软件来控制专业设备或两者协同工作，共同发挥更好的创作空间。在该类软件中，有一些通用的关键技术概念。

**1. 项目(Project)**

项目是用以存储视频编辑过程中所使用到的素材及相关处理结果的计算机文件。不同的视频编辑软件所采用的文件记录方式会有所不同。

一个项目通常包含两个方面的数据：一是编辑使用到的一批素材索引信息；二是用这些素材“搭配”出来的结果，即编辑成品，时间线信息。

**2. 素材(Clips)**

素材通常是指一小段电影胶片。在数字视频编辑中，素材这个词的含义大大扩展了，可以指用于生成最后视频文件的所有数据和材料，甚至包括特技效果。

常用的素材形式如视频剪辑、声音文件、数码相片、2/3D 矢量图形、字幕、图像过滤和转场等处理指令等。一些功能强的编辑软件，还可以把在其他项目中生成的更大的中间结果也作为素材供正在编辑的项目使用。

素材库是组织素材的一个数据结构，就像在磁盘上用“目录”把文件组织起来一样。与磁盘文件目录可分成多级类似，素材库内部也可以创建多级目录、每个目录包含任意多个素材库、每个素材库包含任意多个素材(小文件)，从而把许多素材组织得有条理。

通常素材是散布在计算机磁盘的各处，创建一个空白项目以后，首先需要把将要用到的素材“导入”到项目的素材库中。在项目中导入的素材“引用文件”并不是素材本身，而是磁盘上某个地方的“真正”素材文件的一个“影子”，因此在项目中用户可以任意“剪辑”所导入的素材“影子”，而真正的素材文件并不会有任何损坏，如用户可以把导入的素材从项目中删除，但不会删除磁盘上的素材文件。

**3. 时间线(Timeline)**

时间线是视频剪辑的主要工作场所，用来按照时间顺序放置各种素材。以上介绍过的视频编辑软件中都包含了这样的时间线，如 Adobe Premiere 软件的时间线窗口(图 5-10)和会声会影 Uleadstudio 的时间线窗口(图 5-11)。

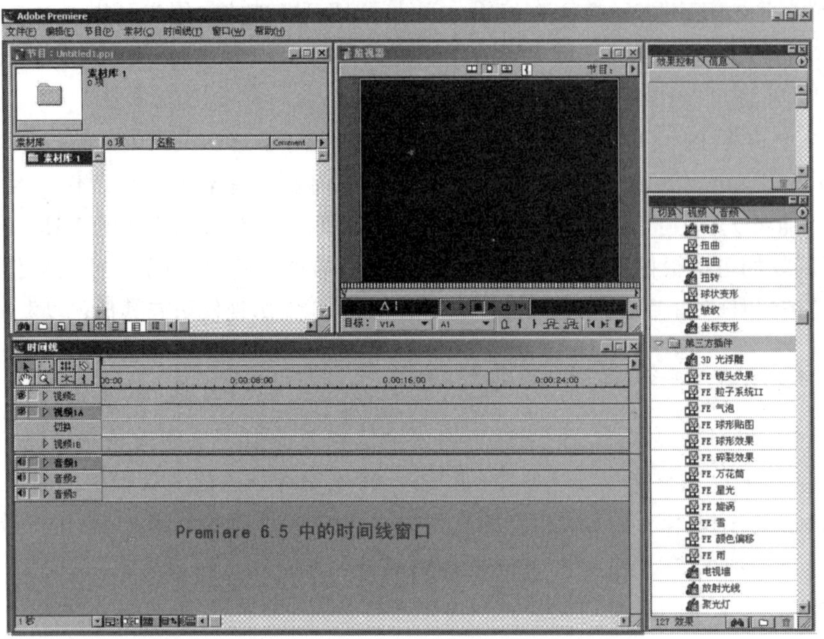


图 5-10　Adobe Premiere 软件的时间线窗口

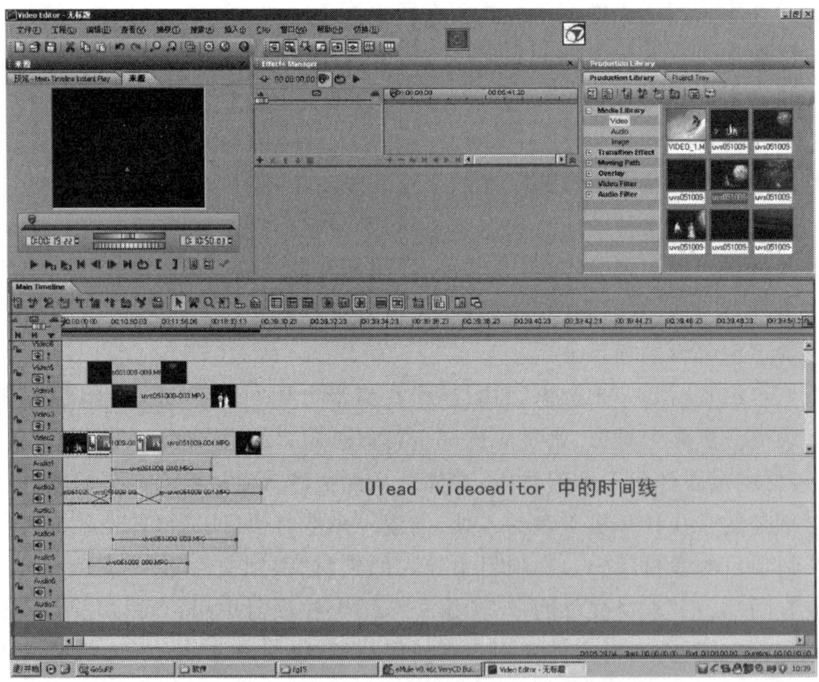


图 5-11　Uleadstudio Video Editor 的时间线窗口

**4. 轨道(Track)**

轨道是用来放置数字视频和音频中有用片段的区域，是时间线上的一个重要概念，上面看到的 Premiere 和会声会影的时间线窗口中横条的水平细窗口就是轨道。视频轨道用来存放视频素材，音频轨道用来存放音频素材或者视频素材携带的音频文件(图 5-12)。

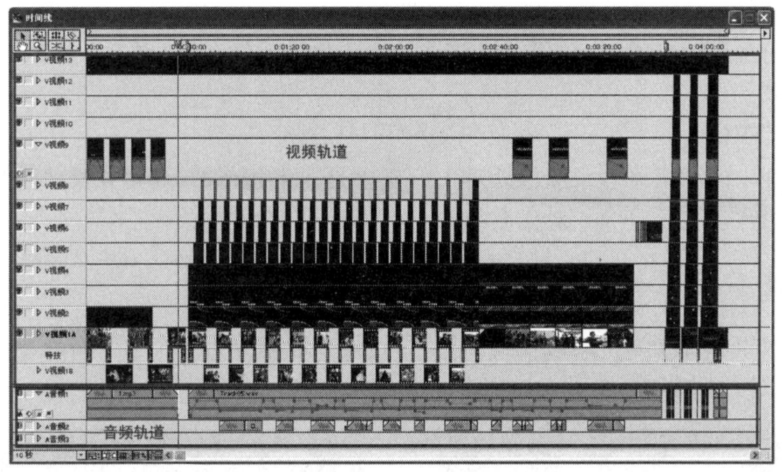


图 5-12　Premiere 的视音频轨道

**5. 捕捉视频(Capture)**

所谓捕捉视频，是将视频设备输出的数字信号直接保存到计算机硬盘中。一般的视频编辑软件都有视频捕捉功能，负责将模拟的信号通过硬件转换的方式存储到硬盘中，形成数字视频文件。

**6. 字幕(Title)**

字幕不单指文字，图形、照片、标记都可以作为字幕放在视频作品中。字幕可以像台标一样静止在屏幕一角，也可以做成运动字幕。现在支持视频处理的字幕加工软件很多，上面介绍的编辑软件中一般自带字幕添加工具，如图 5-13 所示。

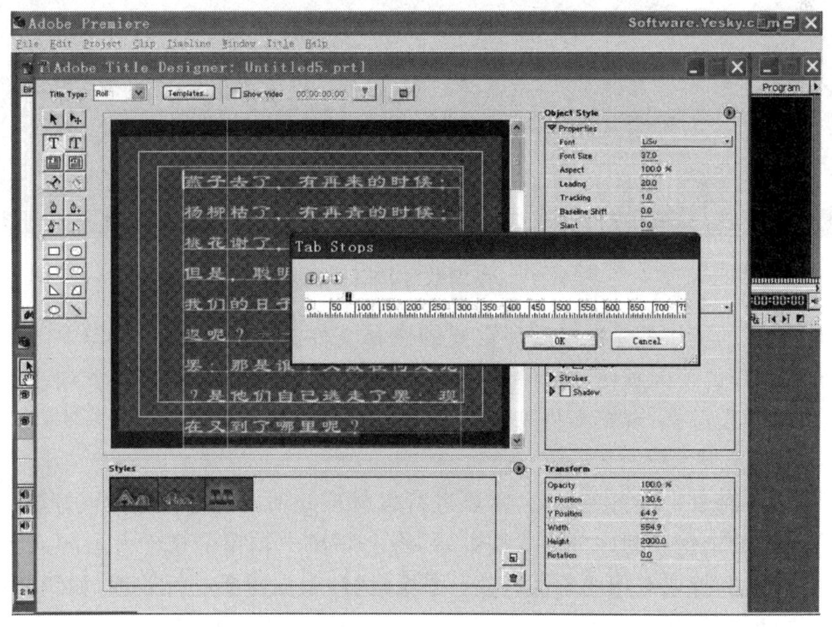


图 5-13　Adobe Premiere 的字幕添加界面

**7. 特殊效果(Effect)**

电影中经常有各种花样的特殊效果，如图像变形、人在空中飞翔，或者将空白教室中的人物挪到缤纷多彩的空间等，利用编辑软件的特殊效果插件，用户也可以很轻松将这些特殊效果制作出来。

**8. 滤镜(Filter)**

视频处理中的滤镜概念跟图像处理中的概念是非常相似的，通过在场景上使用滤镜，用户可以调整影片的亮度、色彩、对比度等。

### 5.4.5 数字视频编辑实例

为了使大家对视频编辑的流程更加熟悉，这里一起来分析一个数字视频编辑实例，编辑作品《南湖秋月》的MTV，如图5-14所示。

图5-14 《南湖秋月》MTV视频截图

第一步，要做的工作就是准备好所需要的素材文件。《南湖秋月》是华中师范大学为纪念百年校庆所创作的校园歌曲，根据歌曲所反映的内容，可能需要拍摄、下载或转换夜景视频，或者能反映学校过去、现在和将来形态的动态图像或静态照片，以及乐曲《南湖秋月》的数字音频文件。

第二步，待各种素材准备妥当后，需要进行素材预处理。在编辑之前最好要有一个分镜头稿本作为编辑的依据。写好分镜头稿本后，将上一步中拍摄的视频片段导入到Premiere中并进行初步剪切，拣取有用的画面；对于图像素材，根据需要进行处理，如调整颜色、大小和其他一些复杂处理，处理完后也导入到软件中为下一步的编辑做准备。

第三步，进行画面粗编，就是将视频片断和静态图像按照顺序拖放到视频轨上组接起来，完成节目的初编工作。

第四步，添加各种过渡特技效果。一段视频结束，另一端视频紧接着开始，镜头之间需要合适的过渡方式，这些方式使 MTV 更炫目，更具可看性。利用 Adobe Premiere 中的特技面板就可以进行过渡特技添加。如果想在两个镜头之间加上特技，那么这两个镜头可以一个处于时间线上视频 1A 轨道，另一个处于视频 1B 轨道，且两个镜头是相邻近的，在两者之间有一定的重叠区域，然后将选中的特技拖到时间轴特技通道的两视频重叠处，Premiere 会自动确定过渡长度以匹配过渡部分。

初步做完视频的安排后，就要来开始处理音频了。将数字音频文件《南湖秋月》导入到素材框，然后将其拖放到时间线上空的音频轨道上并调整音频的强弱，并可对声音进行初步处理，如添加淡入淡出的特效。

为了使节目更加完整，可以依据稿本在 MTV 开始处加上片头标题，在结束的地方加上片尾字幕，在 Premiere 字幕工作区做好歌词字幕后，把字幕直接拖放到时间线上放入适合的位置(根据分镜头剧本中歌词对应的镜头来进行放置)，字幕通常放在轨道 2 或者更高的轨道上。

编辑合成工作基本完成后，需要反复的观看，进行评审，对有问题的地方进行修改，直到觉得效果满意为止，满意后把项目文件保存好，并将影片打包输出，使其成为独立的文件，可以在别的环境中也能观看。需要注意的是在输出时先要在时间线上将输出工作区域的出入点，移至影片的起始位置和终点位置，不然所得的画面可能就不完整。

## 5.5 数字视频后期特效处理技术

### 5.5.1 后期特效处理解析

**1. 后期特效处理的定义**

影视后期也称为影视特效，主要工作就是处理电影或其他影视作品中特殊镜头和画面效果。有时影视作品拍摄中由于资金紧张，很难达到需要的视觉效果，通常工作人员就会用计算机或工作站设备制作。后期特效处理通过跟随、抠像、校色、合成等操作分开各层的影像，在影像上加特殊效果，如爆炸、飞翔等。

一般来说，影视后期制作包括 3 个方面：一是组接镜头，也就是剪辑，在上文中已经做过简单的叙述；二是特效的制作，如镜头的特殊转场效果、淡入淡出，以及圈出圈入等，现在还包括动画以及 3D 特殊效果的使用；三是在立体声进入到电影以后，产生的后期声音制作。其中前两点是从电影诞生开始就一直存在的影视后期制作环节。

**2. 后期特效处理的作用**

后期特效处理不仅可以将平淡的视频片断化腐朽为神奇，而且可以产生包括画面本身的变化、旋转、模仿旧电影胶片、色调变化等视频效果。因此在进行了视频片断的合理编辑之后，后期特效处理更为重要。

随着影视制作技术的迅速发展，后期制作又肩负起了一个非常重要的职责——特技镜头的制作。特技镜头是无法通过直接拍摄得到的镜头，早期的影视特技大多是通过模型制作、特技摄影、光学合成等传统手段在拍摄阶段和洗印过程中完成。计算机的使用为特技制作提供了更多更好的手段，也使许多过去必须使用模型和摄影手段完成的特技可以通过计算机简易制作完成，所以特技效果就成为了现代后期制作的重要工作。

特技镜头无法直接拍摄得到，一般原因包括：拍摄对象或环境在现实生活中根本不存在，如恐龙，或是外星人；拍摄的对象和环境虽然在实际生活中存在，但无法同时出现在同一个画面中，如影片的主角从剧烈的爆炸中逃生。

对于第一种困难，通常采用模仿拍摄对象方法或制作模型，利用对人的化妆来模仿其他生物或制作三维动画。实际上，三维动画也是一种模型，只不过它是存在于计算机中的虚拟模型而已。总之，解决这类问题需要利用一种能够“无中生有”的办法。但这些手段一般只解决了问题的一部分，三维动画有时也不能将这些模型直接存在于所需的背景上，这时自然又引出了一项技术，就是后期合成。

假如拍摄的对象和环境都是存在的，就可以单独拍摄它们，然后再把分别拍摄的这些画面合成到同一个画面中，让观众以为这是实际拍摄的结果。这种技术可以创作出荧屏上的奇观，既使人感到真实可信，又有很大的视觉冲击力，给观众极大的震撼和愉悦。过去，后期合成主要依靠特技摄影和洗印时的技巧完成，数字合成技术的迅速发展使这些手段逐渐退出后期制作的舞台。数字合成技术与三维动画有很大的区别，它是利用已有素材画面进行组合，同时可以对画面进行大量的修饰、美化。

总之，影视后期制作是利用实际拍摄所得的素材，通过三维动画和合成手段制作特技镜头，然后把镜头剪辑到一起，形成完整的影片，并且为影片制作声音。后期特效处理将视频带入一个奇幻的世界，它在商业视频、婚礼以及教育视频项目等的应用越来越受欢迎。

### 5.5.2 后期特效处理技术

现代的后期制作，在手段上已经越来越偏重数字技术和动画在影片中的运用了。数字技术的出现，大大丰富了荧幕的内容。当今最具代表性的数字制作电影是乔治·卢卡斯的拍摄了将近30多年的《星球大战》系列，乔治·卢卡斯创办的“光魔”数字特效合成公司，也成为数字特效制作的领头羊。如今的数字特效制作，已经远远不止当初的简单电影特技，具体表现在以下3种关键技术。

**1. 抠像**

抠像是指运用键控功能抠掉图像背景的单一颜色，然后再合成它所需要的背景。在影视编辑过程中经常会有需要抠像的情况，即需要将某个视频画面中的一部分分离出来与另一个视频画面合成(图5-15)。通常有两种办法：一是使用软件抠像，先用高亮的蓝色或绿色背景拍摄视频，然后可以利用计算机进行软件处理，常用的抠像软件有After Effects、Imagineer Mokey、ULTRA；二是使用价格昂贵的专业设备(高达几百万美元)，如Quantal，这种设备可以对影片中任何复杂的前景对象与背景进行实时抠像。

抠像技术的成本低，效果好，摄制安全。它如今已经成为了视频后期制作一个非常关键的步骤，认真掌握好抠像技术的基本原理以及研究抠像的技术趋向问题，对于每一个后期制作者来说，都是非常关键的。

**2. 动画特效**

正是抠像技术使得动画的素材和视频素材有了结合的可能，动画在影片中的分量也是越来越重。原有的动画特效在表现超现实的场景和事物时，一般是采取在棚内搭景或者用

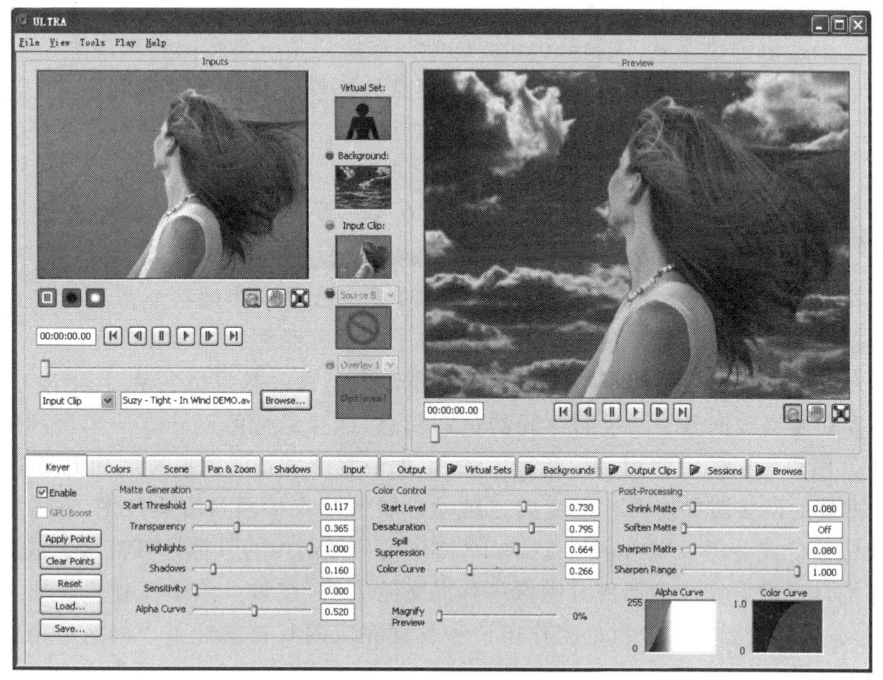


图 5-15　利用 ULTRA 软件进行的视频抠像

模型的方式来完成，如 10 多年前风靡中国的日本科幻电视剧《恐龙特急克塞号》。

三维动画技术的成熟，给现代电影带来了不可想象的影响。《侏罗纪公园》系列中的恐龙采用模型结合动画的方式，塑造了几千条栩栩如生的恐龙形象，让观众大吃一惊。《星球大战》后面几部中，除了演员是真实的以外，其他都是虚构的。这从一个侧面说明了现代电影中动画对于塑造荧幕形象的重要作用。随着计算机在影视领域的延伸和制作软件技术的发展，三维数字影像技术扩展了影视拍摄的局限性，在视觉效果上弥补了拍摄的不足，在一定程度上计算机制作的费用远比实拍所产生的费用要低得多，同时为剧组节省时间。

**3. 其他视频特效**

其他的一些视频特效包括镜头分割、文字特效、遮罩与蒙版、3D 特效、粒子系统特效、运动与跟踪特效等，一般都结合在一些视频后期特效软件中，这里限于篇幅不再深入讲解。

## 5.5.3　后期特效处理软件

上文对后期特效处理的基本概念和简单操作进行了基本的介绍，当然数字视频后期特效处理也有其专门的应用软件，这里仅介绍应用较普遍的两款软件。

**1. Combustion**

Combustion 适合制作运用大量效果的节目片头和广告。其特性包括以下几种。

(1) 灵活的合成方式。在 3ds Max 中能够直接调用 Combustion，并且利用 Combustion 强大的绘图合成工具来完成材质和纹理的制作，制作好的效果动态地反映在 3ds Max 的场景中，可随时修改和更新。两个软件协同配合使用可以达到事半功倍的效果。

(2) 非凡的绘图系统。Combustion 的绘图工具几乎囊括了一个绘图软件应有的所有工具，除了常见的圆形、矩形、直线、徒手画等图形创建工具外，还有不规则多边形、贝塞尔遮罩这样的复杂图形创建工具。Combustion 的绘图系统还是一个图像处理高手，不仅能完成各种渐变、填充处理，还能依靠内置的 30 多种图像处理模式来实现图像的色度、亮度、对比度、柔化、浮雕效果、油画效果等数量繁多的特效处理，实现这些功能是不需要任何外挂滤镜的。

(3) 独特的粒子效果。所谓粒子效果，指由众多小颗粒组成的大范围的运动现象，诸如雨、雪、火、烟、云等。在 Combustion 中自带了上百个预设的粒子效果，可以带来焰火、彗星、爆炸、瀑布、流水、飘雪、落叶等自然界的奇观，更有数量众多的自然界不存在的虚幻效果。所有的效果都能做成沿路径移动的动画，粒子效果所到之处，可谓熠熠生辉。

(4) 专业的抠像和色彩校正功能。它的工作原理是通过精确分析和比较 RGB、HLS、YUV、亮度和通道数据等不同色彩空间的色彩信息，选择最佳的运算方法来得到最完美的抠像效果。用户可以同时使用多种运算方法，以加快复杂场景的抠像速度和提高抠像精度。

(5) 高效的网络渲染能力。主流的三维动画软件都支持网络渲染技术，它的工作原理是把渲染任务分成若干份交给基于 TCP/IP 协议的局域网内的其他计算机来完成。每一台计算机都把自己渲染完成的那部分图像序列提交给主机，在整个渲染流程中主机可以完全不必参与，只需负责监测客户机的工作申请和管理完成的素材就行了。网络渲染能够很快地完成渲染工作。

**2. After Effects**

After Effects 是一款专业的视频非线性编辑及后期合成软件，适用于从事设计和视频特技的机构，包括电视台、动画制作公司、个人后期制作工作室以及多媒体工作室。而在新兴的用户群，如网页设计师和图形设计师中，也开始有越来越多的人在使用 AfterEffects，其在影像合成、动画、视觉效果、非线性编辑、设计动画样稿、多媒体和网页动画方面都有其发挥余地。其主要功能如下：

(1) 支持高清视频。支持从 4 像素×4 像素到 30 000 像素×30 000 像素分辨率，包括高清晰度电视(HDTV)。

(2) 多层剪辑。无限层电影和静态画面的合成技术，可以实现电影和静态画面的无缝连接。

(3) 高效的关键帧编辑。可以自动处理关键帧之间的变化。

(4) 无与伦比的准确性。可以精确到一个像素点的千分之六，可以准确地定位动画。

(5) 强大的路径功能。Motion Sketch 可以轻松绘制动画路径，或者加入动画模糊。

(6) 强大的特技控制。使用多达 85 种软插件修饰增强图像效果和动画控制。

(7) 同其他 Adobe 软件的无缝结合。在输入 Photoshop 和 Illustrator 文件时，保留层信息。

(8) 高效的渲染效果。

## 5.6 数字视频技术的应用

研究数字视频技术就是为了能够使这种技术更好地应用于人们的生产生活中，那么目前数字视频技术究竟在哪些领域应用的比较广泛呢？

**1. 个人、家庭影像记录和播放**

数字视频处理技术用于家庭，首先能为人们所想到的就是数码摄像机和现在的高清数字电视。数码摄像机在家庭中的应用主要是拍摄家庭影片，或者拍摄婚庆等片段，通过媒体转换器直接在电视上播映或者刻成 VCD 盘放在媒体播放器里进行播放。

数字高清电视(图 5-16)，是从电视节目录制、播出到发射、接收全部采用数字编码与数字传输技术的新一代电视。它具有许多优点，如可实现双向交互业务、抗干扰能力强、频率资源利用率高等，它可提供优质的电视图像和更多的视频服务(如交互电视、远程教育、会议电视、电视商务、影视点播等)。电视数字化是电视发展史上又一次重大的技术革命。

**2. 电视节目制作**

在现代电视节目制作中，数字视频处理的手段越来越得到普及和广泛的运用。在电视台节目制作过程中，非线性编辑技术现在已经成为必须。非线性编辑技术是现在电视节目制作中的一项关键技术，由于顺序的可调性以及视音频材料的损耗低的特点，替代了原先的线性编辑技术而成为电视节目制作系统的主流技术。前面介绍的编辑软件都是非线性编辑技术的代表。

**3. 电视节目包装**

电视上的新闻节目和综艺节目，都不只是用简单的画面堆砌，其片头、片花、片尾的制作都是匠心之作，这里运用了数字视频编辑处理的基本技术以及特技效果。例如《新闻联播》的片头(图 5-17)就运用了 3D 特效处理，加上音频素材的合成，最后生成综合性文件。

图 5-16　海尔数字高清电视机

图 5-17　《新闻联播》片头

**4. 电影数字特效**

随着《金刚》(图 5-18)等一批数字特效电影在全球的热播，数字特效电影也越来越受到世界影迷的喜爱。回顾从 2005 年下半年至今的电影，几乎 80%以上的电影里采用了数字特效技术。可见，数字特效电影已经成为电影发展的一个必然趋势。

**5. 网络视频**

网络越来越成为了人们生活中的重心，从网络上人们可以在第一时间获得信息，数字编辑软件与网络的接轨也顺理成章，如数字视频在网络上的发布、视频播客的流行(图 5-19)，都需要依赖数字视频处理技术。

图 5-18　电影《金刚》片断

图 5-19　土豆网播客

# 练习与思考

## 一、选择题

1. 目前我国采用的电视制式为(　　)。

   A. PAL 25 帧/s　　B. NTSC 30 帧/s　　C. PAL 20 帧/s　　D. PAL 30 帧/s

2. (　　)是图像和视频编码的国际标准。

(1) JPEG (2) MPEG (3) ADPCM (4) H.26X

A. (1)(2) B. (3)(4) C. (2)(3)(4) D. (1)(2)(4)

3. 下列关于 Premiere 软件的描述,( )是正确的。

(1) Premiere 软件与 Photoshop 软件是一家公司的产品

(2) Premiere 可以将多种媒体数据综合集成为一个视频文件

(3) Premiere 具有多种活动图像的特技处理功能

(4) Premiere 是一个专业化的动画与数字视频处理软件

A. (1),(3) B. (2),(4) C. (1),(2),(3) D. 全部

4. 数字视频的重要性体现在( )。

(1) 可以用新的与众不同的方法对视频进行创造性编辑

(2) 可以不失真地进行无限次复制

(3) 可以用计算机播放电影节目

(4) 易于存储

A. 仅(1) B. (1),(2) C. (1),(2),(3) D. 全部

**二、简答题**

1. 世界上主要的彩色电视制式有哪几种?

2. 隔行扫描是什么意思? 非隔行扫描是什么意思?

3. 视频信号包括哪几种类型?

4. 电视机和计算机的显示器各使用什么扫描方式?

5. ITU-R BT.601 标准规定 PAL 和 NTSC 彩色电视的每一条扫描线的有效显示像素是多少?

6. 相对于模拟视频,数字视频的优势表现在哪些方面?

7. 请你分别用本章中所列举的 4 种方法获取四段数字视频文件。

8. 视频采集卡的主要作用是什么?

9. 后期特效处理所包含的内容有哪些? 使用特效有什么作用?

10. 在网上下载一段数字视频,尽可能地描述其中所包含编辑技术和特效处理技术。

11. 挑选一款视频编辑软件,完成本章中所举的实例,并将具体的操作步骤记录下来。

# 参考文献

[1] 林福宗.多媒体技术基础及应用.第 2 版.北京:清华大学出版社,2002.

[2] 刘清堂.多媒体技术基础.武汉:湖北科学技术出版社,2006.

[3] 星云.十一款 DV 数字视频编辑软件简介.http://wenku.baidu.com/.

[4] 画心海螺.视频剪辑的基本知识.http://wenku.baidu.com/.

[5] 数字视频的采样格式及数字化标准.http://blog.sina.com.cn/s/blog_544433ff010005bs.html.

[6] 许敬元,王德泽.浅谈数字音视频信号.西部广播电视,2007(02).

[7] 冯鹏,浅谈数字影视制作与编辑.科技资讯,2006(29).

[8] 刘伟,视频文件格式知多少.视听技术,2006(09).

# 第6章 数字动画技术

数字动画是指在制作、存储、传输、重现等过程运用数字技术,同时也指制作动画时采用数字技术而得到的动画。数字动画分为二维动画和三维动画。动画的制作过程可分总体设计、设计制作、具体创作和拍摄制作4个阶段。二维动画根据计算机参与动画制作的程度,包含计算机辅助着色和插画的手绘二维动画和用计算机进行全部作业的无纸二维动画。计算机的作用包括:输入和编辑关键帧;计算和生成中间帧;定义和显示运动路径;交互式给画面上色;产生一些特技效果;实现画面与声音的同步;控制运动系列的记录等。数字三维动画技术是利用相关计算机软件,通过三维建模、赋予材质、模拟场景、灯光和摄像镜头、创造运动和链接、动画渲染等功能,实时制造立体动画效果和以假乱真的虚拟影像,将创意想象化为可视画面的新一代影视及多媒体特技制作技术。

数字动画的效果来源于创意。创意是指具有一些富有创造力的人所具有的能力,是一种创造的行为和过程。数字动画创意是基于动画造型及运动的视觉效果创意,也是动画故事情节创意。计算机动画涉及电影业、电视片头和广告、科学计算和工业设计、模拟、教育和娱乐,以及虚拟现实与3D Web等领域,具有广阔的市场前景。其相互之间的关系如下:

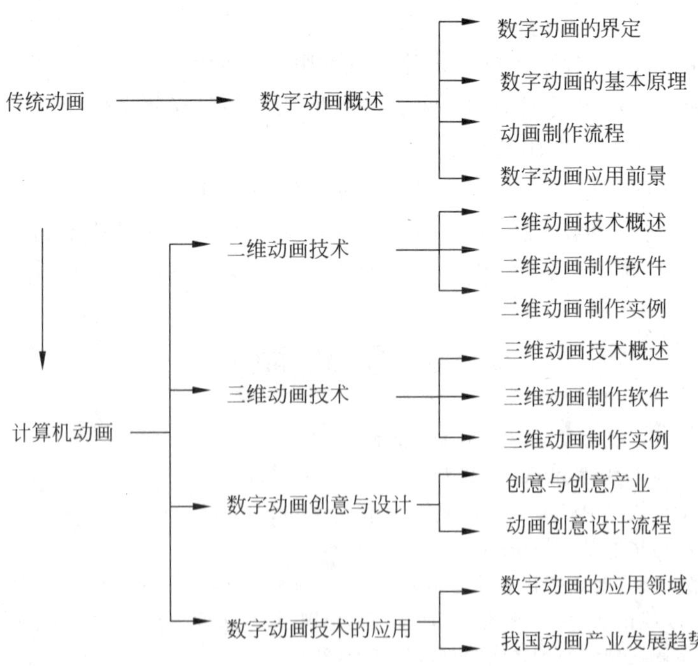


本章采用从传统动画到计算机动画的描述思路,首先阐述传统动画的概念、历史、分类和制作流程,并通过比较提出了计算机动画的优势;其次介绍计算机动画中的二维和三维动画技术、制作软件和流程,通过实例介绍动画制作的基本步骤和思路;最后通过动画设计

创意的论述,分析数字动画技术的应用前景。

通过本章内容的学习,学习者应能达到以下学习目标:

(1) 掌握动画基本类型。

(2) 了解动画片制作的基本过程。

(3) 能设计和尝试绘制一小段动画故事。

(4) 熟悉一款二维动画制作软件的基本操作。

(5) 熟悉一款三维动画制作软件的基本操作。

# 6.1 数字动画概述

## 6.1.1 数字动画的界定

### 1. 动画的艺术门类及其原理

说到动画,大家可能会想到另外一个词语——漫画。两者在某种程度上有相同之处,都是用卡通化的形象来表达一定的想法,而且从产业上来说,两者是属于同一产业领域之中——动漫产业。因此,在介绍动画的定义之前,首先来了解一下动漫。

动漫从概念上泛指漫画和动画,被称为音乐、美术、舞蹈等八大艺术之外的“第九艺术”,这一艺术综合了音乐、幽默、漫画、摄影、文学、戏剧、文艺评论等学科。最大的特点就是寓教于乐,进而成为“读图时代”的典型代表和首选之作。漫画一般是以书面或电子的形式发行的静态卡通作品,大多数是几幅连续的画面配上文字解说,如报纸上的讽刺漫画、小人书等,如图 6-1 所示。

图 6-1 漫画《偷税有方》

而动画是通过连续播放一系列画面,给视觉造成动态变化的图画,能够展现事物的发展过程和动态。对于现在的技术而言,“动画”并不仅仅是指传统意义上的在屏幕上看到的带有一定剧情的影片和电视片(动画片),而且还包括在教育、工业上用来进行演示的非实物拍摄的屏幕作品。

动画片的艺术形式更接近于电影和电视,而且它的基本原理与电影、电视一样,都是人眼视觉现象的应用——视觉暂留。利用人的视觉生理特性可制作出具有高想象力和表现力的动画影片。

**2. 动画的分类**

动画可以从不同角度进行分类。

1）传统动画和计算机动画

从制作技术和手段看，动画可分为以手工绘制为主的传统动画和以计算机为工具手段的数字动画。

传统动画又可分为手绘动画和模型动画。手绘动画是指通过手工纸质绘画的方式去描述每一个动作，然后将这些绘画的结果拍摄并拼接起来的一种方法；而模型动画则是通过制作模型，然后将模型的运动过程逐一拍摄下来的制作方法。例如，《唐老鸭和米老鼠》、《白雪公主》、《三个和尚》就属于传统手绘动画，《小鸡快跑》、《圣诞夜惊魂》、《曹冲称象》属于模型动画。

计算机动画则是在制作过程中用计算机来辅助或者替代传统制作颜料、画笔和制模工具，这种工具的辅助和替代改变了传统动画的制作工艺。如大家喜闻乐见的《玩具总动员》、《虫虫危机》、《海底总动员》、《鲨鱼故事》、《Q版三国》、《封神榜》则属于计算机动画。

2）平面动画和三维动画

如果从空间的视觉效果上看，又可分为平面动画和三维动画。平面动画又可称为二维动画。这种动画无论画面的立体感有多强，终究只是在二维空间上模拟三维空间效果，同一画面内只有物体的位置移动和形状改变，没有视角的变化。而三维动画中不但有物体本身位置和动作的改变，还可以连续地展现视角的变化。

传统动画中可以包含传统二维动画（如传统手绘动画）和传统三维动画（模型动画），计算机动画中也可以分为计算机二维动画和计算机三维动画。

此外，按动作的表现形式来区分，动画大致分为接近自然动作的“完善动画”（动画电视）和采用简化、夸张的“局限动画”（幻灯片动画）。从播放效果上看，还可以分为顺序动画（连续动作）和交互式动画（反复动作）。从每秒播放幅数来讲，还有全动画（每秒 24 幅）和半动画（少于 24 幅）之分。

从分类的使用频率上来看，按照制作技术和视觉效果这两个分类方法使用的频率最高，也最容易被人们所接受。

**3. 动画发展的历史**

现在一般在谈到动画制作时都会想到计算机制作，但计算机动画只是现代信息技术发展的结果，信息技术的多媒体应用仅仅是近十几年的结果而已，而动画的发展却并不是只有一二十年的历史。

早在 1831 年，法国人 Joseph Antoine Plateau 把画好的图片按照顺序放在一部机器的圆盘上，在机器的带动下，圆盘低速旋转。圆盘上的图片也随着圆盘旋转。从观察窗看过去，图片似乎动了起来，形成动的画面，这就是原始动画的雏形。

1906 年，美国人 J. Steward 制作出一部接近现代动画概念的影片，片名叫“滑稽面孔的幽默形象”（Houmoious Phase of a Funny Face）。他经过反复地琢磨和推敲，不断修改画稿，终于完成这部接近动画的短片。

1908 年，法国人 Emile Cohl 首创用负片制作动画影片，所谓负片，是影像与实际色彩恰好相反的胶片，如同今天的普通胶卷底片。采用负片制作动画，从概念上解决了影片载体的问题，为后来动画片的发展奠定了基础。

1909 年，美国人 Winsor Mccay 用一万张图片表现一段动画故事，这是迄今为止世界上公认的第一部像样的动画短片。从此以后，动画片的创作和制作水平日趋成熟，人们已经开始有意识地制作表现各种内容的动画片。

1915 年，美国人 Eerl Hurd 创造了新的动画制作工艺，他先在塑料胶片上画动画片，然后再把画在塑料胶片上的一幅幅图片拍摄成动画电影。直到现在，这种动画制作工艺仍然被沿用着。

从 1928 年开始，世人皆知的 Walt Disney 逐渐把动画影片推向了巅峰。迪斯尼在完善了动画体系和制作工艺的同时，把动画片的制作与商业价值联系了起来，被人们誉为商业动画之父。直到如今，他创办的迪斯尼公司还在为全世界的人们创造出丰富多彩的动画片，因此迪斯尼公司被誉为“20 世纪最伟大的动画公司”。

如今的动画，计算机的加入不但使动画的制作变得简单，而且普及起来，如互联网上的 Flash 小动画，也使得动画创作更专业，成就了一批明星企业，如皮克斯(Pixar)、光魔(IL)。

### 6.1.2 数字动画的基本原理

**1. 动画形成的原理**

动画的形成依托于人类视觉中所具有的“视觉暂留”特性。视觉暂留又称为余晖效应，于 1824 年由英国伦敦大学教授在他的研究报告《移动物体的视觉暂留现象》中最先提出。视觉暂留现象首先被中国人运用，走马灯便是据历史记载中最早的视觉暂留运用。宋时已有走马灯，当时称“马骑灯”。随后法国人保罗·罗盖在 1828 年发明了留影盘，它是一个被绳子在两面穿过的圆盘。盘的一个面画了一只鸟，另一面画了一个空笼子。当圆盘旋转时，鸟在笼子里出现了，这证明了当眼睛看到一系列图像时，它一次保留一个图像。

电影、电视、动画技术正是利用人眼的这一视觉惰性，在前一幅画面还没有消失前，继续播放后一幅画面，一系列静态画面就会因视觉暂留作用而给观看者造成一种连续的视觉印象，产生逼真的动感，造成一种流畅的视觉变化效果。

**2. 数字动画制作的原理**

动画在制作过程中，为了利用了人的视觉暂留现象，则需要将很多幅静止的画面通过帧将它们串联起来，然后让画面快速地运动，给视觉造成连续变化的画面。如在 Flash 动画的制作过程中，有逐帧动画和补间动画两种动画，前者用于制作比较真实的、专业的动画效果，如人走路的动画，而后者则用于快速地创建平滑过渡的动画，它们都依托于帧(用来标记画面，一个帧上可以有一个或多个画面)来进行制作，将所有的帧连起来，则会产生画面运动的效果，所有的动画都遵循一个原理——快速连续播放静止的画面，从而给人眼产生一种画面会动起来的错觉。对于其他的二维和三维动画，其制作原理也是类似的。

动画制作不仅要遵循视觉暂留的原理，还应该有一套完整的方案，一部动画片的诞生，无论是 10 分钟的短片，还是 90 分钟的长片，都必须经过编剧、导演、美术设计(人物设计和背景设计)、设计稿、原画、动画、绘景、描线、上色(描线复印或计算机上色)、校对、摄影、剪辑、作曲、拟音、对白配音、音乐录音、混合录音、洗印(转磁输出)等十几道工序的分工合作、密切配合才能完成。

### 6.1.3 动画的制作过程

传统动画的制作是一个复杂而烦琐的过程，无论是手绘动画还是模型动画，其基本规律和思路是一致的。简单来说，其关键步骤包含：由编导确定动画剧本及分镜头脚本；美术动画设计人员设计出动画人物形象；美术动画设计人员绘制、编排出分镜头画面脚本；动画绘制人员进行绘制；摄影师根据摄影表和绘制的画面进行拍摄；剪辑配音。

传统动画的制作过程一般可分为4个阶段：总体设计、设计制作、具体创作和拍摄制作，每一阶段又有若干个步骤。

**1. 总体设计阶段**

总体设计阶段包括剧本、故事板、摄制表等若干内容设计。

1）剧本

任何影片生产的第一步都是创作剧本，但动画片的剧本与真人表演的故事片剧本有很大不同。一般影片中的对话，对演员的表演是很重要的，而在动画影片中则应尽可能避免复杂的对话。最重要的是用画面表现视觉动作。最好的动画是通过滑稽的动作取得的，其中没有对话，而是由视觉创作激发人们的想象。

2）故事板

根据剧本，导演要绘制出类似连环画的故事草图（分镜头绘图剧本），将剧本描述的动作表现出来。故事板由若干片段组成，每一片段由系列场景组成，一个场景一般被限定在某一地点和一组人物内，而场景又可以分为一系列被视为图片单位的镜头，由此构造出一部动画片的整体结构。故事板在绘制各个分镜头的同时，作为其内容的动作、道白的时间、摄影指示、画面连接等都要有相应的说明。一般30分钟的动画剧本，若设置400个左右的分镜头，将要绘制约800幅图画的图画剧本。

3）摄制表

摄制表是导演编制的整个影片制作的进度规划表，以指导动画创作集体各方人员统一协调地工作。

**2. 设计制作阶段**

设计制作阶段一般包括内容设计和音响效果的设置等。

1）内容设计

设计工作是在故事板的基础上，确定背景、前景及道具的形式和形状，完成场景环境和背景图的设计、制作。对人物或其他角色进行造型设计，并绘制出每个造型的几个不同角度的标准页，以供其他动画人员参考。

2）音响效果的设置

在动画制作时，因为动作必须与音乐匹配，所以音响录音不得不在动画制作之前进行。录音完成后，编辑人员还要把记录的声音精确地分解到每一幅画面位置上，即第几秒（或第几幅画面）开始说话，说话持续多久等。最后要把全部音响历程（或称音轨）分解到每一幅画面位置与声音对应的条表，供动画人员参考。

**3. 具体创作阶段**

具体创作阶段一般包括原画创作、中间画制作、誊清和描线、着色等过程。

1）原画创作

原画创作是由动画设计师绘制出动画的一些关键画面。通常是一个设计师只负责一个固定的人物或其他角色。

2）中间画制作

中间画是指两个重要位置或框架图之间的图画，一般就是两张原画之间的画。助理动画师制作一幅中间画，其余美术人员再内插绘制角色动作的连接画。在各原画之间追加的内插的连续动作的画，要符合指定的动作时间，使之能表现得接近自然动作。

3）誊清和描线

前几个阶段所完成的动画设计均是铅笔绘制的草图。草图完成后，使用特制的静电复印机将草图誊印到醋酸胶片上，然后再用手工给誊印在胶片上的画面的线条进行描墨。

4）着色

由于动画片通常都是彩色的，这一步是对描线后的胶片进行着色(或称上色)。

**4. 拍摄制作阶段**

1）检查

检查是拍摄阶段的第一步。在每一个镜头的每一幅画面全部着色完成之后，拍摄之前，动画设计师需要对每一场景中的各个动作进行详细的检查。

2）拍摄

动画片的拍摄，使用中间有几层玻璃层、顶部有一部摄像机的专用摄制台。拍摄时将背景放在最下一层，中间各层放置不同的角色或前景等。拍摄中可以移动各层产生动画效果，还可以利用摄像机的移动、变焦、旋转等变化和淡入等特技上的功能，生成多种动画特技效果。表 6-1 为摄制样式表，表 6-2 为分镜头稿本样式。

**表 6-1　摄影表样式**

<table>
<tr><td rowspan="2">片名</td><td rowspan="2"></td><td>镜头号：</td><td colspan="3">规格：</td></tr>
<tr><td>秒数：</td><td colspan="3">尺数：</td></tr>
<tr><td>内容</td><td colspan="5"></td></tr>
<tr><td>姓名</td><td></td><td>张数</td><td>附件</td><td rowspan="4">铅笔稿拍摄</td><td>日期</td></tr>
<tr><td>原画</td><td></td><td></td><td></td><td></td></tr>
<tr><td>动画</td><td></td><td></td><td></td><td></td></tr>
<tr><td>绘景</td><td></td><td></td><td></td><td></td></tr>
<tr><td>检查</td><td></td><td></td><td></td><td rowspan="4">正式拍摄</td><td></td></tr>
<tr><td>描线</td><td></td><td></td><td></td><td></td></tr>
<tr><td>上色</td><td></td><td></td><td></td><td></td></tr>
<tr><td>校对</td><td></td><td></td><td></td><td></td></tr>
<tr><td>主要事项</td><td></td><td colspan="4"></td></tr>
</table>

**表 6-2　分镜头稿本样式**

| 画面 | 镜头号 | 景别 | 秒数 | 内容摘要 | 对白 | 效果 | 音乐 |
|---|---|---|---|---|---|---|---|
| | | | | | | | |
| | | | | | | | |
| | | | | | | | |

3）编辑

编辑是后期制作的一部分。编辑过程主要完成动画各片段的连接、排序、剪辑等。

4）录音

编辑完成之后，编辑人员和导演开始选择音响效果配合动画的动作。在所有音响效果选定并能很好地与动作同步之后，编辑和导演一起对音乐进行复制。再把声音、对话、音乐、音响都混合到一个声道上，最后记录在胶片或录像带上。

对于模型动画而言，以上4个阶段同样适用，只是在具体创作阶段和拍摄制作阶段中，手绘动画的操作对象是纸张和胶片，而模型动画操作的对象是黏土和钢架。

**5. 动画制作中的工作人员**

传统的动画制作，尤其是大型动画片的创作，是一项集体性劳动，创作人员的集体合作是影响动画创作效率的关键因素。

一部长篇动画片的生产需要许多人员，有导演、制片、动画设计人员和动画辅助制作人员。动画辅助制作人员是专门进行中间画面添加工作的，即动画设计人员画出一个动作的两个极端画面，动画辅助人员则画出它们中间的画面。画面整理人员把画出的草图进行整理，描线人员负责对整理后画面上的人物进行描线，着色人员把描线后的图着色。由于长篇动画制作周期较长，还需专职调色人员调色，以保证动画片中某一角色所着色前后一致。此外还有特技人员、编辑人员、摄影人员及生产人员和行政人员。

这些人员按照工作启动的先后与功能和职责可以分为6个梯队：①制片人、导演、编剧；②作画、监督、美术监督、摄影监督、音响监督；③构图师、原画师、动画师、动检师；④描线人员、着色人员、整理人员；⑤特技人员、编辑人员、摄影人员；⑥生产人员。

6个梯队中的人员彼此之间的工作是相互独立的，但在程序上又是相互关联和依赖的，彼此之间的工作必须要有良好的沟通和交流。而沟通机制的建立依赖于行政人员。

在动画制作工艺中，“动画”与“动画设计”（即原画）是两个不同的概念，对应着两个不同的工种。

原画设计是动画影片的基础工作，对应的人员就是原画师。原画设计的每一镜头的角色、动作、表情，相当于影片中的演员，所不同的是设计者不是将演员的形体动作直接拍摄到胶片上，而是通过设计者的画笔来塑造各类角色的形象并赋予他们生命、性格和感情。

动画一般也称为“中间画”，其对应的设计人员就是动画师。动画是指两张原画的中间运动过程而言的。动画片动作的流畅、生动，关键要靠“中间画”的完善。一般先由原画设计者绘制出原画，然后动画设计者根据原画规定的动作要求以及帧数绘制中间画。原画设计者与动画设计者必须有良好的配合才能顺利完成动画片的制作。

动画绘制需要的工具一般有复制箱工作台、定位器、铅笔、橡皮、颜料、曲线尺等。方法是：按原画顺序将前后两张画面套在定位器上，然后再覆盖一张同样规格的动画纸，通过台下复制箱的灯光，在两张原画动作之间先画出第一张中间画（称为第一动画），然后再将第一动画与第一张原画叠起来套在定位器上，覆盖另一张空白动画纸画出第二动画。依此方法，绘制出两张原画之间的全部动作。

### 6.1.4 数字动画应用前景

**1. 计算机动画的分类**

计算机动画又称为数字动画，是指在制作过程中用计算机来辅助或者替代传统制作颜料、画笔和制模工具的一种动画制作方法及其最终成果。可以从两个方面去理解这一含义：其一，广义上的理解，是指在制作动画时采用数字技术（计算机技术）而得到的动画，那么在存储介质上，可以是传统的磁带或胶片介质，也可以是硬盘和光盘介质；其二就是狭义上的理解，是指在制作、存储、传输、重现等过程全部运用数字技术。那么，广义上的数字动画一般对应着传统意义上的动画影片，而狭义上的数字动画则对应着网络动画和游戏动画。

相比传统动画而言，计算机动画由于计算机技术的加入使得动画制作工艺和周期大大简化。如果要细分计算机动画的类型，可以从技术这一维度来进行各方面的考察。

首先，根据技术在制作中的作用大小。按照计算机及其软件在动画制作中的作用而言，计算机动画可分为计算机辅助动画和计算机创作动画两种。计算机辅助动画属于二维动画，其主要用途是辅助动画师制作手绘动画，简化手绘动画的工具和手段；而计算机创作动画则完全用计算机来替代传统动画制作工具而得到的动画，一般也把它称为"无纸动画"。如网络中常见的 Flash 动画，一般都是完全用计算机来绘制、作图、上色并使其运动的；又如，计算机三维造型动画，则是用计算机建模来替代黏土和钢架的建模。

其次，可以考察具体动画技术形式。如按照计算机动画制作当中动画运动的控制方式分类。按照这种分类可分为实时（Real-Time）动画和逐帧动画（Frame-by-Frame）两种。

逐帧动画也称为帧动画或关键帧动画，关于它的理解较为简单，可以按照传统手绘动画的思路去理解，在表现画面中某一运动时，将该物体运动的过程在计算机中按照画面播放的先后顺序逐一地画出来，也即通过一帧一帧显示动画的图像序列而实现运动的效果。

而实时动画是用算法来实现物体的运动，它并不是将运动物体的动作按照时间点逐一地画出来，而是只记录最开始的状态和最终的状态，中间的运动过程通过计算机自动产生。实时动画也称为算法动画，它是采用各种算法来实现运动物体的运动控制。在实时动画中，计算机对输入的首末状态的数据进行快速处理，并在人眼察觉不到的时间内将结果显示出来。

举个简单的例子，要表现一个物体从屏幕的左边直线运动到屏幕的右边。如果采用实时动画制作方式，此时人们就无须去绘画出该物体在屏幕中间各点的位置，而只需给出起始和最终状态位置以及运动的时间长短等数据，让物体按照计算机计算的结果直接去运动。如此一来大大简化了中间画的繁杂劳动。

实时动画的响应时间与许多因素有关，如计算机的运算速度是慢或快，图形的计算是使用软件或硬件，所描述的景物是复杂或简单，动画图像的尺寸是小或大等。实时动画一般不必记录在磁带或胶片上，观看时可在显示器上直接实时显示出来。例如，电子游戏机的运动画面一般都是实时动画。

**2. 计算机动画的优势**

对于制作工艺而言，计算机动画同样要经过传统动画制作的 4 个阶段。但是计算机的使用，大大简化了工作程序，方便快捷，提高了效率。以计算机二维动画制作为例，我国的 52 集动画连续剧《西游记》就绘制了 100 多万张原画、近 2 万张背景，共耗纸 30 吨、耗时整整 5 年。而在迪斯尼的动画大片《花木兰》中，一场匈奴大军厮杀的戏仅用了 5 张手绘士兵的图，计算机就变化出三四千个不同表情士兵作战的模样。《花木兰》人物设计总监表示，这部影片如果用传统的手绘方式来完成，以动画制片小组的人力，完成整部影片的时间可能由5年延长至20年，而且要拍摄出片中千军万马奔腾厮杀的场面，基本是不可能的。

由此可见计算机在动画制作中的作用和效果。具体而言，在计算机辅助动画制作过程中，计算机的优势主要表现在以下几方面。

1）关键帧（原画）的产生

关键帧以及背景画面，可以用摄像机、扫描仪、数字化仪实现数字化输入（如用扫描仪输入铅笔原画），也可以用相应软件直接在计算机中绘制。动画软件都会提供各种工具、方便绘图。这大大改进了传统动画画面的制作过程，可以随时存储、检索、修改和删除任意画面。传统动画制作中的角色设计及原画创作等几个步骤，一步就完成了。

2）中间画面的生成

利用计算机对两幅关键帧进行插值计算，自动生成中间画面，这是计算机辅助动画的主要优点之一。这不仅精确、流畅，而且将动画制作人员从烦琐的劳动中解放出来。

3）分层制作合成

传统动画的一帧画面，是由多层透明胶片上的图画叠加合成的，这是保证质量、提高效率的一种方法，但制作中需要精确对位，而且受透光率的影响，透明胶片最多不超过4张。在动画软件中，也同样使用了分层的方法，但对位非常简单，层数从理论上说没有限制，对层的各种控制，如移动、旋转等，也非常容易。

4）着色

动画着色是非常重要的一个环节。计算机动画辅助着色可以解除乏味、昂贵的手工着色。用计算机描线着色界线准确、不需晾干、不会窜色、改变方便，而且不因层数多少而影响颜色，速度快，更不需要为前后色彩的变化而头疼。动画软件一般都会提供许多绘画颜料效果，如喷笔、调色板等，这也是很接近传统的绘画技术。

5）预演

在生成和制作特技效果之前，可以直接在计算机屏幕上演示一下草图或原画，检查动画过程中的动画和时限以便及时发现问题并针对问题进行修改。

而在三维动画制作过程中，计算机三维动画用计算机软件建模完全替代了手工建模，用计算机三维软件中的骨骼技术完全替代金属支架建模，用软件贴图技术替代了黏土模型的手工着色和服装设计，并且通过动作捕捉技术使动画角色的表情、动作更加连贯、生动。

**3. 数字动画应用前景**

计算机的介入使动画的应用范围更加广泛，而且也使得动画制作的适应人群越来越普及。如今的动画技术已经完全地融入到人们的生活中，在各行各业都产生了巨大的影响。

1）影视动画的应用

这是数字动画应用最早的，发展最快的领域。无论是影视动画、影视包装、影视特技还是电影虚拟场景制作，都是数字动画尽情展示的舞台。电影《独立日》中袭击城市的巨大飞船、《侏罗纪公园》中逼真的恐龙、《泰坦尼克号》中从高空落入大海的乘客，这些都是数字动画创造的“真实”场景。采用数字动画辅助电影制作宏大场面时，不必再费力搭建巨大的场景，可以有效降低制作成本；对于各种危险镜头的拍摄可以尽量减少甚至根本不用特技演员做各种高难度危险的动作，可以大大减少演员的表演风险。虚拟场景几乎无限制扩展使导演的想象力得到前所未有的发挥。更有甚者，电影《最终幻想》竟然全片为数字动画制作，没有任何演员的参与，这又一次证明了数字动画的强大力量。因此，影视业是数字动画应用于社会产业的一个重要领域。

2）拟真动画中的应用

在生活中拟真动画的应用也十分广泛，建筑景观的模拟还原就十分常见。如小区楼盘的开发，在未建成前就可做成动画让人们可以更直观地了解建筑的结构和环境，方便项目的介绍、宣传和审批。其精细程度和临场感是那些死气沉沉的模型所无法比拟的，它的这一特性还可用于古建筑的复原修理，可根据图纸把已经不存在的建筑物复原为影像展现在世人面前。给科研、文教提供了更加具体的教材。另外拟真动画配合模拟设备还被广泛应用于诸如航空教学等教学领域，有效降低了教学成本，提高了教学效率。

3）电视片头、广告中的应用

目前电视片头不再是简单的视频剪辑，它几乎是从背景到效果的重新制作，数字动画的加入让电视片头在衔接镜头时显得更加自然，也使添加视觉元素时有更多的选择和切入点。

而无处不在的电视广告几乎都用到了数字动画，各种夸张神奇的视觉效果不断冲击着我们的眼球，诱人的色彩、美轮美奂的画面，生动的产品展示无不体现着数字动画的魅力。动画技术的加入使广告变得更加精致，它追求视觉效果的目的能够更加完美地实现，数字动画放开了创意者的手脚，在头脑和实际表现之间架起了一座桥梁，只要想得到，数字动画都能帮你实现，这就是数字动画在电视片头、广告中的应用。

4）工业设计、科学实验计算中的应用

在工业设计方面，数字动画的应用也十分广泛，它可以让设计者直观地看到产品的形态结构，甚至可以模拟产品的材质和各种性能。在产品设计阶段就可模拟出其生产的步骤、设计的合理程度和生产的可行度。再通过数字动画制造出的虚拟环境中，还能对产品进行不同程度下的测试，要修改也能立刻看到结果，节省了成本费用，减轻了工作强度，节省了宝贵的时间。它涉及的工业产品如汽车动画、飞机动画、轮船动画、火车动画、舰艇动画、飞船动画；电子产品如手机动画、医疗器械动画、监测仪器仪表动画、治安防盗设备动画；机械产品动画如机械零部件动画、油田开采设备动画、钻井设备动画、发动机动画；产品生产过程动画如产品生产流程、生产工艺等三维动画制作。

5）数字娱乐中的应用

目前，全球计算机游戏行业已成为与电影、电视、音乐等并驾齐驱的最为重要的娱乐产业之一，其年销售额已超过好莱坞的全年收入，而游戏的开发制作其实就是数字动画的应用。从人物、建筑的建模到环境的改变，各种游戏效果的表现均出自数字动画。其实现代游戏本身就是数字动画发展的产物，它的发展越快，数字动画在其领域的应用就越广泛。不仅是计算机游戏，现在大型的游乐设施也用高质量的 CG 动画给参与者以新奇的体验，如太空旅行、星际漫步等。

## 6.2 二维动画技术

在当前信息技术发达的时代，计算机技术已经涉及各行各业，也逐步在改变原来的行业的运作方式和成果形式。那么计算机在动画行业的介入首先就是直接介入了二维动画的制作过程，同时也改变了二维动画的许多属性。

### 6.2.1 二维动画技术概述



**1. 二维动画概述**

如上文所述，数字二维动画中从计算机参与动画制作的程度深浅来看，包含计算机辅助着色和插画的手绘二维动画和用计算机进行全部作业的无纸二维动画。但无论是哪一类型的计算机二维动画，都有计算机和计算机软件技术的共同参与。那么数字二维动画与传统二维动画到底有哪些相似与不同呢？

1）数字二维动画与传统二维动画的相似之处

（1）平面上的运动。二维动画是在平面上表现运动事物的运动和发展，尽管它有动态的变化，但其单个镜头画面的视点是单一的，不能改变的。即便是数字二维动画亦是如此。

（2）共同的技术基础——“分层”技术。对于传统手绘动画而言，动画师将运动的物体和静止的背景分别绘制在不同的透明胶片上，然后叠加在一起拍摄，其目的是：减少了绘制的帧数，实现透明、景深和折射等不同的效果。而在计算机二维动画技术中也是基于这一概念的，在计算机软件中的各层上绘制，然后直接用计算机合成。

（3）共同的创意来源。不管是手绘二维动画还是计算机二维动画，最终成果的来源都是来自于创作者——人的创意，而非计算机或者是其他智能化仪器。无论最终是以动画影片的形式出现还是最终以网页和数字游戏的形式出现，人的创意是无法替代的，是首位的，这也是动画制作的基点。

（4）制作的基本流程相似。在制作流程的大概阶段上，计算机二维动画与传统手绘动画是相似的，都要经历“总体规划、设计制作、具体创作和拍摄制作”这 4 个阶段，仅仅在具体步骤和手段上有所差异。

2）数字二维动画与传统二维动画的相异之处

其实通过前文的叙述，大家已不难想象数字二维动画与传统手绘动画的不同，具体如下。

（1）二者的实现工具和手段有差异。传统手绘动画在制作工具上依靠的是画笔、颜料、曲尺、明胶片、摄影机和银盐胶片来完成动画的加工和记录过程。而数字二维动画在进行动画制作过程中更多的是依靠计算机，用计算机中鼠标和虚拟的颜料来替代实际的画笔和颜料，用软件中的图层来替代明胶片，用计算机及其硬盘来替代摄影机和银盐胶片。

（2）二者的创作步骤稍有出入。由于制作工具的不同带来具体操作步骤和方法上的更改。

（3）二者在最终成果形式以及应用领域上有所不同。传统二维动画一般最终的成果形式就是影视作品，只能在电影或者电视屏幕上播放展现的一种作品方式。而现在数字二维动画，其成果形式可以是影视作品，也可以是网络动画、游戏动画或者计算机演示动画。不仅仅局限于剧情和过程的单向展现，更多的应用于互动娱乐之上。

其实就当前动画影片的制作而言，严格意义上的传统手绘动画早已经不存在了，因为自 1986 年，迪斯尼第一步尝试之后(《妙妙探》(The Great Mouse Detective))，动画制作领域已逐步转向计算机辅助动画。数字二维动画不仅具有传统手绘动画的制作功能，而且可以发挥计算机所特有的功能，如生成的图像可以重复编辑等。

**2. 数字二维动画制作流程**

数字二维动画是对传统手工绘画动画的一个重大改进。与手绘动画相比，用计算机来描线上色方便，操作简单。从成本上说，数字二维动画价格低廉，节约生产的耗材和人工成本。从技术上说，工艺环节减少，无须胶片拍摄和冲印就能预演结果，及时发现问题及时在计算机上修改，既方便又节省时间。更重要的是，数字动画成果形式和应用平台更加多元化。由于计算机参与的程度不一样，数字二维动画制作流程与传统动画稍有出入。

1）计算机辅助二维动画的制作流程

计算机辅助二维动画对应着传统手绘动画，一般其产品绝大多数是电视连续剧动画片，电影片、商品广告、公益动画片或者科教演示。该类型计算机动画的制作流程和具体步骤与传统手绘动画完全类似，也就是说在制作过程、步骤、制作人员的分工上，完全遵循传统手绘动画的步骤和规律。稍有出入的就是：具体创作阶段和拍摄制作阶段中的中间画制作、誊清和描线、着色、检查、拍摄、编辑、录音等步骤是借助于计算机来实现，而其他阶段和步骤采取传统的手工和纸质工具。

2）无纸二维动画及其制作流程

无纸二维动画的制作过程也涵盖了传统动画的工序：脚本→人物、道具和设计→分镜头设计稿→原画→动画→上色→合成→配音。需要强调的是：由于创作的目标成果的不同，有部分步骤的工作在无纸化创作的过程中会合并省略或者不作为一个工序。

无纸化的二维动画主要应用于传统媒体（电影和电视）和新媒体（计算机、网络、手机）。应用于传统媒体的无纸二维动画的创作是需要团队来完成的，其工作程序也是严格按照传统的制作工序。但用于新媒体上的无纸二维动画则不然，其成果可用作商业用途，也可用于个人创作，如当前互联网上的产品广告、网站 LOGO 或者产品使用视频演示，一些爱好者（闪客）在网络上发布的动画短片、MTV，一些教师自己制作的演示性动画。这些作品其工程量远远没有电影和电视动画片的工作量大，因此有时个人或者小团体就可独立完成。

当无纸二维动画应用于新媒体时，其最终成果并不是存储在磁带或者其他介质上，而是以文件的形式存储于硬盘、光盘等数字存储媒体之中，其文件格式可以是数字视频文件格式，也可是计算机动画专有格式。

### 6.2.2 二维动画制作软件

在二维动画中，计算机的作用包括：输入和编辑关键帧；计算和生成中间帧；定义和显示运动路径；交互式给画面上色；产生一些特技效果；实现画面与声音的同步；控制运动系列的记录等。二维动画处理的关键是动画生成处理，而在二维动画处理软件可以采用自动或半自动的中间画面生成处理，大大提高了工作效率和质量。从制作者的角度来说，软件的性能和适用性决定了产品的成本和成败。

**1. 二维动画制作软件**

下面先来认识几款二维动画制作软件，然后再细述它们之间的差别。

1）TOONZ

TOONZ 被誉为世界上最优秀的卡通动画制作软件系统，如图 6-2 所示，它可以运行于 SGI 超级工作站的 IRIX 平台和 PC 的 Windows NT 平台上，广泛应用于卡通动画系列片、音乐片、教育片、商业广告片等其中的卡通动画制作。

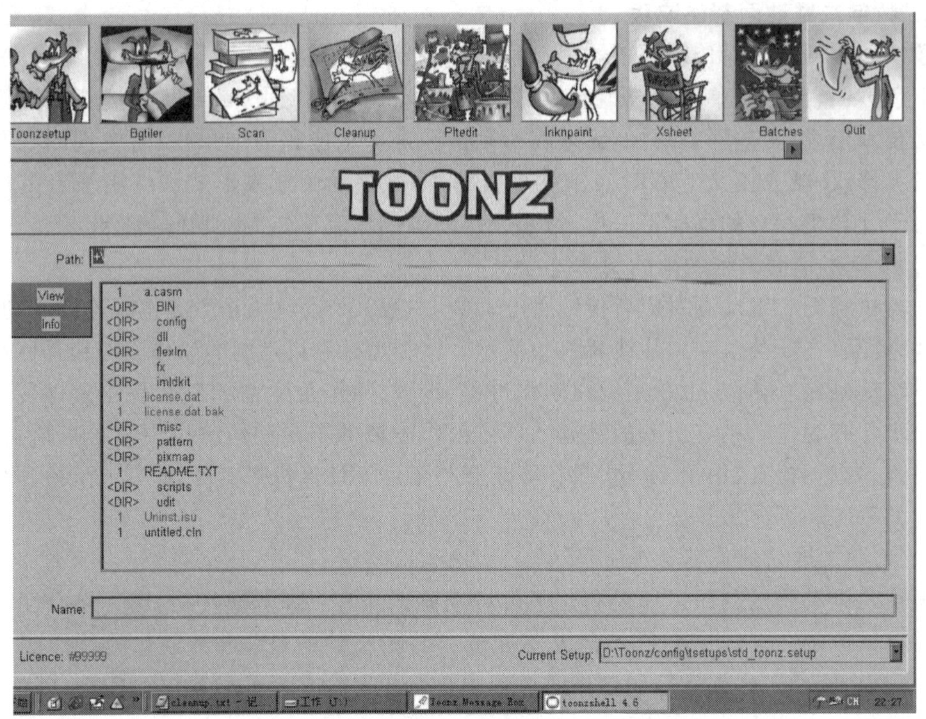


图 6-2 TOONZ 的操作界面

TOONZ 利用扫描仪将动画师所绘的铅笔稿以数字方式输入到计算机中，然后对画稿进行线条处理、检测画稿、拼接背景图配置调色板、画稿上色、建立摄影表、上色的画稿与背景合成、增加特殊效果、合成预演以及最终图像生成。利用不同的输出设备将结果输出到录像带、电影胶片、高清晰度电视以及其他视觉媒体上。

TOONZ 使用户既保持了原来所熟悉的工作流程，又保持了具有个性的艺术风格，同时扔掉了上万张人工上色的繁重劳动，扔掉了用照相机进行重拍的重复劳动和胶片的浪费，获得了实时的预演效果、流畅的合作方式以及快速达到人们所需的高质量水准。

2）RETAS PRO

RETAS PRO 是日本 Celsys 株式会社开发的一套应用于普通 PC 和苹果机的专业二维动画制作系统，全称为 Revolutionary Engineering Total Animation System，如图 6-3 所示。它主要由以下四大部分组成。

（1）TraceMan 能通过扫描仪扫描大量动画存入计算机，并进行扫线处理。

（2）PaintMan 是高质量的上色软件，使得大批量上色更加简单和快速。

（3）CoreRETAS 和 RendDog 是全新的数学化工具，实现了传统动画摄影能表现的所有特性，并且可使用多种文件格式和图形分辨率输出 CreRETAS 中合成的每一场景。

（4）Stylos 是为专业动画师打造的无纸作画工具，本软件趋向针对色彩比较少的人物和自身运动物体使用。

RETAS PRO 的制作过程与传统的动画制作过程十分相近，它的四大模块替代了传统动画制作中描线、上色、制作摄影表、特效处理、拍摄合成的全部过程。同时 RETAS PRO

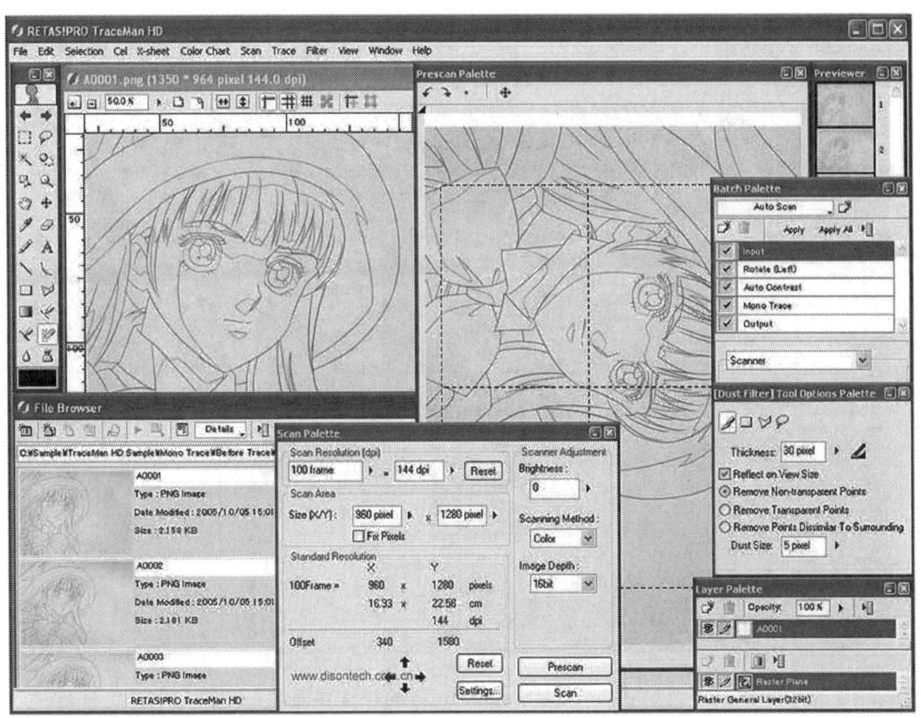


图 6-3 RETAS TraceMan 的操作界面

不仅可以制作二维动画，而且还可以合成实景以及计算机三维图像。RETAS PRO 可广泛应用于电影、电视、游戏、光盘等多种领域。

日本已有 100 家以上的动画制作公司使用了 RETAS PRO 软件，其中较为著名的有 Toei、Sunrise、TokyoMovie（使用 RETAS PRO 制作了《Lupin The 3rd 鲁宾三世》）和 TMS（使用 RETAS PRO 制作了《Spider-Man 蜘蛛人》）。

3）US Animation

US Animation 被誉为二维动画软件中最实用的创作工具，可以轻松地组合二维动画和三维图像，如图 6-4 所示。利用软件中自身模块可进行多位面拍摄、旋转聚焦，以及镜头的推、拉、摇、移，无限多种颜调色板和无限多个层。US Animation 的合成系统能够实现在任何一层进行修改后，及时显示所有层的模拟效果。

4）Animo

Animo 是英国 Cambridge Animation 公司开发的运行于 SGI O2 工作站和 Windows NT 平台上的二维卡通动画制作系统。众所周知的动画片《埃及王子》便是 Animo 的成功应用案例。它具有面向动画师设计的工作界面，扫描后的画稿保持了艺术家原始的线条，它的快速上色工具提供了自动上色和自动线条封闭功能，并和颜色模型编辑器集成在一起提供了不受数目限制的颜色和调色板，一个颜色模型可设置多个"色指定"。它具有多种特技效果处理，包括灯光、阴影、照相机镜头的推拉、背景虚化、水波等，并可与二维、三维和实拍镜头进行合成。它所提供的可视化场景图可使动画师只用几个简单的步骤就可完成复杂的操作，提高了工作效率和速度。

新版 Animo 6 对使用性和功能方面进行了大量的更新和补充，进而提高了 Animo 用户

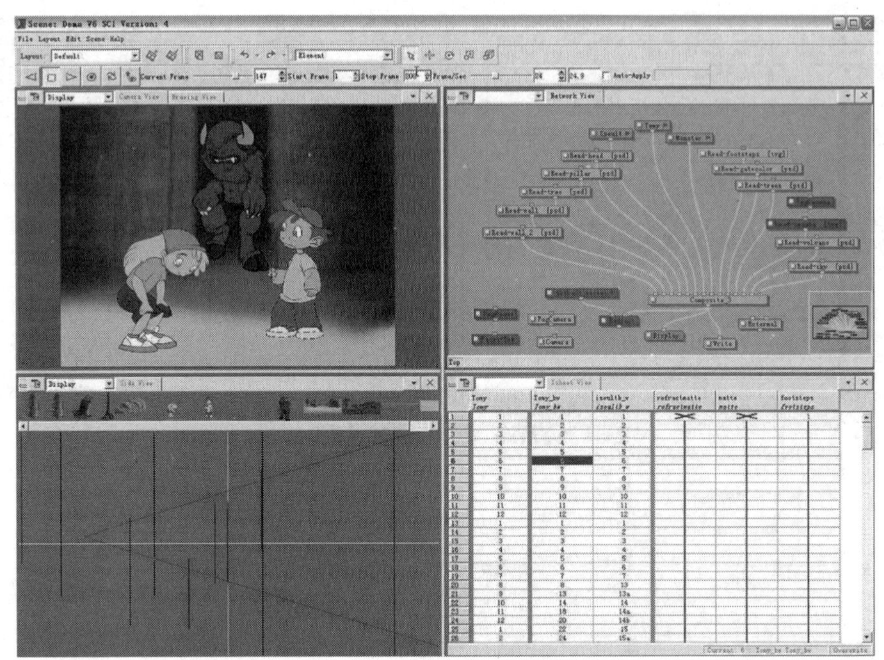

图 6-4　US Animation 的操作界面

在从系统构造、扫描、处理和上色一直到合成和输出整个制作管线的使用效率。

其核心模块也分为 4 个：扫描模块(Scan Module)、上色模块(Color Styling/InkPaint Module)(图 6-5)、导演模块(Director Module)(图 6-6)、渲染模块(Render Module)。

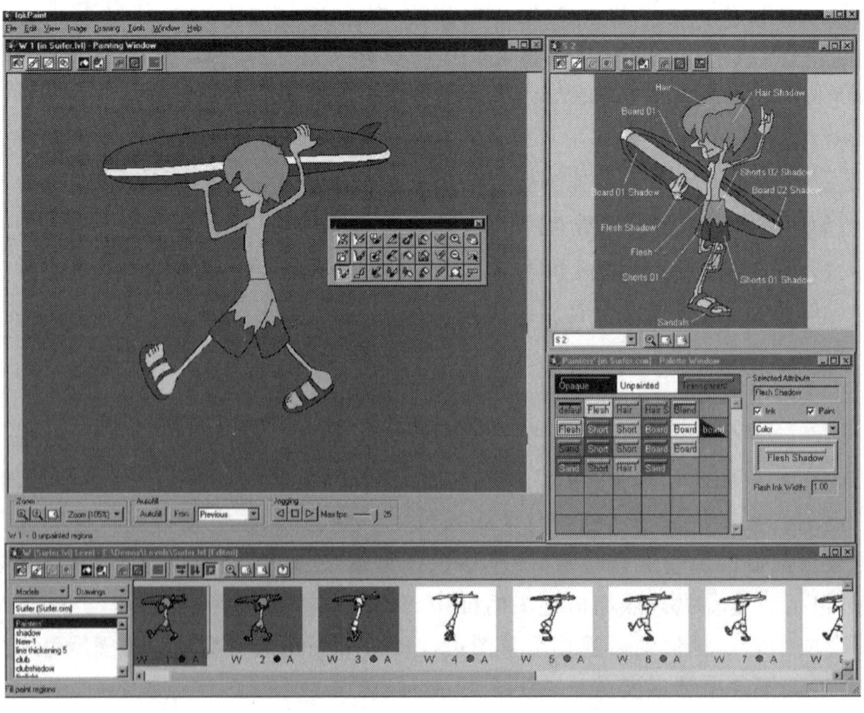


图 6-5　Animo 的上色模块界面

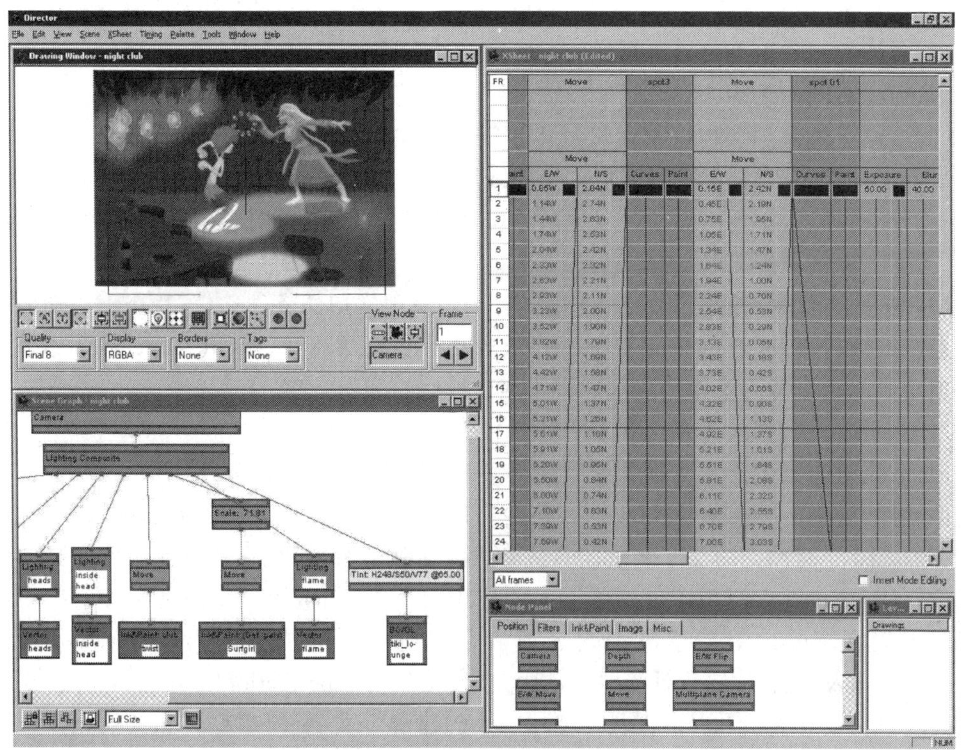


图 6-6　Animo 的导演模块界面

5）点睛辅助动画制作系统

点睛辅助动画制作系统是国内第一个拥有自主版权的计算机辅助制作传统动画的软件系统。该软件由方正集团与中央电视台联合开发。使用该系统辅助生产动画片，可以大大提高描线、上色的速度，并可产生丰富的动画效果，如推拉摇移、淡入淡出、金星等，从而提高生产效率和制作质量。

点睛辅助动画制作系统应用于需要逐帧制作的二维动画制作领域。该系统主要供电视台、动画公司、制片厂生产动画故事片，也可用于某些广告创意（如在三维动画中插入卡通造型）、多媒体制作中的动画绘制等场合。二维游戏制作厂商也可以使用该软件制作简单的卡通形象和演示片头等。

点睛软件的主要功能是辅助传统动画片的制作。与传统动画的制作流程相对应，系统由镜头管理、摄影表管理、扫描输入、文件输入、铅笔稿测试、定位/摄影特技、调色板、描线上色、动画绘制、景物处理、成像、镜头切换特技、画面预演、录制等 40 个功能模块组成，每个模块完成一定的功能。它的摄影表最多可有 100 层，还可在摄影表中标注拍摄要求等信息，而且也提供常用的三维动画接口。其应用的代表作品是《海尔兄弟》。

6）动画软件 AXA

AXA 算是目前唯一一套 PC 级的全彩动画软件，它可以在 Windows 95 及 Windows NT 上执行，简易的操作界面可以让卡通制作人员或“新手”很快上手，而动画线条处理与着色品质，亦具专业水准。

（1）以律表为主的作业环境。AXA 包含了制作计算机卡通所需要的所有元件，如扫图、铅笔稿检查、镜头运作、定色、着色、合成、检查、录影等模组，完全针对卡通制作者设计使用界面，使传统制作人员可以轻易地跨入数字动画制作的行列。它的特色是以计算机律表为主，从而提高制作效率。

(2) 100个动画层。传统卡通设计由于受赛璐珞片透明度与着色颜料厚度影响，通常不超过六层，AXA旧的版本只提供10个动画层，有一定的局限。于是在4.0版推出时已增加到100个动画层，让动画导演可以更随心所欲地设计动画层、阴影层、光影层等多样层次变化。

(3) 专业的卡通着色工具。AXA着色模组与其他常用的软件比较，最令人心动的有自定色盘(Palette)、快速着色(Ink & Paint)与自动产生渐层遮片(Creat Tone Matte)等。仅这三项功能即大大解决了使用一般软件常遇到的困难和挫折感。

7) Flash

Flash是近年来发展最为强劲的一款网络动画制作软件。Flash是Macromedia公司所推出的软件，后又由Adobe公司收购。是专门用来设计网页及多媒体动画的软件，它可以为网页加入专业且漂亮的交互式按钮及向量式的动画图案特效，它是目前制作网页动画最热门的软件。Flash广泛用于创建吸引人的应用程序，它们包含丰富的视频、声音、图形和动画。可以在Flash中创建原始内容或者从其他Adobe应用程序(如Photoshop或Illustrator)导入它们，快速设计简单的动画，以及使用Adobe ActionScript 3.0开发高级的交互式项目。设计人员和开发人员可使用它来创建演示文稿、应用程序和其他允许用户交互的内容。Flash可以包含简单的动画、视频内容、复杂演示文稿和应用程序以及介于它们之间的任何内容。通常，使用Flash创作的各个内容单元称为应用程序，即使它们可能只是很简单的动画。

Flash的动画绘图方式是采用向量方式处理，这样图案在网页中放大或缩小时，不会因此而失真，而且可依颜色或区块作部分的选择来进行编辑，这是与其他绘图软件所不同的地方，非常适合应用于网络上。

**2. 二维动画软件中的概念**

在二维动画软件中，以下几个概念是共同的。结合Flash软件(图6-7)进一步理解二维动画软件中的基本概念。

(1) 图形/图像。它们是动画处理的基础。图像技术可用于绘制关键帧、多重画面叠加、数据生成；图形技术可用于自动或半自动的中间画面生成。图像有利于绘制实际景物，图形则有利于处理线条组成的画面。二维动画处理利用了它们各自的处理优势，取长补短。

(2) 图层。图层是二维动画的技术基础，在传统动画中人们不可能将背景和人物动作放在同一个图像层上，这样会增加大量的工作，最终作品的形成就是将画在不同透明胶片上的背景、中间画等合成在一起。在数字动画软件中，同样如此，也是采取分层的技术，各层相对独立。每一图层可能是由一系列的动作图形组成的，也可能是一个关键帧画面。

(3) 元件。Flash里面有时需要重复使用素材，这时就可以把素材转换成元件，或者新建元件，以方便重复使用或者再次编辑修改。也可以把元件理解为原始的素材，通常存放在元件库中。元件有3种形式，即影片剪辑、图形、按钮。元件只需创建一次，然后即可在整个文档或其他文档中重复使用。影片剪辑元件可以理解为电影中的小电影，可以完全独立于

图 6-7　Flash 工作界面

场景时间轴，并且可以重复播放。图形元件是可以重复使用的静态图像，它是作为一个基本图形来使用的，一般是静止的一幅图画，每个图形元件占 1 帧。按钮元件实际上是一个只有 4 帧的影片剪辑，但它的时间轴不能播放，只是根据鼠标指针的动作做出简单的响应，并转到相应的帧，通过给舞台上的按钮添加动作语句而实现 Flash 影片强大的交互性。

(4) 帧。帧是进行 Flash 动画制作的最基本的单位，每一个精彩的 Flash 动画都是由很多个精心雕琢的帧构成的，在时间轴上的每一帧都可以包含需要显示的所有内容，包括图形、声音、各种素材和其他多种对象。帧分为普通帧、关键帧和空白关键帧，普通帧是在时间轴上能显示实例对象，但不能对实例对象进行编辑操作的帧。关键帧，顾名思义，有关键内容的帧。用来定义动画变化、更改状态的帧，即编辑舞台上存在实例对象并可对其进行编辑的帧。空白关键帧是没有包含舞台上的实例内容的关键帧。

(5) 时间轴。时间轴就类似于传统手工绘画制作过程中的律表，让制作人员知道某一场景有多长，有几个关键动作帧，分多少层制作，该场景前后的时间位置是什么等信息。在可视化的软件技术中称为时间轴。

(6) 图库。在二维动画软件中图库是用来存放全部数字化后的手绘素材的地方，例如扫描后的线条稿、着色后的彩色稿、合成的动画小片段等、方便使用者查找和调用。

(7) 场景。场景是用来直接监视和观看动画合成效果的窗口。

(8) 动作脚本。Flash 中脚本命令简称 AS (ActionScript)，动作脚本就是 Flash 为人们提供的各种命令、运算符及对象，使用动作脚本时必须将其附加在按钮、影片剪辑或者帧上，从而使单击按钮和按下键盘键之类的事件时触发这些脚本，以便实现所需的交互性。

## 6.2.3 二维动画制作实例

本节以 Flash 作为软件平台介绍一个简单的二维动画制作实例。通过该实例的制作，介绍数字二维动画制作的流程，体会基本概念。具体步骤如下。

(1) 打开 Flash 软件，并新建一个文件，得到如图 6-8 所示的界面。

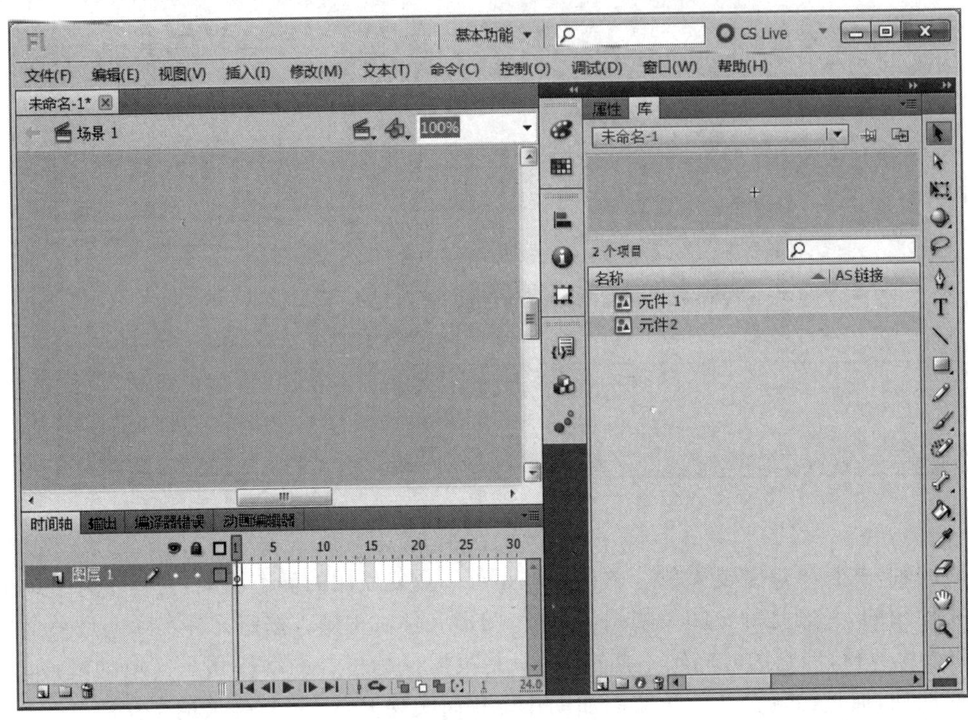

图 6-8　Flash 操作界面

(2) 原型绘画。选择椭圆工具，执行“插入”→“元件”→“图形”命令，并在工作区域中绘制一个正圆，如图 6-9 所示。

提示：在图像处理软件中，几乎都有这一相同的功能，即按住 Shift 键时可画出正方形与圆，不按时画出的常常是长方形与椭圆。

(3) 上色。设置圆形属性，即圆形的轮廓颜色、填充色、圆心位置等。在 Flash 的工具栏里，对轮廓、填充属性的设置，如图 6-10 中标示出来的工具完成。

(4) 运动设置。在本例中使小球从左到右滚动起来。具体做法如下。

① 从库中将小球拖放到场景中，如图 6-11 所示。可见第一帧影格处变为实心蓝点，表示该帧已有填充物。

② 用鼠标单击一下时间轴第 10 帧处，选中此帧，然后右击，在弹出的快捷菜单中选择“插入关键帧(Insert Keyframe)”选项，再将本影格中的小球向右拖动，效果如图 6-12 所示。

③ 选择第一影格并右击，在弹出的快捷菜单中选择“创建补间动画(Creat Motion Tween)”选项，现在的时间轴窗口变成如图 6-13 所示。

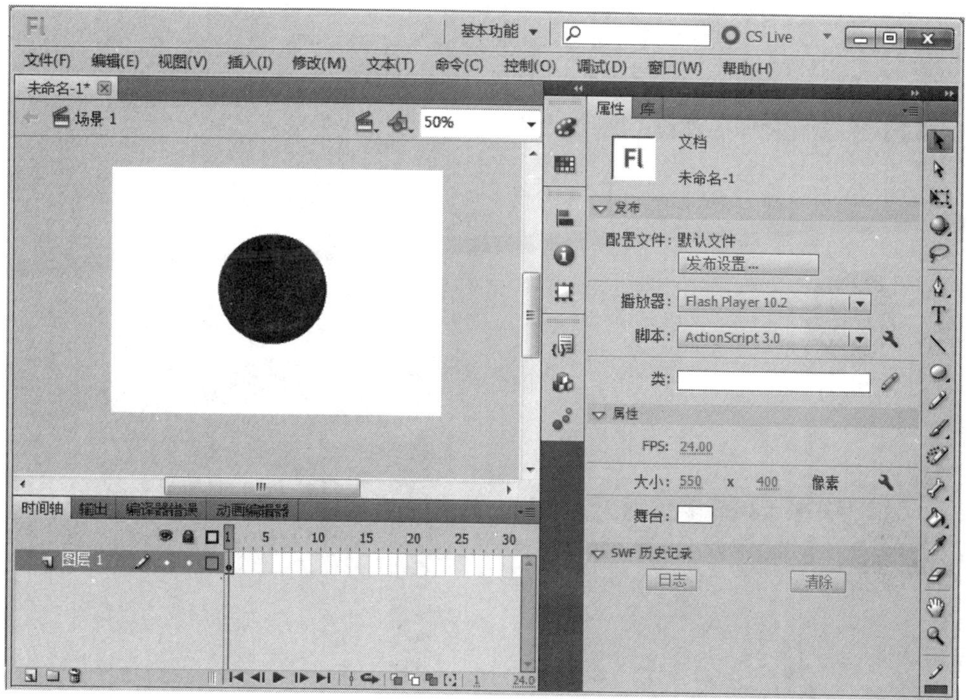


图 6-9 原型绘画

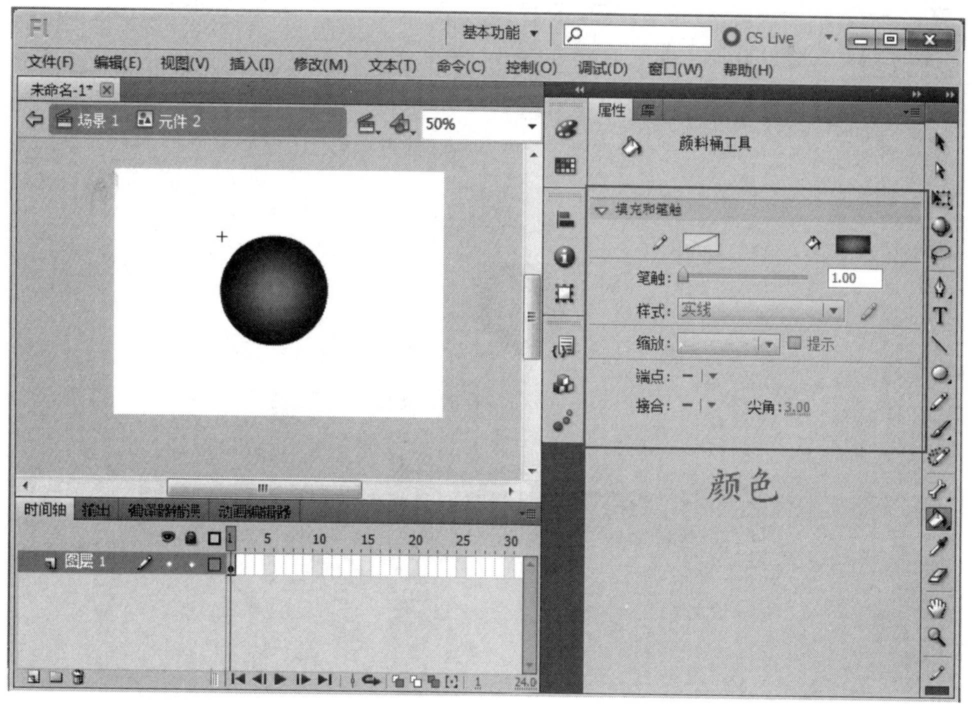


图 6-10 动画上色

图 6-11　拖动小球到场景

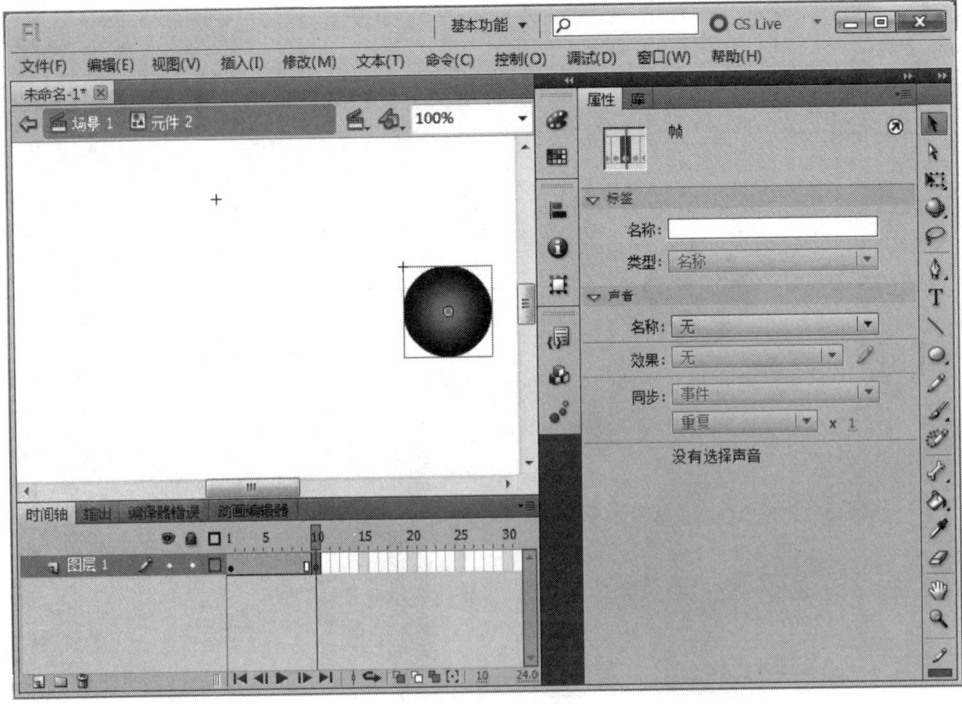

图 6-12　插入关键帧

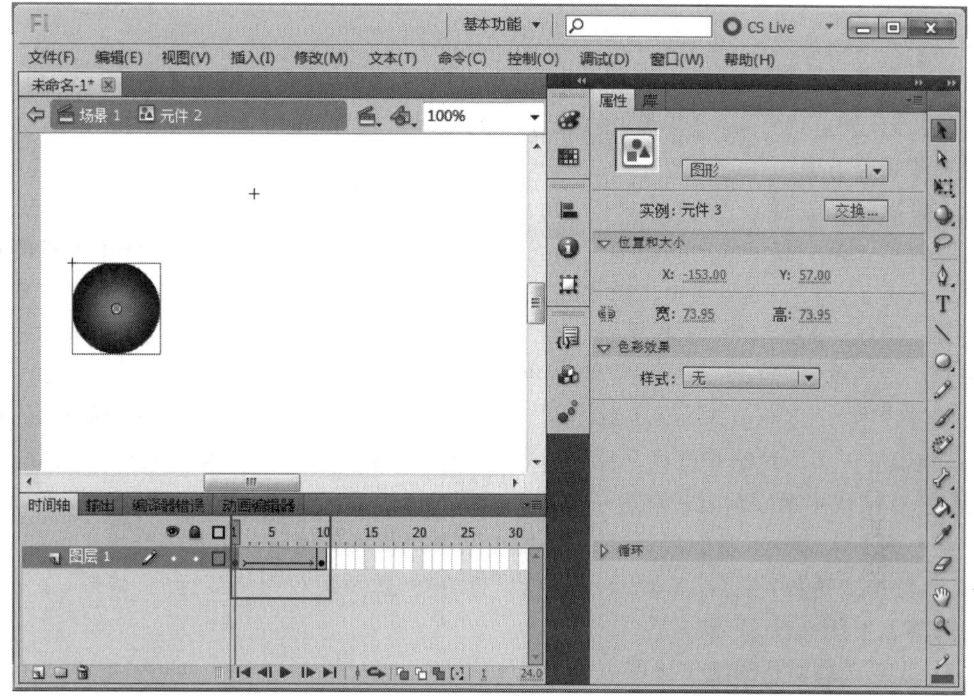


图 6-13 创作动画

(5) 预览影片。按 Ctrl+Enter 组合键即可。

本例包含了动画制作的全部流程,也包含了动画制作的原理:基于时间轴的组件属性变化(如位置、颜色、透明度等)构成了动画的基础。

# 6.3 三维动画技术

在众多动画类型中,最具魅力的当属三维动画。与二维动画相比,三维动画除了拥有二维动画中上下左右的运动效果外,还能展现前后(纵深)运动和视点改变的效果,增加了立体感和空间感,更符合现实世界的状况。而数字三维动画又无疑是三维动画中的佼佼者,因为数字技术可以创作出世界上没有的视觉效果。

## 6.3.1 三维动画技术概述

### 1. 数字三维动画概述

数字三维动画,简称 3D 动画,是近年来随着计算机软硬件技术的发展而产生的新兴动画制作技术及其成果的代名词。通常人们常说的"三维动画"有两种指向:一是用计算机制作的、三维立体的动画视觉作品,二是指用来制作三维立体动画的计算机技术。

计算机三维动画的获得是通过三维动画软件在计算机中建立一个虚拟的世界,并通过计算机的运算将虚拟世界还原成视觉的画面。在此过程中,设计师要在这个虚拟的三维世界中按照要求表现的对象的形状尺寸建立模型以及场景;再根据要求设定模型的运动轨迹、虚拟摄影机的运动和其他动画参数;然后按要求为模型贴上特定的材质,并打上灯光;最后就可以让计算机自动运算，生成最后的画面。这一过程中用到的方法和技术手段，可以统称为数字三维动画技术，或者计算机三维动画技术。

数字三维动画技术还是一个新兴的、正在发展的技术，具有虚拟和模仿现实的精确性、真实性和无限的可操作性等特性，被广泛应用于医学、教育、军事、娱乐等诸多领域，尤其是影视和游戏等方面。

在影视制作方面，三维动画技术与数字视频技术的结合给观众带来了耳目一新的、完美的视觉效果。第一部三维动画故事片由迪斯尼在1982年完成，《TRON》包含了大量的角色动画。到了20世纪90年代由于软硬件技术的发展，几乎所有好莱坞大片中都有三维动画的痕迹。例如，1991年的《终结者2》、1993年的《侏罗纪公园》，就连《阿甘正传》这样完全真人表演性质的电影都有三维动画特性的烙印。

在游戏中，也逐渐引入3D动画技术。3D动画技术在游戏中的作用一般有两个方面：其一，游戏角色和场景的建设和还原；其二，游戏中过渡情节场景或游戏片头的视频制作。20世纪90年代中期以前，PC和电子游戏几乎是2D的天下，但随着PC硬件的发展，3D游戏已经占据了大部分市场份额，其应用环境也从单机扩展到网络和手机等环境上。如《古墓丽影》、《雷神之锤》、《极品飞车》等经典3D单机游戏，以及现在网络流行的《传奇》、《天下》、《征途》等无不闪烁着3D的光芒。

**2. 数字三维动画的制作流程**

数字三维动画技术是利用相关计算机软件，通过三维建模、赋予材质、模拟场景、灯光和摄像镜头、创造运动和链接、动画渲染等功能，实时制造立体动画效果和以假乱真的虚拟影像，将创意想象化为可视画面的新一代影视及多媒体特技制作技术。如前文叙述，动画的制作过程可分为4个阶段：总体设计阶段、设计制作阶段、具体创作阶段和拍摄制作阶段。对于3D动画而言，总体设计和设计制作这两个阶段可统归为前期制作期。

前期制作阶段，在影视动画艺术范畴的三维动画和平面动画没有区别。而对于游戏中的3D动画角色和场景的建设而言，同样也要经历该阶段。在这个阶段，动画创作者需要创意、策划、预算、创作剧本、设计分镜头、角色、机械造型和场景等。创意、策划、预算和剧本等程序通常是决策层的事情，不涉及视觉范畴；而分镜头、角色、机械造型和场景等设计，则需要有经验的动画设计人员甚至工业造型、环境艺术专业人员的参与。在这些阶段不涉及三维技术，是以手绘为基础的创意视觉化过程。

具体创作阶段则是利用计算机和三维动画软件进行具体实现的一个过程。在此过程中，计算机中三维图像的获得类似于雕刻，摄影布景及舞台灯光的使用，在三维环境中控制各种组合。作为一个完整的3D作品制作过程至少要经过三步：造型、动画和绘图。

1）造型

造型是利用三维软件在计算机上创造三维形体，称为建模。例如，制作三维的人物、动物、建筑、景物等造型，即设计物体的形状。

最简单的方法是使用图形造型。图形通常是简单的三维几何形体图像，附带在软件的命令面板中。这些立方体、球体、圆柱体、圆锥体、金字塔形体等图形能够结合在一起，在不同的修改命令下可以产生更为复杂的物体形状。然后通过不同的方法将它们组合在一起，从而建立复杂的形体。

另一种常用的造型技术是先创造出二维轮廓，然后旋转、拉伸等方法将其拓展到三维空间(图 6-14)。或者通过放样技术,用二维样条曲线作为造型的骨架,利用表面的修改编辑功能,将基本面片依附在造型骨架上,形成复杂的面片模型,从而创造出立体图形。

图 6-14　旋转三维建模

更复杂的建模方法还有很多,这里就不逐一列举了。由于造型有一定难度,工作量大,因此市场上有许多三维造型库,从自然界的小动物到宇宙飞船,应有尽有,直接调用它们可提高工作效率,也可为经验不足的新手提供方便。

2）动画

动画就是使各种造型运动起来,获得运动的画面和效果。为了使它们动起来,需要时间要素,为三维立体的静态造型引入第四维的属性。有了时间的属性,工作人员可以不断地改变目标的动作、虚拟摄像机的位置、灯光的方向和强弱,甚至还可以改变构图,包括近、中、远景、特写、大小范围、方位、节奏和旋转等一系列手段来获得变化的画面。在改变目标的动作和状态时可以直接通过计算机中的鼠标键盘调节模型,也可以用传感器去捕捉真实演员的动作表情,再将其赋值于三维模型,以获得逼真的、连贯的动作状态。

在非数字化动画制作中使用的许多技术可以移植到计算机上。例如,三维动画制作过程中制作者同样需要定义出关键帧,其他中间帧交给计算机去完成,这就使人们可做出与现实世界非常一致的动画,如好莱坞大片很多镜头是用计算机合成,人们却无法分辨。不像传统的动画片,由于是手工绘制,帧与帧之间没有过渡,看到的画面是不断跳跃的卡通片。

3）绘图

绘图包括贴图和光线控制,相当于二维动画制作过程中的上色过程。造型确定了物体的形状,质地则确定了物体表面的形态,那么贴图则是确定物体表面形态的过程。大多数三维动画制作软件程序拥有一系列材质,可以从中选择并应用于物体,也可以按照自己的需要,制造不同的相应材质。

和真实世界一样,不同的物体之所以看起来不同,是因为有一些不同因素影响的结果。这些因素包括颜色、亮度(物体反光程度)、色调(物体表面阴影的明暗)、投影(周围环境在物体表面的投影)、透明度。贴图时原始材质的这些因素都可在三维软件中做出相应的调整,组合形成多种方式,产生任何想要的效果。

灯光是三维动画制作的重头戏。三维软件提供了方便设置灯光的功能，但设置的合适与否将直接影响动画的最后效果。对三维动画的新手来说，照亮景物是整个三维动画创作中最具挑战性的工作之一。既要保持合适的景物基调，又要照亮景物，还要调整、渲染、营造动画气氛，这需要长时间的实践和不间断的试验。

如果是制作影视三维动画，那么在此之后应该还有一个渲染的过程，即将设置好的场景和动画输出成视频片段。影视三维动画制作流程如图 6-15 所示。

图 6-15　影视三维动画制作流程

后期加工阶段对应传统动画中的拍摄制作阶段。这一阶段同样是为了获得最终的成品而对素材片段进行编辑、配音、合成等具体工作。

制作三维动画，特别是三维动画片需要大量时间，为了获得更高的效率，通常将一个项目分为几个部分。分工协助是十分非常重要的。

**3. 三维动画的动画类型**

三维动画制作需要考虑多种因素，如画面中物体本身的大小、位置、形状，物体相对于虚拟摄像机的角度位置等的变化，而且在获得相同的画面效果时，也可能用到不同的三维动画技术。三维动画生成基本类型如下。

1）几何变换动画

几何变换动画也称为“刚体动画”，是通过对场景中的几何对象进行移动、旋转、缩放的几何变换操作，从而产生动画的效果。其特点是几何对象是自身大小或在场景中的相对位置发生变化，而本身形状并不改变。可采用的技术有：关键帧技术、指定运动轨迹的样条驱动技术、实现几何对象间精确的相对运动的反向动力学技术等。

2）变形动画

变形是一门基于结点的动画技术，是通过物体结点序列的变换矩阵来实现的。相对于刚体动画缺乏生气的不足，变形动画通过赋予每个角色以个性，并以形状变形来渲染某些夸张的效果。

3）角色动画

角色动画最主要指人体动画，也包括拟人化的动植物及卡通角色。在计算机三维动画中，人体造型是一个颇为艰巨的问题。人体具有 200 个以上的自由度和非常复杂的运动；人的形状不规则，人的肌肉不仅形状复杂，而且随人体的运动而变形；人的个性、表情千变万化。所以，人体动画是计算机三维动画中最富挑战性的课题之一。人体动画又可分为关节动画（人体运动的协调性和连贯性）和面部表情动画（表情的生动性）。

4）粒子系统动画

粒子系统的一个主要优点是数据库放大的功能。一个粒子系统可以表示成千上万个行为相似，但是仍有细微差别的微小对象。粒子系统最擅长制作光怪陆离的光影、烟雾、火雨雷电，还可以模拟泡沫、闪电和溅水的动画，弥补了传统动画制作方式无法模拟自然界中如云、火、雪等随机景物和微观粒子世界的缺陷。

5）摄影机动画

摄影机动画也称为“镜头动画”，是通过对摄影机的推、拉、摇、移，使镜头画面改变，从而产生动画的效果。它常用来制作建筑物漫游动画，要求摄影机在运动过程中要做到平稳、节奏自然、镜头切换合理、重点内容突出。虽然镜头动画是一种间接的动画手段，但却是人们在现实中经常遇到的。

## 6.3.2 三维动画制作软件

尽管计算机三维动画发展历史仅仅20余年，动画师和程序人员一起为动画创作的便利和效果追求，开发出大量的三维动画软件。这些动画软件按照其功能的不同可分为两类：主流软件和辅助软件。主流软件一般其功能非常庞大，能够实现从建模到材质贴图、灯光、摄像机及动画等全部功能，而辅助软件的功能一般较单一。

**1. 主流三维动画软件**

1）Softimage 3D

Softimage 3D是由专业动画师设计的强大的三维动画制作工具，它的功能完全涵盖了整个动画制作过程，包括：交互的、独立的建模和动画制作工具，SDK和游戏开发工具，具有业界领先水平的mental ray生成工具等。

Softimage 3D系统是一个经受了时间考验的、强大的、不断提炼的软件系统，它几乎设计了所有的具有挑战性的角色动画。1998年提名的奥斯卡视觉效果成就奖的全部三部影片都应用了Softimage 3D的三维动画技术。它们是《失落的世界》中非常逼真的让人恐惧又喜爱的恐龙形象、《星际战队》中的未来昆虫形象、《泰坦尼克号》中几百个数字动画的船上乘客。另外的四部影片《蝙蝠侠和罗宾》、《接触》、《第五元素》和《黑衣人》中也全部利用了Softimage 3D技术创建了令人惊奇的视觉效果和角色。

2）3ds Max

3ds Max是一款应用于PC平台的元老级三维动画软件（图6-16），由Autodesk公司出品。它具有优良的多线程运算能力，支持多处理器的并行运算，丰富的建模和动画能力，出色的材质编辑系统。目前在中国，3ds Max的使用人数大大超过其他三维软件。

3ds Max提供了两种全局光照系统并且都带有曝光量控制、光度控制灯光，以及新颖的着色方式来控制真实的渲染表现。3ds Max也拥有最佳的Direct 3D工作流程（可以使用DirectX），使用者可以自己增加实时硬件着色，并且可以非常容易地将作品通过贴图渲染和法线渲染、光线渲染以及支持Radiosity的定点色烘焙技术。图6-16是3ds Max的操作界面。

3）Maya

Maya是Alias|Wavefront（2003年7月更名为Alias）公司的产品（图6-17），作为三维动画软件的后起之秀，深受业界欢迎和钟爱。Maya集成了Alias|Wavefront最先进的动画及数字效果技术，不仅包括一般三维和视觉效果制作的功能，而且还结合了最先进的建模、数字化布料模拟、毛发渲染和运动匹配技术。Maya因其强大的功能在3D动画界造成巨大的影响，已经渗入到电影、广播电视、公司演示、游戏可视化等各个领域，且成为三维动画软件中的佼佼者。《星球大战前传》、《透明人》、《黑客帝国》、《角斗士》、《完美风暴》、《恐龙》等很多大片中的计算机特技镜头都是应用Maya完成的。逼真的角色动画、丰富的画笔，接近完美的毛发、衣服效果，不仅是影视广告公司对Maya情有独钟，许多喜爱三维动画制作，并有志向影视计算机特技方向发展的朋友也为Maya的强大功能所吸引。

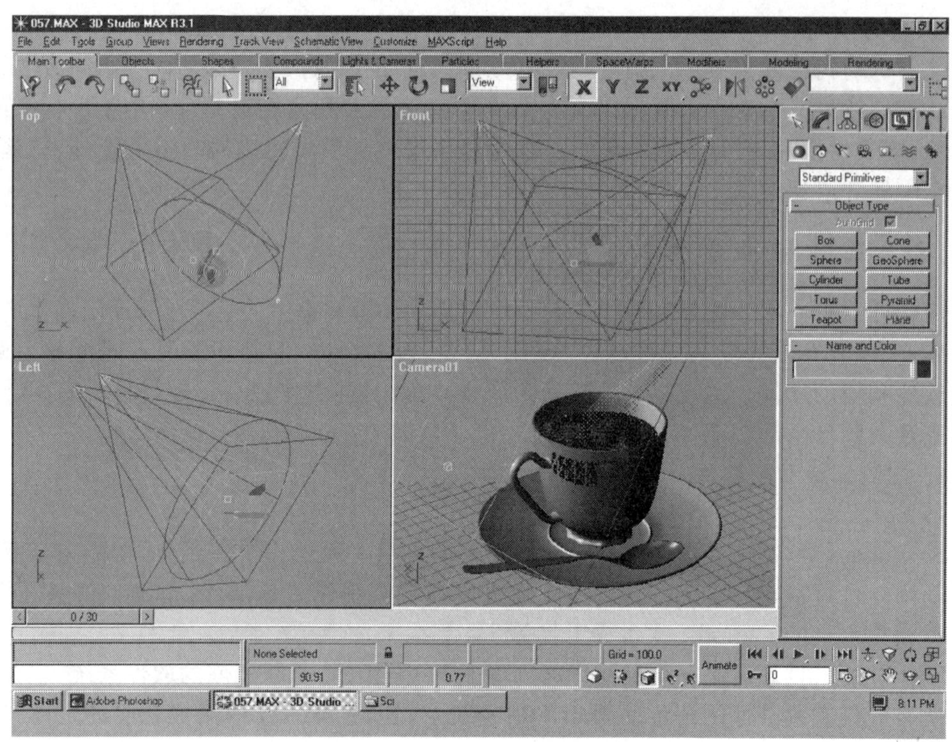


图 6-16　3ds Max 的操作界面

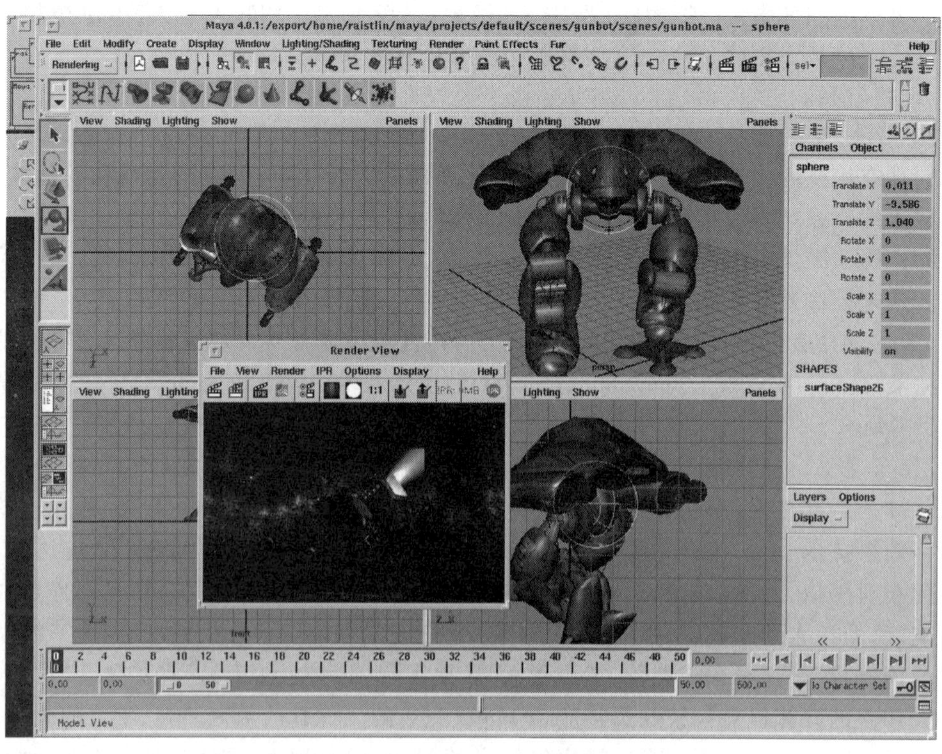


图 6-17　Maya 的工作界面

最新版本是 Maya 2016，在 Maya 2012 中大幅提高了 Viewport 视窗的功能，最强大之处在于直接支持运动模糊(Motion Blur)的显示。景深通道(Depth-of-Field)和环境隔绝(Occlusion)效果也可以直接在视窗中显示出来。新的运动轨迹(Motion Trails)编辑功能可以让用户无须打开图形编辑器动画路径。Maya 2012 内置了基于 NVIDIA 显卡技术的 PhysX 引擎，还有一个名叫“Digital Molecular Matter”的插件来制作高级破碎特效。新的流体功能也可以用来模拟流体的沸腾、浇注和飞溅效果。

4) LightWave 3D

LightWave 3D 是 NewTek 公司的产品(图 6-18)。目前 LightWave 在好莱坞的影响一点也不比 Softimage、Alias 等差。它可以设计出具有出色品质的动画，价格却是非常低廉，这也是众多公司选用它的原因之一。《泰坦尼克号》中的泰坦尼克号模型，就是用 Lightwave 制作的。

LightWave 3D 从有趣的 AMIGA 开始，发展到今天的 11.6.3 版本，已经成为一款功能非常强大的三维动画软件，支持 Windows、Mac OS 等。被广泛应用在电影、电视、游戏、网页、广告、印刷、动画等各领域。它的操作简便、易学易用，在生物建模和角色动画方面功能异常强大；基于光线跟踪、光能传递等技术的渲染模块，令它的渲染品质几近完美。它以其优异性能倍受影视特效制作公司和游戏开发商的青睐。当年火爆一时的好莱坞大片《Titanic》中细致逼真的船体模型、《Red Planet》中的电影特效以及《恐龙危机 2》、《生化危机——代号维洛尼卡》等许多经典游戏均由 LightWave 3D 开发制作完成。

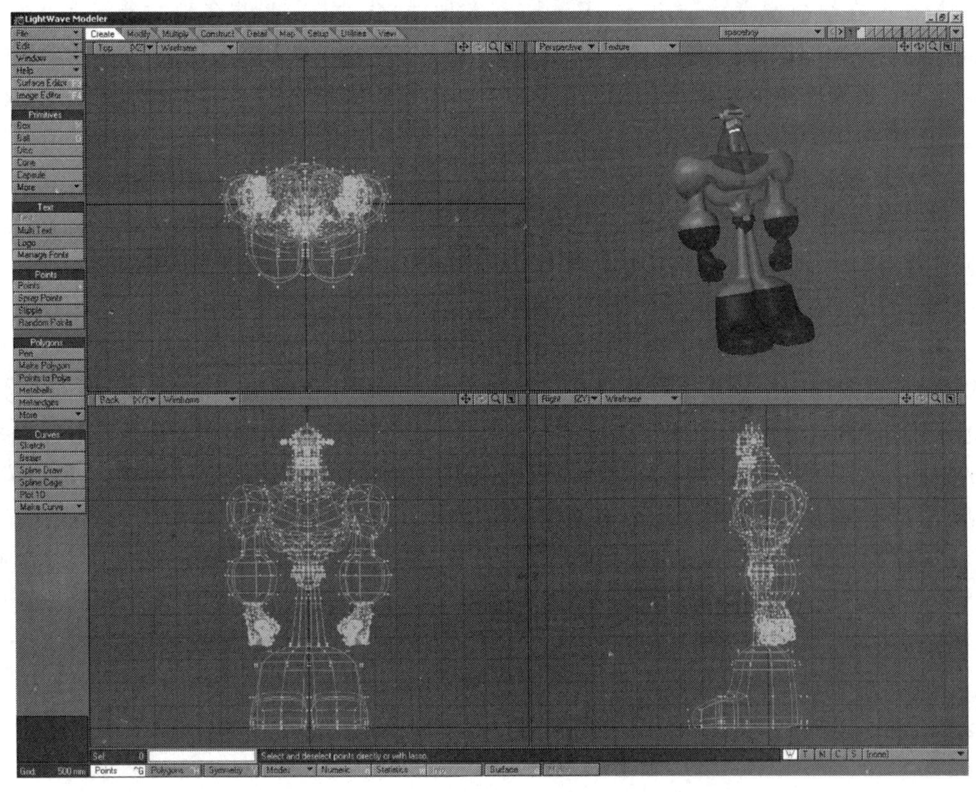

图 6-18　LightWave 建模

5）Sketch Up

Sketch Up 又名“草图大师”，是一款可供用户用于创建、共享和展示 3D 模型的软件。建模不同于 3ds Max，它是平面建模。它通过一个简单而详尽的颜色、线条和文本提示指导系统，让人们不必输入坐标，就能帮助其跟踪位置和完成相关建模操作。就像人们在实际生活中使用的工具那样，Sketch Up 为数不多的工具中每一样都可做多样工作。这样人们就更容易学习、更容易使用并且(最重要的是)更容易记住如何使用该软件。从而使人们更加方便地以三维方式思考和沟通，是一套直接面向设计方案创作过程的设计工具，其创作过程不仅能够充分表达设计师的思想而且完全满足与客户即时交流的需要，它使得设计师可以直接在计算机上进行十分直观的构思，是三维建筑设计方案创作的优秀工具。在 Sketch Up 中建立三维模型就像人们使用铅笔在图纸上作图一般，Sketch Up 本身能自动识别这些线条，加以自动捕捉。它的建模流程简单明了，就是画线成面，而后挤压成型，这也是建筑建模最常用的方法。Sketch Up 绝对是一款适合于设计师使用的软件，因为它的操作简单，用户可以专注于设计本身了。

通过对该软件的熟练运用，人们可以借助其简便的操作和丰富的功能完成建筑和风景、室内、城市、图形和环境设计，土木、机械和结构工程设计，小到中型的建设和修缮的模拟及游戏设计和电影电视的可视化预览等诸多工作。

现在 Sketch Up 共有多个版本，其中从 Sketch Up 5.0 以后，该软件被 Google 公司收购继而开发出的 Google Sketch Up 6.0 及 7.0 等版本，可以配合 Google 公司的 Google 3D Warehouse(在线模型库)及 Google Earth(谷歌地球)软件等与世界各地的爱好者及使用者一同交流学习，同时还可与 Auto CAD、3ds Max 等多种绘图软件对接，实现协同工作。Sketch Up 最新已经更新到 8.0.3117，增加了布尔运算等新的功能，并且加强了与 Google Earth 的联系。

**2. 辅助性三维动画软件**

辅助性三维动画软件非常多，功能各异，通常称为功能性三维动画软件。辅助性三维动画软件相对单一，但在使用上或者效果上也更胜一筹。

1）Poser

Poser 是 Meta Creations 公司开发的软件(图 6-19)，是三维动画领域具有开创性的代表软件，可以程序化地制作人物造型和一些有趣的生物造型。该软件有许多优秀的功能，如行走生成器、角色动作输出(可以在 Poser 中制作角色动画，再把它们应用于其他三维软件中的不同模型)、口形同步和动画功能。而今 Poser 更能为用户的三维人体造型增添发型、衣服、饰品等装饰。让用户的设计与创意轻松展现。

Poser 目前最新的版本是 Poser Pro 2014，并且已经升级到了 SR5.1(10.0.5.28445)，最近的一次重要举动是推出了 Poser Pro Game Dev，旨在利用 Poser 浩如烟海的庞大资源库为游戏开发提供便利。

三维软件创作物体可以输入到 Poser 中作为道具。Poser 制作出的人物可以拿着或穿着这些道具，并产生交互作用，也可以把自己生成的三维模型输入到其他三维软件中进行操作。

2）ZBrush

ZBrush 是这几年三维动画界的热点之一，为三维艺术家提供了一个全新的建模方式。

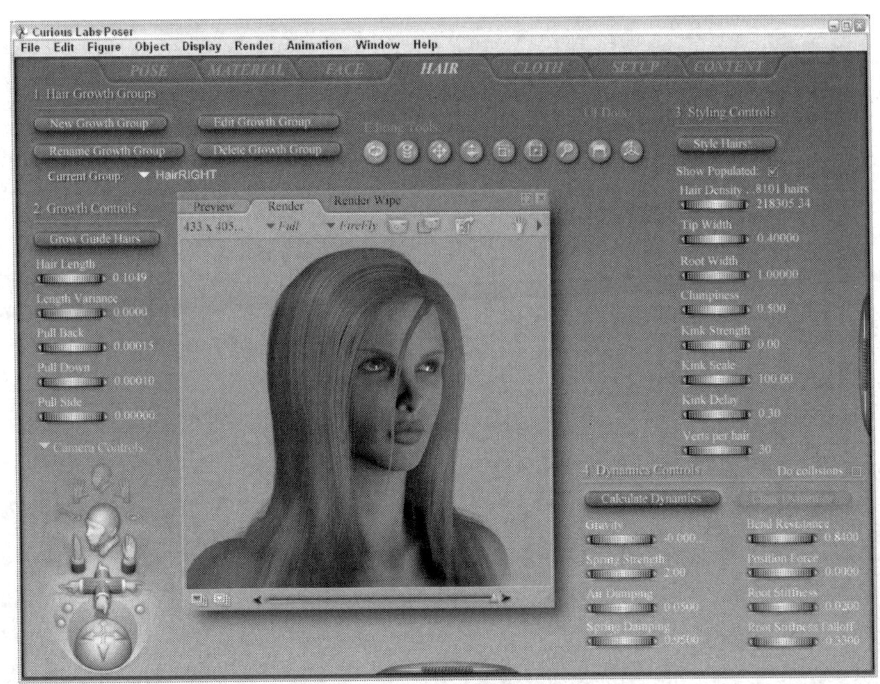


图 6-19　Poser 工作界面

它以笔刷建模的方式来建模，以 2.5D 的方式实现了 2D 和 3D 之间无缝结合。对于很多艺术家来说，它的操作感觉非常像自己运用黏土来进行雕塑的感觉，特别是原先学习雕塑或者化妆等专业的艺术家可以很容易的掌握，制作出栩栩如生的作品。

它的建模工具有一套独特的建模流程，可以制作出令人惊叹的复杂模型。ZBrush 采用了优秀的 Z 球建模方式，可以实现电影特效的三维建模、游戏角色建模的制作，如《指环王Ⅲ》、《半条命Ⅱ》中很多怪兽的建模。

ZBrush 以建模特别是生物建模闻名于世，它也有一个不错的渲染模块，有丰富的材质和渲染特效。特别是在创作静帧作品方面有很好的表现，图 6-20 是 ZBrush 工作界面。

3）RenderMan Pro

该软件是 Pixar 公司出品的功能强大的渲染器。处于前沿的数字特效公司和计算机图形专家都使用了 Pixar 的产品 RenderMan。因为它是有效的、适用于任何环境的、具有最高品质的渲染器，并成功地用于多部影片的制作。

RenderMan 拥有强大的着色语言和反锯齿运动模糊功能，允许设计者们用写实动作胶片整合出令人惊叹的合成效果。此外，RenderMan 由 Pixar 的技术人员提供更有力的支持，并且它也是一个真实照片级渲染器的工业标准接口。RenderMan 可以实现与 Maya 等三维软件之间的无缝整合，使图像渲染更逼真，品质更高。

辅助性三维动画软件还有很多，如 Autodesk MotionBuilder（可以从许多不同的捕捉装置中记录下动作捕捉数据，并把它们应用于三维模型上，图 6-21 所示）、Bryce（三维风景和环境创建软件，与 Poser 出自同一公司）、Vae（可以创造出真实的天气环境、复杂的地形，可以制作出真实的水效果）、Modo（强大的细分表面多边形建模工具）等，这些软件分别在建模、灯光、贴图、渲染、动画设置等方面的具体应用上有独到之处。例如，Poser 就是专门的人物建模，而 Bryce 则是用于风景建模。

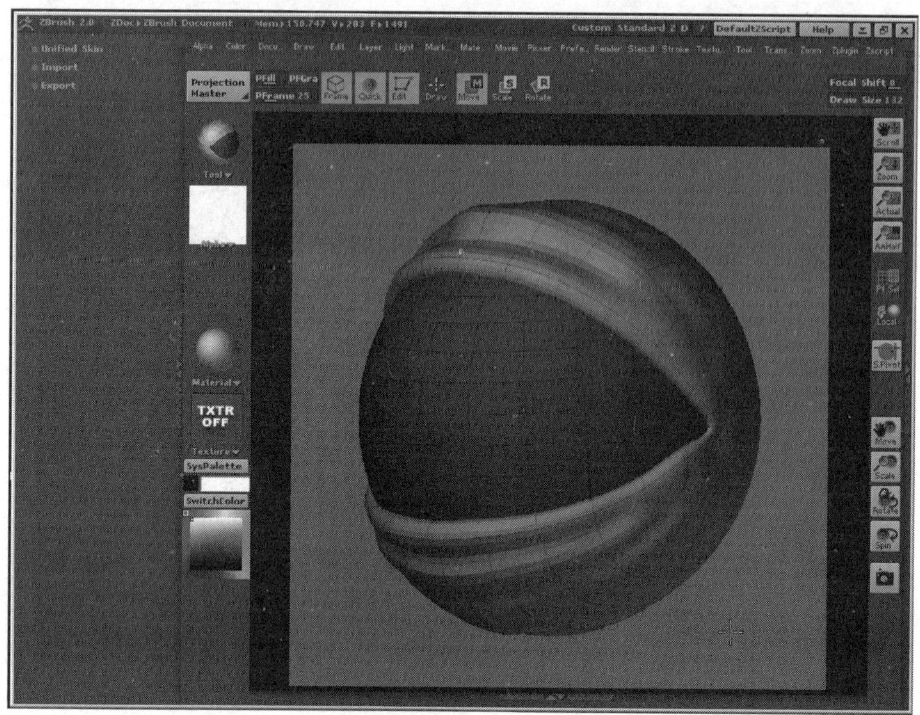


图 6-20　ZBrush 工作界面

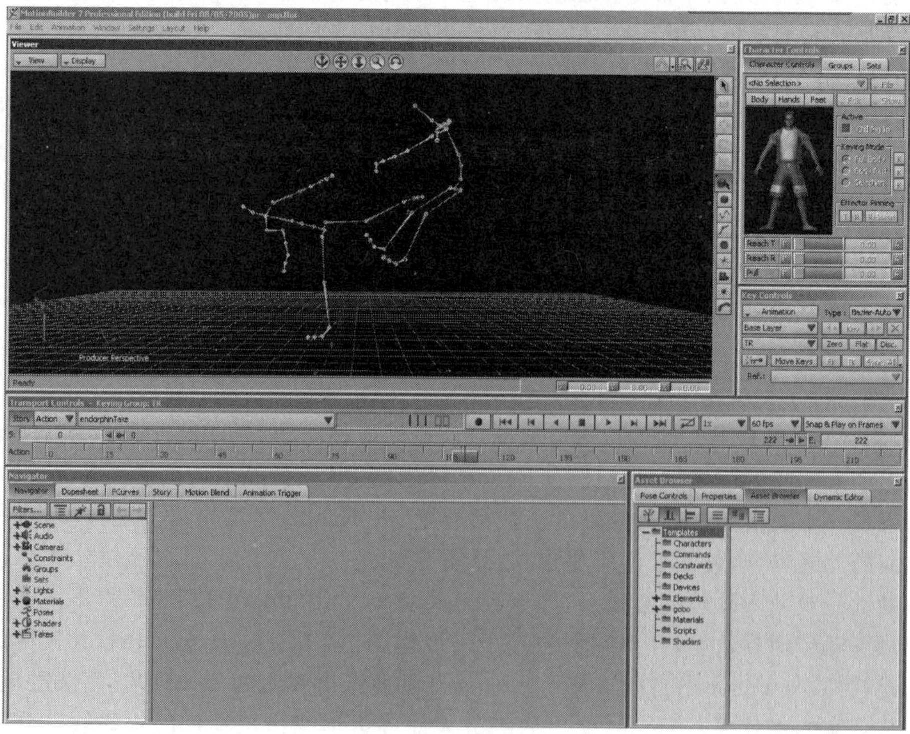


图 6-21　MotionBuilder 的界面

### 3. 三维动画软件中的基本概念

三维动画软件中的基本技术概念除了制作流程中的建模、动画和绘图（贴图与灯光）外，还有一些软件概念。

1）三维视图

三维视图是计算机三维动画软件中的一个重要技术概念。在此技术的支撑下，动画设计师可以从各个角度来审视和修改自己创建的“雕塑作品”。通常而言，在任何屏幕上的某一具体时刻都只能看到二维的图像，因为设计师与屏幕的角度是不能改变的。那么如何使三维动画的设计师能像雕刻家那样看到作品的各个角度呢？唯一的方法就是改变设计对象的角度。在计算机屏幕上为了能够改变设计造型的角度，引入 Z 轴的概念。

三维软件中的三维视图一般分为 4 个显示窗口，分别是前视图、顶视图、左视图、全景视图。一般前视图、顶视图和左视图中的 Z 轴不能旋转，只能看到物体模型的某一侧面。而在全景视图中可以旋转，方便创作者从各角度审视，如图 6-22 所示。

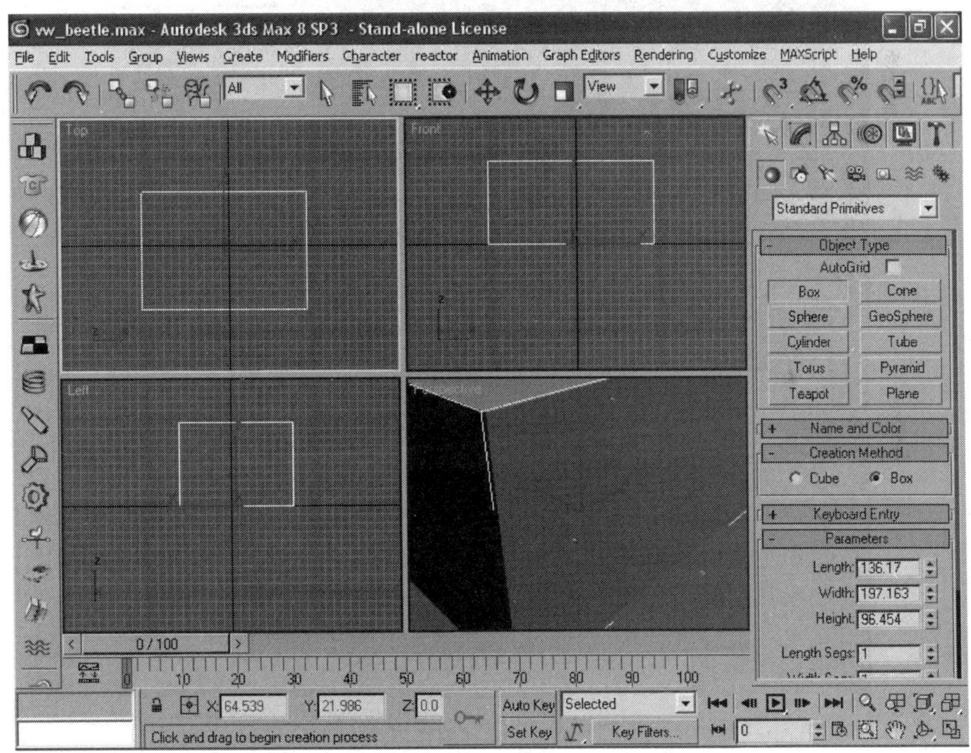


图 6-22　3ds Max 中的三维视图

2）NURBS 建模

NURBS 建模是目前最受欢迎的建模方式。NURBS 是 Non-Uniform Rational B-Splines 的缩写，是指非统一有理 B 样条。NURBS 建立的物体是以线数定义的方式，准确性很高，对于复杂曲面的物体，如人物、汽车等有很大的优势。NURBS 建模包括 NURBS 曲线工具和 NURBS 曲面工具。

3）Polygon 建模

Polygon（多边形）建模是在三维制作软件中最先发展的建模方式。使用 Polygon 建立的模型都是由点、边、面 3 个元素组成的，对点、边、面 3 个元素进行修改就可以改变模型的形状。只要有足够多的多边形就可以制作出任何形状的物体，不过随着多边形数量的增加，系统的性能也会下降。

### 6.3.3 三维动画制作实例

下面给出一个三维动画建模的实例，详细介绍了一个简单数字三维模型的建立过程，仅供大家体验和模仿。实例所用制作软件是 3ds Max。三维动画的制作过程除了基础建模之外，还包括前文所说的贴图、灯光、动作和渲染过程，限制篇幅，本节不作过多的叙述。具体制作步骤如下。

(1) 先在右视图中建个圆柱体，如图 6-23 所示。

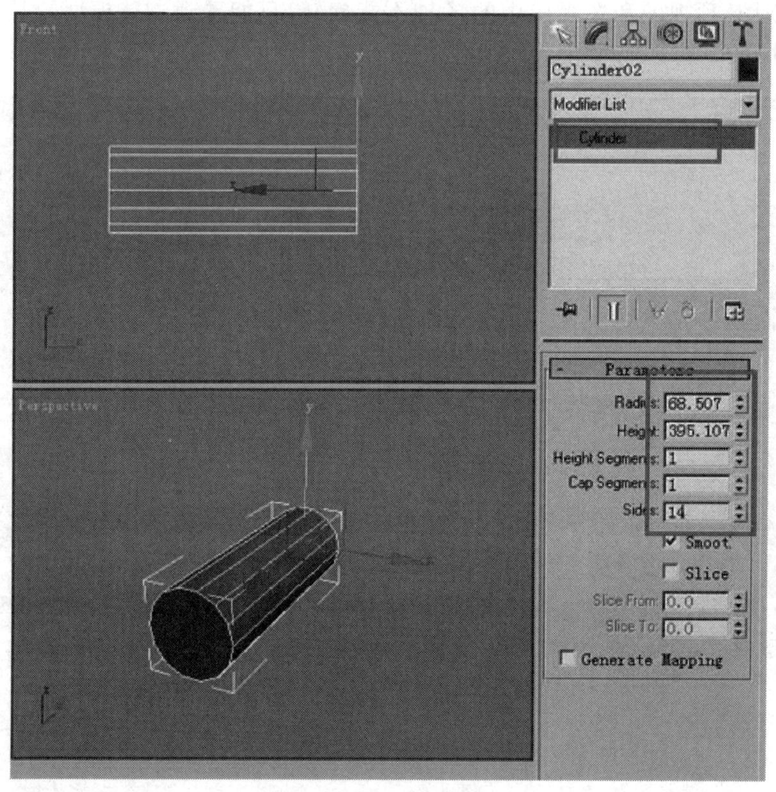


图 6-23　设计圆柱体

(2) 把圆柱体转为多边形，并把圆柱的前后两个面都删掉。用缩放工具调整圆柱的后端，使它比前端宽度宽一些，高度低一些，如图 6-24 所示。

(3) 新建 BOX 位置，并转为多边形，把前面的面删掉(就是对应圆柱体的面)，如图 6-25 所示。

(4) 退出多边形。进入复合物体，选择圆柱体，单击连接，拾取 BOX。变化效果如图 6-26 所示。

(5) 进入边界选择，选择圆柱体的前端，按住 Shift 键，向外拉，并用缩放工具缩小，效果如图 6-27 所示。

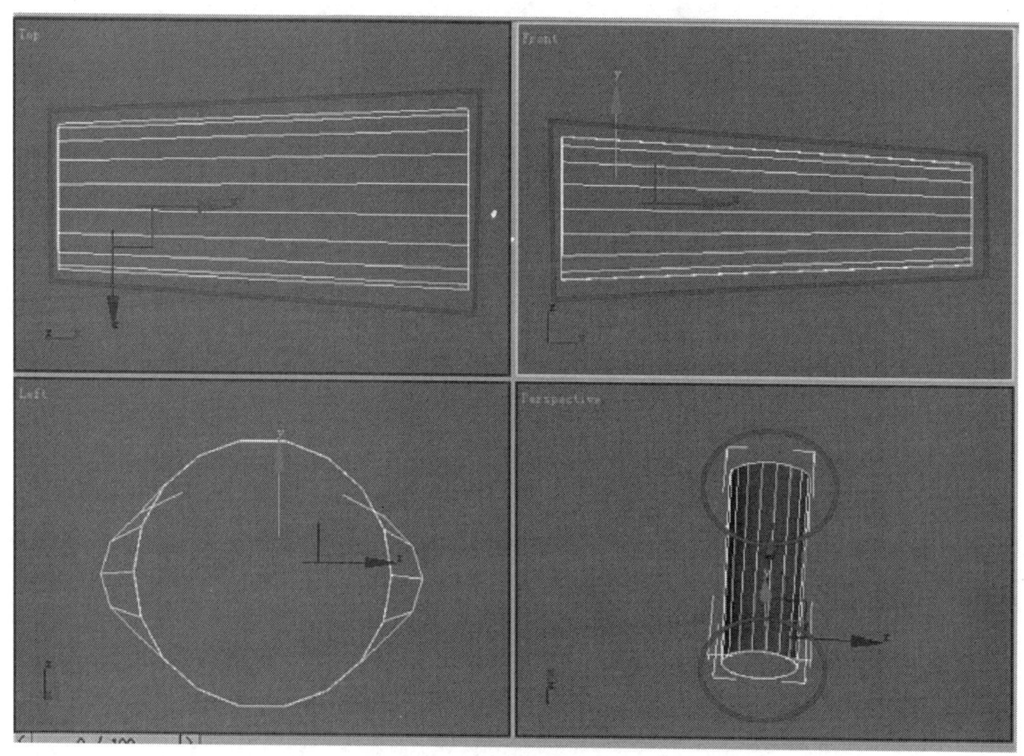

图 6-24 圆柱体转为多边形

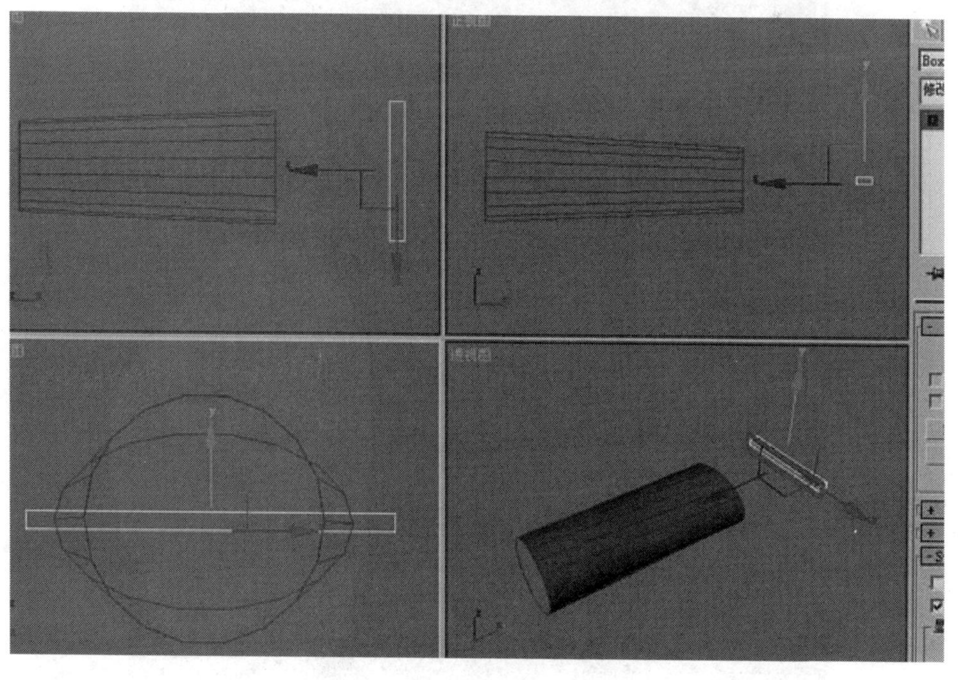
图 6-25 建立 BOX

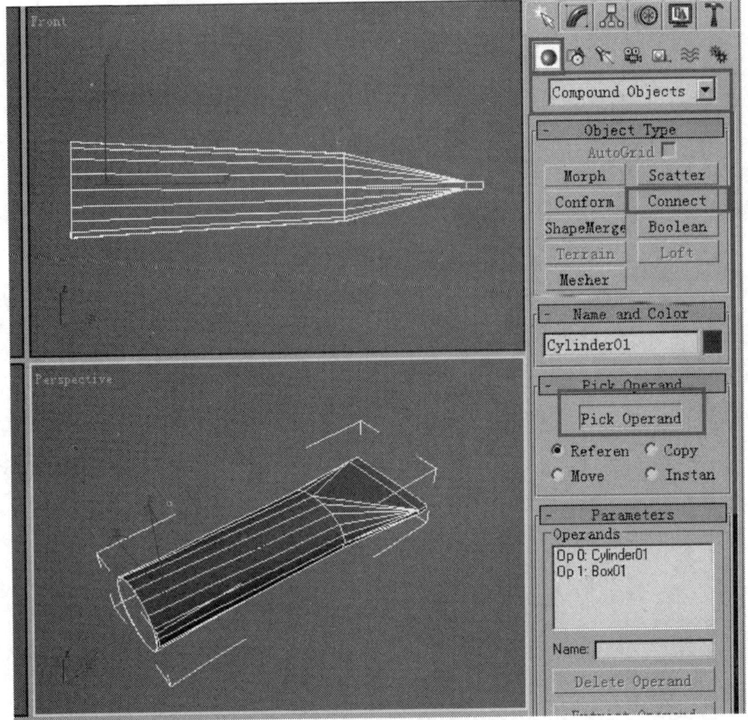


图 6-26　连接对象

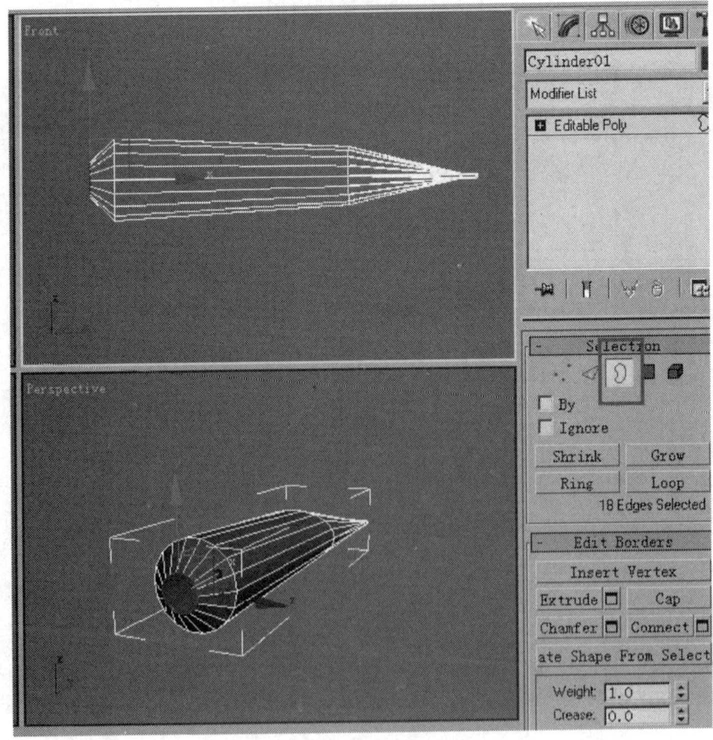


图 6-27　圆柱体的前端缩放

（6）按住 Shift 键，继续向前拉伸，如图 6-28 所示。

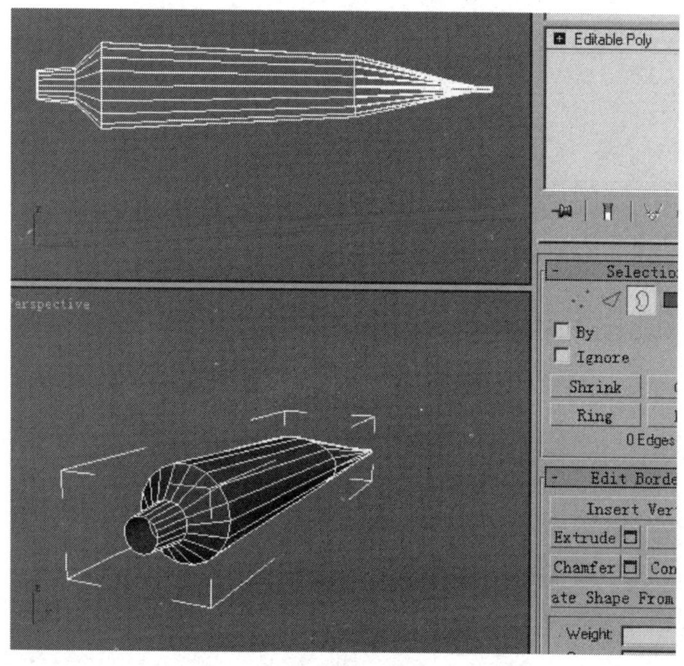


图 6-28　拉伸物体

（7）选择这些硬边，设置物体颈部硬边，效果如图 6-29 所示。

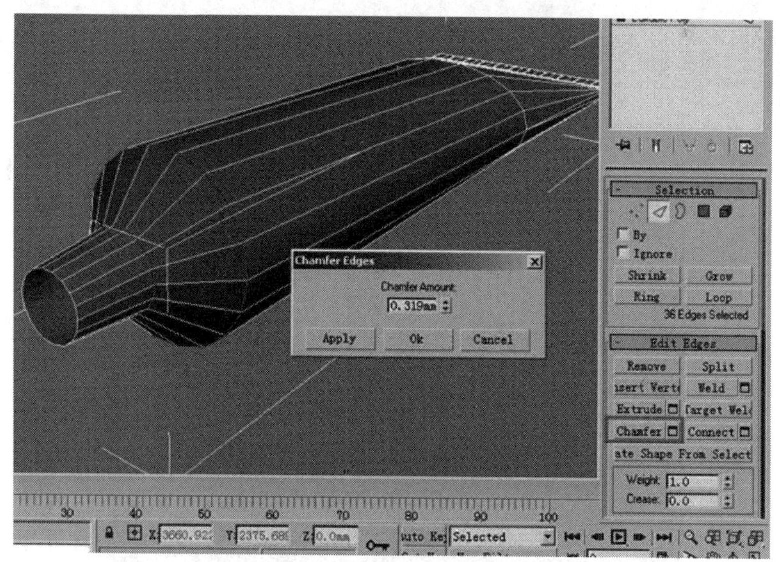


图 6-29　设置物体颈部硬边

（8）同样对尾部硬边进行设置，效果如图 6-30 所示。

（9）盖子的制作。进入 2D 线段，选择“星”，在右视图中，给它填加一个拉伸命令，如图 6-31 和图 6-32 所示。

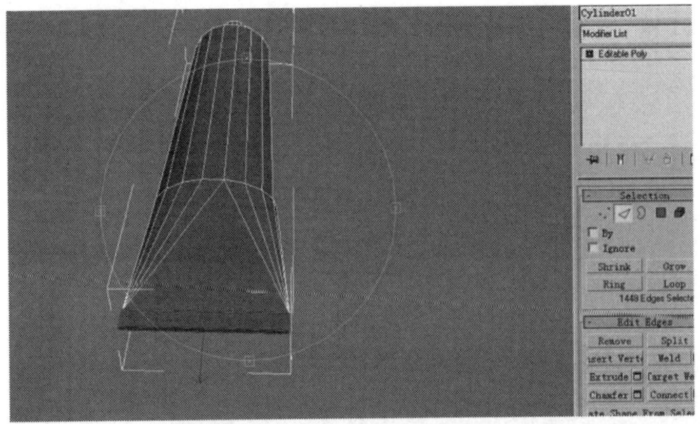


图 6-30　设置物体尾部硬边

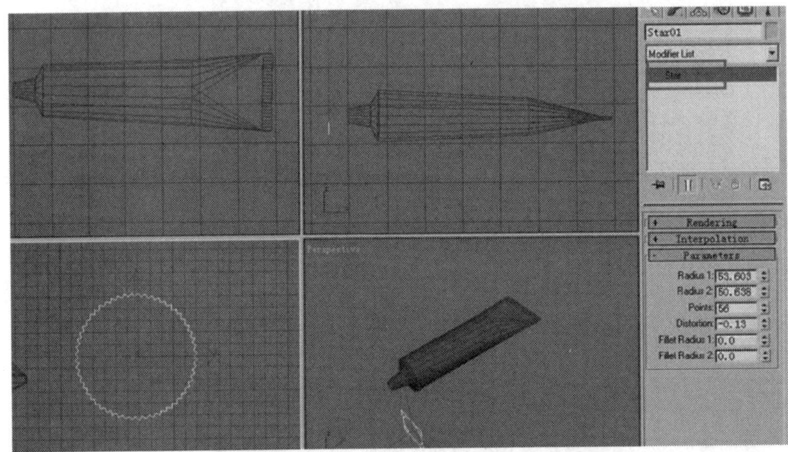


图 6-31　采用“星”制作盖子

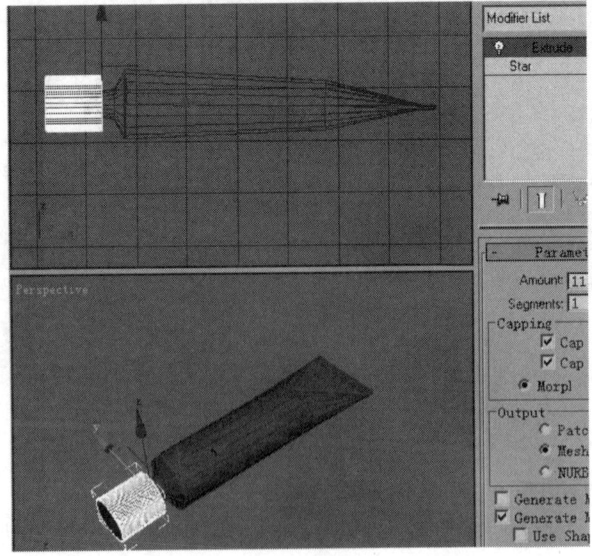


图 6-32　对“星”进行拉伸操作

(10) 转为多边形，把前后盖面都删除，并做适当调整(呈圆锥状)，效果如图 6-33 所示。

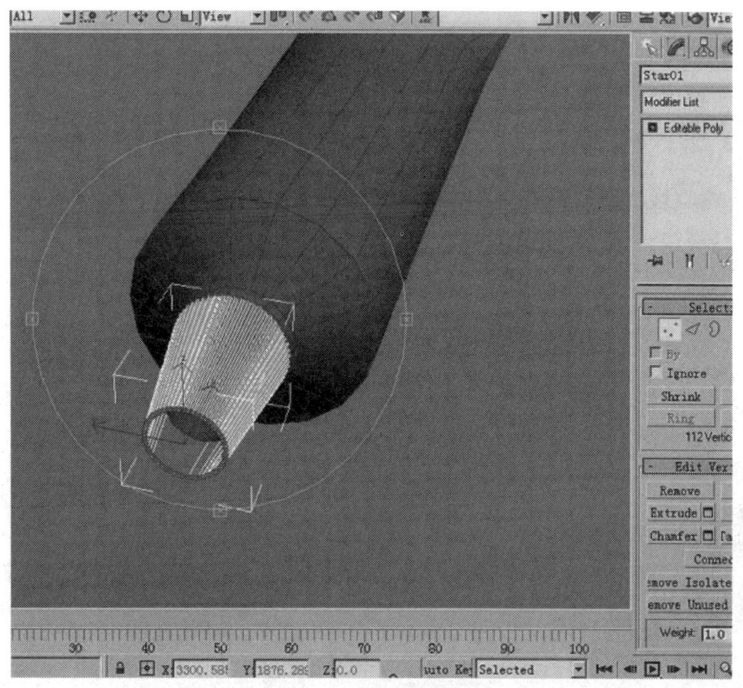


图 6-33　将“盖”缩成圆锥状

(11) 按住 Shift 键不放，并用缩放工具拉伸，效果如图 6-34 所示。

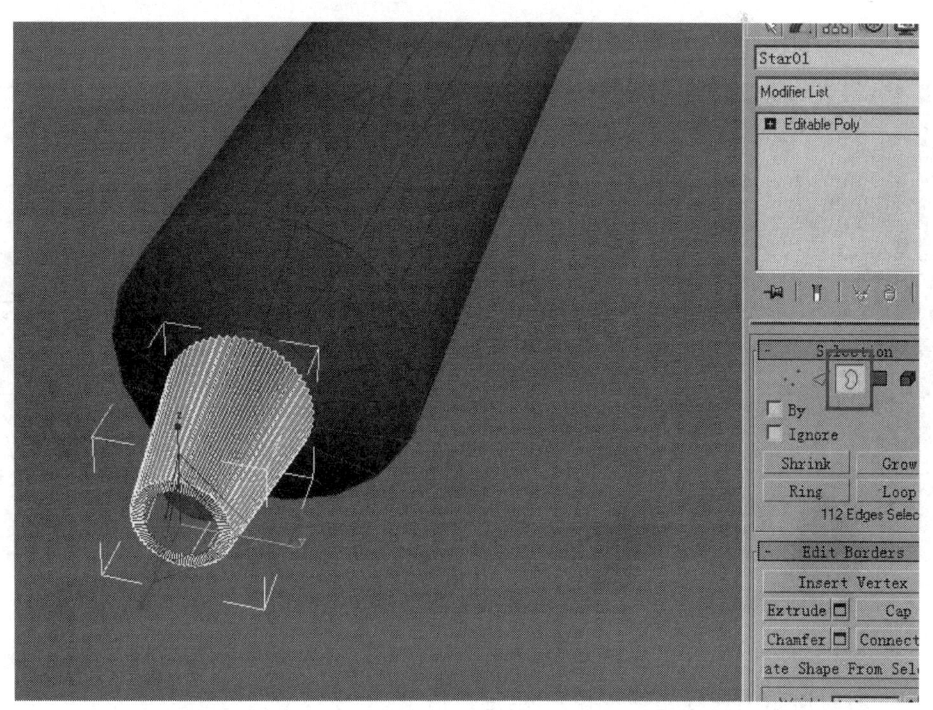


图 6-34　将盖拉伸

(12) 向里拉，最后给它封盖，效果如图 6-35 所示。

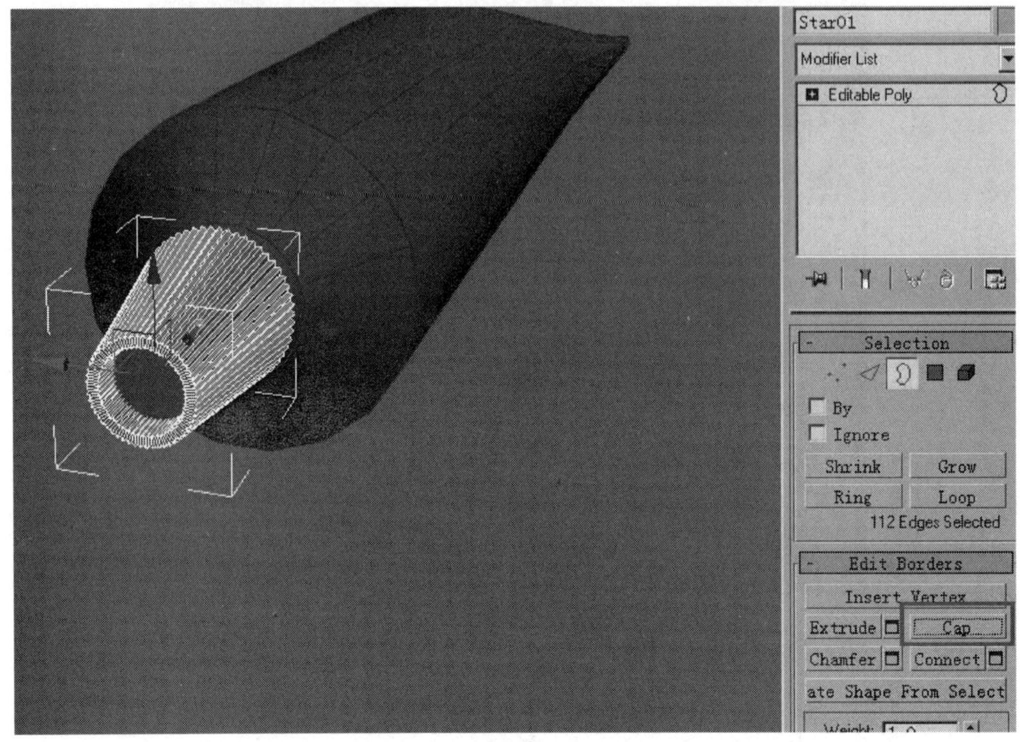


图 6-35　向里拉产生封盖

(13) 后盖制作同上，效果如图 6-36 所示。

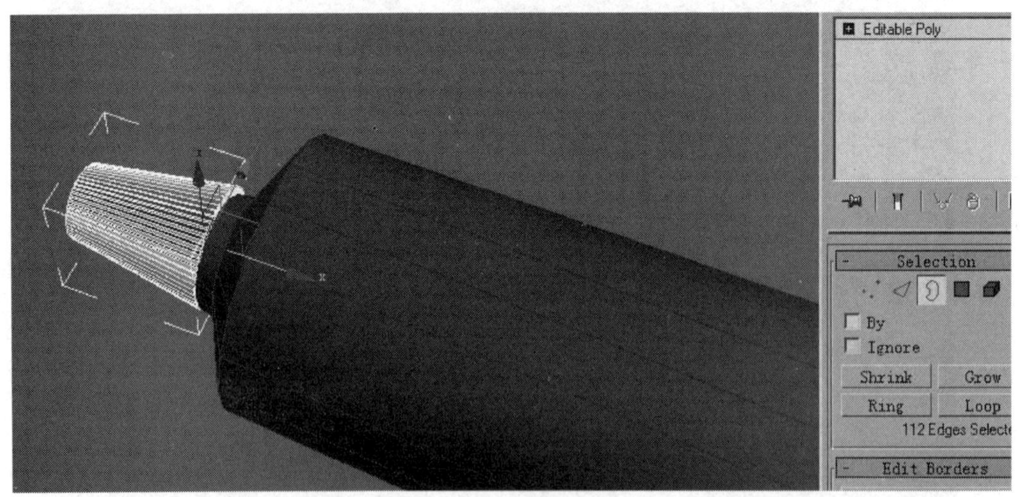


图 6-36　制作后盖

(14) 制作完成后的效果如图 6-37 所示。制作作品没有实施材质和灯光渲染的效果。

(15) 将材质贴图和灯光等步骤完成，通过渲染，最终效果如图 6-38 所示。

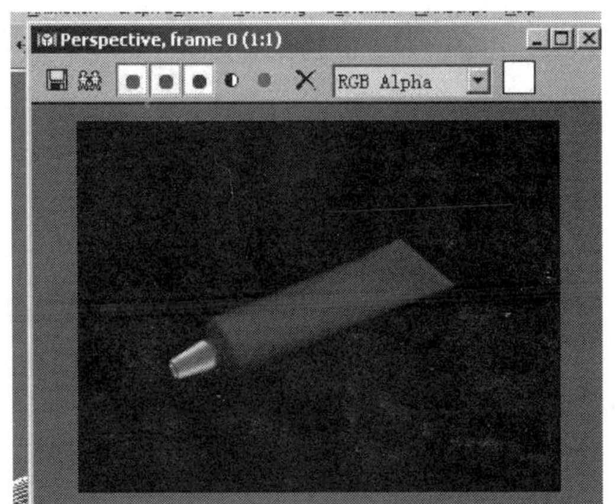


图 6-37　制作完成后的效果

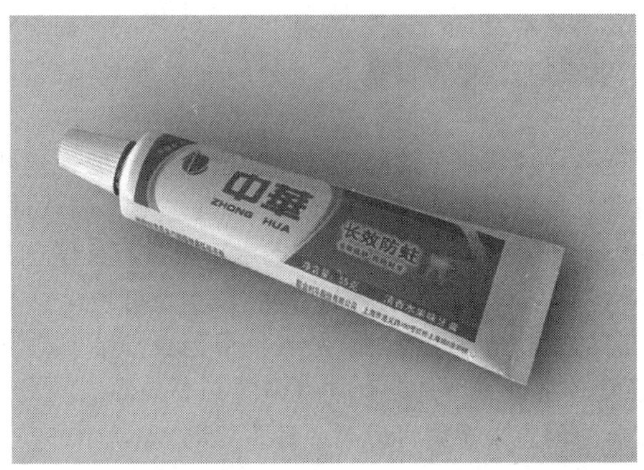


图 6-38　渲染后的效果

## 6.4　数字动画创意与设计

### 6.4.1　创意与创意产业

1998 年，以《圣经》旧约中“出埃及记”的故事改编的二维动画片《埃及王子》叫座好莱坞；1999 年，美国迪斯尼根据中国民间传奇人物花木兰改编的动画巨作《花木兰》受到全世界观众欢迎；郑和下西洋的史实被英国船长加文孟席斯加上了想象力，创作了《1421：中国发现世界》，赚走 1.3 亿英镑；《三国演义》被日本和韩国改编成动画和游戏后，返销中国赚得金满盆钵。这就是创意以及创意所带来的效应。

创意狭义的解释是一份具备创造性、创新性理念的具体实施方案。它必需是可能实现的理念文案，是用来说明要表现、传达什么意图，并且应有创造性理念，应该有“新”、“奇”、“特”的特征，否则不为“创”；意即意图、意念、意义、意思，正如文章里的中心思想。总之，创意是能否有不同凡响的“点”子，这个“点”子能否有语出惊人的效果。

创意的概念也可以理解成“创造的能力”和“创造的过程”，是指具有一些富有创造力的人所具有的能力，也是一种创造的行为和过程。创意的过程是指个体在支持的环境下，综合敏锐、独创的特性，通过思考的过程，对于事物产生独到的见解，赋予事物独特新颖的意义，具有首创的性质。

创意产业是指源自创意、技巧及才华，通过知识产权的开发和运用，具有创造财富和就业潜力的产业，是与知识经济相适应的一种产业形式，主要包括广告、设计、电视广播、数码娱乐、电影与录像、音乐、表演艺术、出版、软件及计算机服务、艺术品和古董及文物等行业。

创意产业利用人脑的创造力而创造财富和就业机会。目前，全球创意产业每天可创造220亿美元产值，每年以5%的速度递增，在2010年全球的核心创意产业达4.1万亿美元，到2020年将达到8万亿美元。纵观全球，瑞典家居用品、韩国影视、日本动漫等创意产品已形成了一股壮观的创意经济浪潮。

### 6.4.2 动画创意设计流程

创意应用的范围非常广泛，如广告、建筑、艺术品和文物交易、工艺品、设计、时装、电影、互动休闲软件、音乐、表演艺术、出版、软件、电视、广播等领域。按照其应用领域不同，创意的分类包括广告创意、电影创意、电视创意等。同样，如何理解"数字动画创意"的归属和性质呢？

"数字动画创意"有两种理解：一是基于动画造型及运动的视觉效果创意，另一种是动画故事情节创意。前者成果形式是可见的视觉效果，是需要动画软件技术的支撑并实现可视化的；而后者则是结合文学故事、影视思维等艺术手段进行文学创作的过程，成果形式反应在文字上的构思，需要前者来进一步的帮衬，进一步实现可视化。本书讨论的数字动画创意是从技术过程和产品形式的角度出发的。故事情节创意是整个动画创意产业中的前提条件，是第一位的；而视觉效果创意则是动画创意中的必要条件。

对于动画故事情节的创意来源则可以是多种多样的，如从中外经典名著、中外民间文学中汲取营养，进行改编或借鉴。特别是中国，作为一个文学传统非常深厚、文学也非常发达的国家，先辈们给人类留下了许多的经典素材。例如，好莱坞的动画电影《花木兰》就是一个成功的例子，出自我国民间故事之中。在这些文学作品和民间故事中，人们只要截取一个小片段就可以改编成为非常有意思的作品。除此之外，动画故事情节的创意可以来自于对生活的感悟和观察，并对其进行提炼和夸张。

对故事情节创意完成后，还需要通过视觉效果创意将故事情节创意进一步定型，形成创意剧本。而创意剧本的形成则需要根据故事主题和方向，找到必要的不同元素，确立风格与形式。用什么样的元素作为表现创意的各种形象、造型来强化创意主题。创意过程是从各方面出发，找到不同的出发点，出现几种思路，广泛形成创意想法；创意是先做加法，把各种思路都考虑出来，再做减法，将思路集中，综合成几种不同的方案；在几种不同方案中再进行比较，考虑具体实施、制作以及主题上的最佳表达点。

## 6.5 数字动画技术的应用

### 6.5.1 数字动画的应用领域

近年来，随着计算机动画技术的迅速发展，数字动画的应用领域日益扩大，带来的社会效益和经济效益也不断增长。计算机动画在现阶段主要应用于以下几个领域：电影业、电视片头和广告、科学计算和工业设计、模拟、教育和娱乐以及虚拟现实与3D Web等。

**1. 电影业**

计算机动画应用最早、发展最快的领域是电影业。在电影业方面的应用其一就是动画影片的制作，如《虫虫危机》(The Bugs)、《怪物公司》(Monster)、《海底总动员》(Nemo)、《超人总动员》、《花木兰》(图6-39)、《埃及王子》、《千与千寻》等脍炙人口的三维和二维动画影片，都是计算机动画的结果。

图6-39 《花木兰》剧照

数字动画的电影业应用之二就是数字特效，也就是人们口头上常说的“电脑特效”。

计算机生成的动画特别适用于科幻片的制作，如《终结者Ⅱ》中的液晶机器人，如图6-40所示。由于采用了计算机动画技术，电影才产生了爆炸性的效果，从而获得当时世界上最高的票房收入。另一部电影《侏罗纪公园》(Jurassic Park)将14 000万年以前的恐龙复活，并同现代人的情景组合在一起，构成了活生生童话般的画面。在这部电影里一共出现了7种不同的恐龙，这些恐龙一部分是用模型、一部分是用三维动画制作而成的。

现在，几乎所有的好莱坞导演们都痴迷上计算机特效这一新鲜技术，只要是能称得上力作，几乎都有计算机动画特效的痕迹。我国的计算机动画正迈着艰难的步伐前进，如我国第一部三维动画科教片《宇宙与人》中就采用了大量的三维动画片段。我国的电影事业随着经

图 6-40 《终结者》剧照

济建设的飞速发展和社会的全面进步，必将更多地采用计算机动画技术。

**2. 电视片头和电视广告**

1990 年 9 月，我国成功地举办了第十一届亚洲运动会，中央电视台在亚运会期间的专题报道中指出了用计算机动画技术制作的“亚运会片头”，使我国广大观众第一次享受到崭新的视觉效果。

在电视节目中，使用计算机动画技术最多的是电视广告。计算机动画能制作出精美神奇的视觉效果，给电视广告增添了一种奇妙无比、超越现实的夸张浪漫色彩，既让人感到计算机造型和其表现能力的极为惊人之处，又使人自然地接受了商品的推销意图。当然重要的还在于创意，只要人们的头脑想得出来的，计算机就能做出来。

**3. 科学计算和工业设计**

利用计算机动画技术，可将科学计算过程以及计算结果转换为几何图形及图像信息并在屏幕上显示出来，以便于观察分析和交互处理。计算机动画已成为发现和理解科学计算过程中各种现象的有力工具，也称为“科学计算可视化”。在一些复杂的科学研究和工程设计中，如航天、航空、大型水利工程等，资金投入巨大，一旦失误，所产生的损失往往是难以弥补的，因此，利用计算机动画技术进行模拟分析，从而达到设计可靠的目的。

计算机动画在工业设计方面也越来越受欢迎。已有的计算机设计主要减轻人们的脑力劳动，如绘图和计算等，而采用计算机动画的设计则为设计人员提供了一个崭新的电子虚拟环境，借此可以使人们将产品的风格、可制造性、功能仿真、力学分析、性能实验，以及最终产品在屏幕上显示出来，并可从不同的视角观察它；同时还可以改变光照条件、调整反射、折射等各种因素，进行各种角度的观察。如果产品很大，还可以透视到内部观察物体的内部结构和细节，图 6-41 是 3D 设计的汽车模型。

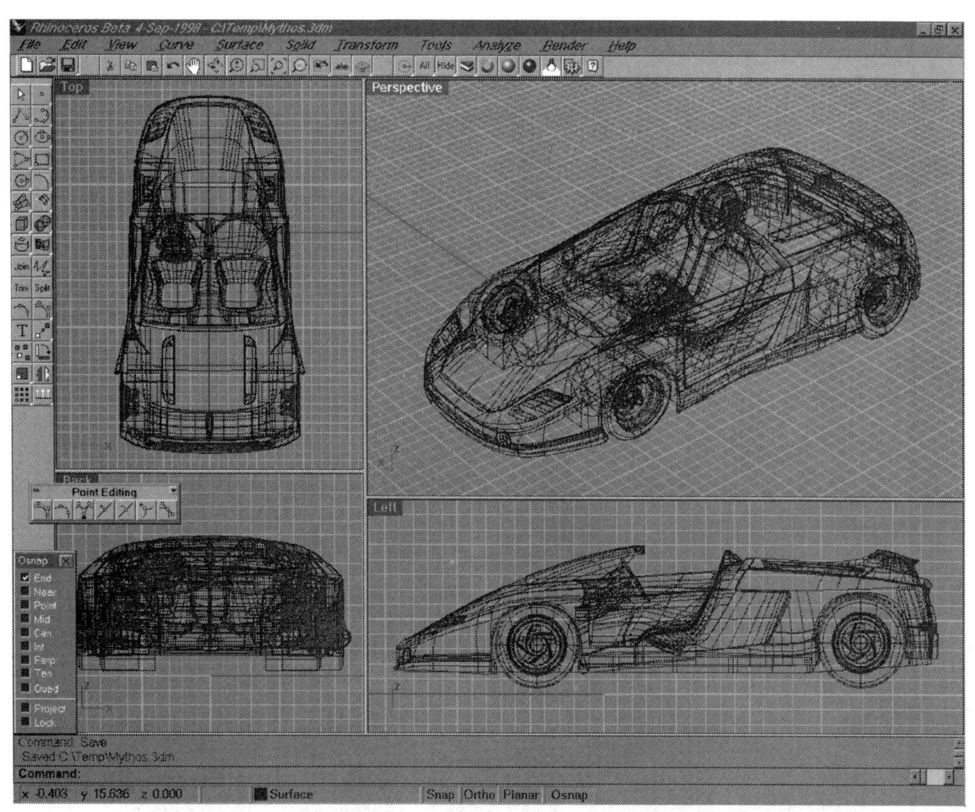


图 6-41　3D 设计的汽车模型

**4. 模拟、教育和娱乐**

计算机动画第一个用于模拟的商品是飞行模拟器。这种飞行模拟器在室内就能训练飞行员，模拟起飞、飞行和着陆。飞行员在模拟器里操纵各种手柄，观察各种仪器，透过模拟的飞机舷窗就能看到机场跑道、地平线以及其他在真正飞行时看到的景物。

计算机动画在教育方面有着广阔的应用前景。有些基本概念、原理和方法需要给学生以感性上的认识，在实际教学中有可能无法用实物来演示。这时借助计算机动画把各种表面现象和实际内容进行直观演示和形象教学，大到宇宙形成，小到基因结构，无论是化学反应还是物理定律，使用计算机动画都可以淋漓尽致地表示出来。还可以利用计算机三维或二维动画来实现实验仿真。

另外计算机动画在网络游戏、文化娱乐等方面也有着广阔的应用前景。基于 PC 的三维游戏正在不断增加，其中角色和场景的制作也离不开三维动画技术。而基于手机或掌上游戏机类的客户端中的游戏则多是基于二维动画技术支撑的。

**5. 虚拟现实和 3D Web**

虚拟现实是利用计算机动画技术模拟产生的一个三维空间的虚拟环境系统。借系统提供的视觉、听觉甚至触觉的设备，“身临其境”地置身于这个虚拟环境中随心所欲地活动，就像在真实世界中一样，图 6-42 所示为网页中虚拟建筑的三维效果图，演示中可通过鼠标和键盘来控制运动方向和视角。

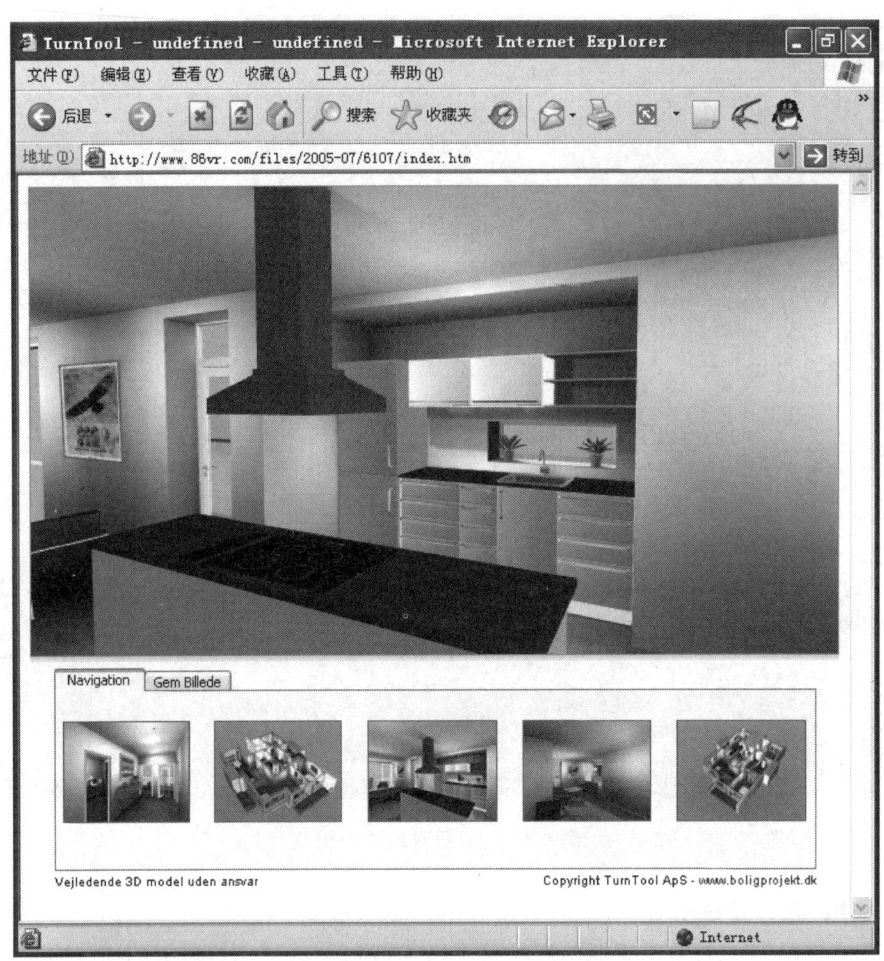


图 6-42　网页中虚拟建筑三维效果图

## 6.5.2　我国动画及其产业的发展趋势

动画是深受广大群众喜爱的精神产品，发展国产动画产业对于振兴民族文化、发展文化产业、巩固我国的文化安全有着深远的战略意义。一些专家指出，我国目前的动漫产业不仅是一个新的经济增长点，更是意识形态领域的一个重要阵地。积极推动中国动漫产业发展，努力提升中国原创动漫能力，不断增强中国文化产业的国际竞争力，具有极其深远的战略意义和重要的现实意义。我国政府非常重视动漫产业的发展，并相继推出了一系列发展动漫产业的政策。

目前，国产动画片的制作朝着良性方向发展，动画制作公司的生产热情正在提高。近年来，首个“国家动漫游戏产业振兴基地”在上海诞生，在随后几年里，整个国家崛起了多个动漫产业基地。

我国的动漫产业链正在不断完善，依托中国国际动漫节等大型活动，产业上下游之间互动互惠的格局正在形成。

# 练习与思考

1. 动画是什么？动画可以分为哪几种类型？

2. 传统动画的制作过程是怎样的？

3. 数字二维动画和传统二维动画有哪些相同点和不同点？

4. 数字三维动画主要应用在哪些领域？

5. 尝试创意一小段动画故事，写出分镜头稿本。

6. 利用二维动画软件制作一段计算机二维动画，片长约一分钟。

7. 选地理教材中“太阳、地球、月亮公转与自转”这一知识点，为其制作一段计算机三维演示动画。

# 参考文献

[1] 牙膏(多边形建模). http://www.5d.cn/Tutorial/animation/3DMax/200506/2480.html.

[2] 计算机动画发展史. http://www.hutoo.net/bbs/ShowPost.asp? ThreadID=51.

[3] 计算机动画的基本原理. http://ca.lcu.cn/show.asp? id=70.

[4] 什么是动画. http://dm.7456.net/zj/smsdh.htm.

[5] 日本动画片制作过程. http://comic.qq.com/a/20070118/000028.htm.

[6] 二维动画软件简介. http://x-plane.blog.163.com/blog/static/30310875200732811590825/.

[7] 动画基础知识. http://www.pcgames.com.cn/cartoon/school/ketang/0210/98079.html.

[8] 李晓戈. 苹果动漫招生培训资料. http://comic.arting365.com/dak/viewthread.php? tid=23159.

[9] 黄蔓如. 三维动画技术浅谈. 影视技术，2004(10).

[10] 吴起. 三维动画的历史与当代格局、电视字幕、特技与动画，2001(6).

[11] 徐振东. 三维动画与平面动画的艺术特征比较. 浙江科技学院学报，2006，18(3).

[12] 于洪良. 创意产业财源滚滚. 经营与管理，2007(02).

[13] 温建良. 创意的生产流程. 文教资料，2005(21).

[14] 朱婉侨. 动画中图形语言与绘画中图形语言动态的异同分析. 赤子(上中旬)，2015(07)：99.

[15] 戴梅萍. 浅谈移动数字媒体动画设计. 品牌，2015(01)：187.

[16] 王筱墨. 论动画造型设计对于二维动画中的作用. 艺术科技，2015(02)：75.

[17] 聂欣如. 什么是动画. 艺术百家，2012(01)：77-95.

[18] 任群. 关于计算机动画运动生成方法及原理研究. 德州学院学报，2014(02)：67-72.

[19] 安维华. 计算机动画原理与技术课程的教学实践与讨论. 中国教育技术装备，2011(03)：31-33.

[20] 刘俐利，凌毓涛，王艳凤. 虚拟学习环境中构建三维动画资源与交互设计研究. 中国电化教育，2014(02)：123-128.

[21] 李文锋，曾波霞. 基于 3ds Max 的水墨三维动画的设计与实现. 电子制作，2015(03)：102.

[22] 马帅，臧欣慈. 论动画创意的重要性. 美术大观，2010(03)：100.

# 第7章　数字游戏技术

游戏是一种新的娱乐方式，具有娱乐性、竞技性、仿真性、互动性等基本特性，为游戏者提供一个虚拟的娱乐环境。游戏可以分为角色扮演、益智、视频、模拟、策略等类型。游戏的设计包括构思、非线性、人工智能、关卡设计等环节；游戏的开发流程主要包含前期策划、制作、测试、提交4个阶段。本章介绍数字游戏技术的基本原理、软件技术等相关内容，其相互之间的关系如下：

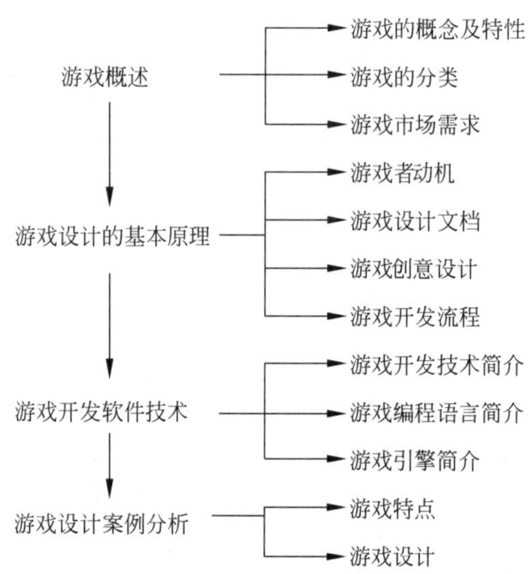


本章概述游戏的内涵及特性、游戏设计的基本原理和游戏开发软件技术，并通过案例分析游戏设计的设计方法和策略。主要学习内容包括以下几个方面。

（1）游戏的基本内涵、特点及分类。

（2）游戏设计的基本原理，包括游戏动机、设计文档、游戏设计框架以及游戏设计的主要环节。

（3）游戏开发的软件技术，包括开发框架、编程语言和游戏引擎等。

通过本章内容的学习，学习者应能达到以下学习目标。

（1）了解游戏内涵、分类及特性。

（2）掌握游戏设计的基本理论和方法。

（3）了解游戏开发的相关软件和技术。

## 7.1　游戏概述

### 7.1.1　游戏的概念

荷兰学者胡伊青加对游戏的描述性定义是：“游戏是一种自愿的活动或消遣，这种活动或消遣是在某一固定的时空范围内进行的，其规则是游戏者自由接受的，但又有绝对的约束力，游戏以自身为目的而又伴有一种紧张、愉快的情感以及对它‘不同于日常生活’的意识。”在《高级汉语大词典》中，“游戏”意为游乐、玩耍，“游”意为游玩、结交、闲逛、学习等，“戏”有游戏、戏剧、角力等解释。Google 上游戏的定义是人的一种娱乐活动。黄进在《论儿童游戏中游戏精神的衰落》一文中将游戏活动的目标归纳为：享乐和发展，即满足人愉悦身心的需要、满足人发展身心的需要。

游戏是一种新的娱乐方式，它将娱乐性、竞技性、仿真性、互动性等融于一体，并将动人的故事情节、丰富的视听效果、高度的可参与性，以及冒险、神秘、悬念等娱乐要素结合在一起，为玩家提供了一个虚拟的娱乐环境。

### 7.1.2 游戏的特点

游戏具有娱乐性、趣味性、参与性、交互性、规则性等基本特性。其他主要特点表现在以下几个方面。

**1. 虚拟特征**

游戏具有娱乐性。这种娱乐性通过竞争性、仿真的情境、角色扮演、情感激励等体现。网络游戏中的全 3D 图像制作、高保真的音响效果、漂亮的游戏画面营造了一个虚拟的美好世界，参与游戏的人都会为之吸引。各种多媒体技术让人的视听感官得到了充分娱乐和享受。在这个虚拟世界中，玩家可以选择自己喜欢的角色，展开丰富的想象，体验虚拟世界中理想化的人生。游戏中的激励形式更是多种多样，有金钱、分数、地位等。

**2. 学习特征**

游戏充分调动人的内在动机，如挑战、好奇、幻想、控制、目标、竞争、合作等。在游戏过程中，还可以实现娱乐之外的另一个“目的”，如教育、训练与演习等，也就是游戏的学习特征。游戏者参与游戏的过程实际是在一个虚拟仿真的情境下，与他人合作，逐渐认识环境，不断接近目标，富有探究性的学习过程。游戏本质的学习性在于它对游戏规则的把握和参与问题解决的过程。游戏通过有效的学习情景创建，支持合作、促进知识的表达，促进游戏者的自我反思。游戏中，游戏者还可以经常讨论如何能取得游戏的胜利，反思自己在游戏中失败或成功的过程，总结出经验。实际上，游戏还集成了益智游戏、情境化学习、协作学习、网络教育等多种特性。

**3. 社会特征**

游戏可以促进人际间的交互和沟通，例如很多游戏者经常在论坛中以某款游戏为共同话题进行交流，共同探讨游戏攻略，交流体会。在游戏中，大家都不使用自己的真实身份，这要比在现实生活中的交际更轻松自如。游戏强调游戏者间的合作，众多吸引游戏者的游戏大多是以游戏团队为组成形式。在团队中游戏者只有通过彼此间积极的合作才能完成共同的任务。例如，网上风靡的游戏《魔兽世界》中的多种类型的副本，需要以团队合作的形式才能完成，在各类组团任务中，只有每个角色发挥自身的作用才能完成任务，一旦某一个角色发挥失误，必然会导致整个团队任务的失败。这种以团队合作为主的游戏模式不仅鼓励个人最大限度地发挥个人能力，更强调合作的重要作用。而且，参与到游戏中的玩家一定要遵守一定的游戏规则，谁违背规则谁就被淘汰，这培养了人们在环境中生活需要遵守一定规则的社会意识。

### 7.1.3 游戏的分类

从游戏诞生开始，经过不断的发展以及完善，游戏越来越新奇，种类也越来越繁多。到目前为止，游戏可以分为角色扮演类(Role-Playing Game，RPG)、益智类(Puzzle Game)、视频类(Video Game)、模拟类(Simulation Game)、策略类(Strategy Game)、动作过关类(Action Game)、射击类(Shooting Game)等。由于游戏的发展，游戏的种类不断发展，主流的游戏类型包括：

**1. 角色扮演类游戏**

角色扮演包括单一角色扮演和多人在线角色扮演。游戏可以开展某项行动计划，完成某项具体任务，进行虚拟探险活动等。Jungla de Optica 是一款仿真世界、角色扮演、难题解决等机制混合一体的游戏。这款游戏以一种故事性的叙述开场：

Carlson 教授是一位生态学家，他和他 13 岁的侄女 Melanie 待在丛林中探寻玛雅文明的遗址已经几个月了，他们试图找到 Temple of Light(神灯)——传说中存放玻璃和珠宝的地方，这不论是对艺术欣赏还是科学事实方面都是让人惊奇的发现。就在他们探寻的时候，来了一群强盗偷走了附近遗址中一些非常有价值的史前古器物。当得知 Carlson 教授发现了神秘的神灯后，这群强盗袭击了教授的帐篷，而且在教授拒绝透露庙宇位置时弄残了教授的腿。教授不顾一切地保护 Melanie 但却无法离开他们遭到破坏的宿营地，慢慢地失去希望，他让侄女步行离开丛林去寻找救援。这时该游戏者登场了……当游戏者落在亚马孙河的丛林当中，最初是无法确定自己身在何处的，不久就会遇上 Melanie 和 Carlson 教授。然后，他们会要求游戏者帮助他们逃离强盗部落并返回家园。

这款游戏中游戏者的解决方式允许多样化，每一部分的情境都会向游戏者呈现相应的故事，游戏者有着一系列丰富的资源和工具，包括透镜、灯光、照相机、绳索、光学课本以及制作望远镜的部件。它十分适合高中生学习，也是对大学课程内容比较简单的介绍和导入。

**2. 益智类游戏**

益智类游戏要求开动脑筋，通过观察、联想、分析、探索及动手操作等形式，满足玩家自我挑战。如 game-2train 公司开发 Knowledge tournament，它对于队伍、个人、问题、轮次、时间参数和问题的类型的数量是灵活的，玩家可以根据自己的情况选择级别，多个比赛可以同时进行。每个组或个人可以在自己喜欢的时间比赛，但是同一组的 4 个成员必须同时在线，嵌入的公告板帮助玩家建立合作组，也可以选择使用实时聊天。为了鼓励合作和知识交叉，玩家可以通过多样化的知识库，建立一个需要合作技巧才能赢得比赛的竞赛，以赢取高分。根据预先设置的时间，每个组或个人比赛一次，将每个组或个人的成绩发到玩家的信箱，等每一轮比赛结束后，每个组或选手的位次排名或错过的问题反馈到玩家的信箱。该游戏比较适合进行测验或者考试。

**3. 视频类游戏**

视频类游戏的设计思路是把生动的、艺术的视频游戏和常规的、枯燥的学习结合起来，通过视频演示或操作来达到学习目的。The Monkey Wrench Conspiracy 是 game-2train 公司开发的一款视频游戏。该游戏的模式是让玩家扮演一个星际间谍的角色，被派遣到外层空间去从外星强盗手中营救哥白尼空间站。为了在游戏中赢得成功，玩家一定要设计每件对自己工作需要的事物，从你所用枪支的简单导火线开始，沿途有太空漫步、敌人和陷阱。

游戏者可以通过参考手册和所需视频，将问题和工作表现结合起来进行发现式的学习。

**4. 模拟类游戏**

模拟类游戏逼真模仿有生命的或者无生命的物体(或过程)。游戏通常采用3D第一人称视角，如让游戏玩家重新建造飞机、坦克、直升机，以及潜艇等机械装置。属于这类游戏的有Microsoft公司的Flight Simulator和Combat Flight Simulator、Ubi Soft公司的il-2 Sturmovik，以及iEntertainment公司的WarBirdsⅢ等。

此外，模拟类游戏甚至可以建造并不存在的装置，如宇宙飞船。LucasArts公司为任天堂GameCube开发的Rogue SquadronⅡ就是一个极好的实例。顶级模拟需要游戏玩家建造和管理城市、社区，以及其他大规模的资源，如EA公司的The Sims和SimCity4。

**5. 策略类游戏**

策略类游戏主要是指通过思考下达命令去执行的游戏。这类游戏里还可以细分为战争类、经营类、养成类等。

(1) 战争类策略游戏。它主要是战争题材的策略游戏，最出名的就是《大战略》系列的游戏。在此类游戏中，最受大众喜爱的是SEGA公司在SS上推出的《千年帝国之兴亡》。该游戏无论是操作、音乐、平衡性方面都做得很完善，唯一的缺点就是其难度。

(2) 经营类策略游戏。这类游戏包括经营餐厅、便利店、球会、医院等。这类游戏依赖于个人兴趣，代表性游戏有《主题公园》系列。

(3) 养成类策略游戏。这类游戏也称为恋爱类策略游戏。一般情况都是给主角，即游戏者安排日程进度表，依据规则达到追上某人的游戏。其代表作就是《心跳回忆》系列。

**6. 动作过关类游戏**

动作过关类游戏是指通过玩家的手疾眼快来让自己操控的角色拳打脚踢摆平敌人过关的游戏。此类游戏没有经验值，没有提升技能等说法，属于操作技能型。此类游戏的代表作为《三国志》、《魂斗罗》和《超级玛丽》系列。

**7. 射击类游戏**

射击类游戏主要是指依靠远程武器，与敌人进行战斗的游戏。游戏包括平面型射击类和3D型射击类。平面型射击游戏的代表作是《雷霆战机》、《雷电》系列，而3D型射击游戏的代表作则是《使命召唤》系列。

**8. 冒险类游戏**

冒险类游戏其实和角色扮演类游戏有些相似，一般没有经验值门槛，游戏时间比较短。游戏中只依靠动作和解迷两部分来进行游戏，游戏情景一般比较惊险、刺激。此类游戏的代表作为《生化危机》、《古墓丽影》、《神秘岛》系列。

### 7.1.4 游戏市场需求

自从网络游戏风潮在20世纪末席卷了中国市场，众多的游戏玩家、游戏开发商、发行商、渠道商乃至广告商和各媒体机构都无不欢欣鼓舞。然而在经历了几年市场价值的考验和洗礼之后，这一切都逐渐开始理智并随着时间的推移而变得规范化。国内玩家的欣赏水平和国内游戏开发商的制作水平都在不断攀升。国产网游的设计与制作水平也不断提升，当然，与欧美一些大型游戏公司，如暴雪，还有不小的差距。

2004年是游戏业极具里程碑意义的一年，游戏业真正完成了从地下产业至阳光行业的转换过程并得到了社会的重视。

历经近十年的发展，网络游戏已经成为互联网产业的主动力。据艾瑞分析报告，截至2013年，网络游戏市场规模达到891.6亿元。预测未来中国网络游戏将维持在15%～20%增长规模。

移动游戏逐步发展成为一只异军突起的力量。随着智能手机、移动终端的普及和移动互联网的广泛应用，越来越多的网络游戏公司将注意力投入到移动游戏市场。在2012年移动游戏迎来了一个快速发展的阶段。2013年中国智能移动端游戏市场规模达到92.4亿元，同比增长为371.4%。艾瑞预测未来3年，中国移动网络游戏将维持在40%～60%增长规模。

市场对游戏开发人员的素质要求越来越高。游戏用户对游戏的要求不是强大的脚本和华丽的美工简单堆砌，而是完美的用户体验保障。调查显示，游戏行业的人才缺口达60万，其中游戏程序开发师就有30万，占到了人才需求的一半。游戏程序开发师既要熟悉计算机的语言和开发环境，如C、C++、C#、VC、Xcode等，还需要学习与游戏有关的数学、线性代数、离散数学，以及非数学类的数据结构、设计模式、计算机图形学等。

## 7.2 游戏设计基本原理

### 7.2.1 游戏者的动机

影响游戏者游戏动机的因素有很多。在实际研究中，往往将游戏动机分为内在的心理动机与外在的游戏设计两个方面。其中，最受关注的动机因素包括目的、因素、类型和交互等方面。

**1. 游戏的目的**

如图7-1所示，调研数据显示，网络游戏玩家玩游戏的主要目的是交友，其比率为59.6%，其次是锻炼智力和纯粹娱乐，其比率分别为9.7%和7.5%。和2005年的调研数据相比，期望通过网络游戏去交朋友的用户比例激增，而纯粹娱乐为目的的用户所占比例明显下降，网络游戏渐渐成为一种人际交往模式。

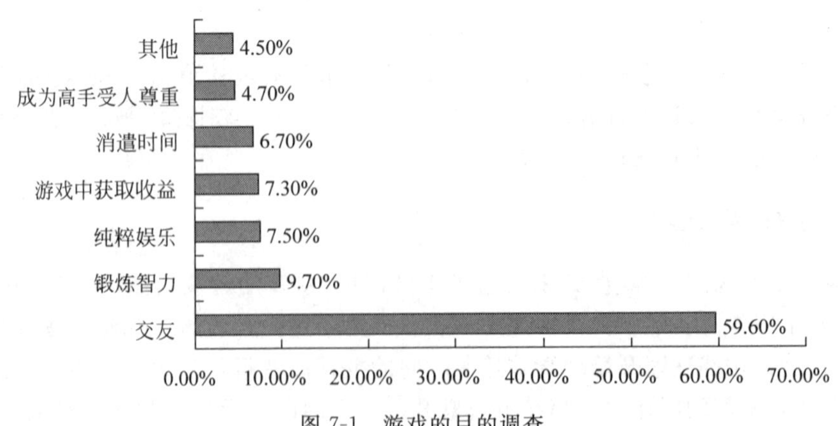


图7-1　游戏的目的调查

**2. 影响游戏的因素**

如图 7-2 所示，游戏操作难易度、游戏画面和音效是网络游戏玩家最看中的游戏因素，其次是活动和客户服务，分别占 9%、8%。与 2005 年调研数据相比，用户对游戏操作难易度、活动及客户服务的需求有明显上升。

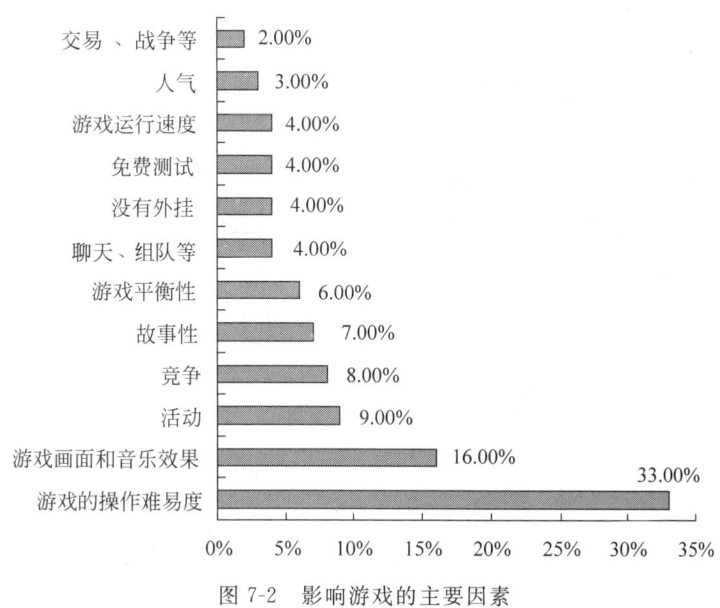

图 7-2　影响游戏的主要因素

**3. 游戏的类型**

如图 7-3 所示，网络游戏玩家最喜欢的游戏类型是格斗/射击类，占 33.1%，其次是战略类和角色扮演类，分别占 27%和 18.3%。

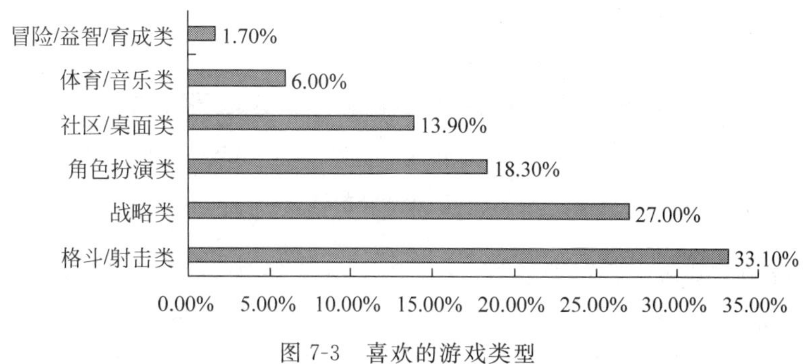

图 7-3　喜欢的游戏类型

**4. 网络游戏中喜欢的任务**

如图 7-4 所示，网络游戏玩家最喜欢在游戏中做的事情是认识新朋友，其次是寻找/制造极品和完成任务，数据基本和 2005 年调研结果一致。

**5. 网络游戏中喜欢的活动**

如图 7-5 所示，网络游戏玩家最喜欢在游戏中进行网上婚礼，其次是获赠免费测试光盘和玩家设计任务。与 2005 年寻宝活动和大型战争对用户的吸引程度看，2006 年网络游戏用户对游戏活动的需求有一定程度的改变。

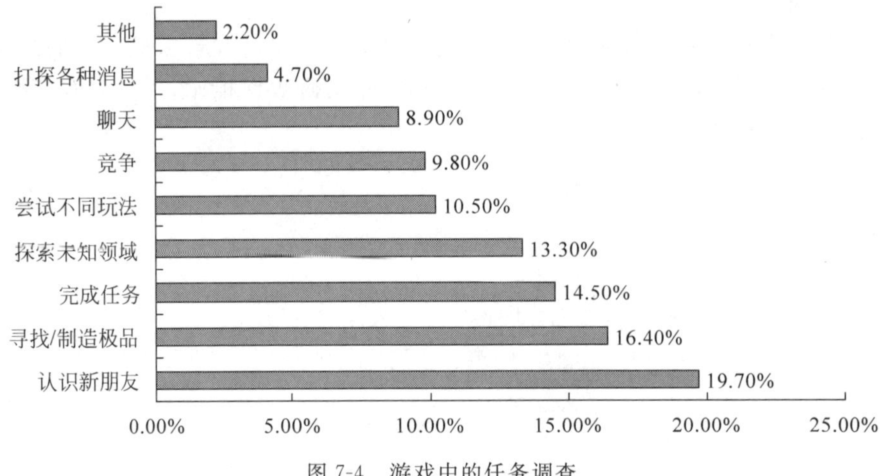


图 7-4　游戏中的任务调查

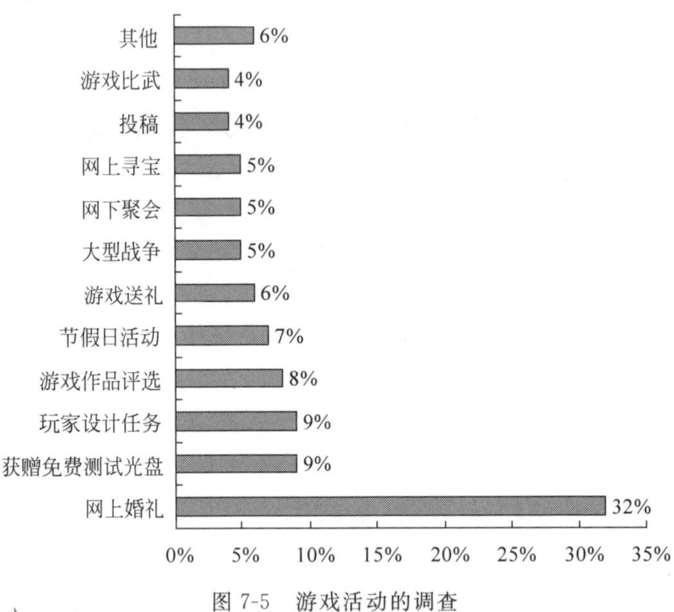


图 7-5　游戏活动的调查

在游戏过程中游戏者大都需要挑战、交流和炫耀战绩，有的期望有独处的经历、情感的体验、幻想等。游戏者还期望了解游戏环境的界限，希望通过掌握恒定的游戏使用规则，不愿接受随机出现的新规则，也不愿意接受完全不熟悉的机制。因此，游戏的设计一定要有合理的游戏解决方案。

游戏者进行游戏的目的是想沉浸于幻想当中，期望逐步完成游戏任务并希望得到如何实现目标的提示。在游戏开始的时候，游戏者希望尝到一点甜头，游戏过程中要求有公平的机会。如果游戏者解决了游戏中的大难题，应有机会去保存游戏的进程。

### 7.2.2　游戏设计文档

游戏的设计文档包括概念文档（涉及市场定位和需求说明等）、设计文档（包括设计目的、任务及达到的目标等)、技术设计文档(如何实现和测试游戏)。

**1. 概念文档**

概念文档主要对游戏设计的相关方面进行详述,包括市场定位、预算和开发期限、技术应用、艺术风格、游戏开发的辅助成员和游戏的一些概括描述。

**2. 设计文档**

设计文档的目的是充分描写和详述游戏的操控方法,用来说明游戏各个不同部分需要怎样运行。设计文档的实质是游戏机制的逐一说明:在游戏环境中游戏者能做什么,怎样做和如何产生激发兴趣的游戏体验。设计文档包括游戏故事的主要内容和游戏者在游戏中所遇到的不同关卡或环境的逐一说明。同时也列举了游戏环境中对游戏者产生影响的不同角色、装备和事物。

设计文档要说明的要素包括:游戏者做什么(游戏者采取什么行动)、在哪里做(游戏的背景)、什么时间做(在不同的时间和不同的命令下游戏者采取不同的行动)、为什么做(游戏者的动机)及怎样做(操控游戏的命令)。

设计文档并不从技术角度花费时间来描述游戏的技术方面。平台、系统要求、代码结构、人工智能算法和类似的东西都是涵盖在技术设计文档中的典型内容,因此要避免出现在设计文档中。设计文档应该描述游戏将怎样运行,而不是说明功能将如何实现。

流程图有两个基本用途:追踪玩家游戏外菜单选择路径,如玩家使用它们开始一个新的游戏或继续一个以存盘游戏;用于描绘玩家在游戏中的游历范围,尤其适用于关卡游戏。

因为游戏是在叙述故事,所以故事的大部分内容应包括在设计文档中。使用大量的背景故事从而简化设计文档是一个简单的方法,这可以达到预计的深度和完整性,但是却掩盖了这样一个事实:细节部分未能充分表明游戏机制和一些更为重要的信息。用角色、装备、主要故事来编写的文档对读者是有益的,因此使用恰当数量的有代表性的标题是一个好的想法。

背景艺术主要由两部分构成,一部分是概念描述,另一部分是有助于美工师从事创作各种游戏视觉效果的资料。当游戏出现新的要素时,图像里会伴有文本,有时是手写形式的概念描述,有时是美工师应遵循的文本描述。背景艺术通常不是由设计师编写的,而是由开发组的美工师来完成的。

**3. 技术设计文档**

技术设计文档是设计文档的姐妹篇。设计文档阐述游戏怎样运行,而技术设计文档讨论怎样实现这些功能。技术设计文档有时称技术说明,它通常由游戏的主设计师来编写,编辑组将其作为一个参考因素。在技术设计文档中,要对代码结构进行编辑和分析。编程人员可以求助它,来明白他们应怎样应用一个特殊的程序。文档中可以包含有全部代码结构、代码的主要类型、使用结构的描述、AI 怎样发挥作用的描述,以及大量应用信息。

### 7.2.3 游戏创意设计

**1. 游戏构思**

游戏构思需要定义游戏的主题和如何使用设计工具进行设计和构思。

游戏的主题构思主要涉及以下几个问题。

（1）这个游戏最无法抗拒的是什么？

（2）这个游戏要去完成什么？

（3）这个游戏能够唤起玩家哪种情绪？

（4）游戏者能从这个游戏中得到什么？

（5）这个游戏是不是很特别，与其他游戏有何不同？

（6）游戏者在游戏世界中该控制哪种角色？

游戏中非线性的部分越多，游戏就越优秀。游戏具有非线性时，是指让游戏从开始到结束能够提供给游戏者更多的选择，提供给玩家从A点到B点众多不同道路的选择权。非线性因素包括有故事介绍、多样的解决方案、顺序以及选择路径。

游戏环境设计工具的一个重要目标是：设计人员能够看到他所设计的环境，同时又能够对游戏环境进行修改，即“所见即所得”。设计人员所精心设计的环境，应该能够通过游戏所使用的同一个渲染引擎，在游戏者的视图窗口中得以展现。游戏者视图窗口并不总是需要呈现和游戏者最终所能看到的完全一致的画面。如果关卡编辑器能同时显示其他各种信息给设计人员，将有助于游戏的开发。最常使用的游戏开发工具是关卡编辑器。开发小组的主要职责是使这个关卡编辑器的功能尽可能强大，有助于关卡设计人员的工作，以便他们创造出最佳的游戏环境。

总之，游戏的构思要能够描述出自己游戏设计的本质和精髓。对于一个正和开发小组一起开发编制游戏的设计者来说，确定其他的合作者，包括美工、程序员和制造商等，能够明白这个游戏构思的特性是非常必要的。游戏最初的构思将影响到游戏成品的所有方面。当设计者针对一款尚未投入制作的游戏做出某项决定时，必须了解到这一决定会制约游戏未来风格的方式。如果设计者对某款游戏的总体构思感到满意，他就应该根据游戏可玩性制定出这款游戏应该达到的水准，并利用技术开展创作。如果在投入设计时只能够使用某种引擎，最好不要将这项技术强加于无法调和的游戏风格上。

**2. 游戏的非线性**

非线性因素包括故事介绍、多样的解决方案、顺序、选择等。

从一定意义上来说，非线性的游戏就是让游戏者按他们自己的意愿来编写故事。无论是角色扮演、竞争或冒险游戏等。一款游戏的非线性部分越多，游戏就越优秀。游戏者反复玩某款游戏的一个重要原因就是因为非线性。毕竟，在崇尚个性化的当今年代里，如果一款游戏仍是固定的线形流程会让游戏的可玩性大打折扣。

游戏设计者设计了游戏的整个系统，但自己都不知道如何获得最完美胜利，这类游戏是具有很好的可玩性。

设计者也应该明白，非线性不是要让游戏者毫无目的地在游戏世界中游荡。如果在游戏的一个非线性的点上游戏者不知道该完成什么，或者不知道应该怎样着手去做，这种非线性应考虑修改。

**3. 人工智能**

游戏中人工智能的首要目标是为游戏者提供一种合理的挑战。游戏设计者应确保游戏中人工智能动作尽可能与构思相同，并且操作起来尽最大可能给游戏者提供挑战并使游戏者在游戏中积累经验。若不能设置某种挑战，游戏就不会有挑战性也很容易被击破。若游戏没有挑战性，就根本不能成为好的游戏，而变成一种互动式电影。在不同的游戏中，游戏者对游戏中内容的呈现期待值会不同，如战争游戏中，游戏者对于敌方军队的智能则有更多的期待。

游戏中的人工智能可以帮助展开游戏故事情节，也有利于创造一个逼真的世界。人类是不可预测的，这就是使它们成为游戏中好对手的部分原因。这也是人们喜欢多人游戏的主要原因之一。一个熟练的游戏者可能以计算机决不会采用的方式作战，而这些方式就是人类对对手的不可预测性。计算机游戏中的人工智能对手也应该是这样。当游戏渐渐达到玩家能确定的知道敌军在给定的时间内将要做什么，游戏的趣味性就会迅速减弱。玩家希望更多的惊奇，以不可预测的方式击败自己。增加平衡表中智能因素，会使游戏者在得到最后的成功时感觉到成果更香甜。

模糊逻辑是人工智能设计者和程序员用来试图保持人工智能主题的不可预测性和生动有趣的方式之一。模糊逻辑采用了一种逻辑系统并在里面添加了一些随意性。在模糊逻辑中，人工智能在给定的形势下，有几个动作过程值得选择，而不是只有一个。但游戏中人工智能的设计决不能改变开发组计划的真实目标。如果游戏中人工智能变得非常复杂，那结果必然是游戏不能玩或极其困难，同样也会使游戏者失去游戏乐趣。

**4. 关卡的设计**

在游戏设计中，一旦建立好了游戏的核心和框架结构，下面的工作就是关卡设计者的任务了。在一个游戏开发项目中，所需关卡设计者的数量大致和游戏中关卡的复杂程度成正比。关卡设计是对游戏中各个组成部分进行组装的工作。关卡设计者必须使用游戏引擎、美工和游戏控制内核。关卡设计经常是暴露游戏设计问题的地方。关卡设计者要负责提醒整个开发小组去注意暴露出的问题，并关注问题的解决。游戏的关卡划分和该游戏的流程紧密相关。设计良好的关卡，从开始到结束，在难度和紧张程度上是逐渐增加的，并且在最后可能会有一个小小的难题。游戏者在关卡结束后，就会知道已经完成了游戏中的部分重要任务，并且为自己感到骄傲。

到目前为止，为了达到创造关卡无缝连接游戏的目的，设计者必须努力做到让关卡的载入尽可能地更快、更隐蔽。不必在策划初期就把某个关卡设计得详细到分钟的程度，具体的细节最好留给关卡设计人员去做。需要一个小小的设计文档，对设计人员描述为了满足游戏剧情的需要，本关卡需要完成什么任务，这样将会让关卡设计人员清楚地了解在这一关内需要包含什么内容，在此基础上，他就可以完成其余的详细设计。

在关卡中，剧情常常由于游戏可玩性的缘故而进行修改。关卡设计人员的一项重要任务就是平衡关卡的视觉表现与关卡中其他必需元素之间的比例。可以先把游戏的玩法和剧情设定好，然后再花一段时间去逐渐完成视觉效果。

优秀关卡的元素包括有：不要卡住玩家、设定子目标、路标、主线、减少回头路、首次通关的条件、清晰标注导向区域和提供多种选择等。

关卡的设计步骤包括准备工作、描绘草图、基本建筑、细化建筑结构直到关卡令人感到有趣为止、基本游戏可玩性、优化游戏可玩性直到游戏比较有趣为止、细化美工、游戏测试等。在实施游戏操控性之前，先制作出一个关卡就可以了。这样可以在这个关卡中测试游戏中加入各种动作后的表现。如果此时多个关卡一同开工，实际上是在浪费时间，并且最后会对项目产生危害。开始制作关卡之前，从游戏操控和剧情角度去了解这个关卡需要做什么是很重要的。需要考虑玩家在这个关卡中将要面对什么样的挑战？什么样的环境最适合这种游戏？本关卡中游戏的操作令人兴奋或令人头疼的程度有多少？在哪里需要给玩家一些奖赏？这个关卡需要展示的剧情成分有多少？不仅在计划阶段，而且在任何时候都必须清楚游戏的重点是什么，了解设计中关卡应该如何支持游戏的重点。

### 7.2.4 游戏开发流程

**1. 前期策划**

前期策划是一个游戏项目开发的开始。策划团队首先要根据当前和未来一段时间的市场趋势、可用的人力资源、时间等要素定出大致方向，如选择游戏类型，是格斗游戏呢，还是角色扮演类？游戏有哪些独特的亮点？采用什么视角？大致长度是多少？什么时候发售等，然后写成一份草案，送交上层审批。待草案获得通过，策划者就要广泛地分析各种类型相近的游戏，交流和讨论，最后制定一份详尽的游戏设计文档。这份设计文档包括故事大纲、剧本、角色、视角、武器道具、战斗、系统、关卡分布等，而且要配图，用来详尽说明每一个部分的要求，给程序美工指明方向。

与此同时，各种前期调研也在紧锣密鼓地展开。根据草案，团队争取能把游戏中所有需要的编辑器、游戏引擎等准备完成，新技术做好研究，各种资料也要备齐，为进入制作阶段做准备。

**2. 制作阶段**

制作阶段，不同工作组围绕游戏的预定目标进行紧张的制作。

1）程序组

程序组的主要任务是在前期游戏引擎的初步完成基础上，继续完善引擎，同时还完成各种特效功能。一般而言，游戏的特效主要还是靠美工或动画完成，然后程序调用。当然，有很多游戏特效是程序员写出来的。

此外，让游戏里的角色按照设想动起来也是主要任务之一。这就需要程序员和游戏策划合作，完成角色行为代码，然后由策划调整。这部分工作往往占到了程序员工作量的一半以上。

2）美工组

美工组主要是按照设计文档要求，完成各种背景制作或精修关卡背景。通常大部分游戏对关卡要求不高。例如，角色扮演类游戏，一个民宅的位置只要放得大致正确就行了，左翼这部分的工作可以由美工独立完成。但也有些游戏（如《超级玛丽》那样的动作类游戏）对关卡要求很高，只要稍微误差一点手感就差了很多。这样的游戏通常是策划先把场景先做出来，然后交给美工完善。

3）动画组

动画组主要是制作角色动画。通常来说角色扮演类游戏对角色动画要求不高，主要是量大，行为要求较高，而且角色上附着的碰撞判定区域也比较关键，需要策划来调整。如果是格斗游戏，角色动画和附着的碰撞判定区域跟手感好坏直接相关，重要性不言而喻。这时往往就需要策划或者程序员来进行逐个、逐帧的调整，非常费心费力。同样，角色动画也需要不断修改或返工。

4）策划组

策划组的主要任务是细化、集成、调整。

（1）细化。游戏设计文档里没有提到的东西有些只给出了大纲，有些则没有涉及（如角色扮演类游戏中非玩家角色的对话），需要有策划时候细化。为此，游戏设计文档和由此衍生的各种文档需要经常修改。

（2）集成。从美工处得到的背景，从动画组获得的角色动画，需要在编辑器里合成为系统和关卡，并指定好游戏逻辑；例如，哪个事件先发生、哪个后发生，非玩家角色的行走路线等。有的逻辑关系可以用编辑器指定，有的则需要直接写在程序代码里。

（3）调整。细化和集成完毕后，游戏或许就可以动起来了，但玩起来的感觉一般不是很好。为了能玩起来感觉好些，策划组要花大量的精力调整游戏。调整的内容包罗万象：关卡的布局和长度、各种踏脚点的位置、非玩家角色的移动速度和范围、角色碰撞判定区域的大小和位置等，甚至角色动画播放速度需要策划组调整完成。调整的过程是一件非常繁重的工作，有时仅一个跳的动作就要花费一天半的时间来调整。

5）音效组

主要制作音效，把背景音乐和音效集成到游戏里去。

6）项目经理

主要任务是监控整个项目的运行，和上层及有关方面及时协商，保证项目避开危险，按时按质顺利进行。

以上各组的工作都需要协同合作，尤其是策划组。所以团队精神往往是游戏开发工作组工作是否顺利的关键，而游戏项目组最忌讳的就是个别成员唯我独尊、意气用事、缺乏团队合作意识，导致争执不断，内部逐渐出现裂痕，最后危机爆发，大家不欢而散，正因为如此，在游戏公司招聘的时候除了专业技能，是否具有团队合作精神也是重点。

**3. 测试阶段**

当游戏制作基本完成一般意味着 Alpha 版（内部测试版），它的标准仅是：所有功能完成，游戏能够打穿。也就是说，可能会死机，可能会花屏，游戏的关卡可能布局不合理，界面可能只有几个选项，甚至游戏能够随意选关。所以，在 Alpha 版完成之后，还有 Beta（公开测试版）和 Master（成品）两个阶段。

Beta 的标准是：游戏没有 100％死机的 Bug，能够顺利运行；基本调整完毕，整体感觉到位，没有大的图形问题；各种界面都已经完成。而 Master 版则意味游戏全部完成，可以进入市场，同时项目基本结束。

在 Alpha 版以后，游戏测试员就要正式上任了。游戏测试员的任务是将游戏中的所有问题查出来并修改。一个相对简单的动作游戏，问题加起来可能达到 1500 个以上。这么多问题都要上报、监督修改、检验，结果可想而知。这个阶段的工作主要是修改和调整。

**4. 提交阶段**

第三阶段完成的 Master 版游戏需要进行标准化：加上官方编号、版权信息等。经过标准化处理的文件随后就连同其他一些资料被提交给主管进行审批。这些工作一般由项目经理完成。

综上所述，整个游戏开发流程如图 7-6 所示。

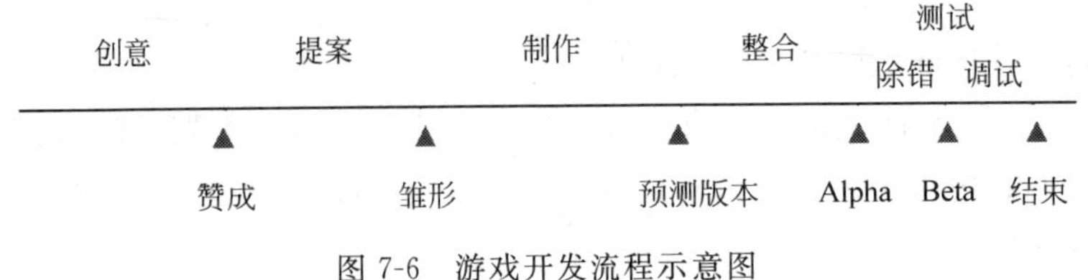


图 7-6 游戏开发流程示意图

# 7.3 游戏设计相关技术

## 7.3.1 DirectX 简介

DirectX（Direct eXtension，DX）是由微软公司创建的多媒体编程接口（Application Program Interface，API）。在 DirectX 之前，Windows 在直接访问图形和声音硬件方面的能力非常有限，而且其速度太慢以致无法用于游戏开发。微软意识到大部分游戏需要直接访问硬件设备来提高运行速度，于是就开发了 DirectX 来使程序员可以直接访问硬件设备。DirectX 由 C++编程语言实现，遵循 COM。被广泛使用于 Microsoft Windows、Microsoft XBOX、Microsoft XBOX 360 和 Microsoft XBOX ONE 电子游戏开发，并且只能支持这些平台。目前 DirectX 包含有多个版本，最新版本为 DirectX 12。

从字面意义上说，Direct 就是直接的意思，而后边的 X 则代表它不仅是多版本的，更表示它能够为不同层级的用户提供服务。DirectX 加强 3D 图形和声音效果，并提供设计人员一个共同的硬件驱动标准，让游戏开发者不必为每一品牌的硬件来写不同的驱动程序，也降低了用户安装及设置硬件的复杂度。DirectX 是由很多 API 组成的，按照性质分类，可以分为四大部分：显示部分、声音部分、输入部分和网络部分。

**1. DirectX Graphics**

显示部分担任图形处理的关键，分为 DirectDraw（DDraw）和 Direct3D（D3D），前者主要负责 2D 图像加速。后者则主要负责 3D 效果的显示，如 CS 中的场景和人物、FIFA 中的人物等，都是使用了 DirectX 的 Direct3D。

DirectX Graphics 的一个最显著的变化是将 DirectDraw（二维图形接口）和 Direct3D（三维图形接口）合并为一个公用接口。新的集成简化了 Direct3D 核心的初始化和控制，使这些操作更加简单。这种变化不仅简化了应用程序的初始化，而且改进了数据分配和管理的性能，从而减少了内存的占用。图 7-7 所示是 DirectX Graphics 体系结构。

**2. DirectX Audio**

声音部分中最主要的 API 是 DirectSound，除了播放声音和处理混音之外，还加强了 3D 音效，并提供了录音功能。DirectX 8.0 以后的声音部分的新特性如下。

（1）.wav 文件和基于消息的声音集成在一个播放机制中。

（2）音频通道模型更加灵活、强大，其中包括对段落状态进行个别控制。

（3）DLS2（可下载声音级别 2）合成，包括特殊效果。

（4）音频脚本编写。

（5）容器对象，用于在单个文件中保存 DirectMusic Producer 工程的所有组件。

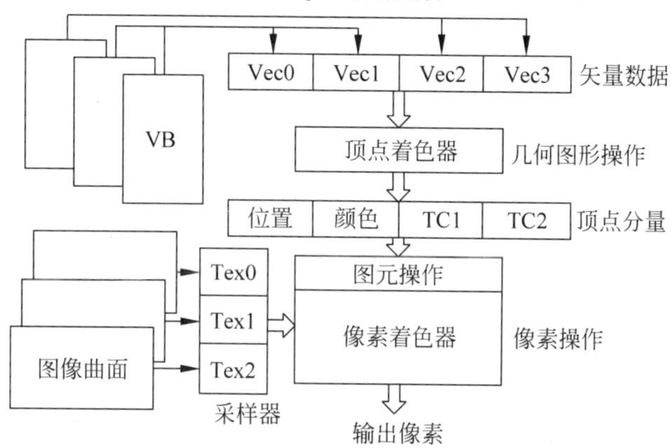


图 7-7　DirectX 8.0 Graphics 体系结构

(6) 对演奏、段落和声道的更强大的控制。

图 7-8 是 DirectX 8.0 Audio 体系结构。新的音频体系结构将 DirectMusic 合成器作为主要的 DirectX 8.0 Audio 声音生成器。这一高度优化的可下载声音级别合成器可以创建所有的声音，对它们进行混音，并将结果发送到 DirectSound 缓存，以便进行进一步的处理。DirectMusic 合成器也可以在输出之前将多个独立的声音进行混音。这样，多个独立的声音可以通过同一种音频效果进行处理，并分配到三维空间中的同一个位置。它们只使用一个 DirectSound3D 缓存，将 CPU 的使用和对三维硬件的要求降至最低。

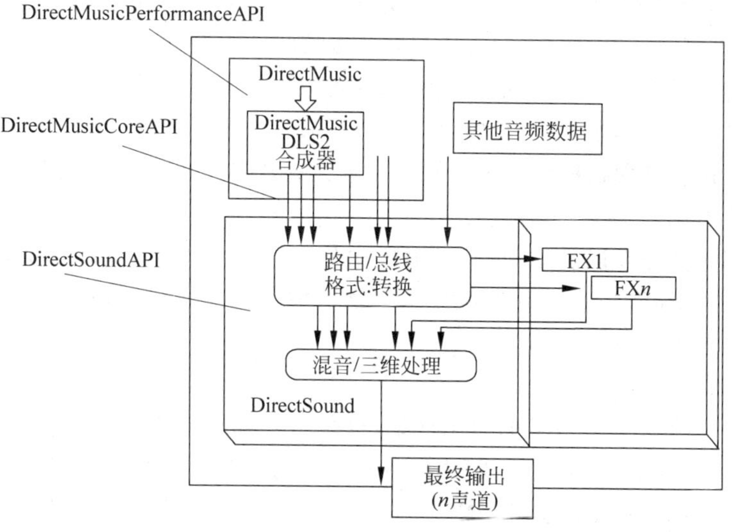


图 7-8　DirectX 8.0 Audio 体系结构

**3. DirectPlay**

DirectPlay 是应用程序和通信服务之间的高级软件接口。有了 DirectPlay，通过 Internet、调制解调器链接或网络来连接游戏将非常简单。DirectPlay 既提供了高级的传输层服务（例如，有保证或无保证的传递、慢速链接上的通信扼杀，以及放弃连接检测等），也提供了会话层服务（包括玩家名称表管理和点对点主机转移）。图 7-9 显示了 DirectPlay 体系结构。

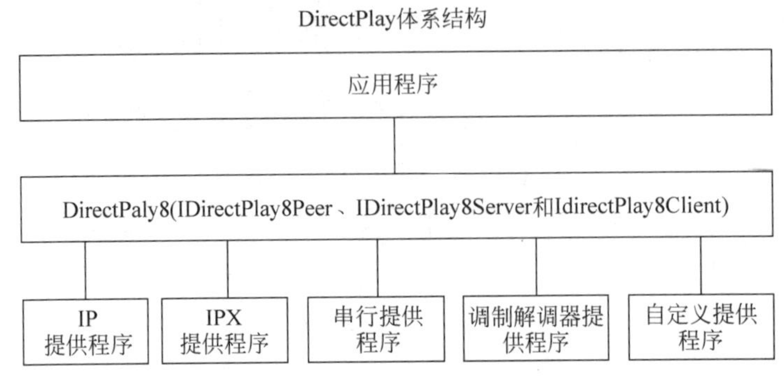


图 7-9　DirectPlay 体系结构

**4．DirectInput**

DirectInput 为游戏提供高级输入功能并能处理游戏杆以及包括鼠标、键盘和强力反馈游戏控制器在内的其他相关设备的输入。DirectInput 直接建立在所有输入设备的驱动之上，相比标准的 Win32 API 函数具备更高的灵活性。DirectX 8.0 以后的版本中，具有操作映射、对国际化应用程序的支持更佳、新的接口创建支持、对游戏杆滑块数据更改等特性。

操作映射是支持输入设备方面的一个重大进步。操作映射简化了输入循环，降低了游戏中对自定义游戏驱动程序、设备分析器和配置用户接口的需要。操作映射也包括了默认的用户接口，使用户可以快速简便地配置设备。这种标准 API 通过低级用户接口 API 来实现，使应用程序可以在其自定义用户接口中直接访问设备映像。

DirectInput 设备支持新的属性，这些属性可以处理从国际化键盘上输入的本地化的键名。共添加了两个键盘属性：DIPROP_KEYNAME，用于检索本地化的键名；DIPROP_SCANCODE，用于检索扫描码。这些特性对于大多数在全世界发布的基于 DirectInput 的应用程序非常有用。

游戏杆滑块数据在以前的 DirectX 版本中分配到 DIJOYSTATE 或 DIJOYSTATE2 结构的 Z 轴，现在则位于 rglSlider 数组中。尽管这种变化会导致对现有代码的必要调整，但它终究更容易理解。

**5．DirectShow**

DirectShow 是一个开放性的应用框架，也是一套基于 COM 的编程接口。DirectShow 系统的基本工作原理就是“流水线”：将单元组件与 Filter 串联在一起，交由 Filter Graph Manager 统一控制。系统的输入可以是本地文件系统、硬件插卡、因特网等，系统的输出可以是声卡（声音再现）、显卡（视频内容显示）、本地文件系统，当然也可以最终将数据向网络发送。事实上，计算机应用领域中的很多模块都可以和 DirectShow 系统交互。也就是说，DirectShow 的应用范畴很广。单纯从本地系统来说，DirectShow 可以实现不同格式的媒体文件的解码播放或格式之间的相互转换，可以从本地机器中的采集设备采集音视频数据并保存为文件，可以接收、观看模拟电视等。而从网络应用的角度来说，DirectShow 更可用于视频点播、视频会议、视频监控等领域。其实，广义上来说，DirectShow 系统适合于一切流式数据的处理，这些数据可以是音频、视频这样的多媒体数据，但又不局限于多媒体数据。

随着信息技术的发展，多媒体技术迎来新的挑战：①多媒体流包含了大量的数据，这些数据要求被迅速处理以达到实时性；②视频流和音频流的同步；③流的来源非常复杂，包括本地文件、Internet 网络、摄像头、视频卡和电视广播网等；④流的格式也多种多样，包括 Audio2Video Interleaved（AVI）、Advanced Streaming Format（ASF）、Motion Picture Experts Group（MPEG）和 Digital Video（DV）等；⑤开发人员事先并不知道终端用户的硬件设备。

Microsoft 的 DirectShow 正是为了适应以上的挑战而设计的多媒体开发工具，Microsoft 设计它的意图就是简化多媒体应用程序的开发，使开发者不必考虑复杂的流数据格式和不同的终端设备，以及数据同步的问题。Microsoft 通过 DirectShow 给多媒体程序开发员提供了标准的、统一的、高效的 API 接口。DirectShow 技术是建立在 DirectX 的 DirectDraw 和 DirectSound 的基础之上的，它通过 DirectDraw 对显卡进行控制以显示视频，通过 DirectSound 对声卡进行控制以播放声音。DirectX 为了最大限度提高效率而允许用户直接访问硬件，如允许用户直接读写显存，因此 DirectShow 也同样具有快速的优势。

## 7.3.2 OpenGL 简介

OpenGL 是近几年发展起来的一个性能卓越的三维图形标准，它是在 SGI 等多家世界闻名的计算机公司的倡导下，以 SGI 的 GL 三维图形库为基础制定的一个通用共享的开放式三维图形标准。目前，包括 Microsoft、SGI、IBM、DEC、Sun、HP 等大公司都采用了 OpenGL 作为三维图形标准，许多软件厂商也纷纷以 OpenGL 为基础开发出自己的产品，其中比较著名的产品包括动画制作软件 Soft Image 和 3D Studio MAX、仿真软件 Open Inventor、VR 软件 World Tool Kit、CAM 软件 ProEngineer、GIS 软件 ARC/INFO 等。值得一提的是，随着 Microsoft 公司在 Windows 中提供了 OpenGL 标准以及 OpenGL 三维图形加速卡的推出，OpenGL 将在微机中有广泛地应用，同时也为广大用户提供了在微机上使用以前只能在高性能图形工作站上运行的各种软件的机会。

**1. OpenGL 特点及功能**

OpenGL 实际上是一个功能强大，调用方便的底层的三维图形软件包。它独立于窗口系统和操作系统，以它为基础开发的应用程序可以十分方便地在各种平台间移植。它具有以下七大功能。

（1）建模。OpenGL 图形库除了提供基本的点、线、多边形的绘制函数外，还提供了复杂的三维物体（球、锥、多面体、茶壶等）以及复杂曲线和曲面（如 Bezier、Nurbs 等曲线或曲面）绘制函数。

（2）变换。OpenGL 图形库的变换包括基本变换和投影变换。基本变换有平移、旋转、变比镜像 4 种变换，投影变换有平行投影（又称正射投影）和透视投影两种变换。其变换方法与机器人运动学中的坐标变换方法完全一致，有利于减少算法的运行时间，提高三维图形的显示速度。

（3）颜色模式设置。OpenGL 颜色模式有两种，即 RGBA 模式和颜色索引（Color Index）。在 RGBA 模式中，颜色直接由 RGB 值来指定；在颜色索引模式中，颜色值则由颜色表中的一个颜色索引值来指定。程序员还可以选择平面着色和光滑着色两种着色方式对整个三维景观进行着色。

(4) 光照和材质设置。OpenGL 光有辐射光（Emitted Light）、环境光（Ambient Light）、漫反射光（Diffuse Light）和镜面光（Specular Light）。材质是用光反射率来表示。场景（Scene）中物体最终反映到人眼的颜色是光的红绿蓝分量与材质红绿蓝分量的反射率相乘后形成的颜色。

(5) 纹理映射（Texture Mapping）。利用 OpenGL 纹理映射功能可以十分逼真地表达物体表面细节。

(6) 位图显示和图像增强。图像功能除了基本的复制和像素读写外，还提供融合（Blending）、反走样（Antialiasing）和雾（Fog）的特殊图像效果处理。

(7) 双缓存动画（Double Buffering）。双缓存即前台缓存和后台缓存。简而言之，后台缓存计算场景、生成画面；前台缓存显示后台缓存已画好的画面。此外，利用 OpenGL 还能实现深度暗示（Depth Cue）、运动模糊（Motion Blur）等特殊效果。从而实现了消隐算法。

**2. OpenGL 工作流程**

整个 OpenGL 的基本工作流程如图 7-10 所示。

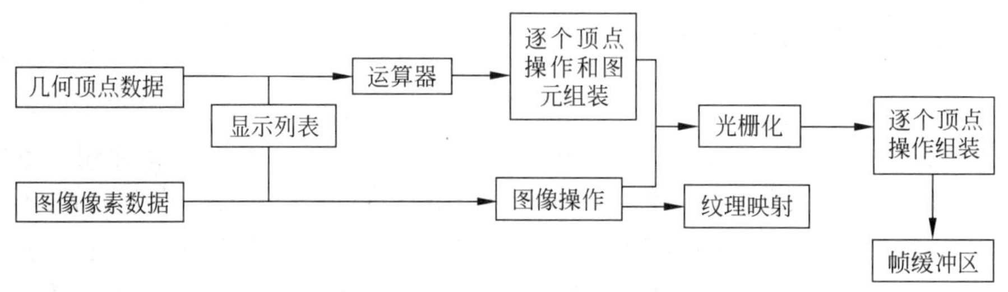


图 7-10　OpenGL 基本工作流程

其中几何顶点数据包括模型的顶点集、线集、多边形集。这些数据经过流程图的上部，包括运算器、逐个顶点操作等；图像数据包括像素集、影像集、位图集等。图像像素数据的处理方式与几何顶点数据的处理方式是不同的，但它们都经过光栅化、逐个片元（Fragment）处理直至把最后的光栅数据写入帧缓冲器。在 OpenGL 中的所有数据包括几何顶点数据和像素数据都可以被存储在显示列表中或者立即可以得到处理。OpenGL 中，显示列表技术是一项重要的技术。

OpenGL 要求把所有的几何图形单元都用顶点来描述，这样运算器和逐个顶点计算操作都可以针对每个顶点进行计算和操作，然后进行光栅化形成图形碎片；对于像素数据，像素操作结果被存储在纹理组装用的内存中，再像几何顶点操作一样光栅化形成图形片元。

整个流程操作的最后，图形片元都要进行一系列的逐个片元操作，这样最后的像素值送入帧缓冲器实现图形的显示。

**3. Windows NT 下 OpenGL 的结构**

OpenGL 的作用机制是客户（Client）/服务器（Sever）机制，即客户（用 OpenGL 绘制景物的应用程序）向服务器（即 OpenGL 内核）发布 OpenGL 命令，服务器则解释这些命令。大多数情况下，客户和服务器在同一机器上运行。正是 OpenGL 的这种客户/服务器机制，OpenGL 可以十分方便地在网络环境下使用。因此，Windows NT 下的 OpenGL 是网络透明的。正像 Windows 的图形设备接口(GDI)把图形函数库封装在一个动态链接库(Windows NT 下的 GDI32. DLL)内一样,OpenGL 图形库也被封装在一个动态链接库内(OPENGL32. DLL)。受客户应用程序调用的 OpenGL 函数都先在 OPENGL32. DLL 中处理,然后传给服务器 WINSRV. DLL。OpenGL 的命令再次得到处理并且直接传给 Win32 的设备驱动接口(Device Drive Interface,DDI),这样就把经过处理的图形命令送给视频显示驱动程序。图 7-11 所示是 OpenGL 在 Windows 下运行机制。

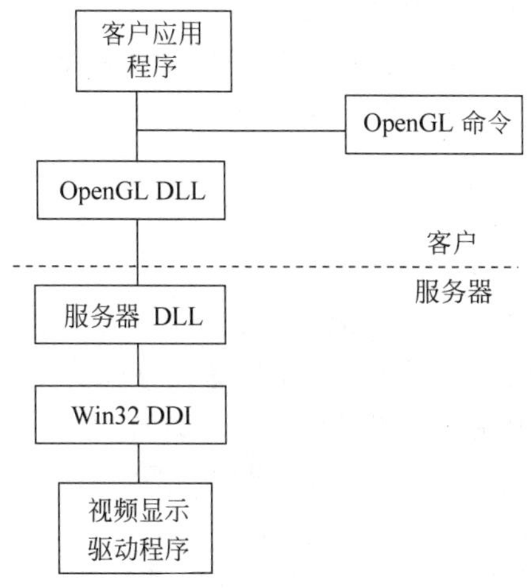


图 7-11 OpenGL 在 Windows NT 下运行机制

在三维图形加速卡的 GLINT 图形加速芯片的加速支持下,两个附加的驱动程序被加入这个过程中。一个 OpenGL 可安装客户驱动程序(Installable Client Driver,ICD)被加在客户端,一个硬件指定 DDI(Hardware-specific DDI)被加在服务器端,这个驱动程序与 Win32 DDI 是同一级别的,图 7-12 所示是三维图形加速下 OpenGL 运行机制。

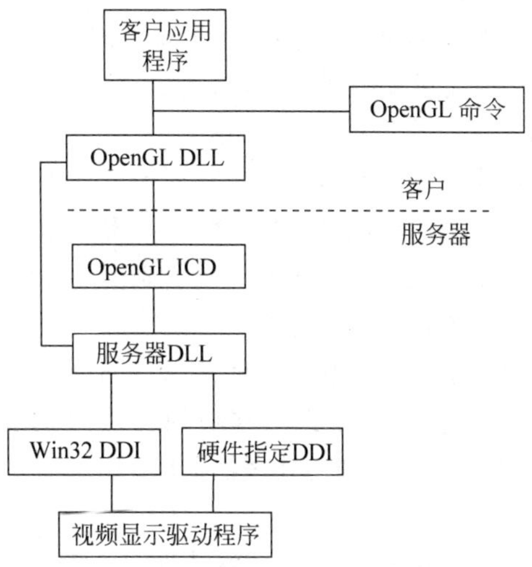


图 7-12 在三维图形加速下 OpenGL 运行机制

### 7.3.3 游戏编程语言简介

到底该选择哪种计算机语言开发游戏？没人能给出简单的答案。在某些应用程序中，总有一些计算机语言优于其他语言。下面是几种用于编写游戏的主要编程语言的介绍及其优缺点。

**1. C 语言**

C 语言被设计成适于编写系统级的程序，如操作系统。在此之前，操作系统是使用汇编语言编写的，而且不可移植。C 语言是第一个使得系统级代码移植成为可能的编程语言。C 语言支持结构化编程，也就是说 C 的程序被编写成一些分离的函数调用的集合，这些调用是自上而下运行，而不像一个单独的集成块的代码使用 GOTO 语句控制流程。

优点：有益于编写小而快的程序；很容易与汇编语言结合；具有很高的标准化，因此其他平台上的各版本非常相似。

缺点：不容易支持面向对象技术；语法有时会非常难以理解，并造成滥用。

移植性：C 语言的核心以及 ANSI 函数调用都具有移植性，但仅限于流程控制、内存管理和简单的文件处理；其他的函数都跟平台有关。例如，为 Windows 和 Mac 开发可移植的程序，用户界面部分就需要用到与系统相关的函数调用。

**2. C++语言**

C++语言是具有面向对象特性的，是 C 语言的发展。面向对象程序由对象组成，其中的对象是数据和函数离散集合。在游戏开发论坛里，C++总是辩论的主题。如虚拟函数为函数呼叫的决策制定增加了一个额外层次，使得程序将变得比相同功能的 C 程序更复杂。

优点：组织大型程序时比 C 语言好得多；很好的支持面向对象机制；通用数据结构，如链表和可增长的阵列组成的库减轻了由于处理低层细节的负担。

缺点：程序代码长而复杂；与 C 语言一样存在语法滥用问题；比 C 语言运行速度慢。大多数编译器没有把整个语言正确地译码。

移植性：比 C 语言可移植性好，但依然不是很乐观。因为它具有与 C 语言相同的缺点，大多数可移植性用户界面库都使用 C++对象实现。

**3. 汇编语言**

汇编语言是第一个计算机语言。汇编语言实际上是计算机处理器实际运行指令的命令形式表示法。这意味着，它将与处理器的底层打交道，如寄存器和堆栈。

优点：最小、最快的语言；汇编语言能编写出比任何其他语言能实现的快得多的程序。

缺点：难学、语法晦涩，造成大量额外代码。

移植性：因为这门语言是为一种单独的处理器设计的，根本没移植性可言。如果使用了某个特殊处理器的扩展功能，代码甚至无法移植到其他同类型的处理器上，如 AMD 的 3DNow 指令是无法移植到其他奔腾系列的处理器上的。

**4. Java 语言**

Java 是由 Sun 最初设计用于嵌入程序的可移植性“小 C++”。在网页上运行小程序的想法着实吸引了不少人的目光，于是，这门语言迅速崛起。“虚拟机”机制、垃圾回收及没有指针等使它很容易实现不易崩溃且不会泄露资源的可靠程序。

Java 从 C++中借用了大量的语法。它丢弃了很多 C++的复杂功能，从而形成一门紧凑而易学的语言。不像 C++,Java 强制面向对象编程。

优点：二进制码可移植到其他平台；程序可以在网页中运行；内含的类库非常标准且极其健壮；网上数量巨大的代码例程。

缺点：使用一个“虚拟机”来运行可移植的字节码而非本地机器码，程序代码长，执行速度慢。

移植性：可移植性好，但仍未达到它本应达到的水平。低级代码具有非常高的可移植性，但是，很多 UI 及新功能在某些平台上不稳定。

**5. 创作工具**

上面所提及的编程语言涵盖了大多数的商业游戏。多数创作工具（如 Director、HyperCard、SuperCard、IconAuthor、Authorware）有点像 Visual Basic，只是它们工作在更高的层次上。大多数工具使用一些拖拉式的流程图来模拟流程控制。很多内置解释的程序语言，都无法像上面所说的单独的语言那样健壮。

优点：快速原型，如果设计者的游戏符合工具制作的主旨，就可以快捷生成游戏的原型；在很多情况下，可以创造一个不需要任何代码的简单游戏；使用插件程序，如 Shockware 及 IconAuthor 播放器，可以在网页上发布很多创作工具生成的程序。

缺点：专利权，至于将增加什么功能，设计者将受到工具制造者的支配；设计者必须考虑这些工具是否能满足游戏的需要，因为有很多事情是创作工具无法完成的；某些工具会产生臃肿的程序。

移植性：因为创作工具是具有专利权的，可移植性与他们提供的功能息息相关。有些系统，如 Director 可以在几种平台上创作和运行；有些工具则在某一平台上创作，在多种平台上运行；还有的是仅能在单一平台上创作和运行。

## 7.3.4 游戏引擎简介

在阅读相关游戏的文章或书籍时常会碰见“引擎”(Engine)。引擎在游戏中究竟起着什么样的作用？它的进化对于游戏的发展产生了哪些影响？游戏引擎与上面提到的 DirectX 和 OpenGL 又有什么样的关系？

人们常把游戏的引擎比作赛车的引擎。引擎是赛车的心脏，决定着赛车的性能和稳定性，赛车的速度、操纵感这些直接与车手相关的指标都是建立在引擎的基础上的。游戏也是如此。游戏者所体验到的剧情、关卡、美工、音乐、操作等内容都是由游戏的引擎直接控制的，它扮演着发动机的角色，把游戏中的所有元素捆绑在一起，在后台指挥它们同时、有序地工作。因此，引擎是用于控制所有游戏功能的主程序。其主要功能包括从计算碰撞、物理系统和物体的相对位置，到接受玩家的输入，以及按照正确的音量输出声音等。当游戏者玩游戏的时候，不必关注游戏底层是如何运作的；但对于游戏设计者来说，就必须像一个汽车设计工程师一样熟悉汽车引擎的每一个零部件的工作情况。事实上 DirectX 和 OpenGL 技术是实现游戏的零部件工具。游戏设计者必须使用这些技术以构建适合特定游戏的“引擎”。游戏引擎是利用 DirectX 或 OpenGL 技术设计的。

目前，游戏引擎已经发展为一套由多个子系统共同构成的复杂系统，从建模、动画到光影、粒子特效，从物理系统、碰撞检测到文件管理、网络特性，还有专业的编辑工具和插件，几乎涵盖了开发过程中的所有重要环节。游戏引擎主要包括以下几种。

**1. 图形引擎**

图形引擎主要包含游戏中的场景(室内或室外)管理与渲染,角色的动作管理绘制,特效管理与渲染(粒子系统、自然模拟,如水纹、植物等模拟),光照和材质处理,级别对象细节(Level Object Detail,LOD)管理等。另外,图形引擎还包括图形数据转换工具。转换工具主要用于将美工利用软件制作(如 3ds Max、Maya、Soft XSI、Soft Image3D)的模型和动作数据,以及用 Photoshop 或 Painter 等工具制作的贴图转化成游戏程序中用的资源文件。

**2. 声音引擎**

声音引擎功能主要包含音效、语音、背景音乐等的播放。音效是指游戏中及时无延迟的频繁播放,且播放时间比较短的声音。语音是指游戏中的语音或人声,对声音品质要求比较高,一般采用较高的采样率录制和回放声音。背景音乐是指游戏中一长段循环播放的背景音乐。

**3. 物理引擎**

物理引擎是指包含在游戏世界中的物体之间、物体和场景之间发生碰撞后的力学模拟,以及发生碰撞后的物体骨骼运动的力学模拟。较著名的物理引擎有黑维克(Havok)公司的游戏动态开发包(Game Dynamics Sdk),还有开放源代码(Open Source)的开放动态引擎(Open Dynamics Engine,ODE)。

**4. 数据输入/输出处理**

数据输入/输出处理负责玩家与计算机之间的沟通,处理来自键盘、鼠标、摇杆和其他外设的信号。如果游戏支持联网特性的话,网络代码也会被集成在引擎中,用于管理客户端与服务器之间的通信。

引擎相当于游戏的框架。关卡设计师、建模师、动画师等按照框架进行设计。因此,游戏的开发过程中,引擎的制作需占用非常多的时间,特别是 3D 游戏引擎的开发。许多游戏开发公司更加倾向与直接购买第三方现成的引擎制作自己的游戏。目前比较著名的商业引擎有 Doom-Quake、Unreal、LithTech 等。Doom-Quake 系列的代表性游戏有 Halflife、CS、重返德军司令部、荣誉勋章等。Unreal 引擎的代表游戏有虚幻、Rune、Deus Ex 等,同时 Unreal 引擎的应用还涵盖了教育、建筑等其他领域。Digital Design 公司曾与联合国教科文组织的世界文化遗产分部合作采用 Unreal 引擎制作过巴黎圣母院的内部虚拟演示。

目前比较著名的开放源代码的游戏引擎有 Crystal Space、OGRE 等。OGRE 实际上是一款面向对象的图像渲染引擎,是游戏引擎的一部分,要完成一个完整的游戏引擎还需建立游戏引擎库。

### 7.3.5 典型游戏开发工具

游戏的制作是一个多种专业人员合作的结果。根据不同的游戏开发角色,需要的开发工具各不相同。一般来讲,业界标准的游戏制作团队包括设计师(策划)、艺术家(美术)、架构师(程序)三部分,同时也要加上 QC(测试)小组以保证迭代开发中的快速验证、除 Bug 与模块稳健度。这里只能简单介绍各个工作岗位的开发人员需要使用和建议使用的各种开发工具。

(1) 游戏程序开发。程序员需要使用的工具,依据游戏平台的不同、开发端的不同有着不同的区分。目前,游戏程序开发基本采用 C++,但考虑到运行效率,有些网络游戏的服务器端开发仍然使用 C 语言。但是完全依靠人工写代码不但低效、劳累而且容易出错。因此出现了许多中间件(MiddleWare)开发套件,这些是封装好的图形、物理、粒子、AI、网络、声音、UI模块,内部嵌入了各种游戏中使用的函数。程序员只需要写好接口、加入针对性的运算函数便可以把这些部分的工作量减少很多了。而比较大型的中间件可能包含了这其中的许多模块,这便是游戏引擎(Game Engine)。游戏引擎有很多种,有综合性的,如 Unreal tournament、Quake 3D、LithTech、Jupiter 等;也有专注性的,最主要专注于两个方面——图形和物理。例如,专注图形的 Ogre 和专注物理的 Havok、Ode。针对网络游戏开发,游戏引擎的网络部分也得到重视,一般采用 C/S 方式,也有 P2P 方式,有些引擎会提供强大的分布式运算和 Ado 技术。但也有一些引擎没有网络部分,一是由于调用数据的不确定,二是网络端会有专门的优化,许多程序员会写专门的算法处理这一部分。图形用户界面(GUI)有的是团队自己写,因为各种游戏界面需求不太一样。有的用引擎或第三方提供的 GUI 包写的。比较著名的是 GTK+、WxWidgets、Qt。

(2) 美工制作与开发。二维的标准开发工具是 Painter 和 Photoshop。三维的标准开发工具是 3ds Max 和 Maya。由于 CG 产业的迅猛发展以及开发要求的提高,许多新型的优秀三维工具也进入游戏开发领域,如 Softimage、Motion Builder 等,它们在动画制作方面有着强大的功能。游戏中各种绚丽的效果是用粒子实现的,一些独立的专门制作粒子特效的工具有 Particle Illusion、Particle Accelerator、Particle Editor 等。

(3) 游戏策划。由于策划是内容的开发者,因此首先要解决文字和数据的问题。Microsoft Word 和 Excel 是不可少的工具。为清晰表达逻辑和想法,游戏策划还需要掌握 Photoshop、Fireworks Flash 等。

(4) 游戏音乐音效。游戏音乐音效需要有专门的创作团队制作,标准的创作方法是,首先在录音室创作音源,用音频采集卡录制,在专业工具中进行编辑,包括采样、滤波、除噪、编辑通道、混音、剪辑和合成,最后输出为 WAV 或 OGG 格式。也可以直接创作数字音源,制作 MIDI 格式的音乐音效,这就要有更多的专业知识。游戏音乐音效制作的工具有很多,Cubase 是标准的开发工具,也可以使用 Sound Forge、Sound Editor 等工具。

## 7.4 "坦克大战"游戏设计案例

### 7.4.1 游戏特点

"坦克大战"游戏以它简单的操作,刺激的战斗,一直让无数玩家所倾倒。游戏中可以选择 1~2 个玩家操纵自己的坦克与计算机操纵的坦克战斗。玩家在消灭计算机操纵的坦克的同时要保护自己的基地不被击毁。在战斗中可以"吃"各种不同的装备以增加火力或产生特殊效果。同时,该游戏还具备开放的地图编辑功能。玩家可以自行编辑地图进行战斗,简单的地图编辑方式可以让玩家发挥自己的想象,尽情地在坦克世界里战斗。

### 7.4.2 游戏设计

**1. 规则设定**

1) 界面视图

游戏的界面大致如图 7-13 所示,图中坦克单位和地形造型并非最后确定样式。

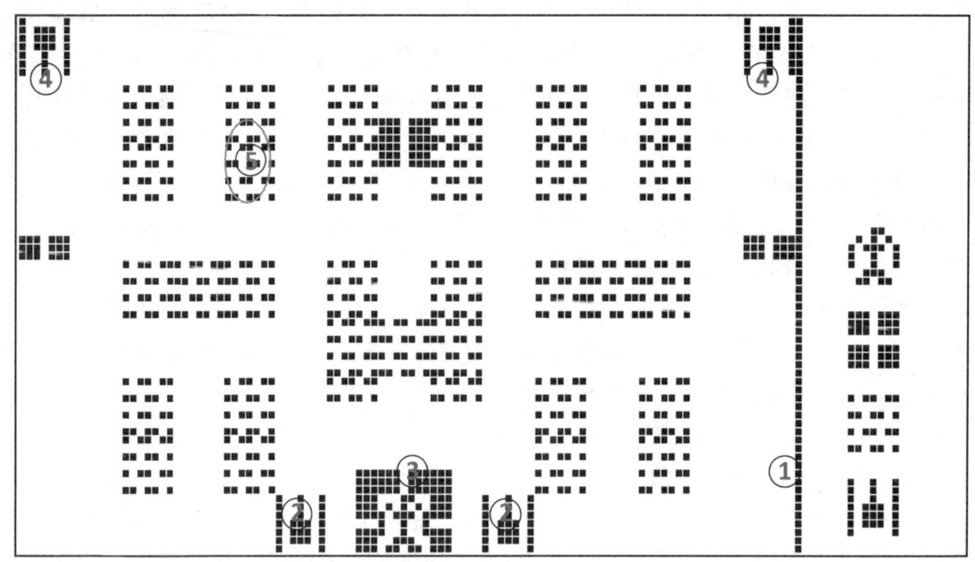


图 7-13　游戏界面

界面被竖线①(位于自左起第 106 列)分为左右两部分，左半部分包含 105 列是游戏战斗区。右半部分 22 列是状态显示区。游戏区进行战斗；状态显示区用于显示游戏数据和状态，如关卡号、玩家剩余生命、游戏时间等。②为玩家坦克，当前所在点为游戏开始时的初始位置。③为玩家基地，基地外侧由不同的地形所包围。当基地被玩家子弹或计算机方子弹所击中时游戏结束，玩家游戏失败。④为计算机方坦克，所在点为计算机坦克出现时的位置。⑤为地形块。

2）键盘操作方式

采用键盘上的上、下、左、右方向键或自己设定键控制。射击键由另一侧某按钮控制。方向键按住之后坦克向该方向不断前进，射击键每按一次射击一次，持续按下按照一定的时间间隔连续射击。

3）玩家生命规则

玩家在进入游戏时拥有 3 个生命，每被计算机方消灭一次生命值减 1。生命值为 0 时该玩家的游戏结束。游戏中玩家可以通过积攒积分和“吃”生命装备获得生命。

4）移动规则

坦克游戏的基本规则如下。

(1) 在游戏中玩家坦克的速度初始值为一定值，在“吃”加速装备之后速度加快。

(2) 计算机方不同种类的坦克移动速度也不同。

(3) 在移动过程中无论计算机方还是玩家，如果坦克与坦克相遇，其中一方不可以穿过另一方，必须被顶住停止移动。

5）游戏火力规则

游戏的火力规则主要面向玩家子弹的属性，与计算机控制坦克无关，如表 7-1 所示。不同级别的子弹有火力的高低之分。速度代表子弹移动快慢，杀伤力表示子弹对目标装甲及生命的杀伤点数。

表 7-1　游戏的火力规则

| 子弹级别 | 子弹速度 | 子弹杀伤力 |
|---|---|---|
| 普通型子弹 | 20 | 1 |
| 加强型子弹 | 20 | 2 |
| 强力型子弹 | 25 | 3 |

6）游戏联机规则

游戏开始后，首先由一方玩家建立主机，另一方玩家在搜索界面上找到主机并加入，然后由主机开始游戏。判断地形变化的运算由主机完成，数据处理之后传送给子机。

7）战斗奖励规则

玩家赢得一场战斗后通过消灭坦克数量、吃装备数量、丢失生命数量三方面因素决定。规则如表 7-2 所示。

表 7-2　战斗奖励规则

| 奖励类型 | 获得积分设置 |
|---|---|
| 消灭坦克数量 | 消灭一个计算机坦克得到该坦克的相应积分，具体数值参阅下面角色设置 |
| 吃装备数量 | 每吃一个装备该玩家积分增长 50 点 |
| 丢失生命数量 | 当玩家积分＞100 时，积分减少 100 点；<br>当玩家积分＜100 时，积分变为 0 |

**2. 坦克种类设定**

1）坦克特性和介绍

玩家的坦克是一定的，通过“吃”装备提升性能。计算机的坦克共分为普通坦克、虎式坦克、豹式坦克 3 种，不同种类的坦克有其独特的性能。普通坦克的性能和玩家坦克的基本性能是一样的，虎式坦克移动速度慢但子弹速度快。豹式坦克移动速度快但子弹速度慢。

2）角色属性和参数

坦克的角色属性和参数如表 7-3 所示。

表 7-3　坦克的角色属性和参数

| 坦克名称 | 样式 | 移动速度 | 子弹速度 | 生命 | 属　性 |
|---|---|---|---|---|---|
| 普通坦克 |  | 5 | 20 | 1 | 没有装甲，普通子弹击中后就消失 |
| 虎式坦克 |  | 3 | 25 | 1 | 有 2 点装甲，普通子弹击中 3 次才能摧毁，加强型子弹需要 2 次，强力型子弹 1 次即可摧毁 |
| 豹式坦克 |  | 8 | 15 | 1 | 有 1 点装甲，普通子弹击中 2 次才能摧毁，加强型子弹和强力型子弹 1 次即可摧毁 |

3）地形的设定

在游戏地形中共有开阔地、砖墙、钢铁、湖泊 4 种地形。地形的特性如表 7-4 所示。

**表 7-4　游戏的地形属性和参数**

| 地形 | 样式 | 属　　性 |
| --- | --- | --- |
| 开阔地 |  | 坦克可以自由行进，是游戏的基本地形 |
| 砖墙 |  | 坦克无法直接穿过，但是可以利用子弹将其销毁。销毁后砖墙变为开阔地 |
| 钢铁 |  | 坦克无法穿过，正常子弹无法销毁。但是最强型子弹可以销毁。销毁后钢铁变为开阔地 |
| 湖泊 |  | 坦克无法穿过，子弹无法销毁。但任何子弹都可以自由穿过，不受阻碍 |

在地图上有 5 个特殊正方形区域不能放置地形单位，如表 7-5 所示。其中左上角为原点。

**表 7-5　特殊正方形区域**

| 名　　称 | 坐标范围 |
| --- | --- |
| 计算机坦克生成区 A | (0,0)～(7,7) |
| 计算机坦克生成区 B | (99,0)～(105,7) |
| 玩家 1 坦克生成区 | (36,57)～(43,64) |
| 玩家 2 坦克生成区 | (65,57)～(72,64) |
| 基地区 | (51,57)～(58,64) |

4）道具设定

每个道具都可以被计算机或者玩家坦克吃掉，吃掉后产生的作用就分别作用于计算机或者玩家的坦克。表 7-6 所示是道具设定。道具在屏幕上的时候不断闪烁，每个道具的存留时间是 10 秒。

**表 7-6　道具设定**

| 名　称 | 样式 | 作　用 |
|---|---|---|
| 火力升级系统 | 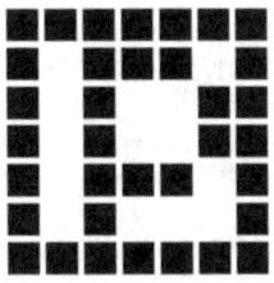 | 吃道具的坦克子弹级别提升 1 级，作用直到该坦克被消灭 |
| 超级炸弹 |  | 玩家吃后，屏幕上所有计算机坦克被消灭。<br>计算机坦克吃后，所有屏幕上玩家被消灭 |
| 时间静止器 |  | 玩家吃后 15 秒内，所有计算机坦克静止不动。<br>计算机坦克吃后 15 秒内，所有屏幕上玩家静止不动。 |
| 坚固壁垒 | | 玩家吃后，基地周围 3 格厚度变为钢铁。<br>计算机坦克吃后，基地周围 3 格厚度变为开阔地 |
| 加速引擎 | | 吃道具的坦克速度提升到 12 |
| 防护罩 |  | 吃道具的坦克周围生成防护罩，坦克增加 3 点装甲 |
| 坦克补给 |  | 玩家吃后，吃道具的玩家增加 1 个坦克生命。<br>计算机坦克吃后，所有玩家生命值减 1 |

# 练习与思考

## 一、填空题

1. 游戏的特征：________、________、________等。
2. 一般游戏的设计文档包括________、________、________ 3 种类型。
3. 游戏开发的基本流程：________、________、________、________ 4 个阶段。

二、简答题

1. 简述游戏创意设计的主要内容。
2. DirectX 包括哪些部分？每部分的基本功能是什么？
3. OpenGL 有哪些特点？与 DirectX 相比它有什么不同？
4. 什么是游戏引擎？简要介绍游戏引擎包含哪几部分以及它们的功能？

三、设计题

参照“坦克大战”游戏设计，写出一份你最熟悉的小游戏（如连连看）的设计报告。

# 参 考 文 献


[1] Marc Saltzman. 游戏创作与职业. 北京：北京希望电子出版社，2005.

[2] Richard Rouse Ⅲ. 游戏设计——原理与实践. 北京：电子工业出版社，2003.

[3] 吕建德. 游戏程序设计概论. 北京：中国铁路出版社，2006.

[4] 肖永亮. 计算机游戏程序设计. 北京：电子工业出版社，2003.

[5] 叶展，叶丁. 游戏的设计与开发——梦开始的地方. 北京：电子工业出版社，2003.

[6] 数字游戏开发. http://www.iturls.com/TechHotspot/TH_DigitalGameDev.asp.

[7] 浅谈 GBA 游戏的开发（流程篇）. DreamCastkleOffice 梦幻城工作室. http://nowonder.onlinecq.com/dco/viewthread.php? tid=15&extra=page%3D1.

[8] 俞文钊. 中国的激励理论及其模式. 上海：华东师范大学出版社，1993.

[9] 柳栋. 关于学习游戏化的思考. 现代教学，2004，8(1).

[10] 秦浪. 教育游戏激励机制浅析. 现代信息技术，2005，7(1).

[11] 黄小玉. 教育和游戏之间能否找到平衡点. 中国教育报，2005，7(6).

[12] 黄进. 论儿童游戏中游戏精神的衰落. 中国教育学刊，2003，(9).

[13] 陈国强. 浅谈网络游戏在网络教育中的作用. 电化教育研究，2004，(10).

[14] 中国网络游戏市场调查报告(2014). http://www.chinairn.com/news/20140521/141405142.shtml.

# 第8章 虚拟现实交互技术

目前，虚拟现实交互技术已成为数字媒体技术中一项非常重要的技术之一，越来越多的科技人员投身于虚拟现实交互这个领域，致力于虚拟现实交互技术的研究、开发及应用推广。虚拟现实交互技术作为一项尖端科技，综合了计算机三维图形技术、计算机仿真技术、传感技术、显示技术、网络技术等多种高科技的最新研究与发展成果，利用计算机以及相关设备来模拟一个具有逼真的视觉、听觉、触觉、嗅觉等多种感官体验的"虚拟世界"，从而使处于虚拟世界中的人产生一种身临其境的感觉。本章将从虚拟现实交互技术概述、虚拟建模技术、实时绘制技术、虚拟声音交互技术、虚拟现实工具软件与自然交互技术、虚拟现实交互设备等方面进行介绍，各内容之间的关系如下：

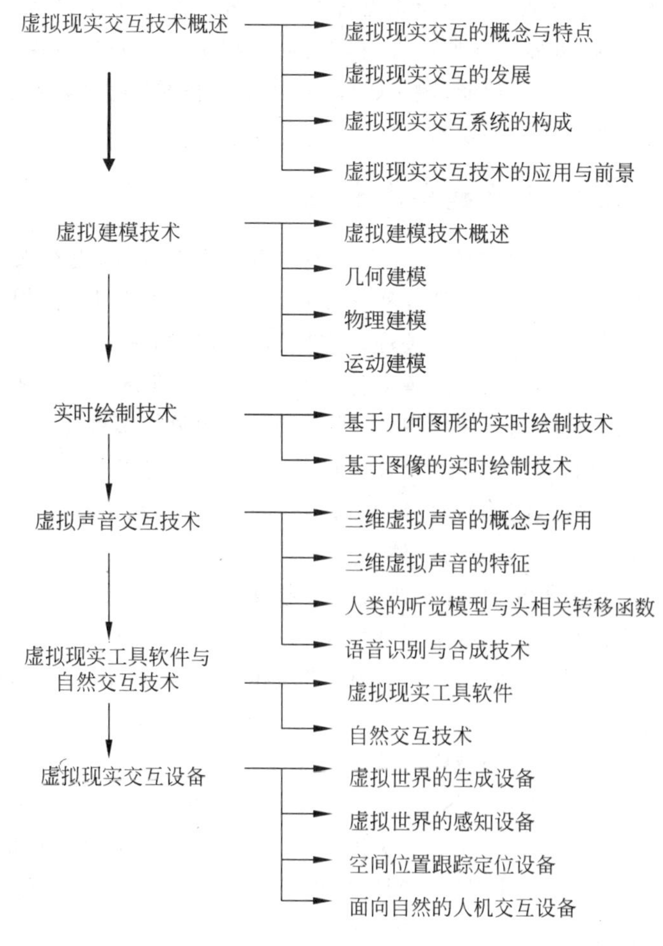

本章首先探讨虚拟现实交互技术的概念及其3个重要的特点，介绍虚拟交互技术发展、虚拟交互系统的构成及应用前景；其次，探讨几何建模、物理建模、运动建模3种虚拟建模技术；再次，介绍实时绘制技术；然后，介绍虚拟声音交互技术；再从虚拟现实工具软件与自然交互技术两个方面进行探讨；最后从虚拟世界的生成设备、感知设备、空间位置跟踪定位设备、面向自然的人机交互设备4个方面探讨虚拟现实交互设备相关技术。

通过本章内容的学习，学习者应能达到以下学习目标。

（1）了解虚拟现实交互的概念、特点、发展历程、构成、应用及前景。

（2）理解虚拟建模技术。

（3）了解实时绘制技术。

（4）了解虚拟声音交互技术。

（5）了解虚拟现实工具软件与自然交互技术。

（6）了解虚拟现实交互设备。

## 8.1 虚拟现实交互技术概述

一直以来，科幻小说与科幻电影为人类描绘着这样一个美丽的梦想——人类可以通过电子设备进入一个“虚拟世界”，在那里人们可以在三维虚拟空间中自由自在地娱乐、探险、工作、生活。随着计算机、人工智能、数字媒体、三维图形图像等技术的快速发展，虚拟现实交互技术将这一梦想逐步变为了现实。

### 8.1.1 虚拟现实交互的概念与特点

虚拟现实交互，英文名称为“Virtual Reality”，简称VR，国内也有人将其译为“虚拟实境”、“灵境技术”或“幻真技术”。虚拟现实交互技术最早是由美国军方提出的研究项目，直到20世纪80年代后期才逐渐被人们关注。它作为一项尖端科技，综合了计算机三维图形、多媒体、计算机仿真、传感、显示、网络等多种高科技的最新研究与发展成果，利用计算机以及相关设备来模拟一个具有逼真三维视觉、听觉、触觉、嗅觉等多种感官体验的“虚拟世界”，从而使处于虚拟世界中的人产生一种身临其境的感觉。在“虚拟世界”中，人们可与其中的物体进行自然的交互，并且观察周围世界及物体的内在变化，能实时产生与真实世界接近或相同的感觉，使人与“虚拟世界”融为一体。

与传统的模拟仿真技术相比，虚拟现实交互技术的主要特征是：用户能够进入到一个由计算机系统模拟的交互式的三维虚拟环境中，并且可以与之进行自然交互。通过用户与虚拟仿真环境的相互作用，并利用人类自身的感知和认知能力，全方位地获取事物的各种空间信息和逻辑信息。

虚拟现实交互技术在许多领域中起着十分重要的作用，如核试验、新型武器设计、医疗手术的模拟与训练、自然灾害预报等，这些问题如果采用传统方式去解决，必然要花费大量的人力、物力及漫长的时间，有些还是无法进行的，有些甚至会牺牲人员的生命。而虚拟现实交互技术的出现，为解决和处理这些问题提供了新的方法及思路，人们借助虚拟现实交互技术，沉浸在多维信息空间中，依靠自己的感知和认知能力全方位地获取知识，发挥主观能动性，寻求答案，找到新的解决问题的方法和手段。虚拟现实交互技术已经逐步深入到人们生活的各个方面，据有关权威人士断言，21世纪，人类将进入虚拟现实交互的科技新时代，它将成为数字媒体技术的重要支撑技术。

1993年，虚拟现实交互技术专家Burdea在国际上提出了著名的虚拟现实交互三角形，描述了虚拟现实交互技术的3个重要特性：沉浸性(Immersion)、交互性(Interaction)和想象性(Imagination)，如图8-1所示。

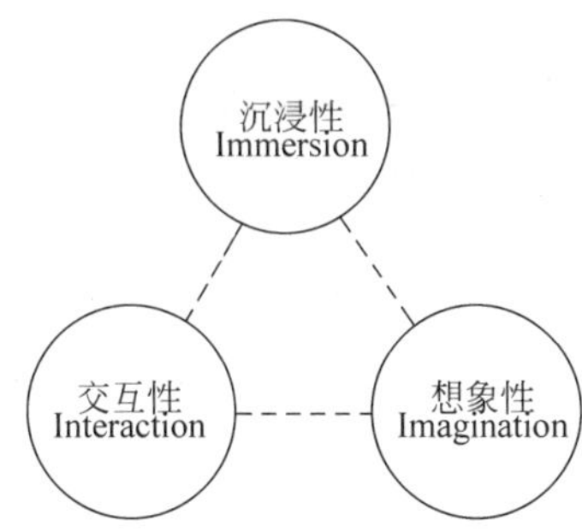


图8-1　虚拟现实交互技术的3个重要特性

**1. 沉浸性**

沉浸性是指用户感受到被虚拟世界所包围，好像完全置身于虚拟世界之中一样。虚拟现实交互技术最主要的技术特征是让用户觉得自己是计算机系统所创建的虚拟世界中的一部分，使用户由观察者变成参与者，沉浸其中并参与虚拟世界的活动。理想的虚拟世界应该达到使用户难以分辨真假的程度，实现逼真的照明和音响效果。

沉浸性来源于对虚拟世界的多感知性，除了常见的视觉感知外，还有听觉感知、力觉感知、触觉感知、运动感知、味觉感知、嗅觉感知等。理论上来说，虚拟现实交互系统应该具备人在现实世界中具有的所有感知功能，但鉴于目前技术的局限性，在虚拟现实交互系统的研究与应用中，较为成熟或相对成熟的主要是视觉沉浸、听觉沉浸、触觉沉浸等技术，而有关味觉与嗅觉的感知技术正在研究之中，目前还不成熟。

(1) 视觉沉浸。视觉沉浸性的建立依赖于用户与合成图像的集成，虚拟现实交互系统必须向用户提供立体三维效果及较宽的视野，同时随着人的运动，所得到的场景也随之实时地改变。较理想的视觉沉浸环境是在洞穴式显示设备(CAVE)中，采用多面立体投影系统，因而可得到较强的视觉效果。另外，可将此系统与真实世界隔离，避免受到外面真实世界的影响，用户可获得完全沉浸于虚拟世界的感觉。

(2) 听觉沉浸。在虚拟现实交互系统中，声音是除视觉以外的一个重要感觉通道，如果在虚拟现实交互系统中加入与视觉同步的声音效果作为补充，在很大程度上可提高虚拟现实交互系统的沉浸效果。在虚拟现实交互系统中，主要让用户感觉到的是三维空间的虚拟声音，这与普通立体声有所不同。普通立体声可使人感觉声音来自于某个平面，而三维虚拟声音可使听者能感觉到声音来自于一个围绕双耳的球形空间的任何位置。它可以模拟大范围的声音效果，如风声、雨声、闪电声、海浪声等自然现象的声音。在沉浸式三维虚拟世界中，两个物体碰撞时，也会出现碰撞声音，让用户能根据声音准确判断出碰撞发生的位置。

(3) 触觉沉浸。虚拟世界中，人们可以借助于各种相应的交互设备，使用户体验抓、握、举等操作的感觉。当然，从现在技术来说不可能达到与真实世界完全相同的触觉沉浸，除非技术发展到同人脑能进行直接交流，而目前的技术水平主要侧重于力反馈方面。可以使用充气式手套，在虚拟世界中与物体相接触时，能产生与真实世界相同的感觉。

**2. 交互性(Interaction)**

交互性的产生主要借助于虚拟现实交互系统中的特殊硬件设备(如数据手套、力反馈装置等)，使用户能通过自然的方式，产生同在真实世界中一样的感觉。例如，用户可以用手直接抓取虚拟世界中的物体，这时手有触摸感，并可以感觉到物体的重量，能区分所拿的是石头还是海绵，并且场景中被抓的物体也能立刻随手的运动而移动。

虚拟现实交互系统比较强调人与虚拟世界之间进行自然的交互，如人的走动、头的转动、手的移动等，通过这些方式与虚拟世界进行交互。这与传统的多媒体交互方式有较大的区别：在传统的多媒体技术中，人机之间的交互工具主要是键盘与鼠标；而在虚拟现实交互系统中，人们甚至可以意识不到计算机的存在。

交互性的另一个方面主要表现了交互的实时性。例如，头转动时能立即在所显示的场景中产生相应的变化，并且能得到相应的其他反馈；用手移动虚拟世界中的一个物体，物体位置会立即发生相应的变化。

**3. 想象性(Imagination)**

想象性指虚拟的环境是人想象出来的，同时这种想象体现出设计者相应的思想，因而可以用来实现一定的目标。所以说虚拟现实交互技术不仅仅是一个媒体或一个高级用户界面，同时它还是为解决工程、医学、军事等方面的问题而由开发者设计出来的应用软件。通常它以夸大的形式反映设计者的思想，虚拟现实交互系统的开发是虚拟现实交互技术与设计者并行操作，是为发挥设计者的创造性而设计的。虚拟现实交互技术的应用，为人类认识世界提供了一种全新的方法和手段，可以使人类跨越时间与空间，去经历和体验世界上早已发生或尚未发生的事件；可以使人类突破生理上的限制，进入宏观或微观世界进行研究和探索；也可以模拟因条件限制等原因而难以实现的事情。

综上所述，虚拟现实交互系统具有的沉浸性、交互性、想象性，使参与者能沉浸于虚拟世界之中并进行交互。虚拟现实交互系统是人们可以通过视觉、听觉、触觉等信息通道感受到设计者思想的高级用户界面。

### 8.1.2 虚拟现实交互的发展

早在20世纪50年代中期，计算机刚在美国、英国的一些大学出现，电子技术还处于以真空电子管为基础的时候，美国的莫顿就成功地利用电影技术，通过“拱廊体验”让观众经历了一次美国曼哈顿的想象之旅。但由于当时各方面的条件制约，如缺乏相应的技术支持、没有合适的传播载体、硬件处理设备缺乏等原因，虚拟现实交互技术并没有得到很大的发展。直到20世纪80年代末，随着计算机技术的快速发展及互联网技术的普及，才使得虚拟现实交互技术得到广泛的应用。

虚拟现实交互技术的发展大致分为3个阶段：20世纪50年代到70年代是虚拟现实交互技术的探索阶段；20世纪80年代初期到80年代中期是虚拟现实交互技术系统化、从实验室走向实用的阶段；20世纪80年代末期到21世纪初是虚拟现实交互技术高速发展的阶段。

第一套具有虚拟现实交互思想的装置是莫顿在1962年研制的称为Sensorama的具有多种感官刺激的立体电影系统。它是一套只能供个人观看立体电影的设备，采用模拟电子技术与娱乐技术相结合的全新技术，能产生立体声音效果，并能有不同的气味，座位也能根据剧情的变化摇摆或振动，观看时还能感觉到有风在吹动。在当时，这套设备非常先进，但观众只能观看，而不能改变所看到的和所感受到的世界，也就是说无交互操作功能。

1965年，计算机图形学的奠基者美国科学家萨瑟兰在一篇名为《终极的显示》的论文中，首次提出了一种假设，观察者不是通过屏幕窗口来观看计算机生成的虚拟世界，而是生成一种直接使观察者沉浸并能互动的环境。这一理论被公认为在虚拟现实交互技术中起着里程碑的作用，所以人们称他既是“计算机图形学”之父，也是“虚拟现实技术”之父。

在随后几年中，萨瑟兰在麻省理工学院开始头盔式显示器的研制工作，人们戴上这个头盔式显示器，就会产生身临其境的感觉。在1968年，萨瑟兰使用两个可以戴在眼睛上的阴极射线管(CRT)研制出了第一个头盔式显示器(HMD)，并发表了《A Head-Mounted 3D Display》的论文。他对头盔式显示器装置的设计要求、构造原理进行了深入的分析，并描绘出这个装置的设计原型，此举成为三维立体显示技术的奠基性成果。在第一个HMD的样机完成后不久，研制者们又反复研究，在此基础上把能够模拟力量和触觉的力反馈装置加入到这个系统中，并于1970年研制出了第一个功能较齐全的HMD系统。

基于20世纪60年代以来所取得的一系列成就，美国的Jaron Lanier在20世纪80年代初正式提出了“Virtual Reality”一词。

20世纪80年代，美国国家航空航天局(NASA)及美国国防部组织了一系列有关虚拟现实交互技术的研究，并取得了令人瞩目的研究成果，从而引起了人们对虚拟现实交互技术的广泛关注。1984年，NASA Ames研究中心虚拟行星探测实验室的McGreevy和Humphries博士组织开发了用于火星探测的虚拟世界视觉显示器，将火星探测器发回的数据输入计算机，为地面研究人员构造了火星表面的三维虚拟世界。在随后的虚拟交互世界工作站(VIEW)项目中，他们又开发了通用多传感个人仿真器和遥控设备。

进入20世纪90年代后，迅速发展的计算机硬件技术与不断改进的计算机软件系统相匹配，使得基于大型数据集合的声音和图像的实时动画制作成为可能，人机交互系统的设计不断创新，新颖、实用的输入/输出设备不断地涌入市场，而这些都为虚拟现实交互系统的发展打下了良好的基础。在应用方面，1993年11月，宇航员通过虚拟现实交互系统的训练，成功地完成了从航天飞机的运输舱内取出新的望远镜面板的工作，而用虚拟现实交互技术设计的波音777飞机是虚拟制造的典型应用实例。这是飞机设计史上第一次在设计过程中没有采用实物模型。波音777飞机由300万个零件组成，所有的设计在一个由数百台工作站组成的虚拟世界中进行。设计师戴上头盔式显示器后，可以穿行于设计的虚拟“飞机”之中，审视“飞机”的各项设计指标。

正是由于虚拟现实交互技术产生的具有交互作用的虚拟世界，使得人机交互界面更加形象和逼真，越来越激发了人们对虚拟现实交互技术的兴趣。近十年来，国内外对此项技术的应用更加广泛，在军事、航空航天、科技开发、商业、医疗、教育、娱乐等多个领域得到越来越广泛的应用，并取得了巨大的经济效益和社会效益。正因为虚拟现实交互技术是一个发展前景非常广阔的新技术，因此，人们对它的应用前景充满了憧憬。

### 8.1.3 虚拟现实交互系统的构成

虚拟现实交互技术是采用以计算机技术为核心的现代高科技技术，生成逼真的视觉、听觉、触觉等一体化的虚拟环境。用户借助必要的设备以自然的方式与虚拟世界中的物体进行交互，相互影响，从而产生亲临真实环境的感受和体验。

典型的虚拟现实交互系统主要由计算机系统、虚拟现实交互设备、虚拟现实工具软件、数据库和用户等组成，如图 8-2 所示。

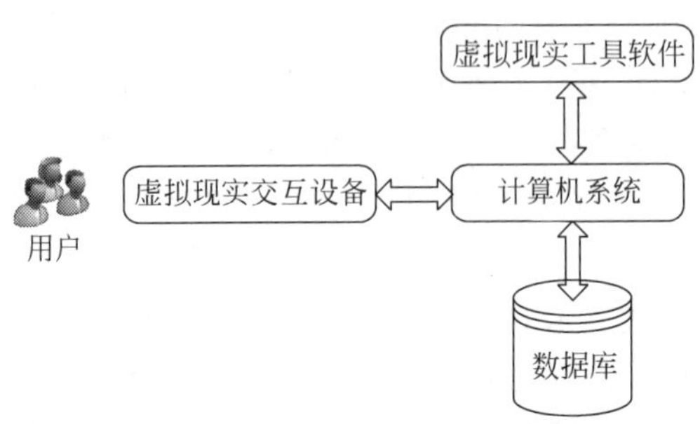


图 8-2 虚拟现实交互系统

**1. 计算机系统**

在虚拟现实交互系统中，计算机系统负责虚拟世界的生成和人机交互的实现。由于虚拟世界本身具有高度复杂性，尤其在某些应用中，如航空航天世界的模拟、大型建筑物的立体显示、复杂场景的建模等，使得生成虚拟世界所需的计算量极为巨大，因此对虚拟现实交互系统中计算机的配置提出了极高的要求。目前，低档的虚拟现实交互系统的配置是以 PC 为基础并配置 3D 图形加速卡；中档的虚拟现实交互系统一般采用 SUN 或 SGI 等公司的可视化工作站；高档的虚拟现实交互系统则采用分布式的计算机系统，即由几台计算机协同工作。由此可见，计算机是虚拟现实交互系统的心脏。

**2. 虚拟现实交互设备**

在虚拟现实交互系统中，为了实现人与虚拟世界的自然交互，必须采用特殊的虚拟现实交互设备，以识别用户各种形式的输入，并实时生成相应的反馈信息。常用的方式为数据手套加空间位置跟踪定位设备，它可以感知运动物体的位置及旋转方向的变化，通过头盔式显示器等立体显示设备产生相应的图像和声音。通常头盔式显示器中配有空间位置跟踪定位设备，当用户头部的位置发生变化时，空间位置跟踪定位设备检测到位置发生的相应变化，从而通过计算机得到物体运动位置等参数，并输出相应的具有深度信息及宽视野的三维立体图像和生成三维虚拟立体声音。

**3. 虚拟现实工具软件及数据库**

虚拟现实工具软件可完成的功能包括：虚拟世界中物体的几何模型、物理模型、运动建模，三维虚拟立体声的生成，模型管理技术及实时显示技术，虚拟世界数据库的建立与管理等几部分。虚拟世界数据库主要用于存放整个虚拟世界中所有物体的各个方面的信息。

### 8.1.4 虚拟现实交互技术的应用与前景

虚拟现实交互技术问世以来，为人机交互界面开辟了广阔的天地，带来了巨大的社会、经济效益。在当今世界上，许多发达国家都在大力研究、开发和应用这一技术，积极探索其在各个领域中的应用。统计结果表明：虚拟现实交互技术目前在军事、航空、医学、机器人、娱乐业的应用占据主流地位；其次是教育、艺术和商业方面；另外，在可视化计算、制造业等领域也有相当的比重，并且现在的应用也越来越广泛，其中应用增长最快的是制造业。

**1. 军事与航空航天领域**

虚拟现实交互技术的根源可以追溯到军事领域，并且军事应用一直是推动虚拟现实交互技术发展的动力。采用虚拟现实交互系统不仅提高了作战能力和指挥效能，而且大大减少了军费开支，节省了大量人力、物力，同时在安全等方面也可以得到保证。目前，在军事领域的应用主要体现在以下两个方面。

(1) 武器装备研究与新武器展示方面的应用。首先，在武器设计研制过程中，采用虚拟现实交互技术提供先期演示，检验设计方案，把先进设计思想融入武器装备研制的全过程，从而保证总体的质量和效能，实现武器装备投资的最佳选择。对于有些无法进行实验或实验成本太高的武器研制工作，也可由虚拟现实交互系统来完成，所以尽管不进行武器试验，也能不断地改进武器。其次，研制者和用户利用虚拟现实交互技术，可以很方便地介入系统建模和仿真试验的全过程，既能加快武器系统的研制周期，又能合理评估其作战效能及其操作的合理性，使之更接近实战的要求。再次，采用虚拟现实交互技术对未来高技术战争的战场环境、武器装备的技术性能和使用效率等方面进行仿真，有利于选择重点发展的武器装备体系，优化其整体质量和作战效果。最后，很多武器供应商借助于网络，采用虚拟现实交互系统来展示武器的各种性能。

(2) 军事训练方面的应用。各个国家在传统上都习惯于采用举行实战演习来训练军事人员和士兵，但是这种实战演练，特别是大规模的军事演习，将耗费大量资金和军用物资，安全性差，而且还很难在实战演习条件下改变状态来反复进行各种战场态势下的战术和决策研究。目前在军事训练领域主要用于虚拟战场、单兵模拟训练、近战战术训练、诸军兵种联合战略战术演习 4 个方面。

在航空航天方面，美国国家航空航天局在 20 世纪 80 年代初就开始研究虚拟现实交互技术，并于 1984 年研制出新型头盔式显示器。20 世纪 90 年代以来，虚拟现实交互的研究与应用范围不断扩大。宇航员利用虚拟现实交互系统进行了各种训练，于 1993 年 12 月修复了“哈勃太空望远镜”。如果没有虚拟现实交互系统的帮助，完成这样艰巨的太空修复活动是不可设想的。美国国家航空航天局还计划将虚拟现实交互系统应用于国际空间站组装训练等工作。

欧洲航天局探索把虚拟现实交互技术用于提高宇航员训练、空间机器人遥控和航天器设计水平等方面的可能性，而近期内的计划重点放在开发用于宇航员舱外活动训练、月球与火星探测模拟以及把地球遥感卫星的探测数据转化为三维可视图像的虚拟现实交互系统。

**2. 教育与训练领域**

(1) 虚拟校园。虚拟校园在现在很多高校都有成功的例子，浙江大学、上海交通大学、北京大学、中国人民大学、山东大学、西北大学、杭州电子工业学院、西南交通大学等高校，都采用虚拟现实交互技术建设了虚拟校园。网络的发展和虚拟现实交互技术的应用，使人们可以仿真校园环境。因此虚拟校园成了虚拟现实交互技术与网络在教育领域最早的应用。目前虚拟校园主要以实现浏览功能为主。随着多种灵活的浏览方式以崭新的形式出现，虚拟校园正以一种全新的姿态吸引着用户。

(2) 虚拟演示教学与实验。虚拟现实交互技术在教学中应用较多，特别是理工科类课程的教学，尤其在建筑、机械、物理、生物、化学等学科的教学上产生了质的突破。它不仅适用于课堂教学，使之更形象生动，也适用于互动性实验。在很多大学都有虚拟现实交互技术研究中心或实验室。如杭州电子工业学院虚拟现实与多媒体研究所，研究人员把虚拟现实交互应用于教学，开发了虚拟教育环境。

(3) 远程教育系统。随着互联网技术的发展，真实、互动、情节化的远程学习环境突破了物理时空的限制并有效地利用了共享资源这些特点，同时可虚拟老师、实验设备等。如中央广播电视大学远程教育学院，投入较大的人力和物力，采用基于 Internet 的游戏图形引擎。将网络学院具体的实际功能整合在图形引擎中，突破了目前大多虚拟现实交互技术的应用仅仅停留在一般性浏览层次上的限制。

(4) 特殊教育。由于虚拟现实交互技术是一种面向自然的交互形式，这个特点对于一些特殊的教育有着特殊的用途。中国科学院计算所开发的"中国手语合成系统"，采用基于运动跟踪的手语三维运动数据获取方法，利用数据手套以及空间位置跟踪定位设备，可以获取精确的手语三维运动数据。哈尔滨工业大学计算机系已经成功地虚拟出了人类高级行为中特定的人脸图像的合成、表情的合成和唇动的合成等技术问题，并正在研究人说话时头的姿势、手势动作、话音和语调的同步等。

(5) 技能培训。将虚拟现实交互技术应用于技能培训可以使培训工作更加安全，并节约了成本。比较典型的应用是训练飞行员的模拟器及用于汽车驾驶的培训系统。交互式飞机模拟驾驶器是一种小型的动感模拟设备，它的舱体内配备有显示屏幕、飞行手柄和战斗手柄。在虚拟的飞机驾驶训练系统中，学员可以反复操作控制设备，学习在各种天气情况下进行起飞、降落，通过反复训练，达到熟练掌握驾驶技术的目的。

**3. 商业应用领域**

商业上，虚拟现实交互技术常被用于产品的展示与推销。随着虚拟现实交互技术的发展与普及，该技术在最近几年在商业应用中越来越多，主要表现在商品的展示中。采用虚拟现实交互技术来进行展示，全方位地对商品进行展览，展示商品的多种功能，另外还能模拟商品工作时的情景，包括声音、图像等效果，比单纯使用文字或图片宣传更有吸引力。并且这种展示可用于 Internet 之中，可实现网络上的三维互动，为电子商务服务，同时顾客在选购商品时可根据自己的意愿自由组合，并实时看到它的效果。在国内已有多家房地产公司采用虚拟现实交互技术进行小区、样板房、装饰展示等，并已取得较好的效果。

**4. 建筑设计与规划领域**

在城市规划、工程建筑设计领域，虚拟现实交互技术被作为辅助开发工具。由于城市规划的关联性和前瞻性要求较高，在城市规划中，虚拟现实交互系统正发挥着巨大作用。例如许多城市都有自己的近期、中期和远景规划。在规划中需要考虑各个建筑同周围环境是否和谐与统一，新建筑是否同周围的原有的建筑协调，以免造成建筑物建成后，才发现它破坏了城市原有风格和合理布局。因而，对全新的可视化技术的需求是最为迫切的需求之一。

虚拟现实交互在重大工程项目论证中应用较多。一些大型的公共建筑工程项目或比较重要的建筑，如车站、机场、电视塔、桥梁、港口、大坝、核电站等，建成后往往会对某一地区的景观、环境等有较大的影响。由于这些项目的建设成本高，社会影响大，其安全性、经济性和功能合理性就显得非常重要。对于公众关心的大型项目，在项目方案设计过程中，虚拟现实交互系统是一个极好的展示工具，在方案设计前期，将方案导出制作成多媒体演示作品，让公众参与讨论。

**5. 医学领域**

在医学领域，虚拟现实交互技术和现代医学的飞速发展以及两者之间的融合使得虚拟现实交互技术已开始对生物医学领域产生重大影响。目前正处于应用虚拟现实交互的初级阶段，其应用范围主要涉及建立合成药物的分子结构模型、各种医学模拟以及进行解剖和外科手术等。在此领域，虚拟现实交互应用大致上有两类：一类是虚拟人体的虚拟现实交互系统，也就是数字化人体，这样的人体模型使医生更容易了解人体的构造和功能；另一类是虚拟手术的虚拟现实交互系统，可用于指导手术的进行。

虚拟人体的虚拟现实交互系统在医学方面的应用具有十分重要的现实意义。它主要用于教学和科研，在基于虚拟现实交互技术的解剖室环境中，学生和教师可以直接与三维模型交互，借助于空间位置跟踪定位设备、HMD、数据手套等虚拟的探索工具，可以达到常规方法（用真实标本）不可能达到的效果，学生可以很容易了解人体内部各器官的结构，这比现有的采用教科书的方式要有效得多。如虚拟模型的连接和拆分、透明度或大小的变化、产生任意的横切面视图、测量大小和距离（用虚拟尺）、结构的标记和标识、绘制线条和对象（用空间绘图工具）等。在其他医学教学中利用可视人体数据集的全部或部分数据，经过三维可视化为学生展现人体器官和组织。不仅如此，还可以进行功能性的演示，例如心脏的电生理学的多媒体教学，它基于可视人体数据集的解剖模型，通过电激励传播仿真的方法，计算出不同的时间和空间物理场的分布，并采用动画的形式进行可视化，用户可以与模型交互，观看不同的变换效果。

另外，在远程医疗中，虚拟现实交互技术也很有潜力。对于危急病人，还可以实施远程手术。医生对病人模型进行手术，他的动作通过卫星传送给远处的手术机器人。手术的实际图像通过机器人上的摄像机传回至医生的头盔式显示器，通过增强式虚拟现实交互系统将其和虚拟病人模型进行叠加，可为医生提供更多的有用信息。

综上所述，虚拟现实交互技术对于复杂手术的计划安排、手术过程的信息指导、手术后果预测、改善残疾人生活状况及新型药物的研制等方面，都有十分重要的意义。

**6. 工业应用领域**

随着虚拟现实交互技术的发展，其应用已进入民用市场。在工业设计中，虚拟样机就是利用虚拟现实交互技术和科学计算可视化技术，根据产品的计算机辅助设计（CAD）模型和数据以及计算机辅助工程（CAE）仿真和分析的结果，所生成的一种具有沉浸感和真实感并可进行直观交互的产品样机。用虚拟样机技术取代传统的样机，可以大大节约新产品开发的周期和费用，可以很容易地发现许多以前难以发现的设计问题，明显地改善开发团体成员之间的交流方式。利用虚拟现实交互技术、仿真技术等在计算机上建立起的虚拟制造环境是一种接近人们自然活动的环境，人们的视觉、触觉和听觉都与实际环境接近。人们在这样环境中进行产品的开发，可以充分发挥技术人员的想象力和创造能力，能相互协作发挥集体智慧，大大提高产品开发的质量并缩短开发周期。

汽车工业是最先采用虚拟现实交互技术的领域。一般情况下，开发或设计一辆新式汽车，从初始设想到汽车出厂大约需要两年或更长的时间。因为当图纸设计好后，要用黏土做模型，还需要许多后续的工序去研究基本外形，检验空气动力学性能，调整乘客的人机工程学特性等。而采用虚拟现实交互技术就可以大大地缩短这一周期，因为采用虚拟现实交互技术设计与制造汽车不需要建造实体模型。它可以简化很多工序，可根据 CAD/CAM 程序所收集的有关汽车设计的数据进行仿真。

**7. 影视娱乐领域**

娱乐上的应用是虚拟现实交互技术应用最广阔的领域，从早期的立体电影到现代高级的沉浸式游戏，都是虚拟现实交互技术应用较多的领域。丰富的感知能力与三维显示世界使得虚拟现实交互技术成为理想的视频游戏工具。由于在娱乐方面对虚拟现实交互的真实感要求不太高，所以近几年来虚拟现实交互技术在该方面发展较为迅猛。

作为传输显示信息的媒体，虚拟现实交互技术在未来艺术领域方面所具有的潜在应用能力也不可低估。虚拟现实交互所具有的临场参与感与交互能力可以将静态的艺术（如油画、雕刻等）转化为动态的，可以使观赏者更好地欣赏作者的思想艺术。如虚拟博物馆，还可以利用网络或光盘等其他载体实现远程访问。另外，虚拟现实交互提高了艺术表现能力，如一个虚拟的音乐家可以演奏各种各样的乐器，人们即使远在外地，也可以在他生活的居室中去虚拟的音乐厅欣赏音乐会。

## 8.2 虚拟建模技术

虚拟环境的建立是虚拟现实交互技术的核心内容，虚拟环境是建立在建模基础之上的，只有设计出反映研究对象的真实有效的模型，虚拟现实交互系统才有可信度。虚拟环境建模的目的是获取实际环境的三维数据，并根据应用的需要，利用获取的三维数据建立相应的虚拟环境模型。

### 8.2.1 虚拟建模技术概述

建模技术的内容十分广泛，目前也有很多较成熟的建模技术，但有些建模技术可能对虚拟现实交互系统来说不太适合，主要的原因就在虚拟现实交互系统中实时性的要求，除此外还有在这些建模技术产生的很多信息可能是虚拟现实交互系统中所不需要的，或是对物体运动的操纵性支持得不够等。虚拟现实交互系统中环境的建模技术与其他图形建模技术相比，主要特点表现在以下 3 个方面。

（1）虚拟环境中可以有很多物体，往往需要建造大量完全不同类型的物体模型。

（2）虚拟环境中有些物体有自己的行为，而其他图形建模系统中一般只有构造静态的物体，或是物体简单的运动。

（3）虚拟环境中的物体必须有良好的操纵性能，当用户与物体进行交互时，物体必须以某种适当的方式来做出反应。

虚拟现实交互系统包括三维视觉和三维听觉建模等。在当前应用中，环境建模一般主要是三维视觉建模。三维视觉建模又可细分为几何建模、物理建模、行为建模等。几何建模是基于几何信息来描述物体模型的建模方法，它处理对物体的几何形状的表示，研究图形数据结构的基本问题；物理建模是涉及物体的物理属性；行为建模是反映研究对象的物理本质及其内在的工作机理。

## 8.2.2 几何建模

几何建模技术主要研究对象是对物体几何信息的表示与处理，它是涉及表示几何信息数据结构，以及相关的构造与操纵数据结构的算法建模方法。几何建模通常采用以下 4 种方法。

(1) 利用虚拟现实交互工具软件来进行建模，如 OpenGL、Java3D、VRML 等。

(2) 直接从某些商品图形库中选购所需的几何图形，这样可以避免直接用多边形或三角形拼构某个对象外形时烦琐的过程，也可节省大量的时间。

(3) 利用常用建模软件来进行建模，如 AutoCAD、3ds Max、Maya、Softimage、Pro/E 等，用户可交互式地创建某个对象的几何图形。

(4) 直接利用虚拟现实交互编辑器。如 Dimension 公司的虚拟现实交互 T3 和 Division 公司的 Amaze 等都具有这种功能。

## 8.2.3 物理建模

建模技术进一步发展的产物是物理建模，也就是在建模时要考虑对象的物理属性。典型的物理建模技术有分形技术和粒子系统。

**1. 分形技术**

分形技术是指可以描述具有自相似特征的数据集。自相似的典型例子是树，若不考虑树叶的区别，当我们靠近树梢时，树的树梢看起来也像一棵大树，由相关的一组树梢构成的一根树枝，从一定的距离观察也像一棵大树。当然，由树枝构成的树从适当的距离看时自然也是棵树。虽然，这种分析并不十分精确，但比较接近。这种结构上的自相似称为统计意义上的自相似。

自相似结构可用于复杂的不规则外形物体的建模。该技术首先被用于河流和山体的地理特征建模。例如，利用三角形来生成一个随机高度的地形模型，取三角形三边的中点并按顺序连接起来，将三角形分割成 4 个三角形，在每个中点随机地赋予一个高度值，然后，递归上述过程，就可产生相当真实的山体。

分形技术的优点是用简单的操作就可以完成复杂的不规则物体建模，缺点是计算量太大，不利于实时性。因此，在虚拟现实交互系统中一般仅用于静态远景的建模。

**2. 粒子系统**

粒子系统是一种典型的物理建模系统，粒子系统是用简单的体素完成复杂的运动建模。所谓体素，是用来构造物体的原子单位，体素的选取决定了建模系统所能构造的对象范围。粒子系统由大量称为粒子的简单体素构成，每个粒子具有位置、速度、颜色和生命期等属性，这些属性可根据动力学计算和随机过程得到。在虚拟现实交互系统中，粒子系统常用于描述火焰、水流、雨雪、旋风、喷泉等现象及动态运动的物体建模。

## 8.2.4 运动建模

几何建模与物理建模相结合，可以部分实现虚拟现实交互的“看起来真实、动起来真实”的特征，而要构造一个能够逼真地模拟现实世界的虚拟环境，必须结合运动建模技术。

运动建模负责物体的运动和行为的描述。如果说几何建模是虚拟现实交互建模的基础，运动建模则真正体现出虚拟现实交互的特征。一个虚拟现实交互系统中的物体若没有任何运动和反应，则这个虚拟现实交互系统是静止的、没有生命力的，对于虚拟现实交互用户是没有任何意义的。所以说运动建模技术才真正体现了虚拟现实交互的特征。

运动建模技术主要研究的是物体运动的处理和对其行为的描述，体现了虚拟环境中建模的特征。也就是说运动建模就是在创建模型的同时，不仅赋予模型外形、质感等表现特征，同时也赋予模型物理属性和"与生俱来"的行为与反应能力，并且服从一定的客观规律。在虚拟环境行为建模中，建模方法主要有运动学方法与动力学仿真。

**1. 运动学方法**

运动学方法是通过几何变换，如物体的平移或旋转等来描述运动。在运动控制中，无须知道物体的物理属性。在关键帧动画中，运动是通过显示指定几何变换来表现的。首先设置几个关键帧用来区分关键的动作，其他动作根据各关键帧可通过内插等方法来完成。由于运动学方法产生的运动是基于几何变换的，复杂场景的建模将显得比较困难。

**2. 动力学仿真**

动力学仿真运用物理定律而非几何变换来描述物体的行为。在该方法中，运动是通过物体的质量和惯性、力和力矩以及其他的物理作用计算出来的。这种方法的优点是对物体运动的描述更精确，运动更加自然。

采用运动学方法与动力学仿真都可以模拟物体的运动行为，但各有其优越性和局限性。运动学方法可以做得很真实和高效，但相对应用面不广；而动力学仿真技术利用真实规律精确描述物体的行为，比较注重物体间的相互作用，较适合物体间交互较多的环境建模，它有着广泛的应用领域。

## 8.3　实时绘制技术

视觉信息是人类感知外部世界、获取信息的最主要的传感通道，要使用户对虚拟环境产生沉浸感，首先必须要求观察的场景画面是三维立体的，即在用户的立体眼镜或 HMD 的左右眼显示器上，同步出现具有给定视差的场景画面用以产生立体视觉。其次，产生的立体画面必须随用户视点的视线方向的改变、场景中物体的运动而实时地刷新。因而三维场景的实时绘制可以说是虚拟现实交互中又一项重要的技术。

传统的真实感图形绘制的算法追求的是图形的真实感与高质量，对每帧画面的绘制速度并没有严格的限制，而在虚拟现实交互系统中要求的实时三维绘制要求图形实时生成，需用限时计算技术来实现。由于在虚拟环境中所涉及的场景常包含着数十万个甚至上百万个多边形，虚拟现实交互系统对传统的绘制技术提出了严峻的挑战。

实时三维图形绘制技术指利用计算机为用户提供一个能从任意视点及方向实时观察三维场景的手段。它要求当用户的视点改变时，图形显示速度也必须跟上视点的改变速度，否则就会产生迟滞现象。

由于三维立体图包含比二维图形更多的信息，而且虚拟场景越复杂，其数据量就越大。因此，当生成虚拟环境的视图时，必须采用高性能的计算机及设计好的数据组织方式，从而达到实时性的要求，至少保证图形的刷新频率不低于 15 帧/秒，最好是高于 30 帧/秒。

有些性能不好的虚拟现实交互系统会由于视觉更新等待时间过长，将可能造成视觉上的交叉错位。即当用户的头部转动时，由于计算机系统及设备的延迟，使新视点场景不能得到及时更新，从而产生头已移动而场景没及时更新，而当用户的头部已经停止转动后，系统此时却将刚才延迟的新场景显示出来。这不但大大地降低了用户的沉浸感，严重的还将产生虚拟现实交互技术中的“运动病”现象，使人产生头晕、乏力等。

### 8.3.1 基于几何图形的实时绘制技术

为了保证三维图形的显示能实现刷新频率不低于 30 帧/秒。除了在硬件方面采用高性能的计算机外，还必须选择合适的算法来降低场景的复杂度(即降低图形系统处理的多边形数目)。目前，用于降低场景的复杂度，以提高三维场景的动态显示速度的常用方法有预测计算、脱机计算、场景分块、可见消隐、细节层次模型等，其中细节层次模型应用较为普遍。

**1. 预测计算**

根据物体的各种运动规律，如手的移动，可在下一帧画面绘制之前用预测的方法推算出手的位置，从而减少由输入设备所带来的延迟。

**2. 脱机计算**

由于虚拟现实交互系统是一个较为复杂的系统，在实际应用中可以尽可能将一些可预先计算好的数据进行预先计算并存储在系统中，这样可加快需要运行时的速度。

**3. 场景分块**

将一个复杂的场景划分成若干个子场景，各个子场景间几乎不可见或完全不可见。例如，把一个建筑物按房间划分成多个子部分，此时，观察者处在某个房间时仅能看到房内的场景，如门口、窗户等和与之相邻的房间和景物。这样，系统就能有效地减少在某一时刻所需要显示的多边形数目，从而有效降低了场景的复杂度。这种方法对封闭的空间有效，但对开放的空间则很难使用。

**4. 可见消隐**

场景分块技术与用户所处的场景位置有关，而可见消隐技术则与用户的视点关系密切。使用这种方法，系统仅显示用户当前能“看见”的场景，当用户仅能看到整个场景中很小部分时，由于系统仅显示相应场景，此时可大大减少所需显示的多边形的数目。然而，当用户“看见”的场景较复杂时，这种方法就作用不大。

**5. 细节层次模型**

所谓细节层次模型(Level Of Detail，LOD)，是对同一个场景或场景中的物体使用具有不同细节的描述方法得到的一组模型。在实时绘制时，对场景中不同的物体或物体的不同部分采用不同的细节描述方法。如果一个物体离视点比较远，或者这个物体比较小，就要采用较粗的 LOD 模型绘制，反之，如果这个物体离视点比较近时，或者物体比较大时，就必须采用较精细的 LOD 模型来绘制。同样，如果场景中有运动的物体，也可以采用类似的方法，对处于运动速度快或处在运动中的物体，采用较粗的 LOD 模型；而对于静止的物体采用较精细的 LOD 模型。

与其他技术相比，细节层次模型是一种很有前景的方法，它不仅可以用于封闭空间模型，也可以用于开放空间模型。但是，LOD 模型缺点是所需储存量大，同时，离散的 LOD 模型无法支持模型间的连续过渡，且对场景模型的描述及其维护提出了较高的要求。LOD 模型常用于复杂场景快速绘制、飞行模拟器、交互式可视化和虚拟现实交互系统中。

### 8.3.2 基于图像的实时绘制技术

基于几何模型的实时动态显示技术其优点主要是观察点和观察方向可以随意改变，不受限制。但是，同时也存在一些问题，如三维建模费时费力、工程量大，对计算机硬件有需要较高的要求，在漫游时在每个观察点及视角实时生成的数据量较大。因此，近年来很多学者研究直接采用图像来实现复杂环境的实时动态显示。

基于图像的绘制技术(Image Based Rendering，IBR)是采用一些预先生成的场景画面，对接近于视点或视线方向的画面进行变换、插值与变形，从而快速得到当前视点处的场景画面。与基于几何的传统绘制技术相比，基于图像的实时绘制技术的优势在于以下几个方面。

(1) 图形绘制技术与场景复杂性无关，仅与所要生成画面的分辨率有关。

(2) 预先存储的图像(或环境映照)既可以是计算机生成的，也可以是用相机实际拍摄的画面，也可以两者混合生成。它们都能达到满意的绘制质量。

(3) 对计算机的资源要求不高，可以在普通工作站和个人计算机上实现复杂场景的实时显示。

目前，基于图像的绘制技术主要有以下两种，此外，其他的还有基于分层表示及全视函数等方法。

(1) 全景技术。全景技术是指在一个场景中的一个观察点用相机每旋转一下角度拍摄得到一组照片，再在计算机采用各种工具软件拼接成一个全景图像。它所形成的数据较小，对计算机配置要求低，适用于桌面式虚拟现实交互系统，建模速度快，但一般一个场景只有一个观察点，因此交互性较差。

(2) 图像的插值及视图变换技术。在上面所介绍的全景技术中，只能在指定的观察点进行漫游。现在，研究人员研究了根据在不同观察点所拍摄的图像，交互地给出或自动得到相邻两个图像之间对应点，采用插值或视图变换的方法，求出对应于其他点的图像，生成新的视图，根据这个原理可实现多点漫游的要求。

## 8.4 虚拟声音交互技术

在虚拟现实交互系统中，听觉是仅次于视觉的第二传感通道，是创建虚拟世界的一个重要组成部分。在虚拟现实交互系统中加入与视觉并行的三维虚拟声音，一方面可以在很大程度上增强用户在虚拟世界中的沉浸感和交互性，同时也可以减弱大脑对于视觉的依赖性，降低沉浸感对视觉信息的要求，使用户能从既有视觉感受又有听觉感受的环境中获得更多信息。

### 8.4.1 三维虚拟声音的概念与作用

虚拟现实交互系统中的三维虚拟声音与人们熟悉的立体声音完全不同。人们日常听到的立体声录音，虽然有左右声道之分，但就整体效果而言，人们能感觉到立体声音来自听者面前的某个平面；而虚拟现实交互系统中的三维虚拟声音，使听者能感觉到声音却是来自围绕听者双耳的一个球形空间中的任何地方，即声音可能来自于头的上方、后方或者前方。如战场模拟训练系统中，当用户听到了对手射击的枪声时，他就能像在现实世界中一样准确而且迅速地判断出对手的位置,如果对手在他身后,听到的枪声就应是从后面发出的。因而把在虚拟场景中的能使用户准确地判断出声源的精确位置、符合人们在真实境界中听觉方式的声音系统称为三维虚拟声音系统。

视觉和听觉一起使用能充分显示信息内容,尤其是当空间超出了视域范围,从而提供更强烈的存在和真实性感觉。另外,声音是用户和虚拟环境的另一种交互方法,人们可以通过语音与虚拟世界进行双向交流。

## 8.4.2 三维虚拟声音的特征

三维虚拟声音系统的核心技术是三维虚拟声音定位技术,它的主要特征如下。

**1. 全向三维定位特性**

全向三维定位特性(3D Steering)指在三维虚拟空间中,使用户能准确地判断出声源的精确位置,符合人们在真实境界中的听觉方式,如同在现实世界中,我们一般先听到声响,然后再用眼睛去看这个地方。三维声音系统不仅允许人们根据注视的方向,而且可根据所有可能的位置来监视和识别各信息源。可见,三维声音系统能提供粗调的机制,用以引导较为细调的视觉能力的注意。在受干扰的可视显示中,用听觉引导肉眼对目标的搜索,要优于无辅助手段的肉眼搜索,即使是对处于视野中心的物体也是如此,这就是声学信号的全向特性。

**2. 三维实时跟踪特性**

三维实时跟踪特性(3D Real Time Localization)是指在三维虚拟空间中,实时跟踪虚拟声源位置变化或景象变化的能力。当用户头部转动时,这个虚拟的声源的位置也应随之变化,使用户感到真实声源的位置并未发生变化。而当虚拟发声物体移动位置时,其声源位置也应有所改变。因为只有声音效果与实时变化的视觉相一致,才可能产生视觉和听觉的叠加与同步效应。如果三维虚拟声音系统不具备这样的实时变化能力,看到的景象与听到的声音会相互矛盾,听觉就会削弱视觉的沉浸感。

**3. 沉浸感与交互性**

三维虚拟声音的沉浸感就是指加入三维虚拟声音后,能使用户产生身临其境的感觉,这可以更进一步使人沉浸在虚拟环境之中,有助于增强临场效果。而三维声音的交互特性则是指随着用户的临场反应和实时响应的能力。

## 8.4.3 人类的听觉模型与头相关转移函数

三维虚拟声音的使用主要依赖于用户对听觉空间中各种信息源的定位能力。如在听普通立体音乐时,头部有任何运动,听者都会感到声音方向在改变。然而人们希望的是耳机传出的声音应有位置、方向感,并且能根据听者与声源的距离来反映声音的大小,这在虚拟现实交互系统里实现是不容易的,因为它要求声源的位置必须完全独立于虚拟现实交互系统中使用者头部的运动。因此,在设计时必须仔细考虑听者精确定位所需的声学信息,认真分析确定声源方向的理论,为虚拟三维声音系统建立人类的听觉模型。

**1. 人类的听觉模型**

人类听觉系统用于确定声源位置和方向信息,它不仅与混响时间差和混响强度差有关,更取决于对进入耳朵的声音产生频谱的耳廓。

混响时间差是指声源到达两个耳朵的时间之差，根据到达双耳的时间来判断，当左耳先听到的声音，就说明声源位于听者的左侧，即偏于一侧的声源的声音先到达较近的耳朵。

混响强度差是指声源对左右耳作用的压强之差。在声波的传播过程中，如果声源距离一侧耳朵比另一侧近，则到达这一侧耳朵的声波就比另一侧耳朵的声波大。一般来讲，混响强度差因为时间因素产生的压力差较小。其实，头部阴影效应所产生的压力差影响更显著，使到达较远一侧耳朵的声波比近一侧耳朵的声波要小，这就存在一个压力差。这一现象在人的声源定位机能中起着重要的作用。

研究表明，在声波频率较低时，混响强度差很小，声音定位依赖混响时间差，当声波的频率较高时，混响强度差在声音定位中起作用。但进一步研究表明，该理论不能解释所有类型的声音定位，即使双耳的声音中包含时间相位及强度信息，仍使听者感觉到在头内而不是在身外。

**2. 头相关转移函数**

声音相对于听者的位置会在两耳上产生两种不同的频谱分布，靠得近的耳朵通常感受到的强度相对高一些。通过测量外界声音及鼓膜上的声音的频谱差异，获得了声音在耳附近发生的频谱波形，随后利用这些数据对声波与人耳的交互方式进行编码，得出相关的一组转移函数，并确定出双耳的信号传播延迟的特点，以此对声源进行定位。这种声音在双耳中产生的频段和频率的差异就是第二条定位线索。通常在虚拟现实交互系统中，当无回声的信号由这组转移函数处理后，再通过与声源缠绕在一起的滤波器驱动一组耳机，就可以在传统的耳机上形成有真实感的三维声音了。

理论上，这些转移函数因人而异，因为每个人的头、耳的大小和形状各不相同。但这些函数通常是从一群人获得的，因而它只是一组平均特征值。而且，由于头的形状也要与耳廓的本身的行为作用，因此，转移函数是与头相关的，故称为头相关转移函数（Head-Related Transfer Function，HRTF）。事实上，HRTF 的主要影响因素是耳廓，但除耳廓外还受头部的衍射和反射、肩膀的反射及躯体的反射等多方面因素的影响。

举例来说，在虚拟世界中的一台正播放音乐的录音机，它的虚拟位置应该是不变的，只是和用户的相对位置会改变。但如果不考虑这一相对变化引起的传递函数变化，录音机就可能在虚拟世界中动起来，这样的声音效果不仅不能增强沉浸感，反而会造成莫名其妙的感觉。反之，头部位置固定而声音源发生移动，听到的声音也应随之变化，从而真正地实现三维声音定位。

### 8.4.4 语音识别与合成技术

语音是人类最自然的交流方式。与虚拟世界进行语音交互是实现虚拟现实交互系统中的一个高级目标，虚拟现实交互系统中的语音技术是语音识别和语音合成技术。但技术上还很不成熟。

语音识别技术（Automatic Speech Recognition，ASR）是指将人说话的语音信号转换为可被计算机程序所识别的文字信息，从而识别出说话人的语音指令以及文字内容的技术。

语音识别一般包括参数提取、参考模式建立、模式识别等过程。当通过一个话筒将声音输入到系统中，系统把它转换成数据文件后，语音识别软件便开始以输入的声音样本与事先储存好的声音样本进行对比工作。声音对比工作完成之后，系统就会输入一个它认为最

“像”的声音样本序号，由此可以知道输入者刚才念的声音是什么意义，进而执行此命令。

语音合成技术(Text To Speech，TTS)是指将文本信息转变为语音数据，以语音的方式播放出来的技术。在语音合成技术中，首先对文本进行分析，再对它进行韵律建模，然后从原始语音库中取出相应的语音基元，利用特定的语音合成技术对语音基元进行韵律特性的调整和修改，最终合成出符合要求的语音。虚拟现实交互系统中，采用语音合成技术可提高沉浸效果。当试验者戴上一个低分辨率的 HMD 后，主要是从显示中获取图像信息，而几乎不能从显示中获取文字信息。这时通过语音合成技术用声音读出必要的命令及文字信息，就可以弥补视觉信息的不足。

虚拟现实交互系统中，如果将语音合成与语音识别技术结合起来，就可以使试验者与计算机所创建的虚拟环境进行简单的语音交流了。当使用者的双手正忙于执行其他任务，这个语音交流的功能就显得更为重要了。因此，这种技术在虚拟现实交互环境中具有突出的应用价值，相信在不远的将来，ASR 和 TTS 技术将出现在人们的身边，真正实现人机自然交互。

## 8.5 虚拟现实工具软件与自然交互技术

虚拟现实交互的软件系统是实现虚拟现实交互技术应用的关键。在虚拟现实交互系统应用中，提供一种使用方便、功能强大的系统开发支撑软件是十分重要的，虚拟现实交互软件工具就是要达到这个功能。

### 8.5.1 虚拟现实工具软件

目前，在国内与国外已开发了很多虚拟现实交互系统软件工具，如 WTK(World Tool Kit)、MRT(Minimal Reality Toolkit)、World Visions、Free WRL、VRT(Virtual Reality Toolkit)、DVES(Distributed Virtual Environment System)等，其中 WTK 是应用较多的一种。

WTK(World Tool Kit)是由美国 Sense8 公司开发的虚拟环境应用工具软件。它是一种简洁的跨平台软件开发系统，可用于科学和商业领域建立高性能的、实时的、综合三维工程。WTK 是具有很强的功能的终端用户工具，它可用来建立和管理一个项目并使之商业化。一个高水平的应用程序界面(API)应该能让用户按需要快捷地建模、开发及重新构造应用程序。WTK 算法设计使画面高品质得到根本的保障。这种高效的视觉数字显示提高了运行、控制和适应能力，它的特点是高效传输数据及细节分辨。WTK 提供了强大的功能，它可以开发出最复杂的应用程序，还能提高一个组织的生产效率。WTK 实质是一个由 1 000 多个 C 语言函数组成的函数库。通过使用这些函数，用户可以构造出一个具有真实世界属性和行为的虚拟世界。一个函数调用相当于执行 1 000 行代码，这将奇迹般地缩短产品开发时间。WTK 被规划为包括 The Universe 在内的 20 多个类，它们分别管理模拟系统、几何对象、视点、传感器、路径、光源和其他项目。附加函数用于器件实例化、显示设置、碰撞检测、从文件装入几何对象、动态几何构造、定义对象动作和控制绘制等。

WTK 使 Open 虚拟现实交互 TM 的理论成为现实，它提供了一个工具可简捷地跨平台使用，包括 SGI、Evans、Sutherland、Sun、HP、DEC 和 Intel。优化的功能使它可以支持每一个平台界面，它直接通过连续的系统图片库使最快速传输图片成为可能。另外，WTK 支持多种输入/输出设备，并且允许用户修改 C 代码，也允许它和多种信息源进行交互。

从底层看，WTK 是由几百个 C 语言函数组成的软件包。对用户来说，WTK 提供了一个完整的用于生成虚拟环境的应用开发工具。它提供了很好的接口，促使软件与硬件相互独立。它可以不依赖硬件环境而运行在从 PC 到 SGI 工作站的各种机器上，也支持基于网络的分布式模拟环境，支持的虚拟现实交互设备有 Advanced Gravies Mousestick（光学操纵杆）、Ascension Bird（跟踪器）、Lotitech 2D/6D（头部跟踪器）、Fake Space BOOM、Logitech 鼠标、Microsoft 鼠标、Special Systems Spaceball（力矩球）。

WTK 开发系统由两部分构成：硬件部分和软件部分。硬件部分包含主机、图形加速卡、虚拟现实交互设备。只有选择图形加速卡，才能保证图形的快速刷新和渲染，才能保证视觉效果的一致性。虚拟现实交互设备的种类很多，有 HMD、数据手套、三维空间鼠标等。用户应根据对交互性的需要，选择经济合理的虚拟设备。例如，用户需要研究力反馈情况，才需要选用带有力反馈功能的传感器。软件部分实质是指集成了 WTK 函数库的 C 编译器，它可调用 CAD 软件中的模型，完成虚拟环境中的几何建模，也可调用各种图像编辑器所编辑的二维图像，形成虚拟环境中景物的表面纹理、图片等。WTK 采用面向对象的编程方式，形成了几十个基类，如 WTtuniverse、Wtgeometry、Wtnode 等。

## 8.5.2 自然交互技术

在虚拟现实交互技术中，人们强调自然交互性，即人处在虚拟世界中，与虚拟世界进行交互，甚至意识不到计算机的存在，即在计算机系统提供的虚拟空间中，人可以使用眼睛、耳朵、皮肤、手势和语音等各种感觉方式直接与之发生交互，这就是虚拟环境下的自然交互技术。目前，与虚拟现实交互技术中的其他技术相比，这种自然交互技术相对还不太成熟。

在最近几年的研究中，为了提高人在虚拟环境中的自然交互程度，研究人员一方面在不断改进现有自然交互硬件的同时，加强了对相应软件的研究；另一方面则是将其他相关领域的技术成果引入到虚拟现实交互系统中，从而扩展全新的人机交互方式。在虚拟现实交互领域中较为常用的交互技术主要有手势识别、面部表情识别及眼动跟踪等。

**1. 手势识别**

手势识别系统根据输入设备的不同，主要分为基于数据手套的识别和基于视觉（图像）的手语识别系统两种。基于数据手套的手势识别系统，就是利用数据手套和空间位置跟踪定位设备来捕捉手势在空间运动的轨迹和时序信息，对较为复杂的手的动作进行检测，包括手的位置、方向和手指弯曲度等，并可根据这些信息对手势进行分类，因而较为实用。这种方法的优点是系统的识别率高，缺点是做手势的人要穿戴复杂的数据手套和空间位置跟踪定位设备，相对限制了人手的自由运动，并且数据手套、空间位置跟踪定位设备等输入设备价格比较昂贵。基于视觉的手势识别是从视觉通道获得信号，有的要求手要戴上特殊颜色的手套，有的要求戴多种颜色的手套来确定手的各部位。通常采用摄像机采集手势信息，由摄像机连续拍摄下手部的运动图像后，先采用轮廓的办法识别出手上的每一个手指，进而再用边界特征识别的方法区分每一个较小的、集中的手势。该方法的优点是输入设备比较便宜，使用时不干扰用户，但识别率比较低，实时性较差，特别是很难用于大词汇量的复杂手势识别。

手势识别技术的研究不仅能使虚拟现实交互系统交互更自然，同时还能有助于改善和提高聋哑人的生活学习和工作条件，也可以应用于计算机辅助哑语教学、电视节目双语播放、虚拟人的研究、电影制作中的特技处理、动画的制作、医疗研究、游戏娱乐等诸多方面。

**2. 面部表情识别**

在人与人的交互中，人脸是十分重要的。人可以通过脸部的表情表达自己的各种情绪，传递必要的信息。人脸识别是一个非常热门的技术，具有广泛的应用前景。人脸图像的分割、主要特征（如眼睛、鼻子等）的定位及识别是这个技术的主要难点。国内外都有很多研究人员在从事这一方面的研究，提出了很多好的方法，如采用模板匹配的方法实现正面人脸的识别，采用尺度空间技术研究人脸的外形并获取人脸的特征点，采用神经网络的方法进行识别，采用对运动模型参数估计的方法来进行人脸图像的分割等。但大多数方法都存在一些共同的问题，如要求人脸变化不能太大、特征点定位计算量大等。

一般人脸检测问题可以描述为：给定一幅静止图像或一段动态图像序列，从未知的图像背景中分割、提取并确认可能存在的人脸。虽然人类可以很轻松地从非常复杂的背景中看出人脸，但对于计算机来说却相当困难。在某些可以控制拍摄条件的场合，将人脸限定在标尺内，此时人脸的检测与定位相对比较容易。在另一些情况下，人脸在图像中的位置预先是未知的，如在复杂背景下拍摄的照片，这时人脸的检测与定位将受以下因素的影响：人脸在图像中的位置、角度和不固定尺度以及光照的影响，发型、眼镜、胡须以及人脸的表情变化，图像中的噪声等。所有这些因素都给人脸的正确检测与定位带来了困难。

人脸检测的基本思想是建立人脸模型，比较所有可能的待检测区域与人脸模型的匹配程度，从而得到可能存在人脸的区域。根据对人脸知识的利用方式，可以将人脸检测方法分为两大类：基于特征的人脸检测方法和基于图像的人脸检测方法。第一类方法直接利用人脸信息，如人脸肤色、人脸的几何结构等。这类方法大多用模式识别的经典理论，应用较多。第二类方法并不直接利用人脸信息，而是将人脸检测问题看做一般的模式识别问题，待检测图像被直接作为系统输入，中间不需特征提取和分析，直接利用训练算法将学习样本分为人脸类和非人脸类，检测人脸时需与样本比较，即可判断检测区域是否为人脸。

**3. 眼动跟踪**

在虚拟世界中生成视觉的感知主要依赖于对人头部的跟踪，即当用户的头部发生运动时，生成虚拟环境中的场景将会随之改变，从而实现实时的视觉显示。但在现实世界中，人们可能经常在不转动头部的情况下，仅仅通过移动视线来观察一定范围内的环境或物体。在这一点上，单纯依靠头部跟踪是不全面的。为了弥补这一缺陷，在虚拟现实交互系统中引入眼动跟踪技术。眼动跟踪技术的基本工作原理是利用图像处理技术，使用能锁定眼睛的特殊摄像机，通过摄入从人的眼角膜和瞳孔反射的红外线连续地记录视线变化，从而达到记录、分析视线追踪过程的目的。

常见的视觉追踪方法有眼电图、虹膜-巩膜边缘、角膜反射、瞳孔-角膜反射、接触镜等几种。视线跟踪技术可以弥补头部跟踪技术的不足之处，同时又可以简化传统交互过程中的步骤，使交互更为直接，因而，目前多被用于军事领域（如飞行员观察记录等）、阅读及帮助残疾人进行交互等领域。

虚拟现实交互技术的发展，其目标是要使人机交互从精确的、二维的交互变为非精确的、三维的自然交互。因此，尽管手势识别、眼动跟踪、面部识别等这些自然交互技术在现阶段还很不完善，但随着现在人工智能等技术的发展，面向自然交互的技术将会在虚拟现实交互系统中有较广泛的应用。

**4. 触觉、力觉反馈传感技术**

触觉、力觉反馈传感技术是运用先进的技术手段，将虚拟物体的空间运动转变成特殊设备的机械运动，在感觉到物体的表面纹理的同时，也使用户能够体验到真实的力度感和方向感，从而提供一个崭新的人机交互界面，即运用“作用力与反作用力”的原理来达到传递力度和方向信息的目的。虚拟现实交互系统中，为了提高沉浸感，用户希望在看到一个物体时，能听到它发出的声音，并且还希望能够通过自己的触摸来了解物体的质地、温度、重量等多种信息，从而提高虚拟现实交互系统的真实感和沉浸感。如果没有触觉、力觉反馈，操作者无法感受到被操作物体的反馈力，得不到真实的操作感，甚至可能出现在现实世界中非法的操作。

触觉感知包括触摸反馈和力量反馈所产生的感知信息。触觉感知是指人与物体对象接触所得到的全部感觉，包括有触摸感、压感、振动感、刺痛感等。触摸反馈一般指作用在人皮肤上的力，它反映了人触摸物体时的感觉，侧重于人的微观感觉，如对物体的表面粗糙度、质地、纹理、形状等的感觉；而力量反馈是作用在人的肌肉、关节和筋腱上的力量，侧重于人的宏观整体感受，尤其是人的手指、手腕和手臂对物体运动和力的感受。如果用手拿起一个物体时，通过触摸反馈可以感觉到物体是粗糙或坚硬等属性，而通过力量反馈，才能感觉到物体的重量。

由于人的触觉相当敏感，一般精度的装置根本无法满足要求，因此触觉与力反馈的研究相当困难。目前大多数虚拟现实交互系统主要集中并停留在力反馈和运动感知上面，其中，很多力觉系统被做成骨架的形式，从而既能检测方位，又能产生移动阻力和有效的抵抗阻力。而对于真正的触觉绘制，现阶段的研究成果还很不成熟；对于接触感，目前的系统已能够给身体提供很好的提示，但却不够真实；对于温度感，虽然可以利用一些微型电热泵在局部区域产生冷热感，但这类系统还很昂贵；对于其他一些感觉诸如味觉、嗅觉和体感等，至今仍然对它的理论知之甚少，有关此类产品相对较少。

## 8.6 虚拟现实交互设备

虚拟现实交互系统和其他类型的计算机系统一样，包含有硬件和软件。在虚拟现实交互系统中首先离不开虚拟世界的建立，这需要有计算机等设备支持，同时，人与虚拟世界之间自然交互，依靠键盘与鼠标是达不到的，这也需要特殊设备的支持。虚拟现实交互系统的硬件设备主要由4个部分组成：虚拟世界的生成设备、虚拟世界的感知设备、空间位置跟踪定位设备和面向自然的人机交互设备。

### 8.6.1 虚拟世界的生成设备

通常虚拟世界生成设备主要分为基于高性能个人计算机、基于高性能图形工作站和基于分布式计算机的虚拟现实交互系统三大类。基于高性能个人计算机的虚拟现实交互系统主要采用普通计算机配置图形加速卡，通常用于桌面式非沉浸型虚拟现实交互系统；基于高性能图形工作站的虚拟现实交互系统一般配备有Sun或SGI公司可视化工作站；而基于分布式计算机的虚拟现实交互系统则采用的是分布式结构的计算机系统。

虚拟世界生成设备的主要功能应该包括以下几种。

**1. 视觉通道信号生成与显示**

在虚拟现实交互系统中生成显示所需的三维立体、高度真实感的复杂场景，并能根据视点的变化进行实时绘制。

**2. 听觉通道信号生成与显示**

该功能支持三维真实感声音生成与播放。所谓三维真实感声音，是具有动态方位感、距离感和三维空间效应的声音。

**3. 触觉与力觉通道信号与显示**

在虚拟现实交互系统中，要想实现人与虚拟世界之间的自然交互，就必须要支持实时的人机交互操作功能，包括三维空间定位、碰撞检测、语音识别及人机实时对话功能。

## 8.6.2 虚拟世界的感知设备

人在现实世界中的感受一般来自于视觉、听觉、触觉、力觉、痛感、味觉、嗅觉等多种途径，然而基于目前的技术水平，成熟和相对成熟的感知信息的产生和检测技术，仅有视觉、听觉和触觉(力觉)3 种。

**1. 视觉感知设备**

视觉感知设备主要是向用户提供立体宽视野的场景显示，并且这种场景的变化会实时改变。此类设备主要有头盔式显示器、洞穴式立体显示装置、响应工作台立体显示装置、墙式立体显示装置等。视觉感知设备相对来说已经比较成熟。人从外界获得的信息，有 80%～90%来自视觉，眼睛是人的主要感觉器官，由于两只眼睛一左一右，有 6～8cm 的距离，因此左右眼各自处在不同的位置，所看到的画面必然不尽相同。人的左右眼各有一套神经系统，相互之间是独立的，每个系统所得到的图像通过人脑的综合，产生一幅具有立体深度感的图像，立体图产生的基本原理是通过深度信息的恢复来实现的。一般二维图片保存的三维信息通过图像的灰度变化来反映，这种方法只能产生部分深度信息的恢复；而人们所指的立体图是通过让左右眼接收不同的图像，从而真正地恢复三维的信息。立体图的产生基本过程是对同一场景分别产生两个相应于左右眼的不同图像，让它们之间具有一定的视差，从而保存了深度立体信息。在观察时借助立体眼镜等设备，使左右眼只能看到与之相应的图像，视线相交于三维空间中的一点上，从而恢复出三维深度信息。要显示立体图像主要有两种方法：一种是同时显示技术，即同时显示左右两幅图像；另一种是分时显示技术，即以一定的频率交替显示两幅图像。同时显示技术是对两幅图像用不同的光波波长显示，用户的立体眼镜片分别配以不同波长的滤光片，使左右眼只能分别看到各自相应的图像。这种技术在 20 世纪 50 年代曾广泛用于立体电影放映系统中，但是在现代计算机图形学和可视化领域中主要是采用光栅显示器，其显示方式与显示内容是无关的，很难根据图像内容决定显示的波长，因此这种技术对计算机图形学的立体图绘制并不适合。目前应用中较多的是分时显示技术，它以一定频率交替显示两幅图像，用户通过以相同频率同步切换的有源或无源眼镜来进行观察，使用户左右眼只能看到相应的图像，其真实感较强。

**2. 听觉感知设备**

听觉感知设备的主要功能是提供虚拟世界中的三维真实感声音的输入及播放。一般由耳机和专用声卡组成。通常用专用声卡将单通道或普通立体声源信号处理成具有双耳效应的三维虚拟立体声音。听觉是人类仅次于视觉的第二传感通道，它是多通道感知虚拟环境中的一个重要组成部分。它一方面接收用户与虚拟环境的语音输入，同时也生成虚拟世界中的立体三维声音。声音处理可以使用内部与外部的声音发生设备，其系统主要是由立体声音发生器与播放设备组成的。一般采用声卡来为实时多声源环境提供三维虚拟声音信号传送功能，这些信号经过预处理后，用户通过普通耳机就可确定声音的空间位置。CRE(Crystal River Engineering)公司的三维音效技术较为成熟，用了十多年的时间与美国国家航空航天局(NASA)共同研究头部相关传送功能(Head Related Transfer Function, HRTF)，以Convolvotron、Beachtron、Acostetron、Alphatron等产品提供三维声音的专家级支持。

**3. 触觉和力觉感知设备**

从本质上来说，触觉和力觉实际是两种不同的感知。力觉感知设备主要是要求能反馈力的大小和方向，而触觉感知所包含的内容要更丰富一些，例如手与物体相接触，应包含一般的接触感，进一步应包含感知物体的质感(布料、海绵、橡胶、木材、金属、石头等)、纹理感(平滑、粗糙程度等)及温度感等。在实际虚拟现实交互系统中，目前能实现的仅仅是模拟一般的接触感。在相应设备中，基于力觉感知的力反馈装置相对较成熟一些。

触觉与力觉也是人类感觉的重要通道，人们可以利用触觉和力觉反馈的信息去感知世界，并进行各种交互。一方面可以利用触觉和力觉信息去感知虚拟世界中物体的位置和方位；另一方面还可利用触觉和力觉去操纵和移动物体以完成某种任务。触觉、力觉感知设备在虚拟现实交互系统中的应用也具有重要的地位，例如在工业中常用虚拟的装配中可以采用这类设备。在触觉和力觉这两种感觉中，触觉的内容相对丰富，但就目前的技术水平，只能做到触觉反馈装置仅仅能提供最基本的"触到了"的感觉，无法提供材质、纹理、温度等感觉。目前，触觉反馈装置主要局限为手指触觉反馈装置。按触觉反馈的原理，手指触觉反馈装置可分为五类：基于视觉、电刺激式、神经肌肉刺激式、充气式和振动式。

所谓力觉反馈，是指运用先进的技术手段，将虚拟物体的空间运动转变成周边物理设备的机械运动，使用户能够体验到真实的力度感和方向感，从而提供一个崭新的人机交互界面。力觉反馈技术最早被应用于尖端医学和军事领域。

## 8.6.3 空间位置跟踪定位设备

空间位置跟踪定位设备是虚拟现实交互系统中一个关键的传感设备，它的任务是检测位置与方位，并将数据报告给虚拟现实交互系统。在虚拟现实交互系统中最常见的应用是跟踪用户的头部位置与方位来确定用户的视点位置与视线方向，而视点位置与视线方向是确定虚拟世界场景显示的关键。

虚拟现实交互系统中，显示设备或交互设备都有可能配备空间位置跟踪定位设备。如头盔式显示器、数据手套、立体眼镜均要有空间位置跟踪定位设备，没有空间位置跟踪定位设备的虚拟现实交互硬件设备，无论从功能上还是在使用上都是有严重缺陷的、非专业的或无法使用的。同时，不良的空间位置跟踪定位设备会造成被跟踪对象出现在不该出现的位置上，被跟踪对象在真实世界中的坐标与其在虚拟世界中的坐标不同，从而使用户在虚拟世界的体验与其在现实世界中积累多年的经验相违背，同时用户在虚拟环境中会产生一种类似“运动病”的症状，包括头晕、视觉混乱、身体乏力的感觉。

磁跟踪系统突出的优点是体积小，价格便宜，不影响用户自由运动，它不受视线阻挡的限制，除导电及导磁体外其他物体都不能被阻挡，能同时捕捉多个运动物体，并且在系统配置上比较容易实现。其缺点是系统延迟较长，跟踪范围小，易受干扰，金属导体或导磁体的存在以及凡是发出相应频率的电磁噪声，都能对它产生干扰。大多数对手的跟踪都采用磁跟踪系统，手的伸缩、移动和隐藏均不会影响其使用，而其他跟踪技术难以适应。另外磁跟踪系统体积较小、重量轻，不会妨碍手的各种运动。

光学跟踪系统也是一种较常见的空间位置跟踪定位设备。这种跟踪系统可采用的光源有很多，可以是环境光，也可以是受跟踪系统控制发出的光，如激光、红外线等。为了防止可见光对用户的观察产生视线影响，目前多采用红外线作为光源。基于光学跟踪系统使用的技术不同，主要可分为标志系统和激光测距系统等。光学跟踪系统最显著的优点就是速度快，它具有很高的数据传输率，因而很适用于实时性强的场合。在许多军用的虚拟现实交互系统中都使用光学跟踪系统。光学跟踪系统的缺点主要是由它固有的工作范围和精确度之间的矛盾所带来的。在小范围内工作效果好，随着距离变大，其性能会变差。通过增加发射器或增加接收传感器的数目可以缓和这一矛盾。当然，付出的代价是增加了成本和系统的复杂性，也会对实时性产生一定影响。

机械跟踪系统的工作原理是通过机械连杆装置上的参考点与被测物体相接触的方法来检测其位置的变化。它通常采用钢体结构，一方面可以支撑观察的设备，另一方面可以测量跟踪物体的位置与方向。机械跟踪系统是一个精确而响应时间短的系统，而且它不受声、光、电磁波等外界的干扰。另外，它能够与力反馈装置组合在一起，因此在虚拟现实交互应用中更具应用前景。它的缺点是：比较笨重，不灵活而且有一定的惯性；由于机械连接的限制，对用户有一定的机械束缚，因此不可能应用到较大的工作空间；而且在不大的工作空间中还有一块中心地带是不能进入的（机械系统的死角）；几个用户同时工作时也会相互产生影响。

声学跟踪系统是所有空间位置跟踪定位设备中成本最低的。它有两种实现方法：飞行时间（Time Of Flight，TOF）测量法和相位相干（Phase Coherent，PC）测量法。按这两种方法实现的系统分别称为 TOF 系统和 PC 系统。一般的声学跟踪系统使用超声波（频率在20kHz 以上），人耳是听不到的，所以声学跟踪系统有时也被称为超声跟踪系统。理论上讲，可听见的声波也是可以使用的。在实际应用中，通常采用多个发射传感器。将多个发射传感器得到的数据综合，可以更好地确定目标的位置和方向。

惯性位置跟踪系统是近几年虚拟现实交互技术研究的方向之一，它通常也是采用机械的方法。通过盲推的方法得出被跟踪物体的位置，它完全通过运动系统内部的推算而绝不通过外部环境得到位置信息，只适合于不需要位置信息的场合。惯性位置跟踪系统以其与外部完全隔离的特性提供了一系列优点，如抗干扰性好、无线化等。目前尚无实用系统出现，对其准确性和响应时间还无法评估。在虚拟现实交互系统中，应用实用的惯性位置跟踪系统还有一段距离，但将惯性位置跟踪系统与其他成熟的应用技术结合，用来弥补其他系统的不足，是很有潜力的发展方向。

图像提取跟踪系统是一种最容易使用但又最难开发的一种空间位置跟踪定位设备，它由一组（两台或多台）计算机拍摄人及人的动作，然后通过图像处理技术来分析，确定人的位置及动作，这种方法最大的特点是对用户没有约束，又不会像磁跟踪系统一样受附近的磁场或金属物质的影响，因而在使用上非常方便。图像提取跟踪系统对被跟踪物体的距离和环境的背景等要求较高，通常远距离的物体或灯光的明暗都会影响其识别的精度。另外，采用较少的摄像机可能使被跟踪环境中物体出现在拍摄视野之外，而较多的摄像机又会增加采样识别算法复杂度与系统冗余度，目前应用并不广泛。

### 8.6.4 面向自然的人机交互设备

虚拟现实交互系统是一个人机交互系统，而且在虚拟现实交互系统中要求人与虚拟世界之间是自然交互的。在人机交互设备中，基于手的自然交互比较常见，基于手的数字化设备很多。在虚拟现实交互系统中最常用的人机接口工具就是数据手套。

**1. 数据手套**

数据手套(Data Glove)是 VPL 公司在 1987 年推出的一种传感手套的专有名称。到现在，数据手套是一种被广泛使用的传感设备，它是一种戴在用户手上的虚拟的手，用于与虚拟现实交互系统进行交互，可在虚拟世界中进行物体抓取、移动、装配、操纵、控制，并把手指伸屈时的各种姿势转换成数字信号送给计算机，计算机通过应用程序来识别出用户的手在虚拟世界中操作时的姿势，执行相应的操作。在实际应用中，数据手套还必须配有空间位置跟踪定位设备，检测手的实际位置和方向。

(1) VPL 数据手套。VPL 数据手套是由轻质的富有弹性的 Lycra 材料制成的。它采用光纤作为传感器，用于测量手指关节的弯曲程度。采用光纤作为传感器是因为光纤体积小、重量轻，可方便地安装在手套上。数据手套的标准配置是每个手指上有两个传感器控制装在手指背面的两条光纤环，一副数据手套就装有 10 个传感器，用来测量手指主要关节的弯曲程度。光纤环的一端与一发光二极管相接，作为光源端。另一端与一个光接收二极管相接，检测经过光纤环返回的光强度。当手指伸直时，光的传输无衰减；当手指弯曲时，在手指弯曲处光会逸出光纤，光的逸出量与关节的弯曲程度成比例，因此测量返回光的光强就可以间接地测出手指关节的弯曲程度。

(2) 赛伯手套。赛伯手套(Cyber Glove)是把美国手语翻译成英语所设计的。在手套上织有多个由两片应变电阻片组成的传感器，它在工作时检测成对的应变电阻片变化。当手指弯曲时一片受到挤压，另一片受到拉伸，使两个电阻片的电阻分别发生变化，通过电桥换算出相应的电压变化，再把此数据量送入到计算机中处理，从而检测到各手指的弯曲状态。

(3) DHM 手套。这是一金属结构的传感手套，通常安装在用户的手背上，其安装及拆卸过程相对比较烦琐，在每次使用前需进行调整。在每个手指上安装有 4 个位置传感器，共采用 20 个霍尔传感器安装在手的每个关节处。DHM 传感手套响应速度快、分辨率高、精度高，但价格较高。常用于精度要求较高的场合。

数据手套是虚拟现实交互系统最常见的交互式工具，它体积小、重量轻、操作简单，所以应用十分广泛。

**2. 数据衣**

数据衣是采用与数据手套同样的原理制成的，数据衣是为了让虚拟现实交互系统识别全身运动而设计的输入装置。它将大量的光纤安装在一件紧身衣上，可以检测人的四肢、腰部等部位的活动，以及各关节(如手腕、肘关节)弯曲的角度。它能对人体的大约50多个不同的关节进行测量，通过光电转换，将身体的运动信息送入计算机进行图像重建。目前，这种设备正处于研发阶段，因为每个人的身体差异较大，存在着如何协调大量传感器之间实时同步性能等各种问题，但随着科技的进步，此种设备必将有较大的发展。数据衣主要应用在一些复杂环境中，对物体进行的跟踪和对人体运动的跟踪与捕捉。

**3. 三维模型数字化仪**

三维模型数字化仪又称三维扫描仪或三维数字化仪，是一种先进的三维模型建立设备，利用CCD成像、激光扫描等手段实现物体模型的取样，同时通过配套的矢量化软件对三维模型数据进行数字化。它特别适合于建立一些不规则三维物体模型，如人体器官和骨骼模型、出土文物、三维数字模型的建立等，在医疗、动植物研究、文物保护等虚拟现实交互应用领域有广阔的应用前景。

三维模型数字化仪的工作原理是：由三维模型数字化仪向被扫描的物体发射激光，通过摄像机从每个角度扫描并记录下物体各个面的轮廓信息，安装在其上的空间位置跟踪定位设备也同步记录下三维模型数字化仪的位置及方向的变换信息，将这些数据送入计算机中，再采用相应的软件进行处理，得到与物体对应的三维模型。

一般的三维数字扫描系统往往只能取得物体的几何数据，只有少数的扫描系统能取得三维数字扫描点的颜色信息，有的三维彩色数字取像建模系统不仅可取得待测物的几何数据，还有完整的纹理贴图数据，并解决了组合不同纹理贴图时，颜色混合不均匀的问题，这类系统最大的优点在于所得到的模型是全封闭的网格，省去了以前一些三维数字扫描常需做的网格破洞修补的后处理工作。

**4. 体感交互设备**

体感交互设备可以直接使用肢体动作与数字设备和环境互动，随心所欲地操控的智能技术。体感交互设备的核心在于它让计算机有了更精准有效的"眼睛"去观察这个世界，并根据人的动作来完成各种指令。体感交互不是简单地利用体感技术代替鼠标键盘的操作，要用全新的思维去思考如何利用体感技术与设备进行人机交互，包括UI设计、体验操作、动作操作设计。常用的体感交互设备有Kinect、Leap Motion。

## 练习与思考

1. 什么叫做虚拟现实交互技术？
2. 虚拟现实交互技术有哪些重要特点？
3. 虚拟现实交互技术经历了哪些发展历程？
4. 虚拟建模技术有哪些？
5. 实时绘制技术有哪些？
6. 什么是虚拟声音交互技术？
7. 有哪些类型的虚拟现实交互设备？
8. 什么是面向自然的人机交互设备？

# 参考文献

[1] 安维华. 虚拟现实技术及其应用. 北京：清华大学出版社，2014.
[2] 喻晓和. 虚拟现实技术基础教程. 北京：清华大学出版社，2015.
[3] 曹林，朱希安. 虚拟现实技术应用和 Kinect 开发. 北京：电子工业出版社，2015.
[4] 苗志宏. 虚拟现实技术基础与应用. 北京：清华大学出版社，2014.
[5] 黄海. 虚拟现实技术. 北京：北京邮电大学出版社，2014.
[6] 石教英. 虚拟现实基础及实用算法. 北京：科学出版社，2002.

# 第9章　数字媒体的Web集成与应用

本章主要学习数字媒体的集成与应用技术，也就是如何把制作的各种文本、图片、声音、动画与视频等数字媒体信息按照设计要求集成在一起，形成一个具有丰富内容的 Web 网站。本章将在对 HTML 基础、JavaScript 基本知识、Web 的工作原理等进行介绍的基础上，讲述了网站的设计、规划、制作、测试和发布等内容，其相互关系如下：

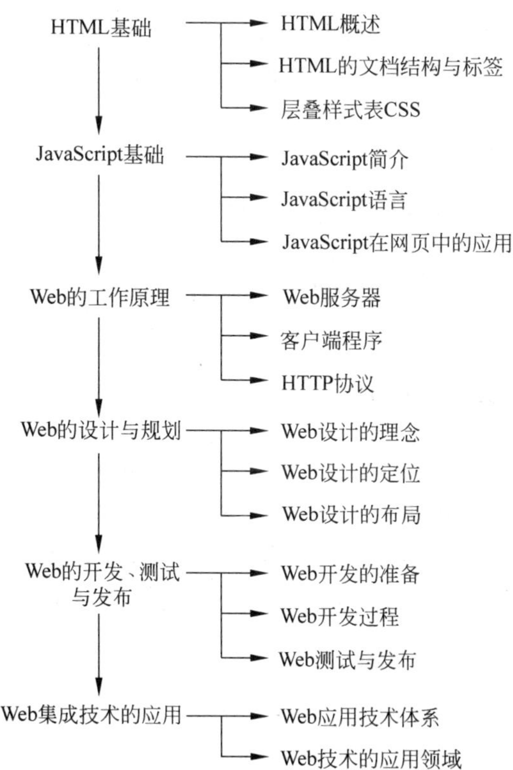


数字媒体 Web 集成与应用的相关内容主要包括以下三大部分。

(1) Web 设计的基础知识：对 HTML 基础、JavaScript 基本知识、Web 的工作原理等进行介绍。

(2) Web 的设计、规划、制作、测试与发布：通过实例介绍一个简单网站的设计、创作、测试及发布的过程。

(3) Web 集成技术的应用：通过分析 Web 应用技术的体系结构，介绍 Web 技术的应用领域及其新发展。

通过本章内容的学习，学习者应能达到以下学习目标。

（1）了解 HTML 的特点、HTML 文档的基本组成和结构。

（2）掌握 HTML 常用标签的使用，能用基本的 HTML 标签编写网页。

（3）能解释 Web 服务器、浏览器、HTTP 协议等术语。

（4）能理解 Web 的基本工作原理。

（5）知道网站设计和规划的基本内容。

（6）掌握简单网站的制作技术，学会如何将制作好的网站发布出去。

（7）知道 Web 应用技术的体系结构。

（8）了解 Web 技术的应用领域。

# 9.1 HTML 基础

人们上网经常会看到生动漂亮的网页，它是怎么得来的呢？它是采用 HTML 语言编写出来的。HTML 是为了编写网页而设计的标记语言，HTML 是网页程序的基础。

## 9.1.1 HTML 概述

HTML 是英文 Hypertext Markup Language 的缩写，中文的意思是超文本标记语言。它是通过嵌入代码或标记来表明文本格式的国际标准。用它编写的文件（文档）扩展名为.htm 或.html，当使用浏览器来浏览这些文件时，浏览器将自动解释标记的含义，并按标记指定的格式展示其中的内容。

## 9.1.2 HTML 文档的结构

一般来说，HTML 文档以标签<html>开始，以</html>标签结束。整个文档可分为文档头和文档体两部分。文档头是位于标签<head>与</head>之间的内容，它被浏览器解释为窗口的标题。标签<body>和</body>之间的内容就是文档的主体，也就是浏览网页所看见的内容，包括文字、图片、表格、表单、多媒体信息等。一个 HTML 文档的一般结构形式如下：

```
<html>
    <head>
        <title>我的第一个网页</title>
    </head>
    <body>
        这是 html 文档的主体部分，也就是网页的内容。
    </body>
</html>
```

HTML 文档属于文本类型的文件，这就意味着 HTML 文档可以使用任何一种文本编辑器来编写。例如，Windows 中的记事本（Notepad）、写字板（WordPad）等。如果用 Windows 中的记事本输入上述 HTML 文档，并把它存储为“first.html”或者“first.htm”文件，然后使用浏览器打开该文件，用户就可在浏览器的窗口中看到如图 9-1 所示的网页。

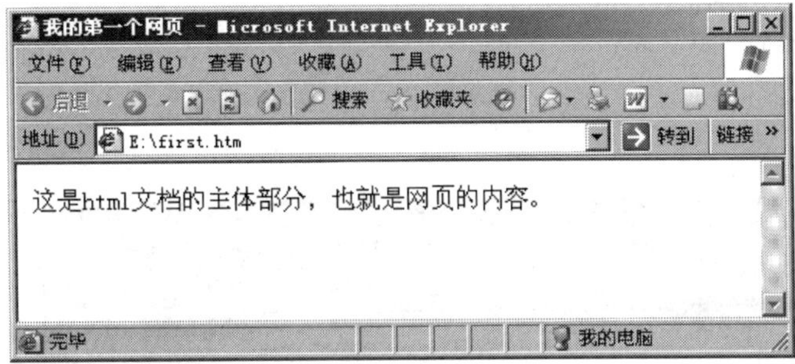


图 9-1 在 Web 浏览器上显示的 HTML 文档

### 9.1.3 HTML 中的标签

HTML 标签由左尖括号"<"、"标签名称"和右尖括号">"组成，而且通常是成对出现的，分为"开始标签"和"结束标签"。除了在结束标签名称前面加一个斜杠符号"/"之外，开始标签名称和结束标签名称都是相同的，如<html>、</html>、<head>、</head>等。在开始标签的标签名称后面和右尖括号之间还可以插入若干属性值，HTML 标签的一般格式可以表示为：

```
<标签名 属性 1 = "属性值 1" 属性 2 = "属性值 2" 属性 3 = "属性值 3" …>
    内容
</标签名>
```

HTML 标签是不区分大小写的，例如<head>、<HEAD>与<Head>都是同样的意义。HTML 的标签包括基本标签、文字标签、链接标签、图片标签、表格标签等。下面就来介绍这些常用的 HTML 标签。

**1. 文字基本标签**

1）标题文字标签<hn>

一般文章都有标题、副标题、章节等结构，HTML 中也提供了相应的标题标签<hn>。标题文字标签的一般格式为：

```
<hn align = "属性值">标题内容</hn>
```

<hn>标签是成对出现的，<hn>标签共分为六级，可以是 h1、h2、h3、h4、h5、h6，在<h1>…</h1>之间的文字就是第一级标题；<h6>…</h6>之间的文字是最后一级。align 属性用于设置标题的对齐方式，其属性值可以是"left"、"center"和"right"之一，分别表示"左对齐"、"居中对齐"和"右对齐"。<hn>标签本身具有换行的作用，标题总是从新的一行开始。如下列 HTML 文档在浏览器中的显示效果如图 9-2 所示。

```
<html>
  <head>
      <title>标题示例</title>
    </head>
    <body>
      <h1>最大的标题</h1>
```

```
        <h3>使用 h3 的标题</h3>
        <h6>最小的标题</h6>
    </body>
</html>
```

图 9-2　标题文字标签示例

2）文字的字体、大小和颜色标签<font>

<font>标签用于控制文字的字体、大小和颜色。控制方式利用属性设置得以实现。标签的一般格式为：

```
<font face="属性值" size="属性值" color="属性值"> 文字 </font>
```

face 属性指定显示文本的字体；size 属性的取值为 1～7；color 属性的值为颜色的 RGB 值或颜色的名称，如 color="＃FF0000"或 color="red"表示将文字颜色设置为红色。

3）文字的样式标签

在有关文字的显示中，常常会使用一些特殊的字形或字体来强调、突出、区别以达到提示的效果。

(1) 粗体标签<b>。放在<b>与</b>标签之间的文字将以粗体方式显示。

(2) 斜体标签<i>。放在<i>与</i>标签之间的文字将以斜体方式显示。

(3) 下划线标签<u>。放在<u>与</u>标签之间的文字将以下划线方式显示。

文字的字体、大小、颜色和样式标签应用示例如图 9-3 所示。

```
<html>
    <head>
      <title>文字的样式示例</title>
    </head>
    <body>
      <center>
        <font color="＃FF0000" size="2"><b>粗体文字示例</b></font><br>
        <i>斜体文字示例</i><br>
        <u>下划线文字示例</u>
      </center>
    </body>
</html>
```

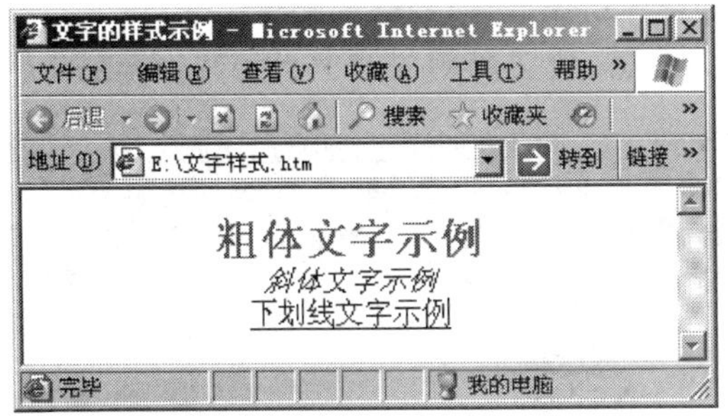


图 9-3　文字字体、大小、颜色和样式标签示例

**2. 页面布局标签**

1）换行标签<br>

换行标签是个单标签，也称为空标签，不包含任何内容，在 HTML 文件中的任何位置只要使用了<br>标签，当文件显示在浏览器中时，该标签之后的内容将从下一行显示。例如，在图 9-3 所示的效果中就使用了<br>标签。

2）分段标签<p>

由<p>和</p >标签所标识的文字，代表同一个段落的文字。分段标签<p>的一般格式为：

```
<p align ="属性值"> 段落内容 </p>
```

其中，align 是< p>标签的属性，属性值可以是“left”、“center”和“right”之一，它们分别用来设置段落文字的“左对齐”、“居中对齐”和“右对齐”。

**3. 插入图像标签**

HTML 不仅支持文本的显示及其控制，而且它还能支持图像、声音、动画等多媒体信息。下面就以在 HTML 文档中插入图像文件为例来介绍如何在 HTML 中使用多媒体。

HTML 支持的图像文件格式有 GIF、JPEG 等，在 HTML 文档中插入图像文件要使用<img>标签，其具体使用格式为：

```
<img src="图像文件名" >
```

其中，src 是 source 的英文缩写，“图像文件名”是图像文件的 URL 地址；还可以在标签中加入一些属性对图像格式和布局进行设置，如利用 width 和 height 用来设置图像显示的宽和高，如果要求按图像的原始大小进行显示，就不需要这两个属性；border 属性可以设置图像边框的厚度；align 属性可以改变图像的对齐方式；利用 alt 属性可以设置图像的说明文字等。例如，下面的 HTML 文档在浏览器中显示的效果如图 9-4 所示。

```
<html>
  <head>
      <title>插入图像文件示例</title>
  </head>
  <body>
      <img src="face1.gif" >
      <img src="face1.gif" width="80" height="80">
```

```
  </body>
</html>
```

图 9-4　插入图像显示示例

**4. 插入超链接**

超文本链接通常简称超链接，或者简称链接。链接是 HTML 的一个最强大和最有价值的功能。链接是指文档中的文本或者图像与另一个文档、文档的一部分或者一幅图像链接在一起。在 HTML 中，简单的链接标签是<a>。它的基本语法是：

```
<a href = "文件名"> ... </a> 或 <a href  = "URL"> … </a>
```

其中，href 是英文 hypertext reference 的缩写。例如，利用记事本输入下面的 HTML 文档。

```
<html>
    <head>
      <title>HTML 超链接</title>
    </head>
    <body>
      <h2>HTML 超链接示例</h2>
      <a href = "first.html">我的第一个网页</a> |
      <a href = "www.163.com">网易</a> |
    </body>
</html>
```

其中，“<a href="first.html">我的第一个网页</a>”超链接可使“我的第一个网页”链接到相同目录下的文档“first.html”。“<a href="www.163.com">网易</a>”超链接可以链接到网易网站。这个文档在浏览器上将显示效果如图 9-5 所示。

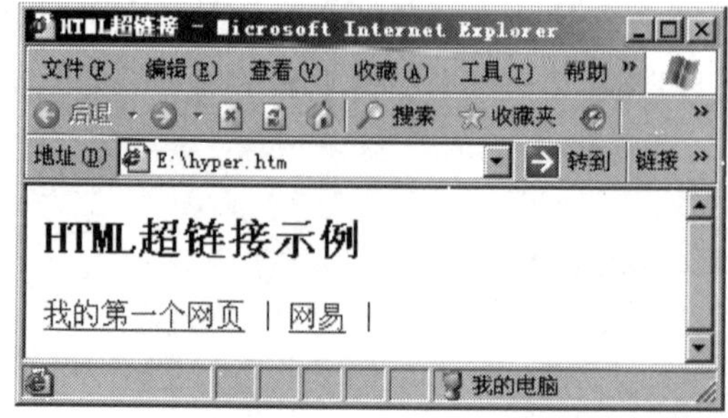


图 9-5　HTML 超链接示例

### 5. 表格标签

在 HTML 文档中，经常需要设计表格。表格是网页制作中不可或缺的元素，它除了可以直接在单元格内显示内容以外，还可以将整个页面划分为若干个独立的部分，精确地定位文本、图像或其他元素。一张表格由许多表元素组成，如表的标题、表行、表列标题等。HTML 为表格规定了表元素标签和属性。一般的 HTML 文档表格结构如下：

```
<table>
  <tr>
    <td>第一行第一个单元格</td>
    <td>第一行第二个单元格</td>
  </tr>
</table>
```

其中，<table>…</ table >标签用于定义一个表格开始和结束；<caption>…</ caption >标签用于定义表的名称，它是可以默认的；<tr>…</tr>标签为定义行标签，一组行标签内可以建立多组由<td>或<th>标签所定义的单元格；<th>…</th>用于定义表头单元格，在表格中可以默认，<td>…</td>标签为定义单元格标签或列标签，<th>和<td>标签必须放在<tr>标签内。

另外，还可以在标签内使用 width、height、border、cellspacing、cellpadding、bgcolor、align、valign、rowspan、colspan 等属性来控制表格的样式。例如，利用 width 和 height 用来设置表格的宽度和高度，属性值可以用像素来表示，也可以用百分比来表示；border 属性可以设置表格边框的厚度；cellspacing 属性用来设置单元格之间的间隔；cellpadding 属性用来设置内容与单元格边线之间的间隔；bgcolor 属性可以设置表格的背景颜色；align 和 valign 属性用来设置表格内数据的对齐方式；利用 rowspan 和 colspan 属性可以创建跨多行和多列的单元格。下面的 HTML 文档在浏览器上的显示效果如图 9-6 所示。

```
<html>
  <head>
  <title>表格示例</title>
  </head>
  <body>
  <table border = "1" cellpadding = "0" cellspacing = "0" width = "60 % ">
    <caption>学生成绩表</ caption>
    <tr bgcolor = "yellow" >
      <th width = "25 % ">学号</th>
      <th width = "25 % ">期中</th>
      <th width = "25 % ">期末</th>
      <TH width = "25 % ">总评</TH>
    </tr>
    <tr>
      <td width = "25 % " align = "center"> 20024401 </td>
      <td width = "25 % " align = "center"> 80 </ td>
      <td width = "25 % " align = "center"> 90 </ td>
      <td width = "25 % " align = "center"> 85 </ td>
    </tr>
    <tr>
      <td width = "25 % " align = "center"> 20024402 </ td>
```

```
    < td width = "25 % " align = "center"> 70 </ td >
    < td width = "25 % " align = "center"> 80 </ td >
    < td width = "25 % " align = "center"> 75 </ td >
  </tr >
  < tr >
    < td width = "25 % " align = "center">备注</ td >
    < td width = "75 % " colspan = "3">所有学生考核合格</ td >
  </tr >
</table >
</body >
</html >
```

图 9-6　HTML 表格示例

## 9.1.4　层叠样式表

层叠样式表(Cascading Style sheet,CSS)是网页文件中的各种元素的显示效果集合,包括页面格式、段落格式和文字格式等。基本样式包括字体、字号、字型、左右缩进、文字效果等。层叠样式表是一种制作网页的新技术,现在已经为大多数的浏览器所支持,成为网页设计必不可少的工具之一。使用 CSS 可以扩展 HTML 的功能,重新定义 HTML 元素的显示方式。CSS 是一种能使网页格式化的标准,就像在使用 Word 进行文字处理时定义段落风格一样。使用 CSS 可以使网页格式与文本分开,CSS 所能改变的属性包括字体、颜色、背景等。样式表可以应用到多个页面,甚至整个站点,保证网站风格一致,因此具有更好的易用性和扩展性。

**1. CSS 的定义**

定义 CSS 的基本格式如下：

```
selector {property1:value1;property2:value2; … }
```

每个样式定义都包含一个选择符 Selector,其后是该选择符的属性和值。其中各元素的说明如下。

(1) 以 HTML 元素作为选择符方式。以 HTML 元素作为选择符方式的用法很简单,例如,以 HTML 标签<h1>作为选择符的定义方式为：

```
h1 { font - size: large; color:green }
```

它用来修改 HTML 标签<h1>的默认格式设置。

(2) 类选择符方式。类选择符方式就是自定义一个类名进行定义，并在 HTML 元素中加上属性 class＝类名，其定义格式为：

```
.warning{ color: #ff0000}
```

其中，warning 是自定义的类名，注意在 warning 前面有小圆点。一个类可以应用到多个不同的 HTML 元素。

(3) ID 选择符方式。ID 选择符方式就是给需要进行样式定义的 HTML 元素赋予一个 ID，如<p id＝"abc">…</p >，其定义方式为：

```
#abc { font - size: 14pt }
```

ID 选择符就是 HTML 元素的身份标识。

**2. CSS 的使用**

在页面中使用 CSS 样式有 3 种方法，即嵌入样式表、链接外部样式表和内嵌样式。

(1) 嵌入样式表。使用<style>标记把一个或多个 CSS 样式定义在 HTML 文档的<head>标记之间，这就是嵌入样式表。在嵌入样式表中定义的 CSS 样式作用于当前页面的有关元素。

(2) 链接外部样式表。

定义外部样式表：把 CSS 样式定义写入一个以.css 为扩展名的文本文件中(如“mystyle.css”)。

链接外部样式表：如果一个 HTML 文档要使用外部样式表中的样式，则可以在其<head>部分加入类似代码：

```
<link rel = "stylesheet" type = "text/css" href = "mystyle.css">
```

链接的外部样式表将作用于这个页面，如同嵌入样式表。

链接外部样式表的好处在于一个外部样式表可以控制多个页面的显示外观，从而确保这些页面外观的一致性。而且，如果决定更改样式，只需在外部样式表中作一次更改，该更改就会反映到所有与这个样式表相链接的页面上。

(3) 内嵌样式。直接为某个页面元素的 HTML 标记的 style 属性指定的样式就是内嵌样式，该样式只作用于这个元素。例如：

```
<p style = "font-size:large;color:red"> Hello </p>
```

**3. CSS 的属性**

层叠样式表(CSS)技术的核心是大量的 CSS 属性，可以把这些属性大致分为字体属性、文本属性、颜色和背景属性等。

(1) 字体属性。字体属性用于控制页面中的文本显示样式，如控制文字的大小、粗细及使用的字体等。CSS 中的字体属性包括字体科族(font-family)、字体大小(font-size)、字体风格(font-style)、字体变形(font-variant)和字体加粗(font-weight)等。

(2) 文本属性。文本属性用于控制文本的段落格式，如设置首行缩进、段落对齐方式等。CSS中的常用文本属性包括文本间距(word-spacing)、字母间距(letter-spacing)、行高(line-height)、文本排列(text-align)、文本修饰(text-decoration)、文本缩进(text-indent)、文本转换(text-transform)和纵向排列(vertical-align)等。

(3) 颜色和背景属性。在CSS中，color属性设置前景色，而各种背景属性则可以设置背景颜色和背景图案。CSS背景属性包括背景颜色(background-color)、背景图像(background-image)、背景位置(background-position)、背景重复(background-repeat)等。

# 9.2 JavaScript基础

在网站的制作中，为了使网页能够具有交互性，能够包含更多活跃的元素，人们经常会在网页中嵌入其他的技术，如JavaScript、VBScript等。在这里主要学习JavaScript的基础知识。

## 9.2.1 JavaScript简介

JavaScript是由Netscape公司开发的一种脚本语言，它是适应动态网页制作的需要而诞生的一种编程语言，如今越来越广泛地使用于Internet网页制作上。

在HTML基础上，使用JavaScript可以开发交互式Web网页。JavaScript的出现使得网页和用户之间实现了一种实时性的、动态的、交互性的关系，使网页包含更多活跃的元素和更加精彩的内容。运行用JavaScript编写的程序需要能支持JavaScript语言的浏览器。Netscape公司Navigator 3.0以上版本的浏览器都能支持JavaScript程序，微软公司Internet Explorer 3.0以上版本的浏览器基本上支持JavaScript。JavaScript短小精悍，又是在客户机上执行的，大大提高了网页的浏览速度和交互能力。同时它又是专门为制作Web网页而量身定做的一种简单的编程语言。

## 9.2.2 JavaScript语言

在网站制作过程中，要灵活运用JavaScript语言，必须了解与其相关的基本概念和注意要点。

**1. 变量**

所谓变量，就是程序的执行过程中其值可以改变的量。在JavaScript中定义变量不需要声明类型，变量的类型根据对变量赋值隐含定义。变量声明的方法为：

```
var name
```

**2. 运算符**

运算符是指定计算操作的一系列符号，也称为操作符。JavaScript中的运算符包括赋值运算符、算术运算符、比较运算符、逻辑运算符、条件运算、位操作运算符和字符串运算符等。

**3. 表达式**

表达式是运算符和操作数组合而成的式子，通常有赋值表达式、算术表达式、布尔表达式和字符串表达式等。

**4. 语句**

JavaScript 程序是由若干语句组成的,语句是编写程序的指令。JavaScript 提供了完整的基本编程语句,它们是赋值语句、switch 选择语句、while 循环语句、for 循环语句、do while 循环语句、break 语句和 continue 语句等。

**5. 函数**

使用函数可以降低程序的复杂度,增加程序的重用性。在 JavaScript 中除了可以使用预定义函数(如 alert()、parseInt()函数等)外,还可以使用自定义函数。JavaScript 中使用自定义函数的语法是:

```
function 自定义函数名(形参 1,形参 2…)
{
    函数体
}
```

函数定义需要注意以下几点:

(1) 函数由关键字 function 定义;

(2) 函数必须先定义后使用,否则将出错;

(3) 函数名是调用函数时引用的名称,它对大小写是敏感的,调用函数时不可写错函数名;

(4) 参数表示传递给函数使用或操作的值,它可以是常量,也可以是变量;

(5) return 语句用于返回表达式的值,也可以没有。

**6. 对象**

JavaScript 的一个重要功能就是基于对象的功能,通过基于对象的程序设计,可以用更直观、模块化和可重复使用的方式进行程序开发。在 JavaScript 中,对象就是属性和方法的集合。属性是作为对象成员的一个变量或一组变量,表明对象的状态;方法是作为对象成员的函数,表明对象所具有的行为。JavaScript 提供一些非常有用的预定义对象来帮助开发者提高编程效率。JavaScript 提供了数学运算对象 Math、时间处理对象 Date、字符串处理对象 String 等基本的内置对象。另外,JavaScript 也提供功能强大的浏览器对象,以便开发者编制出精彩的动态网页。

**7. 事件**

用户与网页交互时产生的操作,称为事件。绝大部分事件都由用户的动作所引发,如用户按鼠标的按钮,就产生 onclick 事件,若将鼠标的指针移动到链接上,就产生 onmouseover 事件等。在 JavaScript 中,事件往往与事件处理程序配合使用。

## 9.2.3 JavaScript 在网页中的用法

一般来说,JavaScript 加入网页有以下两种方法。

**1. 在 HTML 中嵌入 JavaScript**

这是最常用的方法,大部分含有 JavaScript 的网页都采用这种方法,如下的 HTML 文档(javascript. htm)中就嵌入了 JavaScript 代码。

```
<html>
  <head>
```

```
        <title>JavaScript 示例</title>
    <script language = "JavaScript">
    <! --
    document.write ("这是 JavaScript!采用直接插入的方法!");
    //JavaScript 结束
    -->
    </script>
  </head>
</html>
```

在这个例子中，人们可看到一个新的标签 <script>…</script>，而<script language="JavaScript">用来告诉浏览器这是用 JavaScript 编写的程序，需要调动相应的解析程序进行解析。

HTML 的注释标签<! --和-->用来去掉浏览器所不能识别的 JavaScript 源代码的，这对不支持 JavaScript 语言的浏览器来说是很有用的。双斜杠"//"表示 JavaScript 的注释部分，即从//开始到行尾的字符都被忽略。至于程序中所用到的 document. write()函数则表示将括号中的文字输出到窗口中。另外一点需要注意的是，<script>…</script>的位置并不是固定的，可以包含在<head>…</head>或<body>…</body>中的任何地方。该 HTML 文档在浏览器中显示的效果如图 9-7 所示。

图 9-7 在 HTML 中嵌入 JavaScript 示例

**2. 引用方式**

如果已经存在一个 JavaScript 源文件(以 js 为扩展名)，则可以采用这种引用的方式，以提高程序代码的利用率。其基本格式如下：

```
<script language = "JavaScript" src = url ></script>
```

其中的 url 就是程序文件的地址。同样的，这样的语句可以放在 HTML 文档头部或主体的任何部分。如果要实现"直接插入方式"中所举例子的效果，可以首先创建一个 JavaScript 源代码文件"Script. js"，其内容只有如下一行：

```
document.write ("这是 JavaScript!采用引用的方法!");
```

将"javascript. htm"文件的内容修改为如下的形式：

```
<html>
  <head>
     <title>链接 JavaScripte 代码</title>
```

```
      <script language = "JavaScript" src = "script.js" ></script>
   </head>
</html>
```

在浏览器中显示的效果如图 9-8 所示。

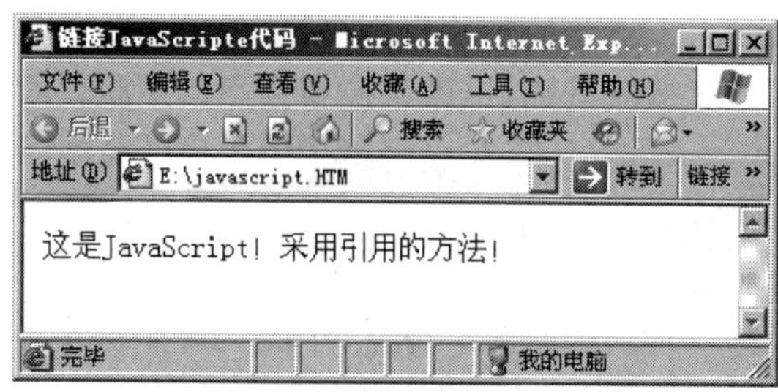


图 9-8　在 HTML 中采用引用的方式使用 JavaScript 示例

## 9.2.4　JavaScript 应用示例

前面讲解了许多 JavaScript 的基础概念，那么 JavaScript 在网页中的应用效果到底怎么样呢？下面就以一个实例来进行说明。设计一个具有伸缩式动态菜单在浏览可视区的左边界，当把鼠标移动到这个区域时，菜单就伸展开，而当鼠标离开菜单时，这个菜单又缩起来。将以下代码保存为 js.htm，在浏览器中显示的效果如图 9-9 和图 9-10 所示。

```
<html>
  <head>
  <title>伸缩式动态菜单</title>
  <script language = "JavaScript">
  function moveX(x)
  {//菜单左移 x 个象数(>0:展开菜单;<0:卷起菜单)
     sideMenu.style.pixelLeft  +=  x;
  }
  function makeStatic()
  {//使菜单总是处于离可视区顶边 20 个象数的位置
     sideMenu.style.pixelTop = document.body.scrollTop + 20;
     setTimeout("makeStatic()",10);
  }
  function locateMenu()
  {//使菜单处于卷起状态
    moveX( - 132);
  }
</script>
</head>
<body onload = "locateMenu();makeStatic();">
<div ID = "sideMenu" onmouseover = "moveX(132)" onmouseout = "moveX( - 132)" style = "Position:
Absolute;Left:0px;Top:20px;Z - Index:20;cursor:hand">
  <table border = "1" cellpadding = "0" cellspacing = "0" width = "150" bgcolor = "#000000">
    <tr>
      <th bgcolor = "#0099FF" align = "center">菜单</TH>
```

```
    <td align = "center" rowspan = "100" width = "16" bgcolor = "#FF6666">伸缩菜单</TD>
  </tr>
  <script language = "JavaScript">
  var link_text  =  new Array();
  var link_url  =  new Array();
  link_text[0] = "首        页";link_url[0] = "http://url1";
  link_text[1] = "个 人 简 介";link_url[1] = "http://url2";
  link_text[2] = "教 学 情 况";link_url[2] = "http://url3";
  link_text[3] = "论 文 著 作";link_url[3] = "http://url4";
  link_text[4] = "科 研 课 题";link_url[4] = "http://url5";
  link_text[5] = "兴 趣 爱 好";link_url[5] = "http://url6";
  for (i = 0;i <= link_text.length - 1;i++)
  document.write('<tr><td height = 20 bgcolor = white ><a href = "' + link_url[i] + '" style
= "font - size:13px; text - decoration: none">' + link_text[i] + '</a></td></tr>')
  </script>
  <tr>
    <td bgcolor = "#0099FF"> </td>
  </tr>
 </table>
</div>
</body>
</html>
```

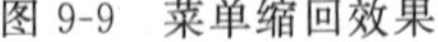
图 9-9　菜单缩回效果

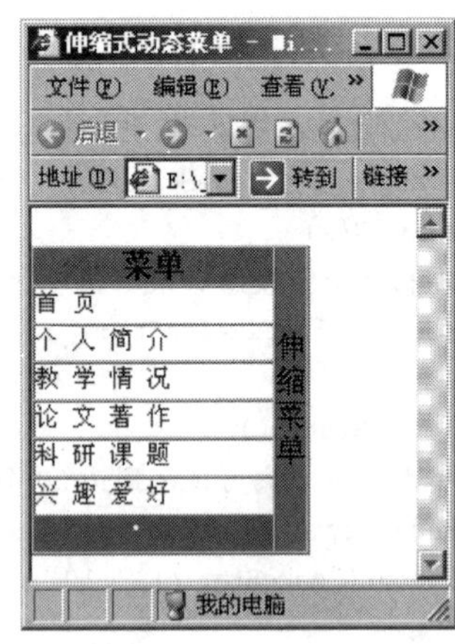


图 9-10　菜单伸出效果

通过这个例子可以看到，JavaScript 的使用，让网页包含了更多活跃的元素和更加精彩的内容。

## 9.3　Web 的工作原理

Web 全称为 World Wide Web，简称 WWW，称为万维网或全球信息网。Web 是目前 Internet 上最为流行、最受欢迎的一种信息检索和浏览服务。WWW 在 20 世纪 90 年代初诞生于欧洲粒子物理实验室。WWW 中信息资源主要由 Web 页构成。这些 Web 页中可以含有指向其他 Web 页、自身内部特定位置或其他资源的超链接。这样，如果 Internet 上的 Web 页和链接非常多的话，就构成了一个巨大的信息网。

Web 的工作原理是基于客户/服务器计算模型，由 Web 浏览器（客户机）和 Web 服务器构成，两者之间采用超文本传输协议（HTTP）进行通信。Web 工作原理示意图如图 9-11 所示。其基本工作过程包括以下几个步骤。

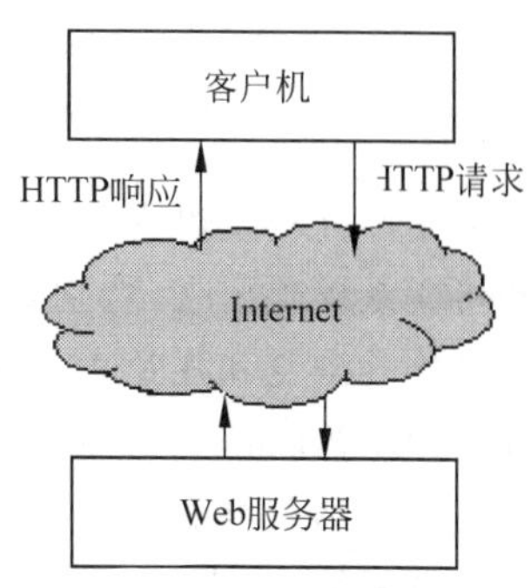

图 9-11　Web 工作原理示意图

（1）用户启动客户端应用程序（浏览器），在浏览器中输入将要访问的页面的 URL 地址。

（2）浏览器根据 URL 地址，向该地址所指向的 Web 服务器发出请求。

（3）Web 服务器根据浏览器送来的请求，把 URL 地址转换成页面所在的服务器上的文件全名，找到相应的文件。

（4）如果 URL 指向 HTML 文档，Web 服务器使用 HTTP 协议把该文档直接送给浏览器。如果 HTML 文档嵌入了 CGI、ASP、JSP 或 ASP. NET 程序，则应用程序服务器将查询指令发送给数据库驱动程序，由数据库驱动程序对数据库执行更新和查询等操作。查询和更新等结果返回给数据库驱动程序，并由驱动程序返回 Web 服务器。Web 服务器将结果数据嵌入页面。Web 服务器将完成的页面以 HTML 格式发送给浏览器。

（5）浏览器解释 HTML 文档，在客户端屏幕上显示结果。

### 9.3.1　Web 服务器

World Wide Web 上的所有内容都存储在世界上某处的 Web 服务器上，Web 服务器是运行在计算机上的一种软件，常见的 Web 服务器有 Apache 和 IIS（Internet Information Service）。它可以管理各种 Web 文件，并为提出 HTTP 请求的浏览器提供 HTTP 响应。客户机给 Web 服务器发送页面请求，Web 服务器根据请求，把相应的页面发回给客户机，由浏览器负责进行浏览。

### 9.3.2　客户端程序

客户端程序是运行在计算机上的一个软件，最常用的是浏览器（如 Internet Explorer），它是一种专用程序，允许用户输入 URL（Uniform Resource Locator，统一资源定位）地址。它负责向服务器发送请求，并显示服务器返回的 Web 页。

### 9.3.3　HTTP 协议

HTTP 协议即超文本传输协议（Hypertext Transfer Protocol），是在 Internet 中进行信息传送的协议。HTTP 协议是基于请求/响应模式的。其请求/响应过程与打点换订货的过程相似：首先，客户会打电话给商家，告诉他需要什么规格的商品，然后，商家如果有货的话就会把货发给客户，如果没有货，商家会告知缺货。浏览器默认的就是使用 HTTP 协议，当在浏览器的地址栏中输入一个 URL 或者是单击一个超链接时，浏览器就会通过 HTTP 协议，把 Web 服务器上的网页代码下载下来，并显示成相应的网页。

# 9.4 Web的设计与规划

## 9.4.1 Web设计的理念

网站设计特别讲究其编排结构和布局。多页面站点页面的编排设计，要求把页面之间的有机联系反映出来，特别要处理好页面之间和页面内的秩序与内容的关系。为了让网站达到最佳的浏览和视觉表现效果，设计者应反复推敲其整体结构的合理性，让使用者有一个舒畅的浏览体验。

虽然网站主页的设计不等同于平面设计，但它们有许多相近之处。版式设计通过文字图形的空间组合，表达出和谐与美。色彩是网站艺术表现的要素之一，在网页设计中，网页设计师应根据和谐、均衡和重点突出等原则，将不同的色彩进行组合、搭配来构成美丽的页面。根据色彩对人们心理的影响，合理地加以运用。

网站设计过程中，为了将丰富的意义和多样的形式组织成统一的页面结构，形式语言必须符合页面的内容，体现内容的丰富含义。灵活运用对比与调和、对称与平衡、节奏与韵律以及留白等手段，通过空间、文字、图形之间的相互关系建立整体的均衡状态，产生和谐的美感。如对称原则在页面设计中，它的均衡有时会使页面显得呆板，但如果加入一些富有动感的文字、图案，或采用夸张的手法来表现内容往往会达到比较好的效果。点、线、面作为视觉语言中的基本元素，巧妙地互相穿插、互相衬托、互相补充构成最佳的页面效果，充分表达完美的设计意境。

此外，在网站设计理念中，要格外注意网站导航清晰，导航设计使用超文本链接或图片链接，使人们能够在网站上自由前进或后退，而不会让使用者使用浏览器上的前进或后退。导航栏能让使用者在浏览时很容易地到达不同的页面，是网页元素非常重要的部分，所以导航栏一定要清晰、醒目。

## 9.4.2 Web设计的定位

网站设计应建立在目标明确的基础上，完成网站的构思创意即总体设计方案，对网站的整体风格和特色做出定位，根据定位再规划网站的组织结构。

网络站点应针对所服务对象（机构或人）的不同而具有不同的形式。根据服务对象的不同，有些站点只需提供简洁文本信息；有些则应采用多媒体表现手法，提供华丽的图像、闪烁的灯光、复杂的页面布置，甚至可以下载声音和录像片段。一个好的网络站点把图形表现手法和有效的组织与通信结合起来。为了做到主题鲜明突出，要点明确，我们将按照需求，以简单明确的语言和画面体现站点的主题；调动一切手段充分表现网络站点的个性和情趣，展示网站的特点。如果人们看不懂或很难看懂你的网站，那么，他如何了解你的信息和服务呢？比如说一些企业网站，可以使用一些醒目的标题或文字来突出你的产品与服务，如果客户从你的网站上不清楚你在介绍什么或不清楚如何受益的话，即使你拥有最棒的产品，他们是不会喜欢你的网站的，进而更不会去购买你的产品。由此可见，网站设计的定位是任何网站制作的落脚点，是任何一个好的网站的开始。

## 9.4.3 网页制作的规划

网站定位好了，是不是可以立刻动手制作了？不是，接下来必须规划框架，这是很重要的一步！可以说，每个网站都是一项庞大的工程。好比造高楼，没有设计图纸，规划好结构，盲目的建造，结果往往是会倒塌的；也好比写文章，构思好提纲，才不至于逻辑混乱，虎头蛇尾。

因此，网页制作之前应全面仔细规划架构好自己的网站，不要急于求成。规划一个网站，可以用树状结构先把每个页面的内容大纲列出来，尤其当你要制作一个很大的网站（有很多页面）的时候，特别需要把这个架构规划好，也要考虑到以后可能的扩充性，免得做好以后又要一改再改整个网站的架构，费时费力。大纲列出来后，还必须考虑每个页面之间的链接关系，是星形、树形或网状链接。这也是判别一个网站优劣的重要标志。链接混乱，层次不清的站点会造成浏览困难，影响内容的发挥。

框架定下来了，然后开始一步一步有条理、有次序地制作网页，也为你的主页将来发展打下良好的基础。

## 9.4.4 网页设计的布局理念

网页可以说是网站构成的基本元素。现在很多网站设计精良，网页精彩、漂亮。那么，网页的精彩与否的决定因素是什么呢？色彩的搭配、文字的变化、图片的处理等，这些当然是不可忽略的因素，除了这些还有一个非常重要的因素——网页的布局。下面就有关网页布局谈论一下。

网页布局就是以最适合浏览的方式将文字、图片和动画按照一定美学法则，遵循一定的视觉规律，放在页面的不同地方。除传达信息外，还能给人美的享受，引起使用者的共鸣。版面布局也有一个创意的问题，那么，怎样的创意、怎样的设计、怎样的搭配，网页才能新颖独特、才能吸引人呢？这都是人们在进行网页的布局中要考虑的问题。网页布局就像传统的报刊杂志编辑一样，将网页看作一张报纸、一本杂志来进行排版布局，虽然动态网页技术的发展使得人们开始趋向于学习场景编辑，但是固定的网页版面设计基础依然是必须学习和掌握的，它们的基本原理是相通的，只要领会要点，就能举一反三。

网页布局大致可分为"国"字形、拐角形、标题正文型、左右框架型、上下框架型、综合框架型、封面型等。

**1. "国"字形**

也可以称为"同"字形，是一些大型网站所喜欢的类型，即最上面是网站的标题以及横幅广告条，接下来就是网站的主要内容，左右分列两小条内容，中间是主要部分，与左右一起罗列到底，最下面是网站的一些基本信息、联系方式、版权声明等。这种结构是人们在网上见到最多的一种结构类型。

**2. 拐角形**

这种结构与"国"字形其实只是形式上的区别，上面是标题及一些横幅，接下来的左侧是一窄列链接等，右列是很宽的正文，下面也是一些网站的辅助信息。在这种类型中，一种很常见的类型是最上面是标题及广告，左侧是导航链接。

**3. 标题正文型**

这种类型即最上面是标题，下面是正文，如一些文章页面或注册页面等。

**4. 左右框架型**

这是一种左右分别为两页的框架结构，一般左面是导航链接，有时最上面会有一个小的标题或标致，右面是正文。人们见到的大部分的大型论坛都是这种结构的。这种类型结构非常清晰，一目了然。

**5. 上下框架型**

与左右框架型类似，区别仅仅在于是一种上下分为两页的框架结构。

**6. 综合框架型**

上面两种结构的结合，是相对复杂的一种框架结构，较为常见的是类似于拐角形结构的，只是采用了框架结构。

**7. 封面型**

这种类型基本上是出现在一些网站的首页，大部分为一些精美的平面设计结合一些小的动画，放上几个简单的链接或者仅是一个"进入"的链接甚至直接在首页的图片上做链接而没有任何提示。这种类型大部分出现在企业网站、个人主页和有些课程网站的进入界面，这类网页会给人带来赏心悦目的感觉。

既然网页布局有这么多的类型，那么什么样的布局又是最好的呢？这是人们经常会考虑的问题。其实这需要具体情况具体分析：例如，如果内容非常多，就要考虑用"国"字型或拐角型；而如果内容不算太多而一些说明性的东西比较多，则可以考虑标题正文型，这几种框架结构的一个共同特点就是浏览方便，速度快，但结构变化不灵活；而如果是一个企业想通过网站展示一下企业形象或个人想通过个人主页展示个人风采，封面型是首选。究竟什么样的布局才是最好的，需要人们在实际制作中根据实际情况而定。因为只有不断地实践才会提高，才会不断丰富网站的网页。

## 9.5 Web 的开发、测试与发布

上一节学习了网站的设计和规划的相关内容，这一节将投入到实践中，亲身体验网站的创作过程。下面就以制作"我的网站"为例来共同学习网站的创作。

### 9.5.1 Web 的开发

**1. Web 开发的准备阶段**

根据上一节学习的内容，在开始网站制作之前，首先要先规划好网站的框架，也就是要考虑"我的网站"包括哪些内容，选择什么样的选材，即对"我的网站"进行定位。一般来说，个人网站的选材要小而精。题材最好是自己擅长或者喜爱的内容。例如，你对诗歌感兴趣，可以放置自己的诗词；对足球感兴趣，可以报道最新的球场战况等。网站定位好后，一定要总体规划一下整个网站的结构，也就是由哪些页面组成的。从学生的角度来考虑"我的网站"可以包含个人简介、学习心得、友情链接等页面，可以设计出如图 9-12 所示的网站总体框架结构。

**2. Web 开发过程**

总体结构规划好后，就可以开始进行建立站点和进行页面的具体设计。接着就开始考虑各个网页的布局了，应将页面的结构、图片的位置、链接的方式统统设计周全，如每页设置"返回首页"的链接、E-mail 地址、版权信息等。

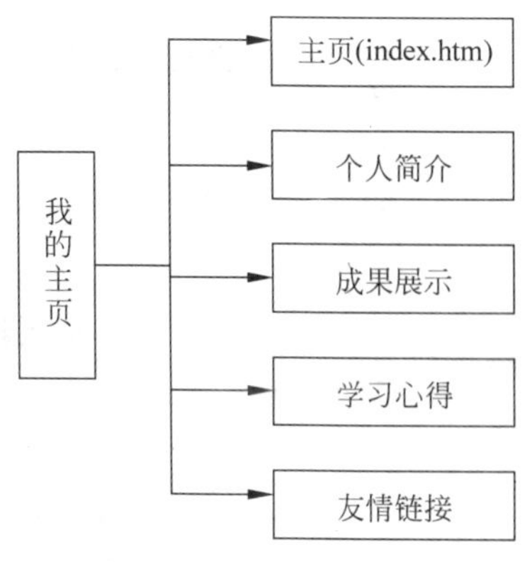

图 9-12　网站的总体框架

1）站点的建立

（1）启动 FrontPage 2003，选择"文件"→"新建"命令，随后在窗口右侧的"新建网页或站点"任务窗格中，选择"新建网站"→"其他网站模板"选项，打开如图 9-13 所示的"网站模板"对话框。

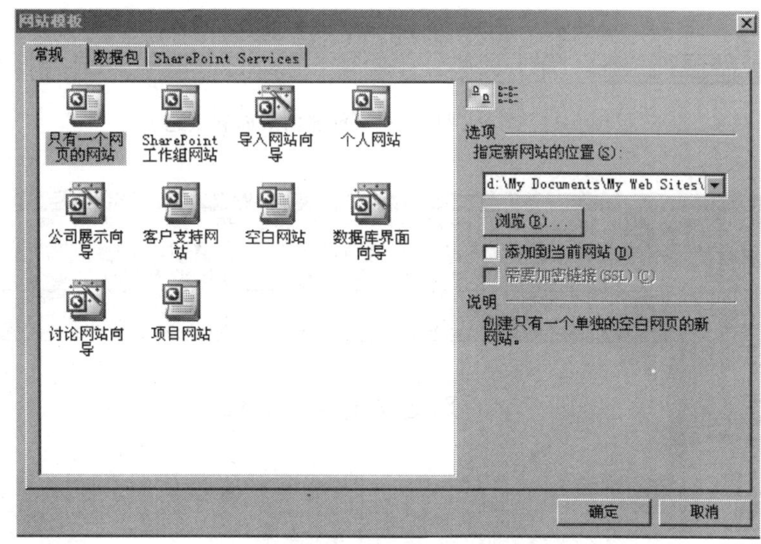

图 9-13　"网站模板"对话框

（2）在打开的"网站模板"对话框中单击"指定新网站的位置"文本框下方的"浏览"按钮，在本地硬盘选择一个保存站点的文件夹。在左侧的"常规"选项卡中提供了多个站点的模板，此时可以根据自己的需要选择模板类型，如"只有一个网页的网站"、"个人网站"、"空白网站"等。如果选择"个人网站"模板，此时系统开始创建整个站点，包括各种页面和页面主题，一个简单的个人网站就已经建立好了，如图 9-14 所示。利用"个人网站"模板建立网站很多工作已经由系统帮助设计者完成了，只需要对页面的内容进行修改就可以了，这是 FrontPage 2003 为设计者提供的一种快速建立一个"个人网站"的途径。

利用"个人网站"模板建立个人网站虽然方便、快速，但是由于它的页面和页面主题是由系统自动为设计者建立的，这也许不能满足自己的设计要求，那就需要设计者自己动手制作网站。设计者可以利用"空白网站"模板按照自己的规划和设计来制作网站的内容。

2）页面内容的制作

下面就以"主页"的制作为例来介绍 FrontPage 2003 的基本使用。在如图 9-14 所示的网站文件夹目录中双击"index. htm"文件，打开如图 9-15 所示的网页设计窗口。

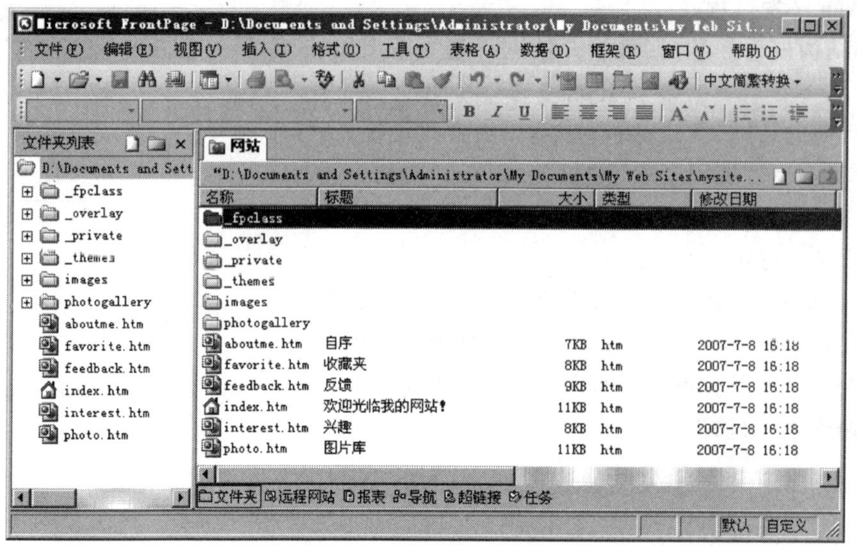


图 9-14　“个人网站”模板创建的页面和主题

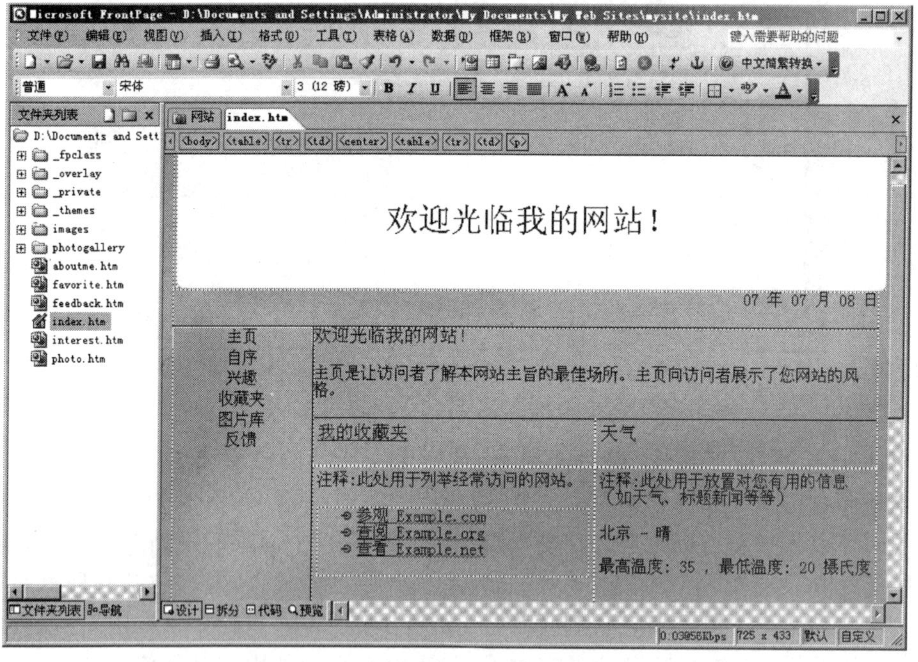


图 9-15　FrontPage 2003 的网页设计窗口

(1) 视图状态。首先来认识一下 FrontPage 2003 的 4 种视图。在图 9-15 左下方有“设计”、“拆分”、“代码”、“预览”4 个按钮，它们分别代表 4 种视图，单击这 4 个按钮可以实现 4 种视图间的切换。

① “设计”视图。如图 9-15 所示的视图是处于默认的“设计”视图状态。“设计”视图主要用于对网页内容进行布局安排和修改等，能方便设计者更好地美化网页，更合理地布局网页。

② “代码”视图。“代码”视图主要用于显示网页内容的 HTML 代码，对于习惯编程的用户来说，是必不可少的，如图 9-16 所示。

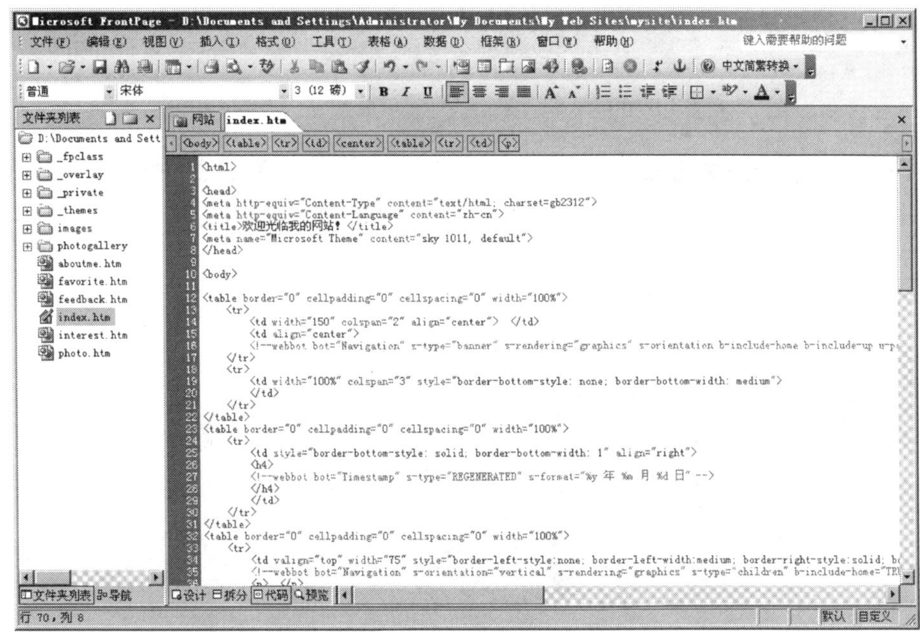

图 9-16 “代码”视图

③ “拆分”视图。“拆分”视图是同时显示“代码”视图和“设计”视图，让设计者能够更好地理解源代码，提高编程语言应用能力，如图 9-17 所示。

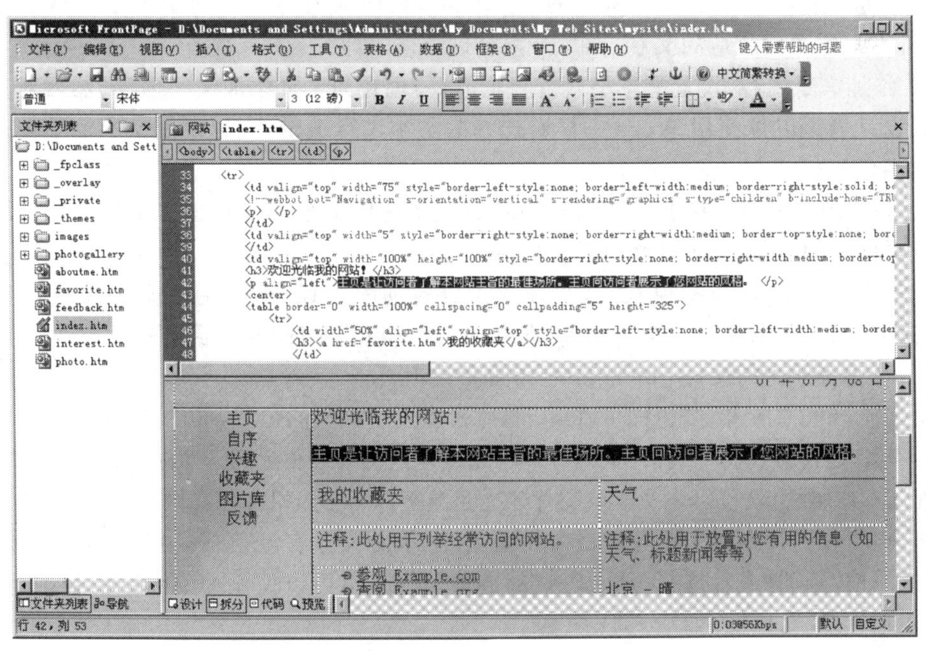

图 9-17 “拆分”视图

④“预览”视图。“预览”视图是用于对网页在浏览器中的效果进行预览，可实时观看制作的网页效果，如图 9-18 所示。

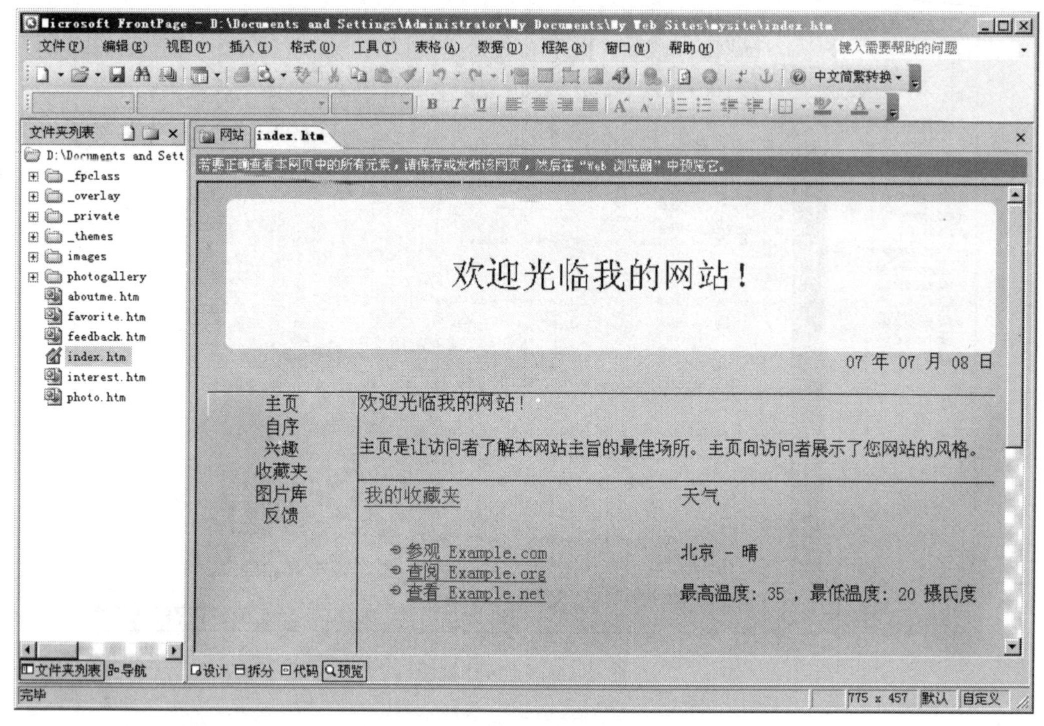

图 9-18 “预览”视图

(2) 制作主页。在图 9-15 所示的“主页”中，页面的内容已经利用表格进行了布局安排，设计者只需要对相应的文字、图片等内容进行修改即可。

① 添加文字内容，设置文本格式。根据需要，现在为主页添加文字内容，然后对其进行编辑。设计者可以像使用 Word 一样对选择的文本进行编辑，或者设置文本的字体、样式、大小和颜色等。

② 添加图片内容。在 FrontPage 2003 环境下为网页添加图片也非常方便。下面就以“主页”页面添加一张 logo 图片为例来介绍。

第一步，在“设计”视图模式下，将插入点放置到图 9-15 中“欢迎光临我的网站！”位置处，选择“插入”→“图片”→“来自文件”命令，打开“图片”对话框，找到要插入图片文件所在的位置，选中待插入的文件(logo.jpg)，如图 9-19 所示。

第二步，单击“插入”按钮即可，logo 图片就插入到指定的位置，如图 9-20 所示。

③ 制作超链接。在 FrontPage 2003 中，超链接是文本或图片的一个基本属性。只要合理地设置文本或属性，就可以为文本或图片建立超链接。下面介绍如何在网页上建立超链接。

第一步，在网页中选中要建立的文本或图片，单击鼠标右键，在弹出的快捷菜单中选择“超链接属性”选项(或者选择“插入”→“超链接”选项，也可以使用 Ctrl＋K 组合键)就会弹出“插入超链接”对话框，如图 9-21 所示。

第二步，在“插入超链接”对话框中选择超链接的目标文件，单击“确定”按钮，超链接就制作完成。

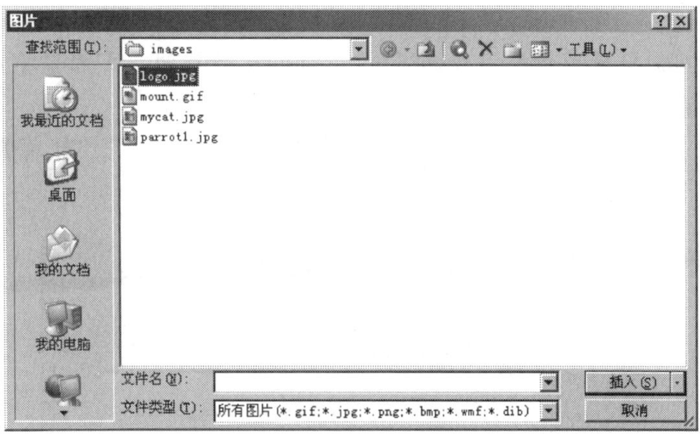


图 9-19　选择待插入的文件

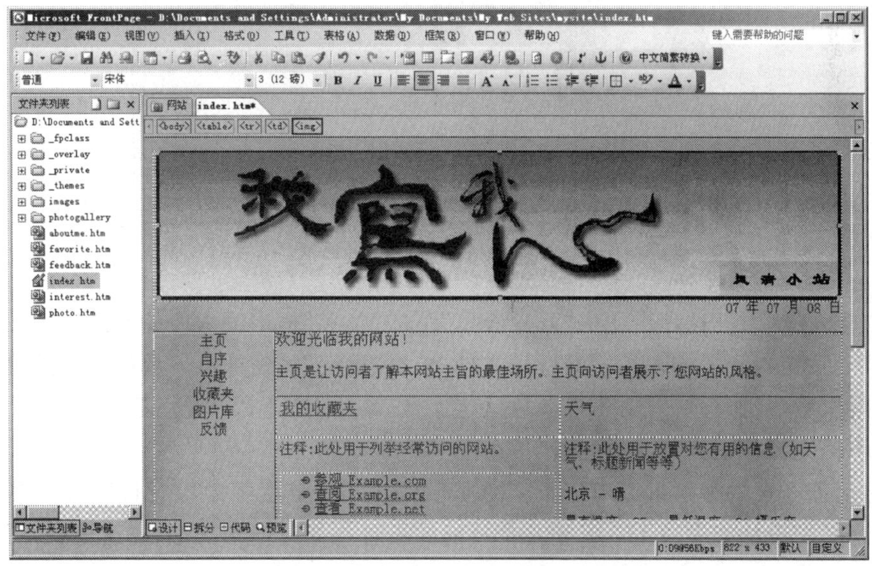


图 9-20　插入 logo 图片后的主页

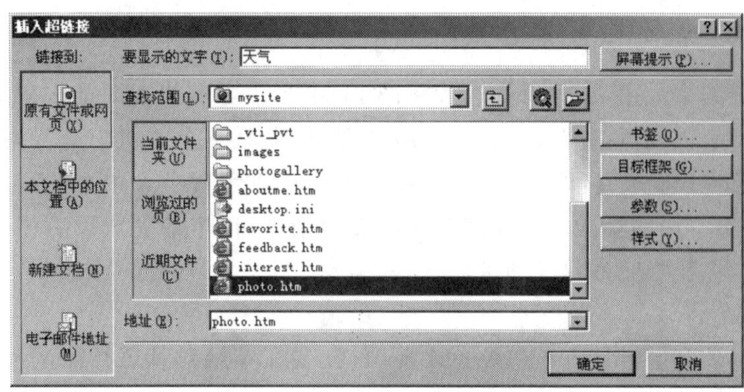


图 9-21　“插入超链接”对话框

④ 插入背景音乐。根据需要还可以设置网页的背景声音。当站点访问者打开网页时，就会播放声音。可以持续地播放声音，或只按指定的次数播放。下面是主页插入背景音乐的方法步骤。

第一步，在“主页”的设计视图模式下，右击网页，然后在弹出的快捷菜单中选择“网页属性”选项，弹出如图 9-22 所示的“网页属性”对话框。

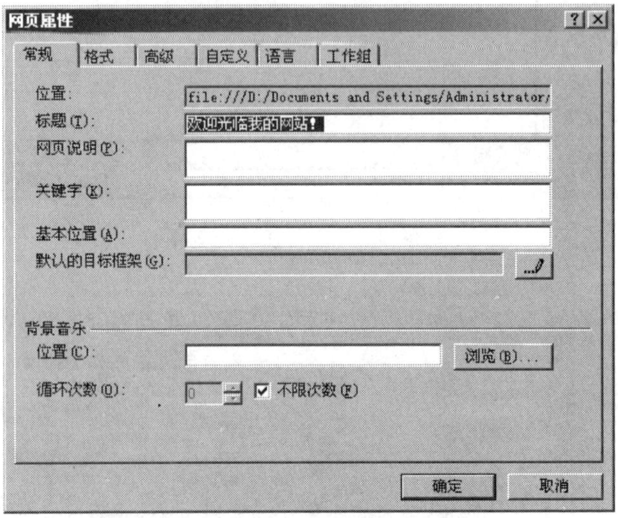

图 9-22 “网页属性”对话框

第二步，在“常规”选项卡中的“背景音乐”下的“位置”框中输入要播放的声音文件名，或单击“浏览”按钮找到要插入的背景音乐文件，单击“确定”按钮即可。要持续地播放声音，请选中“不限次数”复选框。若要声音播放固定次数，请清除“不限次数”复选框，然后在“循环次数”框中输入播放的声音次数。

按照上面介绍的方法可以对“主页”的文字、图片、超链接等内容进行适当的修改，主页“index. htm”的设计就完成了。其他几个页面的设计与修改基本类似，在这里就不再赘述。

在网页的制作过程中应注意网站所有的文件名不要使用中文名。否则上传到网上后由于系统无法识别所以会无法显示。

## 9.5.2 Web 的测试与发布

一个制作好的个人主页，只有把它放在网上，才能让更多的人浏览。在发布网站之前，必须先申请一个个人网页空间或个人网页服务器，即向某一个主机申请一块硬盘空间。现在有较多的主机提供免费主页空间。这些主机不仅提供免费个人主页空间，并且还提供留言簿、计数器等很有用的功能。只要到有关站点申请即可，申请完成以后用 FTP 将所有的主页文件上传至主机指定的目录即可。

**1. 网站测试**

在将站点上传到服务器并可供浏览之前，首先要在本地对其进行测试。这一过程应该确保页面在目标浏览器中如预期的那样显示和工作，而且没有断开的链接，检查页面下载是否占用太长时间，检查代码中是否存在标签或语法错误，并且可以通过运行站点报告测试整个站点并解决出现的问题。FrontPage 2003、Dreamweaver 等网页制作工具中也提供了相应内容的测试方法，下面以 FrontPage 2003 为例来介绍网站的测试。

1）拼写检查

拼写检查是发现并纠正网页中出现的英文单词拼写错误。在 FrontPage 2003 中打开站点，选择“工具”→“拼写检查”命令，然后在出现的“拼写检查”对话框选择“整个站点”和“为有拼写错误的网页添加任务”，单击“开始”按钮，开始对打开的整个站点进行拼写检查。检查的过程中可以单击“停止”按钮暂停拼写检查。

2）测试链接

网页都是通过超链接建立起联系的，在 FrontPage 2003 中提供了一个报表管理器，可以方便地分析站点并管理其内容。打开站点，单击视图栏中的“报表”按钮，就可以看到网站内文件内容、更新链接情况、使用的主题和任务等信息，双击每一项内容，就可以查看更详细的信息。

3）使用网页浏览器测试站点

测试的目的在于确认文本、图像和声音是否正确，超链接是否正常到达相应的页面。一般都是使用 IE 和网景这两种网页浏览器进行测试。

**2. 网站发布**

经过详细的检测，并完成最后的站点编辑工作后就可以发布站点了。如前面所说，首先需要申请站点的域名和租用服务器空间，然后通过 FTP 工具把网站上传到服务器上，这样就可以让每一个角落的访问者浏览到站点的内容了。对于服务器空间的各种参数，最重要的是明确空间的大小、稳定性、安全性和是否支持动态网页程序，一些网络服务公司提供的免费的域名服务，一般都是二级域名（即域名中包含提供服务的公司信息），这些空间的缺点是稳定性不高、一般不支持动态网页程序。

使用 FTP 工具软件，可以将制作好的网页文件或其他资源文件上传到远端的服务器空间。这里就来详细介绍一种 FTP 工具——CuteFTP。

CuteFTP 在使用时，用户不需要知道其传输协议的具体内容。它易于使用，而且界面友好，不仅可以上传或下载整个目录及文件，而且可以上传或下载线程，还支持上传或下载的断点续传。下面来看具体的操作步骤。

（1）确保本地计算机与 Internet 建立连接。

（2）在 Internet 上申请免费个人主页空间（如 http://www.qzone.com），并查看关于 FTP 上传的说明，确定 FTP 服务器地址、用户名和密码等信息。

（3）双击桌面上的 CuteFTP 图标启动 CuteFTP。进入 CuteFTP 工具界面，如图 9-23 所示。

（4）单击工具栏上的“站点管理”按钮或选择“文件”→“站点管理”选项，打开“站点管理器”对话框，如图 9-24 所示。

（5）在“站点管理器”对话框中单击“新建”按钮，左边窗格目录树中将出现一个“新建站点”分支，如图 9-25 所示。

（6）在“站点管理器”对话框的右边窗格中填写 FTP 服务器主机名、用户名和密码等信息。

（7）单击“站点管理器”对话框中的“连接”按钮，连接 FTP 服务器。

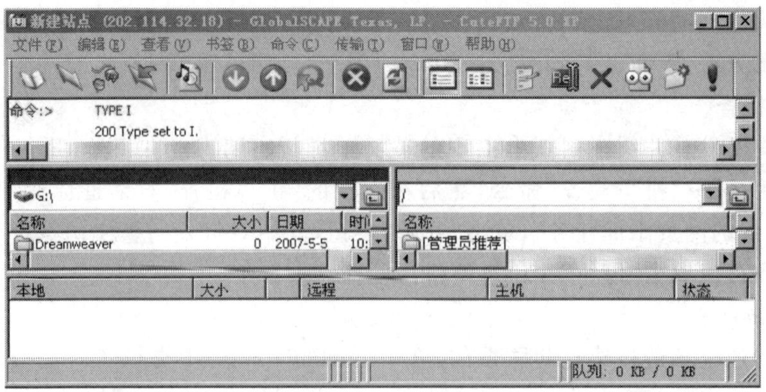


图 9-23 CuteFTP 工具界面

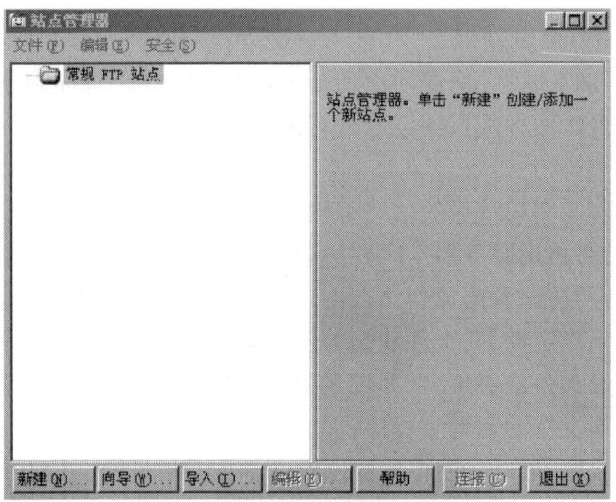


图 9-24 “站点管理器”对话框

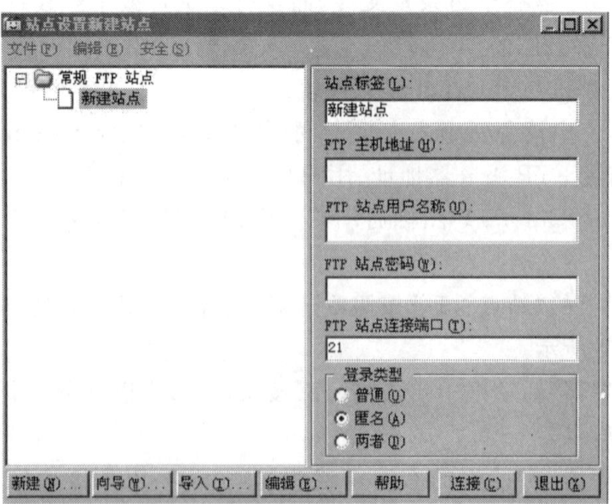


图 9-25 新建站点

(8) 登录 FTP 服务器成功后，会弹出一个对话框，提示登录成功，单击“确定”按钮关闭此对话框。

(9) 在本地窗格中，选择需要上传的文件；在远程窗格中，选择保存上传文件的目录。可以用鼠标直接拖动要上传的文件到远程窗格上，或双击要上传的文件，也可以选中要上传的文件，单击工具栏上的“上传”按钮，如图 9-26 所示。

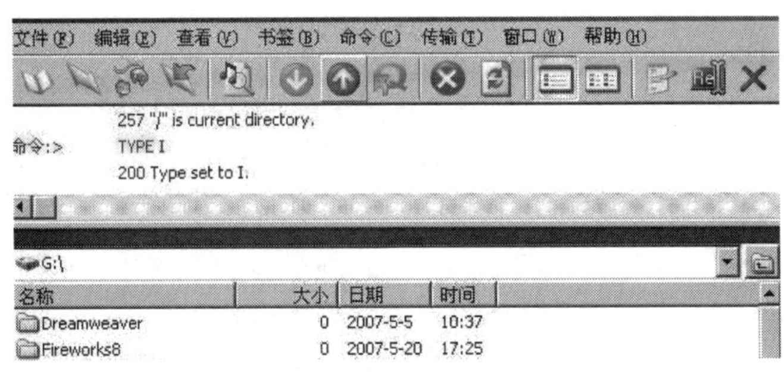


图 9-26　上传的文件

(10) 上传开始，可以通过日志窗格中的显示查看上传情况。

在这里只是对使用 CuteFTP 软件上传站点的方法做了简单的介绍，CuteFTP 软件除了上面的功能外，还有很多强大的功能，自己可以在以后的使用过程中慢慢总结。

# 9.6　Web 集成技术的应用

2004 年在 O'Reilly 公司和 MediaLive 公司之间展开的一次头脑风暴会议上，Web 2.0 概念首次被提出。之后 Web 2.0 这个词被广泛使用，可以将 Web 2.0 的提出理解为开始了一个新的互联网时代。这个新时代是由 Web 2.0 的应用技术、Web 2.0 的业务应用及 Web 2.0 的应用模式等共同构成的。随着 Web 2.0 应用技术的发展，互联网的业务提供能力有所提升，越来越丰富的互联网应用开始出现。在 Web 2.0 背景下，Web 技术的应用体现了 Web 2.0 的核心理念，围绕资源共享、聚集和复用为中心，不断创新和发展，关注用户参与和协作以及良好的用户体验。

## 9.6.1　Web 应用技术体系

在 Web 2.0 时代中，Web 应用技术体系可分为资源共享和复用、用户参与和协作、用户体验提升三大类，并在此技术体系基础形成了一个开放的互联网技术平台，如图 9-27 所示。

**1. 资源共享和复用技术**

资源共享和复用技术是 Web 2.0 时代的创新所在，集中体现了 Web 2.0 复用聚合的核心理念，主要有 XML 技术、Web Widget 技术、Mashup 技术等。

XML 是互联上数据交换的标准，被称为可扩展的标注元语言，利用其可以实现基于 RSS/RDF/FOAF 等数据的同步、聚合和迁移。因此，XML 技术使得互联网上存在的数据成为可共享的、可读取的、可重用的数据。目前互联网上的数据，如天气数据、企业级私有数据等，都采用了 XML 格式来交换。图 9-28 所示是基于 XML 技术的天气预报数据共享案例。

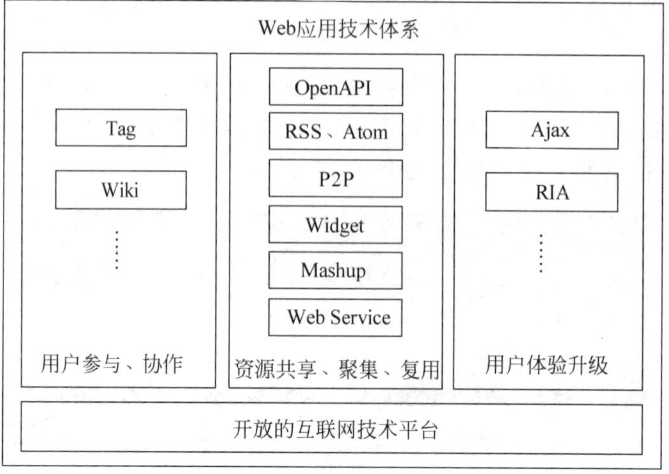


图 9-27　Web 应用技术体系

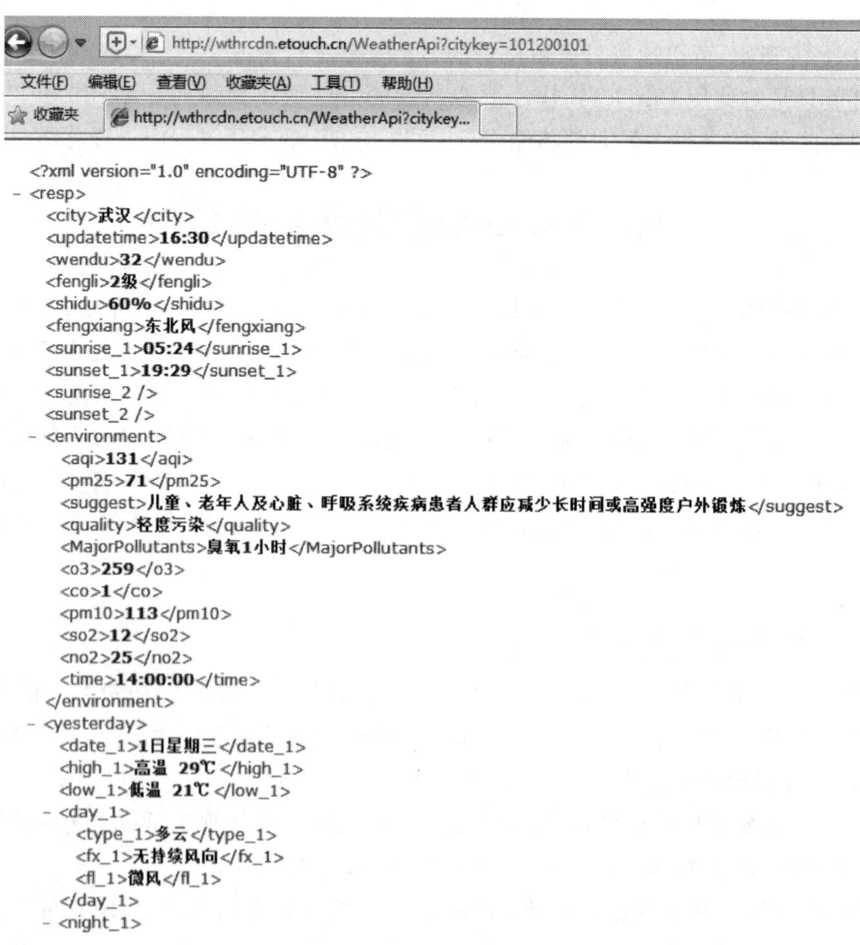


图 9-28　XML 技术的应用案例(天气预报数据)

Web Widget 是一个迷你程序，使得互联网信息、应用更加开放，用于装饰网页、博客、社交网站等，体现了个性化。目前，Web Widget 的内容可以是游戏、音乐、视频等，丰富多样，满足了用户多样的个性化需求。因此，Web Widget 技术实现了互联网信息的汇集、发布、共享，并通过一个平台方便用户创建、发布共享及跟踪管理各类应用 Widget。图 9-29 所示是在“百度贴吧”中插入视频 Widget。

Mashup 是一种聚合性的技术，是基于互联网的内容和应用的聚合。由于 Mashup 对信息和数据进行了聚合，按照用户输入的信息，最终给出符号用户需要的信息和应用组合，因此从根本上改变了用户获取信息的方式。目前，Mashup 技术得到了广泛的应用，主要的应用有地图、视频和图像、搜索和购物、新闻等。图 9-30 是一个 Mashup 技术应用的案例。

http://player.youku.com/player.php/sid/XOTU0MzEzOTA4/v.swf 插入视频

提示：你可以使用该网站的视频播放页地址哟。

图 9-29 Web Widget 技术的应用案例(在网页添加视频 Widget)

图 9-30 Mashup 技术的应用案例(地图和图片相结合)

**2. 用户参与和协作技术**

用户参与和协作技术体现了 Web 2.0 时代的核心理念“广泛的用户参与”，其主要的应用技术有 Tag 和 Wiki。Tag 技术是一种模糊化、智能化的分类技术，是新的组织和管理在线信息的方式，极大地提高了用户的网络参与度。基于 Tag 技术，广泛用户可以为图片、视频、文档等数字媒体文件添加 Tag 标签进行管理。

Tag 技术体现了社会化的思想，既体现了群体的力量，又呈现出了用户组织信息的分类方式，极大地增强了内容信息之间的相关性和用户之间的交互性。同时，Tag 标签比分类具有更强的指向性，通过多个 Tag 标签的叠加能更准确地定位符合用户需求的信息，提高了检索结果的相似度，进而提升了数字媒体资源的查询能力。Tag 技术虽然简单，但是具有强烈的信息穿透力，以便数字媒体资源的信息通过细粒度方式呈现，从而有助于用户创造内容，有助于提升内容导航与内容组织能力。图 9-31 是 Tag 技术的一个应用案例，利用 Tag 标签对互联网中的文章和图片资源进行分类。

Wiki 指一种超文本系统，支持面向社群的协作式写作，同时也包括一组支持这种写作的辅助工具。用户可以在 Web 的基础上对 Wiki 文本进行浏览、创建、更改，而且创建、更

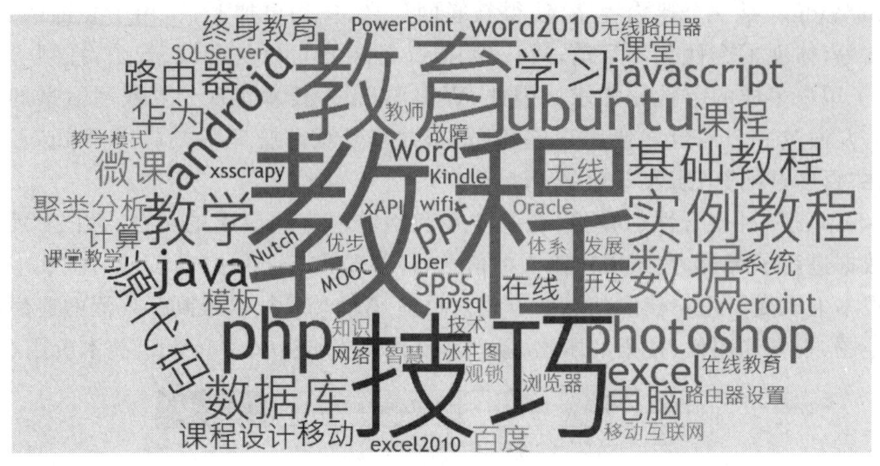


图 9-31　Tag 技术应用案例

改、发布的代价远比 HTML 文本小。同时，Wiki 还支持面向社群的协作式写作，为协作式写作提供必要帮助。因此，Wiki 具有使用方便及开放等特点，有助于大众用户在一个社群内共享某领域的知识。

**3. 用户体验提升技术**

AJAX 技术是提升用户体验的主要技术之一，全称为“Asynchronous JavaScript And XML”，即是基于 XML 的异步 JavaScript，是一种异步交互技术，通过解决传统的 C/S 模式下因用户发起请求后页面响应速度慢而造成网络传输带宽和服务器压力大的问题，进而提升了业务的用户体验。AJAX 技术具有异步响应、无刷新、按需获取数据等特点，可降低交互信息量，提高服务器响应速度，大幅减少交互等待时间，其工作原理如图 9-32 所示：①客户端浏览器产生一个 JavaScript 的事件，创建 XMLHttpRequest 对象，并对 XMLHttpRequest 对象进行配置；②通过 AJAX 引擎发送异步请求；③服务器接收请求并且处理请求，返回数据内容；④客户端浏览器通过回调函数处理响应回来的内容，最后更新页面内容。

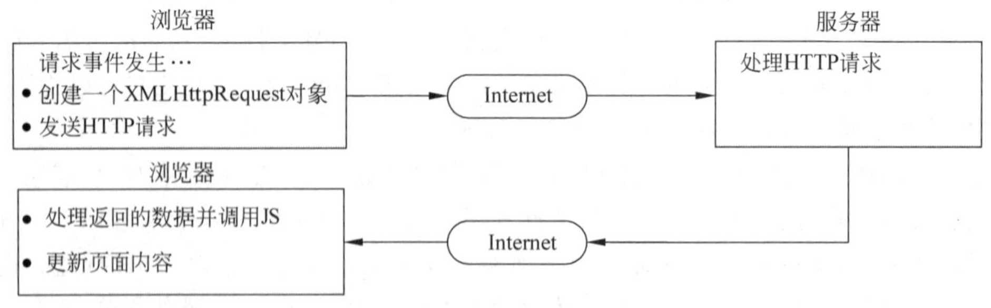


图 9-32　AJAX 工作原理图

## 9.6.2　Web 技术的应用领域

随着 Web2.0 时代不断向前发展，Web 应用技术已经渗透到各行各业中，主要的应用领域有电子商务、企业管理、图书情报、教育等。

（1）Web应用技术颠覆了传统电子商务的发展模式。传统的电子商务基本上是现实商务模式的网络化，只是简单地依靠网络提供的便利节约成本、提高效率，缺乏重大创新与突破。但是，Web 2.0 时代所衍生出来的 Web 应用技术以其个性化、大众化等特点更新了电子商务理念，以客户为中心，利用 Blog 增加在搜索引擎中的点击率进而提高商家的知名度、通过 RSS 推送主动告诉客户产品信息、依靠 SNS 进行品牌宣传已达到口碑式营销的目的等。

（2）Web 应用技术为新企业管理模式提供了更加灵活的空间。在过去，企业在知识共享和协作办公的单行道走了很多弯路，并且所有协作软件和工具基本上都体现了"自上而下"的管理模式。但是，企业要创新发展，而创新却往往是自下而上的，所以企业管理模式需要创新。恰好的是，Web 2.0 时代的 Web 应用技术为企业的沟通管理提供了双向通道，具有民主性、协作性、双向互动性等特点，将有助于增强企业管理的灵活性。

（3）Web应用技术为图书情报领域提供了良好的发展机遇，注入了新的活力。Web 2.0 时代的到来，Web 应用技术如 Wiki、Tag、RSS、SNS 等融入图书情报研究知识共享体系的建设中，把显性资源和隐性资源有机地融合在一起，促进了知识创新，也提高了图书情报的研究能力。

（4）Web 应用技术给现代教育方式带来创新性的变革。基于 Web 2.0 的应用技术有力地促使学习内容创建方式的多样化，转换了教与学的角色；支持用户创建内容，利用学习平台提供方便和普遍的知识共享；易于集成更加丰富的学习资源媒体，可随时随地学习；充分利用集体智慧，在线学习环境支持交互式合作学习方式，采用"微内容"和 Web 应用技术增加学习体验；利用多种方式支持"快速学习"，利用社会性网络倡导交互式学习，创新学习文化。

## 练习与思考

1. 解释 Web、HTTP、URL、网站等术语。
2. 简述 Web 的基本工作过程。
3. 什么是 HTML？ HTML 有什么特点？
4. 利用 HTML 编写一个包括文本、图片、超链接的网页并在浏览器中查看。
5. 设计一个包含有 3～5 个页面的网站，对网页的内容进行规划，然后采用适当的制作软件进行创作。
6. 简述 AJAX 的工作原理。

## 参 考 文 献

[1] 樊月华，刘洪发，刘雪涛. Web 技术应用基础. 北京：清华大学出版社，2006.
[2] 马骏. C＃网络应用编程基础. 北京：人民邮电出版社，2006.
[3] 仇谷烽，澎洪洪. Visual C＃. NET 网络编程. 北京：清华大学出版社，2004.
[4] 启明工作室. ASP 网络应用系统实用开发技术. 北京：人民邮电出版社，2004.

# 第10章　数字媒体压缩技术

数字媒体具有数据量大，管理与存储困难等特点。数据压缩试图消除以数据形式存在的冗余信息。数据冗余包括空间、结构、时间和视觉等冗余信息，通过数据压缩的方法可以有效降低存储和传输的数据量。数据的压缩包括有损压缩和无损压缩。通用的压缩方法包括行程编码、词典编码和熵编码等无损压缩，以及 PCM、DM、DPCM 等有损压缩。通用的压缩方法具有压缩比低、通用性强等特点，是其他压缩方法建立的基础。依据人的心理特性和视觉特性对声音、图像及视频进行压缩并进行标准化，它代表了数字媒体压缩技术的研究方向，是数字媒体技术研究的重要领域。本章介绍数字媒体压缩的分类、通用压缩技术及数据压缩标准相关内容，其相互关系如下：

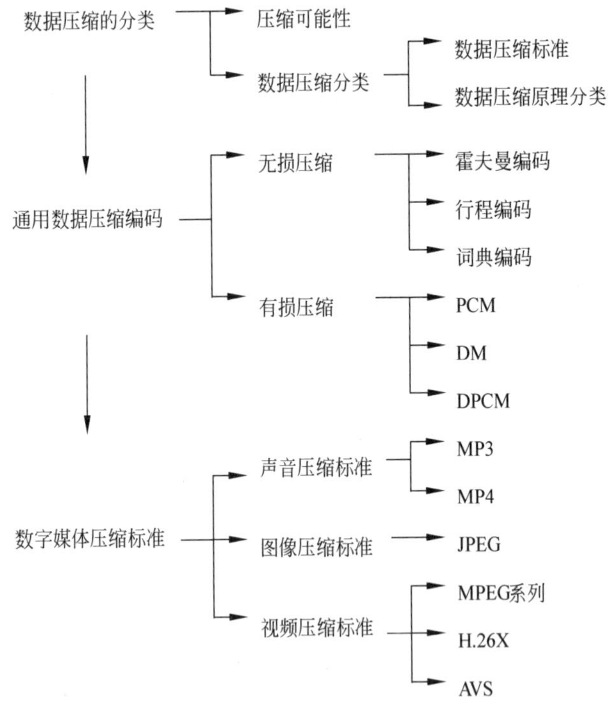


本章首先分析数字媒体压缩的必要性、可能性以及压缩标准的分类；接着以行程编码、词典编码和熵编码为例详细分析无损数据压缩技术，并介绍 PCM、DM、DPCM 等有损压缩技术；最后分别对声音、图像及运动图像 3 个领域的压缩标准具体进行介绍，描述 MP3、JPEG、MPEG 等数字媒体压缩的特点。

通过本章内容的学习，学习者应能达到以下学习目标。

(1) 了解数字媒体数据压缩的原因。

(2) 理解数字媒体数据压缩技术的不同分类。

(3) 掌握通用的数据压缩编码算法,如霍夫曼编码、词典编码、PCM、DM 算法。

(4) 了解各种数字媒体数据压缩的标准。

# 10.1 数字媒体压缩技术概述

## 10.1.1 媒体数据压缩的原因与必要性

数字媒体包括文本、数据、声音、动画、图形、图像及视频等多种媒体信息。经过数字化处理后其数据量是非常大的,如果不进行数据压缩,计算机系统就难以对它进行存储、交换和传输。

**1. 图像信号**

一幅大小为 480×360(像素)的黑白图像,每像素用 8 位表示,其大小为多少呢?

“480×360(像素)”的意思是图像的横向有 480 个像素点,纵向有 360 个像素点,“每像素用 8 位表示”的意思是每一个像素点的值,对于黑白图像来说就是每一个像素点的灰度值,在计算机存储器中用 8 位表示。那么,已知的图像就有 480×360 个点,有一个点就要存储一个 8 位,则该图像的存储空间大小为:

$$480\times360\times8=1382400\text{b}=168.75\text{KB}$$

同样一幅大小为 512×512 的彩色图像,每像素用 8 位表示,其大小应为黑白图像的 3 倍,因为彩色图像的像素不仅有亮度值,而且有两个色差值。则此彩色图像的存储空间大小为:

$$480\times360\times8\times3=4147200\text{b}\approx0.49\text{MB}$$

上述彩色图像按 NTSC 制式,每秒钟传送 30 帧,其每秒的数据量为:

$$0.49\text{MB}\times30\ \text{帧/s}=14.7\text{MB/s}$$

那么,一个 650MB 的硬盘可以存储的图像为:

$$650\text{MB}/14.7\text{MB/s}=44.21\text{s}$$

可见未压缩的视频、图像所需的存储空间之大。

**2. 数字音频**

一段采样频率为 44.1kHz,采样精度为 16 位/样本,双通道立体声的数字音频,其 1 秒钟的音频数据量为:

$$44.1\times10^{3}\times16\times2=1.41\text{Mb/s}$$

可见一个 650MB 的硬盘可以存储约 1 小时的音乐,如此大的数据量单纯靠扩大存储容量、增加通信线路的传输速率是不现实的,因此必须进行数据压缩。

## 10.1.2 压缩的可能性与信息冗余

图像、音频和视频这些媒体具有很大的压缩潜力,因为在多媒体数据中,存在着大量的冗余信息。它们为数据压缩技术的应用提供了可能的条件。多媒体数据在表示的过程中间存在着大量的信息冗余。如果把这些冗余数据去除,那么就可以使原始多媒体数据极大地减小,从而解决多媒体数据量海量的问题。因此在多媒体系统中采用数据压缩技术是非常必要的，它是多媒体技术中一项十分关键的技术。

数据能够被压缩的主要原因在于媒体数据中存在数据的信息冗余。信息量包含在数据中，一般的数据冗余主要体现在以下几个方面。

(1) 空间冗余。这是最经常存在的一种冗余。例如，一幅图像中，都会有由许多灰度或颜色都相同的或者邻近像素组成的区域，它们就形成了一个性质相同的集合块，这样在图像中就表现为空间冗余。对空间冗余的压缩方法就是把这种集合块当作一个整体，用极少的信息来表示它，从而节省存储空间。

(2) 结构冗余。有些图像有很强的纹理区或者分布模式，就会造成结构冗余，这样就可以根据已知图像的分布模式，可以通过某一过程生成图像。

(3) 时间冗余。在序列图像(电视图像、运动图像)或者音频的表示中经常包含时间冗余。例如，图像系列中，相邻的图像具有很大的相似性；同样在一个人的讲话或者音乐中也经常存在相邻的声音之间具有相似性。一般将压缩相邻图像或声音之间冗余的方法称为时间压缩，它的压缩比很高。空间冗余和时间冗余是将图像信号作为随机信号时所反映出的统计特征，因此有时把这两种冗余称为统计冗余。它们也是多媒体图像数据处理中两种最主要的数据冗余。

(4) 视觉冗余。在多媒体技术的应用领域中，由于人类的视觉系统并不能对图像画面的任何变化都能很准确地做出判断，视觉系统对于图像的注意更是非均匀和非线性的，即主要部分的图像质量取决于画面的整体效果，不拘泥于细节。经科学研究发现，人类视觉系统的一般分辨能力估计最好为 26 灰度等级，而一般图像的量化采用的是 28 灰度等级。这种冗余称为视觉冗余。

(5) 知识冗余。有些多媒体信息的理解与人类大脑中间已有的某些知识有相当大的相关性。例如，鹰的图像有固有的结构，如鹰有两只翅膀，头部有眼、鼻、耳朵，有尾巴等。这类规律性的结构可由先验知识和背景知识得到，称为知识冗余。

(6) 信息熵冗余。冗余度表示了由于每种字符出现的概率不同而使信息熵减少的程度。显然，由于信息熵的减少，为了表示相同的内容，相同的信息量，文章的字符数要多一点，这就是文章的冗余性。从而信息熵的冗余也会造成信息量的加大。

### 10.1.3 数据压缩的分类

自 1948 年 Oliver 提出脉冲编码调制(PCM)编码理论后，人们已经研究了各种各样的方法压缩多媒体数据，若对数据压缩方法分类，从不同的角度有不同的分类结果。图 10-1 所示是数据压缩的基本分类方法。

若按信息压缩前后比较是否有损失，数据压缩可以划分为有损压缩和无损压缩。

(1) 无损压缩。无损压缩是指使用压缩后的数据进行重构(或者称为还原、解压缩)，重构后的数据与原来的数据完全相同。无损压缩用于要求重构的信号与原始信号完全一致的场合。常用的无损压缩算法有霍夫曼(Huffman)算法和 LZW 算法，无损压缩也称为可逆编码。

(2) 有损压缩。有损压缩是指使用压缩后的数据进行重构，重构后的数据与原来的数据有所不同，但不影响人对原始资料表达的信息造成误解。有损压缩适用于重构信号不一定非要和原始信号完全相同的场合。有损压缩也称为不可逆编码。

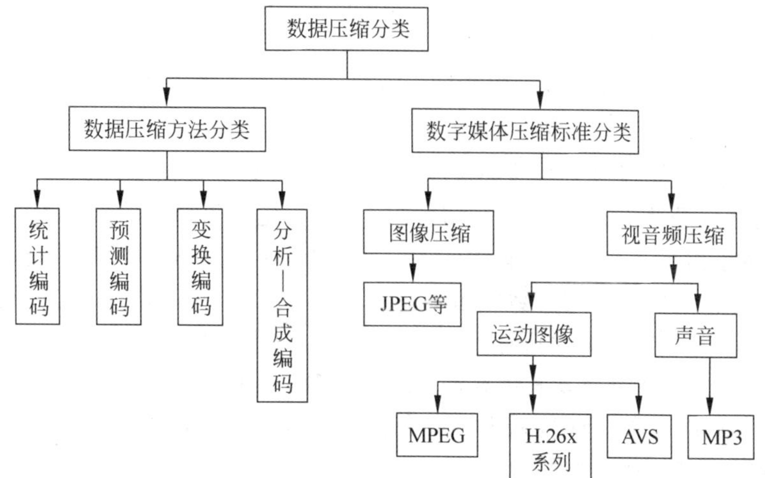


图 10-1　数据压缩的分类

若按数据压缩编码的原理和方法进行划分，数据压缩又可划分为以下几类。

(1) 统计编码。主要针对无记忆信源，根据信息码字出现概率的分布特征而进行压缩编码，寻找概率与码字长度间的最优匹配。常见的编码方法有 Huffman 编码、Shannon 编码，以及算术编码、行程长度编码(RLE)、词典编码等。

(2) 预测编码。它是利用空间中相邻数据的相关性来进行压缩数据的。通常用的方法有脉冲编码调制(PCM)、增量调制(DM)、差分脉冲编码调制(DPCM)等。这些编码主要用于声音的编码。

(3) 变换编码。该方法将图像时域信号转换为频域信号进行处理。这种转换的特点是把在时域空间具有强相关的信号转换到频域上时在某些特定的区域内能量常常集中在一起，数据处理时可以将主要的注意力集中在相对较小的区域，从而实现数据压缩。一般采用正交变换，如离散余弦变换(DCT)、离散傅里叶变换(DFT)和 Walsh-Hadamard 变换(WHT)。

(4) 分析—合成编码。该编码是指通过对源数据的分析，将其分解成一系列更适合于表示的“基元”或从中提取若干更为本质意义的参数，编码仅对这些基本单元或特征参数进行。译码时则借助于一定的规则或模型，按一定的算法将这些基元或参数综合成源数据的一个逼近。这种压缩方法可能得到极高的压缩比。主要有量化编码、小波变换、分形编码、子带编码等。

按照媒体的类型进行压缩，并进行标准化，数据压缩可划分为以下几类。

(1) 图像压缩标准。CCITT 和 ISO 已经定义了几种连续色调(与二值相对应)图像压缩标准。这些在不同程度上被认可的标准都是用于处理单色和彩色图像压缩的标准。为了进一步研制这些标准，CCITT 和 ISO 委员会向很多公司、大学和研究实验室征求算法建议。根据图像的品质和压缩的效果从提交的方案中选择最好的算法。这样得到的标准展示了在连续色调图像压缩领域的现有水平。这其中也包括原来的基于 DCT 的 JPEG 标准，最近提出的基于小波的 JPEG 2000 标准以及 JPEG-LS 标准。JPEG-LS 标准是一种接近无损的自适应预测方案，它包括对平面区域检测和行程编码(ISO/IEC[1999])的机理。

(2) 声音压缩标准。国际上音视频编解码标准主要有两大系列：ISO/IEC JTC1 制定的 MPEG 系列标准；ITU 针对多媒体通信制定的系列视频编码标准和 G.7 系列音频编码标准。

MPEG-1 标准的音频 Layer 3 是 MP3，它是一种数字音频的编解码方式，是活动图像专家组 MPEG(Moving Pictures Experts Group)在 1999 年制定的具有 1.5Mb/s 数据传输率的数字存储媒体运动图像及其伴音 MPEG-1 的标准草案中音频编码的一部分。MPEG-1 音频标准中的压缩分为 3 个层次：第一层是使用最小化编码形成的最基本的算法，复杂性最低，压缩效率也最低；第二层具有中间层的复杂性，它的编码器较复杂，能去掉更多的冗余，压缩效率较高，本层的应用有数字音频广播的音频信号编码等；第三层是最复杂的一层，主要针对低比特率的应用，编码器更为复杂，压缩效率最高，可接近 CD 的音质。CD 是以 1.4MB/s 的数据流量来表现其优异音质的，而 MP3 仅仅需要 112Kb/s 或 128Kb/s 就可以表现出接近 CD 的音质。MP3 最大特点是能以较小的比特率、较大压缩比达到近乎完美的 CD 音质，制作简单，交流方便。

(3) 运动图像压缩标准。MPEG-2 标准在电视和存储音像 VCD/DVD 领域的普及应用，直接促进了数字媒体业务的迅猛发展。此后，MPEG 运动图像专家组持续制定了一系列多媒体视音频压缩编码、传输、框架标准，包括 MPEG-4(视频部分为 Part2，以下同此注)、H.264/AVC(ITU 与 MPEG 联合发布)、MPEG-7、MPEG-21。以 MPEG-4、H.264/AVC 为代表的新一代编码处理技术。这些编码技术提供了更高的压缩效率，综合考虑互联网的带宽随机变化性、时延不确定性等因素，引入新的网络协议和技术，在点对多点的 VOD 流媒体服务中有了飞跃发展，从而成为面向互联网多媒体业务应用的主流。

我国具有自主知识产权的音视频编解码标准工作组(Audio Video Standards, AVS)所推出的视频技术，是在 H.264/AVC 技术的基础上，形成简化复杂度和一定效率的算法工具集，目前在卫星直播和高清光盘应用中进入实验阶段。从 2005 年开始，以基于 H.264/AVC 的可伸缩编码研究为标志，新一代视频处理技术标准还在进行更深层次的探究，主题将会更契合网络应用和人的主观能动性。但是目前尚无针对宽带视频点播业务成熟的 H.264/AVC 编解码系统。可以预计，下一代视频多媒体点播业务势必采用以 AVS、H.264/AVC 为代表的新一代高压缩、可伸缩的视频编码技术，因此研究支持 AVS、H.264/AVC 的媒体编解码及转码技术具有重大的现实意义。

## 10.2 通用的数据压缩技术

通用的数据压缩技术包括行程编码、字典编码和熵编码等无损压缩技术，以及 PCM、DM、DPCM 等有损压缩技术。通用的压缩方法具有压缩比低、通用性强等特点，是其他压缩方法建立的基础。

### 10.2.1 编码的理论基础

数据压缩技术的理论基础是信息论。根据信息论的原理，可以找到最佳数据压缩编码方法，数据压缩的理论极限是信息熵。熵是信息量的度量方法，它表示某一事件出现的消息越多，事件发生的可能性就越小，数学上就是概率越小。

### 1. 信息与信息量

信息量是用不确定性的量度定义的。一个事件出现的可能性越小,其信息量越多,反之亦然。在数学上,所传输的消息包含的信息是其出现概率的单调下降函数。信息量是指信源中某种事件的信息度量或含量。若 $P_i$ 为第 $i$ 个事件的概率($0 \leqslant P_i \leqslant 1$),则该事件的信息量为

$$I_i = -\log_2 P_i \tag{10-1}$$

设从 $N$ 个数中选定任一个数 $x_j$ 的概率为 $P(x_j)$,假定选定任意一个数的概率都相等,即 $P(x_j)=\dfrac{1}{N}$,则

$$I(x_j) = \log_2 N = -\log_2 \frac{1}{N} = -\log_2 P(x_j) = I[P(x_j)] \tag{10-2}$$

一个信源包括的所有数据称为数据量,而数据量中含有冗余信息。冗余量的存在是数据压缩的主要依据之一。因此信源携带的信息量与数据量之间的关系表示为:

$$\text{信息量} = \text{数据量} - \text{冗余量} \tag{10-3}$$

### 2. 信息熵

信息熵就是将信源所有可能事件的信息量的平均。式(10-1)中,$P(x_j)$是信源 $X$ 发出 $x_j$ 的概率。$I(x_j)$的含义是信源 $X$ 发出 $x_j$ 这个消息(随机事件)后,接收端收到信息量的量度。

显然,当随机事件 $x_j$ 发生的概率 $P(x_j)$大时,由式(10-1)计算出的 $I(x_j)$小,那么这个事件发生的可能性就大,不确定性小,事件一旦发生后提供的信息量也少。必然事件的 $P(x_j)$等于 1,$I(x_j)$等于 0,所以必然事件的消息不含任何信息量;但是一件人们都没有估计到的事件,即 $P(x_j)$极小的事件,一旦发生后,$I(x_j)$大,包含的信息量就大。所以随机事件的概率与事件发生后所产生的信息量有密切关系。$I(x_j)$称 $x_j$ 发生后的自信息量,它是一个随机变量。

信源 $X$ 发出的 $x_j(j=1,2,\cdots,n)$共 $n$ 个随机事件的信息量的统计平均,即

$$H(X) = E\{I(x_j)\} = -\sum_{j=1}^{n} P(x_j) \cdot \log_2 P(x_j) \tag{10-4}$$

$H(X)$称为信源 $X$ 的"熵",即信源 $X$ 发出任意一个随机变量的平均信息量。

其中,等概率事件的熵最大,假设有 $N$ 个事件,由式(10-4)得此时熵为:

$$H(X) = -\sum_{j=1}^{N} \frac{1}{N}\log_2 \frac{1}{N} = \log_2 N \tag{10-5}$$

当 $P(x_1)=1$ 时,$P(x_2)=P(x_3)=\cdots=P(x_j)=0$,由式(10-4)得此时熵为

$$H(X) = -P(x_1)\log_2 P(x_1) = 0$$

由上式可得熵的范围为:

$$0 \leqslant H(X) \leqslant \log_2 N \tag{10-6}$$

在编码中用熵值来衡量是否为最佳编码。若以 $L_c$ 表示编码器输出码字的平均码长,其计算公式为:

$$L_c = \sum_{j=1}^{n} P(x_j) L(x_j) \quad (j = 1,2,\cdots,n) \tag{10-7}$$

式中，$P(x_j)$为信源 $X$ 发出 $x_j$ 的概率；$L(x_j)$为 $x_j$ 的编码长。

平均码长与信息熵之间的关系如下。

$L_c \geqslant H(X)$：有冗余，不是最佳。

$L_c < H(X)$：不可能。

$L_c = H(X)$：最佳编码($L_c$ 稍大于 $H(X)$)。

熵值为平均码长 $L_c$ 的下限。

### 10.2.2 无损编码方法

**1. 霍夫曼编码**

熵编码是纯粹基于信号统计特性的编码技术，是一种无损编码。熵编码的基本原理是给出现概率较大的符号赋予一个短码字，而给出现概率较小的符号赋予一个长码字，从而使得最终的平均码长很小。霍夫曼编码就属于熵编码的一种。

霍夫曼编码(Huffman)是运用信息熵原理的一种无损编码方法，由霍夫曼于 1952 年提出。这种编码方法根据源数据各信号发生的概率进行编码。在源数据中出现概率大的信号，分配的码字越短；出现概率越小的信号，其码字越长，从而达到用尽可能少的码表示源数据。

霍夫曼编码的一半算法如下。

(1) 初始化，根据符号概率的大小顺序对符号进行排序。

(2) 把概率最小的两个符号组成一个新符号(结点)，即新符号的概率等于这两个符号概率之和。

(3) 重复第(2)步，直到形成一个符号为止(树)，其概率和等于 1。

(4) 分配码字。码字分配从最后一步开始反向进行，即从最后两个概率开始逐渐向前进行编码，对于每次相加的两个概率，给概率大的赋“0”，概率小的赋“1”(也可以全部相反，如果两个概率相等，则从中任选一个赋“0”，另一个赋“1”)。

**【例 10-1】** 假设字符 A、B、C、D、E 出现的概率如下：

| 字符 | A | B | C | D | E |
|---|---|---|---|---|---|
| 概率 | 0.11 | 0.48 | 0.08 | 0.15 | 0.18 |

解：

(1) 根据符号概率的大小按由大到小顺序对符号进行排序，如图 10-2 所示。

(2) 把概率最小的两个符号组成一个结点，如图 10-2 中的 A、C 组成结点 $P_1$。

(3) 重复步骤(2)，得到结点 $P_2$、$P_3$ 和 $P_4$，形成一棵“树”。其中 $P_4$ 是根结点。

(4) 从根结点 $P_4$ 开始到相应于每个符号的“树叶”，从上到下标上“0”(上枝)或者“1”(下枝)，至于哪个为“1”哪个为“0”则不影响压缩效果，结果仅仅是分

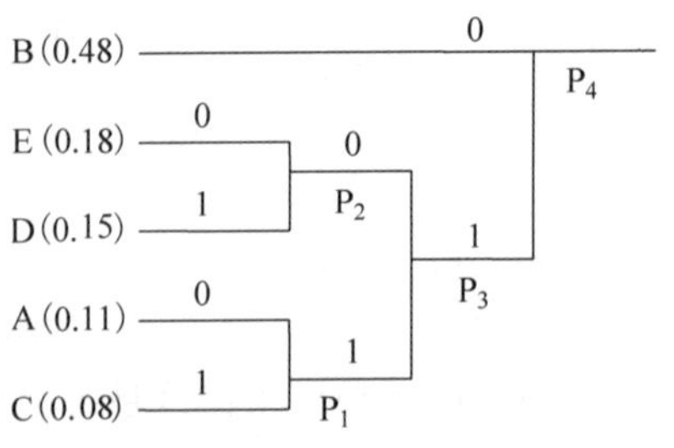


图 10-2 霍夫曼编码方法

配的代码不同，而代码的平均长度是相同的。

(5) 从根结点 $P_4$ 开始顺着树枝到每个叶子分别写出每个符号的代码，如表 10-1 所示。

**表 10-1 霍夫曼编码表**

| 符号 | 概率 | 编码 | 码长 |
|---|---|---|---|
| A | 0.11 | 110 | 3 |
| B | 0.48 | 0 | 1 |
| C | 0.08 | 111 | 3 |
| D | 0.15 | 101 | 3 |
| E | 0.18 | 100 | 3 |

则该信源编码的信息熵 $H(x)$ 和平均码长 $L_c$ 为：

$$
\begin{aligned}
H(x) &= -\sum P(i) \times \log_2 P(i) \\
&= -(0.11 \times \log_2 0.11 + 0.48 \times \log_2 0.48 + 0.08 \times \log_2 0.08 + 0.15 \times \log_2 0.15 \\
&\quad + 0.18 \times \log_2 0.18) \\
&= 2.01
\end{aligned}
$$

$$
\begin{aligned}
L_c &= \sum L_i \times P(i) \\
&= 3 \times 0.11 + 1 \times 0.48 + 3 \times 0.08 + 3 \times 0.15 + 3 \times 0.18 \\
&= 2.04
\end{aligned}
$$

霍夫曼编码具有以下特点。

(1) 霍夫曼编码构造出来的编码值不是唯一的。原因是在给两个最小概率进行编码时，可以是大概率为“0”，小概率为“1”，但是也可以相反。当两个概率相等时，“0”、“1”的分配也是人为定义的，这就造成了编码的不唯一性。但其平均码长是一样的，不影响解码的正确性。

(2) 对不同信号源的编码效率不同，当信号源的符号概率为 2 的负幂次方时，达到 100%的编码效率；若信号源符号的概率相等，则编码效率最低。

(3)由于编码长度可变，因此译码时间较长，使得霍夫曼编码的压缩与还原相当费时。编码长度的不统一，也使得硬件实现有难度。

在使用霍夫曼编码时还要注意，霍夫曼编码没有保护功能，在译码时，如果码串没有错误，就能一个接一个正确地译出代码；如果码串中出现错误，不但这个码本身译错，还会导致其他代码出错，这种现象称为错误传播(Error Propagation)。霍夫曼码是可变长度码，因此很难随意查找或调用压缩文件中间的内容，然后再译码，这就要在存储代码之前加以考虑。

**2. 行程编码**

行程编码又称为行程长度编码(Run Length Encoding，RLE)，是一种熵编码，也是最简单的压缩图像的方法之一。这种编码方法广泛地应用于各种图像格式的数据压缩处理中，如应用在 BMP、PCX、TIFF 和 JPEG 等不同格式的图像文件中。

行程编码的原理是在给定的图像数据中寻找连续重复的数值，然后用两个字符取代这些连续值。即将具有相同值的连续串用其串长和一个代表值来代替，该连续串就称为行程，串长称为行程长度。

如图 10-3 所示，假定一幅灰度图像，用 RLE 编码方法得到的代码为 ***4***1***60***8***3***1***13***0。代码斜黑体表示的数字是行程长度，黑体字后面的数字代表像素的颜色值。例如，黑斜体 60 代表有连续 60 个像素具有相同的颜色值，它的颜色值是 8。

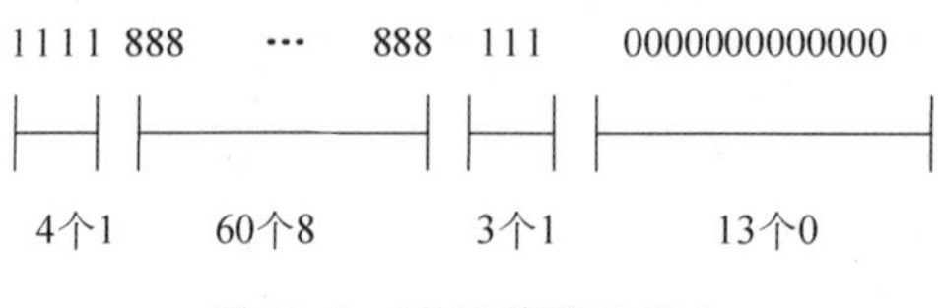


图 10-3　RLE 编码的概念

对比 RLE 编码前后的代码数可以发现，在编码前要用 80 个代码表示这一行的数据，而编码后只要用 10 个代码表示代表原来的 80 个代码，压缩前后的数据量之比约为 8∶1，即压缩比为 8∶1。

行程编码分为定长和不定长编码两种。定长编码是指编码的行程长度所用的二进制位数固定，而变长行程编码是指对不同范围的行程长度使用不同的二进制位数进行编码。使用变长行程编码需要增加标志位来表明所使用的二进制位数。

在处理包含大量重复信息的数据时，行程编码是可以获得很好的压缩效率。但是如果连续重复的数据很少，则难以获得较好的压缩比，而且甚至可能会导致压缩后的编码字节数大于处理前的图像字节数。所以行程编码的压缩效率与图像数据的分布情况密切相关。

行程长度编码对传输误差很敏感，一旦有一位符号出错就会改变行程编码的长度，从而使整个图像出现偏移，因此一般要用行同步、列同步的方法把差错控制在一行一列之内。

**3. 词典编码**

词典编码(Dictionary Encoding)技术属于无损压缩技术，主要是利用数据本身包含许多重复的字符串的特性。例如，文本文件和光栅图像就具有这种特性。可以用一些简单的代号代替这些字符串，就可以实现压缩，实际上就是利用了信源符号之间的相关性。字符串与代号的对应表就是词典。词典编码法的种类有很多，归纳起来大致有两种。

第一种算法的思想是查找目前正在压缩的字符序列在以前输入的数据中是否出现过，然后用出现过的字符串代替重复的部分，它的输出仅仅是指向早期出现过的字符串“指针”。这种编码的概念如图 10-4 所示。这里所指的词典是指用以前处理过的数据表示编码过程中遇到的重复部分。这类编码的所有算法都是以 Abrabam Lempel 和 Jakob Ziv 在 1977 年开发和发表的称为 LZ77 算法为基础的。

第二种算法的思想是从输入的数据中创建一个“短语词典(Dictionary of the Phrases)”，这类短语不一定有具体的含义，可以是任意字符的组合。在编码过程中遇到在“短语词典”中出现的短语时，编码器就输出这个词典中的短语“索引号”，而不是短语本身。其概念如图 10-5 所示。

1) LZ77 算法

LZ77 是由以色列计算机专家 Abraham Lempel 和 Jakob Ziv 在 1977 年开发和发表的。此算法的一个改进算法是由 Storer 和 Szymanski 在 1982 年开发的，称为 LZSS 算法。LZ77 算法在某种意义上又可以称为“滑动窗口压缩”，该算法将一个虚拟的、可以跟随压缩进程滑动的窗口作为词典，要压缩的字符串如果在该窗口中出现，则输出其出现位置和长度。

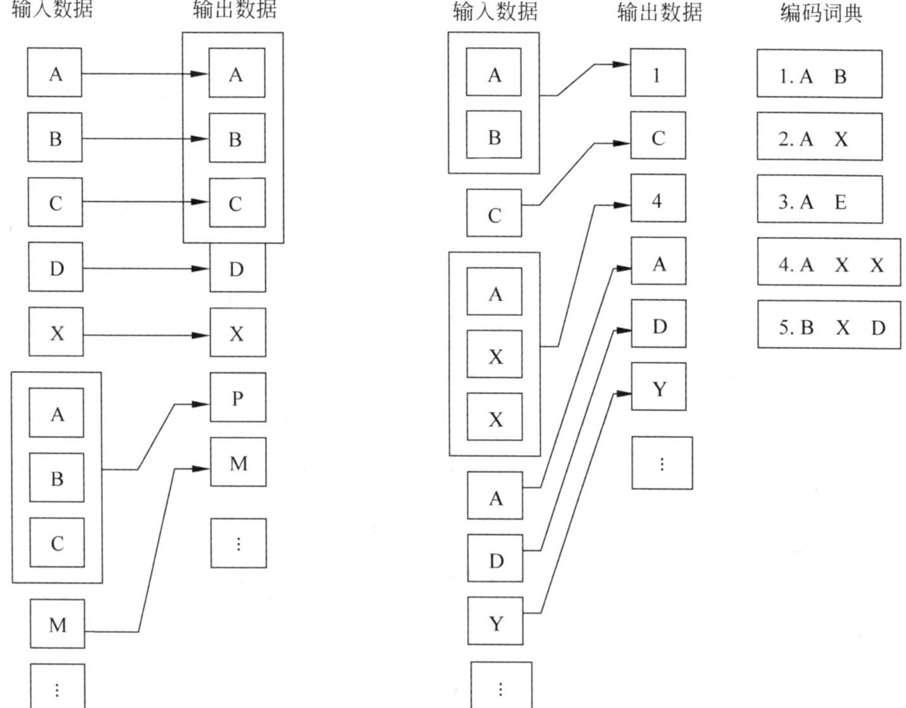


图 10-4　第一种词典编码概念　　　　图 10-5　第二种词典编码概念

在介绍 LZ77 算法之前，首先介绍一下 LZ77 算法中涉及的几个主要概念。

(1) 输入字符流(Input Stream)：要被压缩的字符序列。

(2) 字符(Character)：输入数据流中的基本单元。

(3) 编码位置(Coding Position)：输入数据流中当前要编码的字符位置，指前向缓冲存储器中的开始字符。

(4) 前向缓冲存储器(Lookahead Buffer)：存放从编码位置到输入数据流结束的字符序列的存储器。

(5) 窗口(Window)：指包含 W 个字符的窗口，字符是从编码位置开始向后数，也就是最后处理的字符数。

(6) 指针(Pointer)：指向窗口中的匹配串且含长度的指针。

LZ77 算法的核心是查找从前向缓冲存储器开始的最长的匹配串，具体步骤如下。

(1) 把编码位置设置到输入数据流的开始位置。

(2) 找窗口中最长的匹配串。

(3) 以"(Pointer, Length) Characters"的格式输出，其中 Pointer 是指向窗口中匹配串的指针，Length 表示匹配字符的长度，Characters 是前向缓冲存储器中的不匹配的第一个字符。

(4) 如果前向缓冲存储器不是空的，则把编码位置和窗口向前移(Length＋1)个字符，然后返回到步骤(2)。

**【例 10-2】** 待编码的数据流如表 10-2 所示，编码过程如表 10-3 所示。现作如下说明。

（1）“步骤”栏表示编码步骤。

（2）“位置”栏表示编码位置，输入数据流中的第一个字符为编码位置 1。

（3）“匹配串”栏表示窗口中找到的最长的匹配串。

（4）“字符”栏表示匹配之后在前向缓冲存储器中的第一个字符。

（5）“输出”栏以“(Back_chars，Chars_length) Explicit_character”格式输出。其中，(Back_chars，Chars_length)是指向匹配串的指针，告诉译码器“在这个窗口中向后退 Back_chars 个字符然后复制 Chars_length 个字符到输出”，Explicit_character 是真实字符。例如，表 10-3 中的输出“(4,3)B”告诉译码器回退 4 个字符，然后复制 3 个字符“ABB”。

**表 10-2　待编码的数据流**

| 位置 | 1 | 2 | 3 | 4 | 5 | 6 | 7 | 8 | 9 |
|---|---|---|---|---|---|---|---|---|---|
| 字符 | A | B | B | C | A | B | B | B | C |

**表 10-3　编码过程**

| 步骤 | 位置 | 匹配串 | 字符 | 输出 |
|---|---|---|---|---|
| 1 | 1 | — | A | (0,0)A |
| 2 | 2 | — | B | (0,0)B |
| 3 | 3 | B | C | (1,1)C |
| 4 | 5 | ABB | B | (4,3)B |
| 5 | 7 | — | C | (5,1) |

尽管 LZ77 是有效的，对于当前的输入情况也是合适的，但仍存在一些不足。因为算法使用了有限的窗口在以前的文本中查找匹配，这就使得相对于窗口大小来说非常长的文本块很多可能的匹配被丢掉。窗口大小可以增加，但这会带来两个损失：一是算法的处理时间会增加，因为它必须为滑动窗口的每个位置进行一次与前向缓存器的字符串匹配的工作；二是指针字段必须更长，以允许更长的跳转。

2）LZW 算法

LZW 压缩算法是一种新颖的压缩方法，由 Lemple-Ziv-Welch 三人共同创造，用他们的名字命名。它采用了一种先进的串表压缩，将每个第一次出现的串放在一个串表中，用一个数字来表示串，压缩文件只存储数字，则不存储串，从而使图像文件的压缩效率得到较大的提高。不管是在压缩还是在解压缩的过程中都能正确地建立这个串表，压缩或解压缩完成后，这个串表又被丢弃。

LZW 编码是围绕称为词典的转换表来完成的。这张转换表用来存放称为前缀(Prefix)的字符序列，并且为每个表项分配一个码字(Code Word)，或者称为序号，在介绍 LZW 算法之前，首先说明在算法中用到的其他术语和符号。

（1）前缀(Prefix)：在一个字符之前的字符序列。

（2）缀-符串(String)：前缀＋字符。

（3）码字(Code Word)：码字流中的基本数据单元，代表词典中的一串字符。

（4）码字流(Codestream)：码字和字符组成的序列，是编码器的输出。

（5）词典(Dictionary)：缀-符串表。按照词典中的索引号对每条缀-符串(String)指定一个码字(Code Word)。

(6) 当前前缀(Current Prefix):在编码算法中使用,指当前正在处理的前缀,用符号 P 表示。

(7) 当前字符(Current Character):在编码算法中使用,指当前前缀之后的字符,用符号 C 表示。

(8) 当前码字(Current Code Word):在译码算法中使用,指当前处理的码字,用 W 表示当前码字,String. W 表示当前码字的缀-符串。

LZW 编码算法的具体执行步骤如下。

(1) 开始时的词典包含所有可能的根(Root),而当前前缀 P 是空的。

(2) 当前字符(C):字符流中的下一个字符。

(3) 判断缀-符串 P+C 是否在词典中。

① 如果"是":P := P+C // (用 C 扩展 P)。

② 如果"否":①把代表当前前缀 P 的码字输出到码字流;②把缀-符串 P+C 添加到词典;③令 P := C //(现在的 P 仅包含一个字符 C)。

(4) 判断字符流中是否还有字符要编码。

① 如果"是",就返回到步骤(2)。

② 如果"否":①把代表当前前缀 P 的码字输出到码字流;②结束。

**【例 10-3】** 被编码的字符串如表 10-4 所示,LZW 的编码过程如表 10-5 所示。

**表 10-4 被编码的字符串**

| 位置 | 1 | 2 | 3 | 4 | 5 | 6 | 7 | 8 | 9 |
|---|---|---|---|---|---|---|---|---|---|
| 字符 | A | B | C | A | B | A | B | A | A |

**表 10-5 LZW 的编码过程**

| 步骤 | 位置 | 词典 | | 输出 |
|---|---|---|---|---|
| | | (1) | A | |
| | | (2) | B | |
| | | (3) | C | |
| 1 | 1 | (4) | AB | (1) |
| 2 | 2 | (5) | BC | (2) |
| 3 | 3 | (6) | CA | (3) |
| 4 | 4 | (7) | ABA | (4) |
| 5 | 6 | (8) | ABAA | (7) |
| 6 | — | — | — | (1) |

LZW 算法得到了普遍采用,它的速度比使用 LZ77 算法的速度快,因为它不需要执行那么多的缀-符串比较操作。对 LZW 算法进一步的改进是增加可变的码字长度,以及在词典中删除老的缀-符串。

### 10.2.3 有损编码方法

**1. 脉冲编码调制**

脉冲编码调制(Pulse Code Modulation，PCM)就是将模拟调制信号的采样值变换为脉冲码组，是一种对模拟信号数字化的取样技术，特别是对于音频信号。脉冲编码调制中，如果对信号每秒钟取样 8000 次；每次取样为 8 个位，总共数据率为 64Kbps。取样等级的编码有两种标准。北美洲及日本使用 $\mu$-Law 标准，而其他大多数国家使用 A-Law 标准。

PCM 编码包括如下 3 个过程。

(1) 采样。将模拟信号转换为时间离散的样本脉冲序列。

(2) 量化。将离散时间连续幅度的抽样信号转换成为离散时间离散幅度的数字信号。

(3) 编码。用一定位数的脉冲码组表示量化采样值。

PCM 方式是由采样、量化和编码 3 个基本环节完成的。音频信号经低通滤波器滤波后，经过采样、量化和编码 3 个环节完成 PCM 编码。编码后的音频信号再经过纠错编码和调制后，录制在记录媒介上。数字音响的记录媒介有激光唱片和盒式磁带等。放音时，从记录媒介上取出的数字信号经解调、纠错等处理后，恢复为 PCM 数字信号，由 D/A 变换器和低通滤波器还原成模拟音频信号。

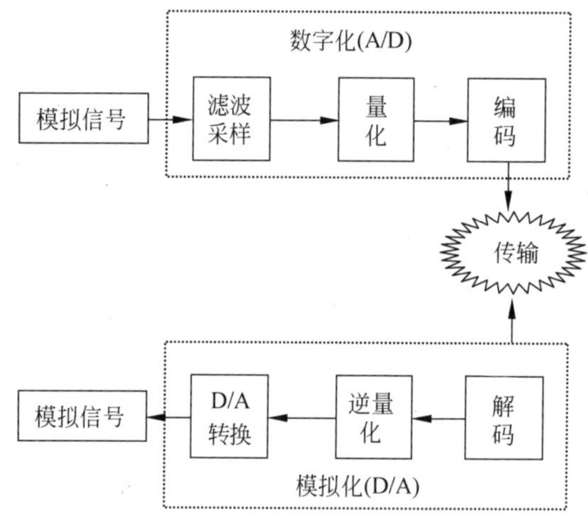


图 10-6 PCM 系统原理图

PCM 的原理如图 10-6 所示。话音信号先经防混叠低通滤波器，进行脉冲采样，变成 8kHz 采样信号(即离散的脉冲调幅 PAM 信号)，然后将幅度连续的 PCM 信号用"四舍五入"办法量化为有限个幅度取值的信号，再经编码后转换成二进制码。对于电话，CCITT 规定抽样率为 8kHz，每采样值采用 8 位二进制编码，即共有 $2^8=256$ 个量化阶，因而每话路 PCM 编码后的标准数码率是 64Kb/s。为解决均匀量化时小信号量化误差大、音质差的问题，在实际中采用不均匀选取量化间隔的非线性量化方法，即量化特性在小信号时分层密、量化间隔小，而在大信号时分层疏、量化间隔大。

PCM 编码的优点不仅在于其很强的抗干扰性，而且可以很方便地利用计算机编程，在不增加或少增加成本，实现各种智能化设计。例如，将来的比例遥控设备完成可以采用个性化设计，在编解码电路中加上地址码，实现真正意义上的一对一控制。另外，如果在发射机上加装开关，通过计算机编程，将每个通道的 256 种变化分别发送出来；接收机接收后，再经计算机解码后变成 256 路开关输出。这样，一路 PCM 编码信号就可变成 256 路开关信号。而且，这种开关电路的抗干扰能力相当强，控制精度相当高。

**2. 增量调制(DM)**

增量调制(Delta Modulation，DM)也称为 Δ 调制，是一种预测编码技术，是 PCM 编码的一种变形。PCM 是对每个采样信号的整个幅度进行量化编码，因此它具有对任意波形进行编码的能力。DM 是对实际的采样信号与预测的采样信号之差的极性进行编码，将极性变成"0"和"1"这两种可能的取值之一。如果实际的采样信号与预测的采样信号之差的极性为"正"，则用"1"表示；相反则用"0"表示。由于 DM 编码只需用一位对话音信号进行编码，所以 DM 编码系统又称为"一位系统"。

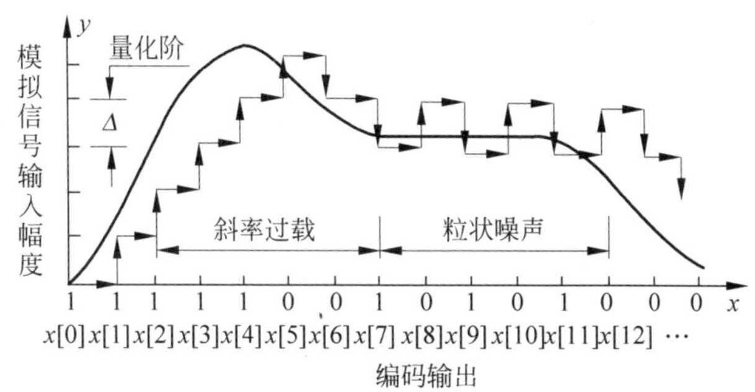


图 10-7　DM 波形编码的原理

DM 波形编码的原理如图 10-7 所示，纵坐标表示"模拟信号输入幅度"，横坐标表示"编码输出"。用 $i$ 表示采样点的位置，$x[i]$表示在 $i$ 点的编码输出。输入信号的实际值用 $y_i$ 表示，输入信号的预测值用 $y[i+1]=y[i]\pm\Delta$ 表示。假设采用均匀量化，量化阶的大小为 Δ，在开始位置的输入信号 $y_0=0$，预测值 $y[0]=0$，编码输出 $x[0]=1$。

如图 10-7 所示，在采样点 $i=1$ 处，预测值 $y[1]=\Delta$，由于实际输入信号大于预测值，因此 $x[1]=1$；… ；在采样点 $i=4$ 处，预测值 $y[4]=4\Delta$，同样由于实际输入信号大于预测值，因此 $x[4]=1$；其他情况以此类推。

从图 10-7 中可以看到，在开始阶段增量调制器的输出不能保持跟踪输入信号的快速变化，这种现象就称为增量调制器的"斜率过载"(Slope Overload)。一般来说，当输入信号的变化速度超过反馈回路输出信号的最大变化速度时，就会出现斜率过载。之所以会出现这种现象，主要是反馈回路输出信号的最大变化速率受到量化阶大小的限制，因为量化阶的大小是固定的。

在输入信号缓慢变化部分，即输入信号与预测信号的差值接近零的区域，增量调制器的输出出现随机交变的"0"和"1"。这种现象称为增量调制器的粒状噪声(Granular Noise)，这种噪声是不可能消除的。

在输入信号变化快的区域，斜率过载是关心的焦点，而在输入信号变化慢的区域，关心的焦点是粒状噪声。为了尽可能避免出现斜率过载，就要加大量化阶 Δ，但这样做又会加大粒状噪声；相反，如果要减小粒状噪声，就要减小量化阶 Δ，这又会使斜率过载更加严重。这就促进了对自适应增量调制(Adaptive Delta Modulation，ADM)的研究。

### 3. 差分脉冲编码调制

差分脉冲编码调制(Differential Pulse Code Modulation,DPCM)是利用样本与样本之间存在的信息冗余度来进行编码的一种数据压缩技术。所谓差值脉冲编码调制，是利用信号的相关性找出可以反映信号变化特征的一个差值量进行编码。

DPCM 的基本工作原理是，根据过去的样本去估算(Estimate)下一个样本信号的幅度大小，这个值称为预测值，然后对实际信号值与预测值之差进行量化编码，从而就减少了表示每个样本信号的位数。它与脉冲编码调制(PCM)不同处在于，PCM 是直接对采样信号进行量化编码，而 DPCM 是对实际信号值与预测值之差进行量化编码，存储或者传送的是差值而不是幅度绝对值，这就降低了传送或存储的数据量。

如图 10-8 是 DPCM 的原理图。差分信号 $d(k)$是离散输入信号 $S(k)$和预测器输出的估算值 $S_e(k-1)$之差。注意，$S_e(k-1)$是对 $S(k)$的预测值，而不是过去样本的实际值。DPCM 系统实际上就是对这个差值 $D(k)$进行量化编码，用来补偿过去编码中产生的量化误差。DPCM 系统是一个负反馈系统，采用这种结构可以避免量化误差的积累。重构信号 $S_y\{k\}$是由逆量化器产生的量化差分信号 $d_q(k)$，与对过去样本信号的估算值 $S_e(k-1)$求和得到。它们的和，即 $S_y(k)$作为预测器确定下一个信号估算值的输入信号。由于在发送端和接收端都使用相同的逆量化器和预测器，因此接收端的重构信号 $S_y(k)$可从传送信号 $I(k)$获得。

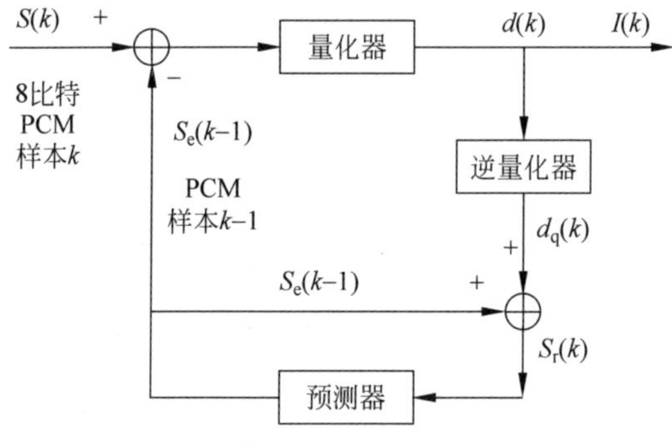


图 10-8　DPCM 原理图

差值编码一般是以预测的方式来实现的。所谓预测，是指根据冗余性(有相关性)信号的一部分对其余部分进行推断和估计，即如果知道了一个信号在某一时间以前的状态，则可对它的未来值做出估计。

DPCM 是差分脉冲编码调制算法，主要用于图像压缩。此外，它还能适应大范围变化的输入信号。

## 10.3　数字媒体压缩标准

### 10.3.1　声音压缩标准

数字音频编解码方式中目前应用较为广泛的一种是 MP3，它是运动图像专家组 MPEG 在 1992 年制定的具有 1.5Mb/s 数据传输率的数字存储媒体运动图像及其伴音 MPEG-1 的标准草案中音频编码的 Layer 3。MP3 最大特点是能以较小的比特率、较大压缩比达到近乎完美的 CD 音质，制作简单，交流方便。

MP3 压缩编码是一个国际性全开放的编码方案，其编码算法流程大致分为时频映射（包括子带滤波器组和 MDCT）、心理声学模型、量化编码（包括比特和比例因子分配和霍夫曼编码）三大功能模块，计算十分复杂。这 3 个功能模块是实现 MP3 编码的关键。MP3 编码框图如图 10-9 所示。

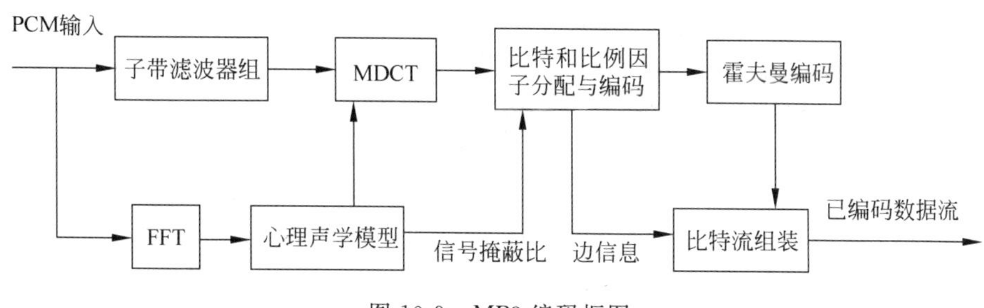


图 10-9　MP3 编码框图

（1）子带滤波器组：PCM 信号首先经过多项滤波器组。多项滤波器组将声音信号变换到 32 个子频域子带中，但这 32 个子频带对音频压缩的效果并不好，因此通过加入混合多相 MDCT 的处理来改善信号的失真。

（2）FFT（Fast Fourier Transform）快速傅里叶转换：PCM 信号的另一路经过 FFT，通过用快速傅里叶转换，时间域的原始声音信号转换到频率域。在 MP3 中，FFT 使用 1024 点的运算方式（在 MPEG Audio Layer 1 中 FFT 是 512 点），提高了频率的分辨率，能得到原信号更准确的瞬间频谱特性。转换到频率轴后，信号进入心理声学模型中，为其提供频率电平信息作为参考。

（3）MDCT（Modified Discrete Cosine Transform）：MDCT 把 32 个子带信号进一步细分成 18 个频线，即产生 32×18＝576 个频线。其输出信号同时进入心理声学模型和量化器中。在 MP3 中，混合多相 MDCT 采用临界频带方式，在人耳敏感的中低频带，使用较窄的临界频带，高频带则使用较宽的临界频带。这意味着对中低频有较高频率分辨率，在高频端时则相对有较低一点的分辨率。这样的分配，更符合人耳的灵敏度特性，可以改善对低频端压缩编码时的失真。

（4）心理声学模型：主要作用是用于后面的编码。为了最大程度压缩音频信号，根据人类心理声学模型，结合 FFT 提供的频率电平信息，将人类听觉系统较不敏感的或听不到的声音去掉，将较敏感的信号保留，在其音量或音色不大时，人耳都能清楚地听到，即掩蔽效应（掩蔽效应是指只对比较突出的容易引起注意的声音编码）。同时，每个临界频带的样值与 FFT 输出的同频电平同步计算，得到每个临界频带的掩蔽阈值，最后计算每个子带的最大信号/掩蔽阈值率即信号掩蔽比，输入给量化器。

（5）量化（Quantization）：MDCT 输出的信号，经过失真控制环和非均量化率控制环，即量化器的处理，配合心理声学模型输出的信号掩蔽比，并根据这些信号掩蔽比决定分配给 576 个频线的比特数，分别对他们进行比特分配和可变步长量化。

（6）编码（Encoder）：量化好的数据变成一连串的系数，经过无失真的霍夫曼编码，以提高编码效率，并与比特分配和量化产生的边信息一起组成一帧数据。使用霍夫曼编码可以节约 20％的空间。

(7) 比特流组装：MP3 编码的一帧数据包括两个组，每组有 576 个频线和与它们相关的边信息。边信息被存储在每一帧的帧头中。对这样一帧一帧组成的比特流，MP3 解码器可以独立地进行解码，而不需要额外的信息了。

MP3 问世不久后，就以较高的压缩比和较好的音质创造了一个全新的音乐领域，然而 MP3 的开放性却最终不可避免地导致了版权之争，在这样的背景之下，文件更小，音质更佳，同时还能有效保护版权的 MP4 就应运而生了。

现在所谓的 MP4 并不是 MPEG-4 或者 MPEG-1 Layer 4，而是 MPEG-2 AAC(ISO/IEC 13818-7)技术(Advanced Audio Coding)。它的特点是音质更加完美而压缩比更大(15∶1～20∶1)。它增加了诸如对立体声的完美再现、比特流效果音扫描、多媒体控制、降噪等 MP3 没有的特性，使得在音频压缩后仍能完美地再现 CD 的音质。

AAC 与 MP3 并不兼容，制作和播放 AAC 乐曲，都需要使用与 MP3 完全不同的技术工具。

MP3 和 MP4 所采用的音频压缩技术并不相同，MP4 采用的是美国电话电报公司所研发的，以"知觉编码"为关键技术的 A2B 音乐压缩技术。A2B 技术(A2B 音乐)可以在保证音质的前提下提高压缩比，减小网络的数据传输量；还可以保护出版商的版权。它可以将 AAC 压缩比提高到 20∶1 而不明显损失音质。A2B 技术创建了一个安全数据库，利用这个安全数据库为每一首音乐创建一个特定的密钥并加密该音乐。只有用购买音乐时获得的相应密钥才能用 A2B 的播放器播放该加密的音乐。A2B 音乐平台使用加密和数字签名，保护客户的个人信息和音乐。A2B 技术提供了一个灵活的电子认证系统。这个认证包含了复制权利、歌曲可以播放的时间、次数及售卖许可等信息。

### 10.3.2 图像压缩标准

JPEG 是 Joint Picture Expert Group 的缩写，即联合图像专家组，它是国际标准组织(ISO)和国际电工委员会(IEC)联合组成的一个从事静态数字图像压缩编码标准制定的委员会。它制定出的第一套国际静态图像压缩标准：ISO/IEC 10918-1 号标准"多灰度连续色调静态图像压缩编码"俗称为 JPEG，以其优异的性能，该标准直到当前仍被因特网、数码相机等很多领域广泛应用。

JPEG 包含两种基本的压缩算法：一种是无损压缩算法，它是基于空间的线性预测技术，即差分脉冲调制(DPCM)；另一种是有损压缩算法，它是基于离散余弦变换(DCT)，包含有 3 种编码模式，分别是顺序式(Sequential)DCT 方式、渐进式(Progressive)DCT 方式和分层(Hierarchical)DCT 方式。JPEG 定义了 3 种编码系统：基本系统、扩展系统和无失真压缩系统。在视觉效果不受严重损失的前提下，JPEG 压缩标准可达到 15～20 的压缩比。如果图像质量下降，可达到更高的压缩比。

JPEG 算法框图如图 10-10 所示，压缩编码大致分成 3 个步骤。

(1) 使用正向离散余弦变换(Forward Discrete Cosine Transform，FDCT)把信息从空间域变换成频率域的数据，并利用数据的频率特性进行处理。

(2) 使用加权函数对 DCT 系数进行量化，这个加权函数对于人的视觉系统是最佳的。

(3) 使用霍夫曼可变字长熵编码器对量化系数进行编码。

JPEG 压缩编码算法的主要计算步骤如下。

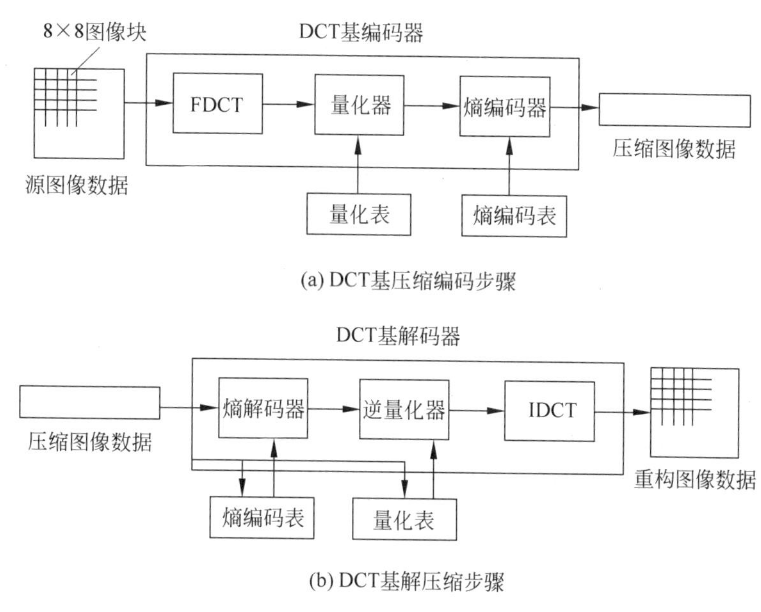


图 10-10　JPEG 压缩编码-解压缩算法框图

(1) 正向离散余弦变换(FDCT)。

(2) 量化(Quantization)。

(3) Z 字形编码(Zigzag Scan)。

(4) 使用差分脉冲编码调制(Differential Pulse Code Modulation，DPCM)对直流系数(DC)进行编码。

(5) 使用行程长度编码(Run Length Encoding，RLE)对交流系数(AC)进行编码。

(6) 熵编码(Entropy Coding)。

译码或者解压缩的过程与压缩编码过程正好相反。

JPEG2000 作为一种图像压缩格式，相对于现在的 JPEG 标准有了很大的技术飞跃。它的压缩比可在现在的 JPEG 基础上再提高 10%～30%，而且压缩后的图像显得更加细腻平滑。JPEG2000 提供的是嵌入式码流，允许从有损到无损的渐进压缩。JPEG2000 格式的图像支持渐进传输，也就是先传输图像的轮廓数据，然后再逐步传输其他数据来提高图像质量。JPEG2000 可以指定图像上感兴趣区域，然后在压缩时对这些区域指定压缩质量，或在恢复时指定某些区域的解压缩要求。

## 10.3.3　运动图像压缩标准

### 1. MPEG 标准

运动图像专家组(Moving Picture Expert Group，MPEG)是由国际标准化组织(International Organization for Standardization，ISO)和国际电工委员会(International Electro-technical Commission，IEC)联合成立的，负责开发电视图像数据和声音数据的编码、解码和它们的同步标准。这个专家组开发的标准称为 MPEG 标准，下面将具体进行介绍。

1) MPEG-1 标准

MPEG-1 标准于 1993 年公布,用于传输 1.5Mbps 数据传输率的数字存储媒体运动图像及其伴音的编码。该标准包括 5 个部分,分别为系统、电视图像、音频、一致性测试和软件模拟。其核心技术参考了相关标准化组织的研究成果,如 JPEG 和 H.261 等。运动图像的帧内编码技术采用了二维余弦变换、自适应量化、行程编码、变字长编码和 DPCM 技术,帧间编码采用运动补偿预测和运动补偿内插技术。它针对标准分辨率(NTSC 制式为 352×240,PAL 制式为 352×288)的图像进行压缩,每秒可播放 30 帧画面,其音频编码标准提供 32kHz、44.1kHz、48kHz 取样率的单声道和双声道编码,具备 CD 音质。使用 MPEG-1 的压缩算法,可以将一部 120 分钟长的电影压缩到 1.2GB 左右。

MPEG-1 的数据流包含 3 种成分:图像流、伴音流和系统流,图 10-11 所示是 MPEG-1 译码器方框图。图像流仅仅包含画面信息,伴音流包含声音信息,系统流实现图像和伴音的同步,所有播放 MPEG 图像和伴音数据所需的时钟信息都包含在系统流中。

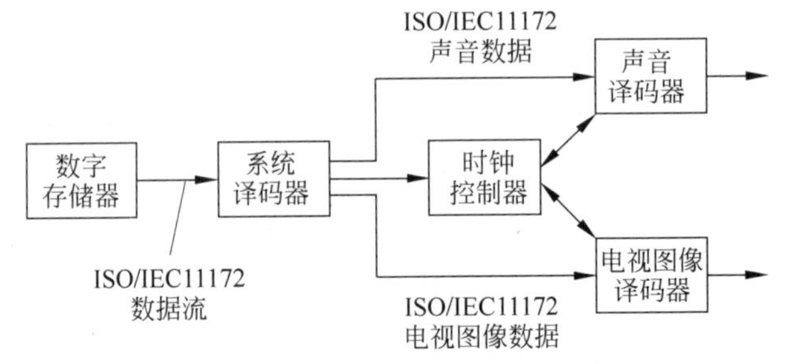


图 10-11 MPEG-1 译码器方框图

2) MPEG-2 标准

MPEG-2 标准于 1994 年公布。1999 年的新版标准包括了系统、电视图像、音频、一致性测试、软件模拟、数字存储媒体命令和控制扩展协议、先进声音编码、编码器实时接口扩展标准、DSM-CC 一致性扩展测试等。它是针对 HDTV 和 DVD 等制定的运动图像及其伴音编码标准,是 MPEG-1 的扩充和完善。MPEG-2 的主要特点如下。

(1) MPEG-2 解码器兼容 MPEG-1 和 MPEG-2 标准。

(2) 其视频数据速率为 3～15Mbps,基本分辨率为 720 像素×576 像素,每秒可播放 30 帧画面。

(3) 可以 30∶1 或更低的压缩比提供具有广播级质量的视频图像。

(4) 允许在画面质量、存储容量和带宽之间选择,在一定范围内改变压缩比。

MPEG-2 可以将一部 120 分钟长的电影压缩到 4～8GB(它提供的是人们通常所说的 DVD 品质)。其音频编码可提供左右中及两个环绕声道、一个加重低音声道和多达 7 个伴音声道。MPEG-2 适用于包括大屏幕和 HDTV 在内的高质量电视和广播。图 10-12 是 MPEG-2 的系统模型。

3) MPEG-4 标准

MPEG-4 标准于 1998 年 11 月公布,是各种音频/视频对象的编码,包括了系统、电视图像、音频、一致性测试和参考软件、传输多媒体集成框架等。MPEG-4 与 MPEG-1、MPEG-2 有很大的不同,它为多媒体数据压缩编码提供的是一种格式、一种框架,而不是具体算法,以

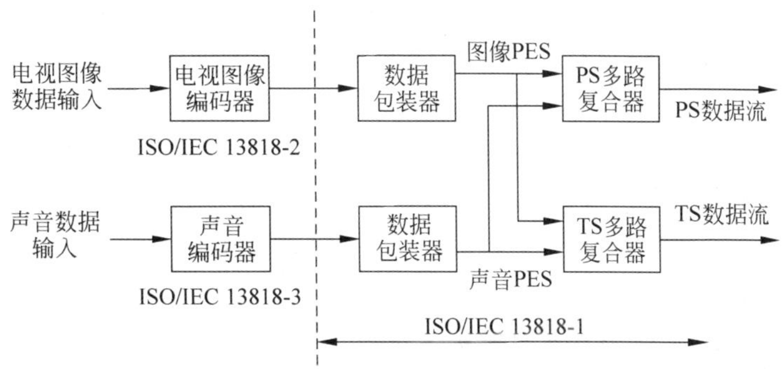


图 10-12　MPEG-2 的系统模型

建立一种更自由的通信与开发环境。

MPEG-4 的目标是支持多种多媒体的应用，特别是多媒体信息基于内容的检索和访问，可以根据不同的应用需求现场配置解码器。其编码系统也是开放的，可以随时加入新的有效的算法模块。用 MPEG-4 压缩算法的 ASF（Advanced Streaming Format）高级格式流，可以将 120 分钟的电影压缩为 300MB 左右的视频流。采用 MPEG-4 压缩算法的 DIVX 视频编码技术可以将 120 分钟的电影压缩到 600MB 左右。图 10-13 是 MPEG-4 系统示意图。

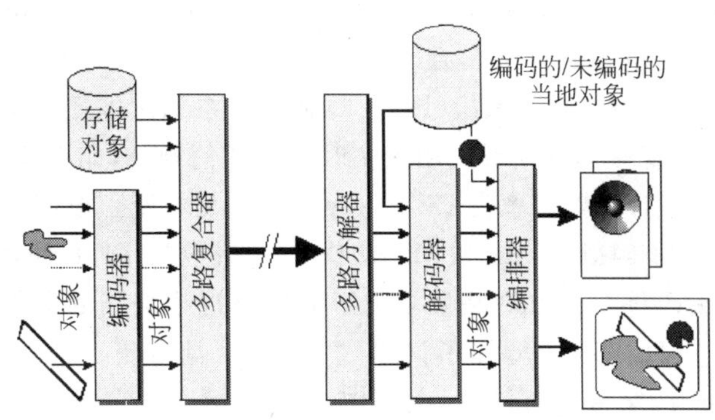


图 10-13　MPEG-4 系统示意图

4）MPEG-7 标准

MPEG-7 标准于 2001 年公布，称为多媒体内容描述接口，包括系统、描述定义语言、电视图像、音频、多媒体描述框架、参考软件以及一致性测试 7 个部分。MPEG-7 标准的目的是产生一个描述多媒体内容的标准，支持对多媒体信息在不同程度层面上的解释和理解，从而使其可以根据用户的需要进行传递和存取。需要特别注意的是，为了使其应用更加广泛，MPEG-7 的制定并不是针对特定的某项应用。MPEG-7 注重的是提供视听信息内容的描述方案，并不包括针对不同应用的特征提取方法和搜索引擎，这使得 MPEG-7 标准一方面可以被广泛地应用，不局限于某些与特殊应用密切相关的特征提取算法和搜索引擎，也不依赖于被描述内容的编码和存储方式；另一方面又可以引入竞争机制，使人们能够针对不同应用领域产生出更多更好的提取算法和搜索引擎。

MPEG-7 的应用范围很广泛，既可应用于存储，也可用于流式应用，如数字图书馆、多媒

体名录服务、广播媒体选择和多媒体编辑。另外，MPEG-7 在教育、新闻、导游信息、娱乐、研究业务、地理信息系统、医学、购物和建筑等各方面均有较大的应用潜力。

5）MPEG-21 标准

MPEG-21 标准从 2000 年 6 月开始制定，是一个可以互操作和高度自动化的多媒体框架。MPEG-21 基于两个基本概念：分布和处理基本单元(Digital Item，DI)和 DI 与用户间的互操作。MPEG-21 也可表述为：以一种高效、透明和可以互操作的方式支持用户交换、接入、使用甚至操作 DI 的技术。DI 是 MPEG-21 框架中一个具有标准表示、身份认证和相关元数据的数字对象。这个实体是框架中分布和处理的基本单元。为了定义 DI，MPEG-21 描述了一系列抽象术语和概念，以形成一个实用的模型。这些模型的目的是尽可能地灵活和通用，同时提供尽可能多的功能。

在 MPEG-21 中，一个用户是指与 MPEG-21 进行环境交互或者使用 DI 的任何实体。这些用户包括个人、消费者、社团、组织、公司和政府部门。从单纯技术的角度来说，MPEG-21 认为内容提供商和使用者之间没有分别，他们都是用户。一个单独的实体可以几种方式使用网络的内容，同时所有这些与 MPEG-21 交互的实体都被平等对待。然而，一个用户可以根据与之交互的其他用户的不同来承担特定的角色，发挥不同的作用。在最基本的层次上，MPEG-21 可以被看成是提供用户间交互的一个框架。

**2. H.26X 系列视频标准**

H.26X 系列视频标准是国际电信联盟（International Telecommunication Union，ITU，以前称为国际电话电报咨询委员会 International Consultative Committee for Telephone Telegraphs，CCITT)的视频编码专家组(ITU-T)制定的系列图像压缩标准，主要有H.261、H.263、H264 等。这些视频标准主要应用于实时视频通信领域，如会议电视、可视电话等。

H.261 又称为 Px64，传输码率为 P×64kbps，其中 P 可变。根据图像传输清晰度的不同，传输码率变化范围为 64kbps～1.92Mbps，编码方法包括 DCT 变换，可控步长线性量化，变长编码及预测编码等。H.263 是最早用于低码率视频编码的 ITU-T 标准，随后出现的第二版(H.263$^{+}$)及 H.263$^{++}$ 增加了许多选项，使其具有更广泛的适用性。H.263 是 ITU-T 为低于 64kbps 的窄带通信信道制定的视频编码标准。它是在 H.261 基础上发展起来的，其标准输入图像格式可以是 S-QCIF、QCIF、CIF、4CIF 或者 16CIF 的彩色 4∶2∶0 子取样图像。H.263 与 H.261 相比采用了半像素的运动补偿，并增加了 4 种有效的压缩编码模式。

相对于先期的视频压缩标准，H.264 引入了很多先进的技术，包括 4×4 整数变换、空域内的帧内预测、1/4 像素精度的运动估计、多参考帧与多种大小块的帧间预测技术等。新技术带来了较高的压缩比，同时大大提高了算法的复杂度。H.264 标准中加入了去块效应滤波器，对块的边界进行滤波，滤波强度与块的编码模式、运动矢量及块的系数有关。去块效应滤波器在提高压缩效率的同时，改善了图像的主观效果。

**3. AVS 标准**

AVS(Audio Video Standards)是中国自主制定的音视频编码技术标准。AVS 标准是《信息技术先进音视频编码》系列标准的简称，其核心是把数字视频和音频数据压缩为原来的几十分之一甚至百分之一以下。AVS 标准和文字编码标准一样都是信源编码标准，AVS 标准是数字音视频系统的基础标准。AVS 标准包括系统、视频、音频、数字版权保护 4 个主要技术标准和一致性测试等支撑标准。用 AVS 取代 MPEG 系列标准，摆脱 MPEG LA 的专利束缚，可使中国的 AV 产业得到较好的发展环境。AVS 视频中具有特征性的核心技术包括 8×8 整数变换、量化、帧内预测、1/4 精度像素插值、特殊的帧间预测运动补偿、二维熵编码、去块效应环内滤波等。

AVS 视频标准使用了 MPEG-2 视频标准中的部分技术，如帧间编码、(基于运动补偿的预测编码(Motion Compensated Predictive Coding))、帧内编码(离散余弦变换(DCT))、量化(标量量化(Uniform/ Deadzone Quantization))、熵编码(可变长编码(Variable Length Code, VLC))、视频流格式(图像序列(Group of Picture))、编码控制(码率控制)。系统 AVS 也使用以上类似技术。

AVS 视频标准使用了在 MPEG-2 中不存在的新技术有帧间编码(可变块大小的运动补偿预测技术)、帧内编码(多方向的空间预测技术)、环内滤波器(去除块效应)。AVS 视频标准使用的不同于 MPEG-2 的改进技术有 8×8 的整数正交变换及相应的量化策略、改进的运动矢量预测编码、更加高效的熵编码器、基于失真率的编码优化技术。

AVS 视频目前定义了一个档次(Profile)，即基准档次。该基准档次又分为 4 个级别(Level)，分别对应高清晰度与标准清晰度应用。与 MPEG-4 AVC/ H.264 的基本级别(Baseline Profile)相比，AVS 视频增加了 B 帧、Interlace 等技术，压缩效率明显提高，而与 MPEG-4 AVC/H.264 的主要级别(Main Profile)相比，减少了 CABAC 等实现难度大的技术，增强了可实现性。

## 10.4　数字媒体压缩技术的应用与发展

**1. 数字媒体压缩技术的应用**

随着互联网的飞速发展，网络信息时代的来临使数字媒体技术得到广泛的应用，网络数字媒体技术也获得了突飞猛进的发展，并被广泛应用于影视、教育、会展、视频会议、可视电话、远程医疗等领域，通常可以将数字视频技术的应用分为实时应用和非实时应用。

实时应用包括电视节目的现场直播和基于因特网的流视频的实时传输播放，如各种视频会议、网络教学、远程医疗等。其中，视频会议支持分散式视频会议和集中式视频会议。在分散式视频会议中，与会终端以多播方式向其他终端广播声音和视频图像，而在集中式视频会议中，所有终端都要以点对点的方式向控制单元发送声音、视频图像、数据和控制流。

非实时应用就是各种本地存储视频的播放及视频点播。其中视频点播分为全交互视频点播和准视频点播，全交互视频点播是根据用户的点播指令，网络向用户提供单独的信息流，而准视频点播的每个电影节目按照一定的时间间隔，重复发送有限个信息流，供给所有的点播用户使用。

**2. 数字媒体压缩技术的发展**

1) 基于内容的图像压缩编码

基于内容的图像压缩编码方法是未来编码的发展趋势。例如，知道一幅图像包括人脸、房屋、汽车等，就可以通过特定的技术来提取相应的内容，采用基于内容的编码技术就可以对每个指定的对象进行编码，利用自然和人工合成内容的合并来编码，MPEG-4 解决了对人脸及其动画的编码问题，但是，还有更多更为复杂的物体需要建立模型与编码，而且任意形状物体的模型建立的关键问题还没有解决，这严重影响着其应用的广泛性。因此，基于内容的图像压缩编码将朝着多模型的方向发展。

2）基于元数据的数字媒体压缩编码

通过元数据进行编码也是今后编码的发展方向。元数据是指详细地描述音视频信息的基本元素，利用元数据来描述音视频对象的同时也就完成了编码，因为此时编码的对象是音视频的一种描述而不再是音视频本身。从另一个角度来说，进一步提高压缩比，提高码流的附属功能（码流内容的可访问性、抗误码能力、可伸缩性等）也将是未来编码的两个发展方向。

3）基于兴趣感知的视频编码

感知视频编码利用人眼的感知性质，在没有感到明显的质量下降的情况下，去除视频中的感知冗余。根据感知理论，人们通常将注意力集中在画面中感兴趣的区域，而不是整幅画面。根据这一特性，可以从视频中提取感兴趣的目标或区域，在编码时对其分配较多的比特数并优先传输，将其他区域视为背景，分配较少的比特数。这样，在带宽有限的情况下，可以保证重点区域优先编码和传输，并且在解码端可以对感兴趣区域优先解码。即使在码流被截断时，背景的解码受到影响，但感兴趣区域仍可以清晰呈现。对感兴趣区域和背景区域分别处理，既避免了计算资源浪费，又降低了分析难度。在视频中提取感兴趣区域，可以在人感觉无明显质量损伤的条件下，去除更多的数据冗余。从而在有限的带宽环境下，传输更多的数据，得到符合标准质量的视频。

## 练习与思考

### 一、填空题

1. 多媒体数据的信息冗余主要体现在________、________、________、________等。

2. A、B、C、D 4 个信号源以等概率出现，其信息熵是________ bit/符号。

3. 运动图像的压缩标准有________、________、________等。

4. 已知信源符号及其概率如下：

| X | X1 | X2 | X3 | X4 | X5 | X6 | X7 |
|---|---|---|---|---|---|---|---|
| 概率 | 0.35 | 0.20 | 0.15 | 0.08 | 0.12 | 0.06 | 0.04 |

则 X3 的 Huffman 编码为________；其平均码长是________。

5. 按照 JPEG 标准的要求，一幅彩色图像经过 JPEG 压缩后还原得到的图像与原始图像相比较，非图像专家难于找出它们之间的区别，问此时的最大压缩比是________。

### 二、计算与简答题

1. 现有 8 个待编码的符号 $M_0,\cdots,M_7$，它们的概率如下表所示。使用霍夫曼编码算法求出这 8 个符号的所分配的代码，并填入表中。

| 待编码的符号 | 概率 | 分配的代码 | 代码长度(位数) |
| --- | --- | --- | --- |
| $M_0$ | 0.4 | | |
| $M_1$ | 0.2 | | |
| $M_2$ | 0.15 | | |
| $M_3$ | 0.10 | | |
| $M_4$ | 0.07 | | |
| $M_5$ | 0.04 | | |
| $M_6$ | 0.03 | | |
| $M_7$ | 0.01 | | |

2. 简要叙述预测编码(DPCM 和 PCM)、统计编码和变换编码的基本原理,并分析误差的主要来源。

3. 什么是 DCT? 该变换的基本单位是什么?

4. MPEG 系列标准与 H.26X 系列标准之间有何异同,它们之间有何对应关系?

5. MPEG-1、MPEG-2、MPEEG-4、MPEG-7、MPEG-12 标准的目标各是什么?

6. AVS 标准的制定解决了我国 AV 产业的哪些问题,可带来哪些效益?

# 参考文献

[1] 林福宗.多媒体技术基础.第 2 版.北京:清华大学出版社,2002.
[2] 刘清堂,等.多媒体技术基础.武汉:湖北科学技术出版社,2006.
[3] 刘禾.数字图像处理及应用.北京:中国电力出版社,2006.

# 第11章 数字媒体存储技术

数字媒体的存储是以数字信号的形式存储在计算机等设备中。计算机的工作过程就是在程序的控制下对数据信息进行加工处理的过程。因此,数字媒体的存储是以各种存储设备及其相关技术为基础,数字媒体的存储技术除了涉及计算机对数据处理和加工的需要,需要了解各种存储设备的特点及其基本原理外,还需要考虑如何对数字媒体进行组织和管理,更好地满足人们对于数据检索、使用的需求,这就涉及数据库技术、分布式存储技术等。本章介绍数字媒体存储技术概述、存储设备及原理、数据库存储技术、分布式存储技术以及数字媒体存储技术的应用与发展5个方面的内容,其相互之间的关系如下:

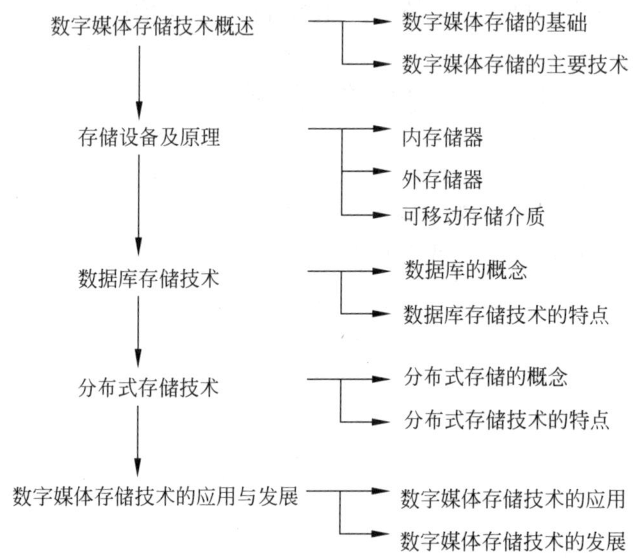


本章主要对计算机的数字媒体存储技术进行了比较全面的介绍,主要分为以下5个部分。

(1) 数字媒体存储技术概述:介绍数字媒体存储的基础及数字媒体存储的主要技术。

(2) 存储设备及原理:对内存储器、外存储器、可移动存储介质等几种存储设备的主要特点和基本原理进行介绍。

(3) 数据库存储技术:介绍数据库的概念及其特点。

(4) 分布式存储技术:介绍分布式存储技术的概念及其特点。

(5) 数字媒体存储技术的应用与发展:介绍数字媒体存储技术的应用情况与发展趋势。

通过本章内容的学习,学习者应能达到以下学习目标:

(1) 知道数字媒体存储技术的基础和主要技术。

(2) 知道存储设备的分类与特点及其基本原理。

(3) 了解各种存储设备的主要特点，知道内存储器、外存储器的区别和用途。

(4) 知道数据库的概念以及数据库存储技术的特点。

(5) 知道分布式存储的概念以及分布式存储技术的特点。

(6) 了解数字媒体存储技术的主要应用与发展趋势。

# 11.1 数字媒体存储技术概述

## 11.1.1 数字媒体存储的基础

计算机系统中的数据存储是按照层次组织的。如图 11-1 所示，顶层是主存储器，它是由高速缓存和主存组成的，提供数据的快速访问；接下来是第二级存储器，它是由磁盘等较慢的设备组成的；第三级存储器是最慢的存储设备，如光盘和磁带等。与同样大小的磁盘相比，主存的价格昂贵得多。

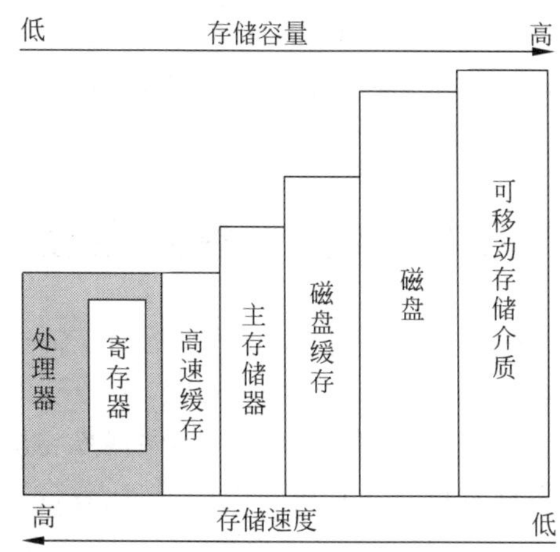


图 11-1 计算机系统中的数据存储层次组织

**1. 高速缓存**

高速缓冲存储器是最快最昂贵的存储介质。高速缓冲存储器一般很小，它的使用由操作系统来管理。

**2. 主存储器(内存存储器)**

主存储器又称为内存存储器，用于存放可被处理的数据，它是计算机指令执行操作的地方。由于其存储量相对较小、成本高、存储时间短，而且发生电源故障或者系统崩溃时，里面的内容一般会丢失。

**3. 磁盘(外存储器)**

磁盘存储器又称为外存储器。由于它存储量较大，能长期保存又有一定的存取速度且价格合理，大量的数据一般都存储在磁盘上。在发生电源故障或者系统崩溃时，磁盘存储器不会丢失数据。

**4. 可移动存储介质**

光盘存储器最常见的形式是只读光盘(CD-ROM)。数据通过光学方法存储在光盘上，并且可以被激光器读取。用于CD-ROM存储器的光盘是不可写的，但是可以提供预先记录的数据，并且可以装入驱动器或从驱动器中移走。另一种光盘存储器是"一次写，多次读"（WORM）光盘，它允许写入数据一次，但是不允许擦除和重写这些数据。这种介质用于数据的归档存储。此外还有磁光结合的存储设备，可使用光学方法读取以磁方法编码的数据，并且允许对旧数据进行覆盖。

### 11.1.2 数字媒体存储的主要技术

数据库存储技术是随着计算机的发展逐渐兴起的一门技术，在计算机发展的早期，受到计算机体积和性能的限制，能够存储的数据很少，还没有形成数据库的概念，当时计算机的性能很低，只能进行一些简单的数字运算，体积也非常庞大，还没有数据存储的概念，随着晶体管和集成电路应用在计算机制造中，计算机的性能得到了大幅的提升，开始在各个领域中进行应用，当计算机被用于数据管理时，尤其是一些复杂的数据，传统的存储方式已经无法满足人们的需要，在这种背景下，数据库就诞生了。

随着多媒体技术、网络技术的快速发展，为了实现更大范围内的信息交流与共享，分布式存储技术、云存储技术等应运而生，通过这些技术，人们可以方便地实现数字媒体信息的存储和管理。

## 11.2 存储设备及原理

计算机中必须有存放程序和数据的存储器。计算机的存储器分为内存储器（简称内存）和外存储器（简称外存）。内存储器由半导体芯片组成，依赖于电来维持信息的保存状态。内存储器用于存放那些立即要用的程序和数据。内存储器最突出的特点是存取速度快，但是容量小、价格贵。外存储器通常是磁性介质（软盘、硬盘、磁带）或光盘，能长期保存信息，并且不依赖于电来维持信息的保存状态。外存储器用于存放暂时不用的程序和数据。外存储器的特点是容量大、价格低，但是存取速度慢。内存储器和外存储器之间常常频繁地交换信息。

### 11.2.1 内存储器

内存储器是CPU可直接进行访问的存储器，简称内存。内存作为计算机硬件的必要组成部分之一，其地位越来越重要，内存的容量与性能也已成为衡量微机整体性能的一个决定性因素。微型计算机的内存储器由于采用大规模及超大规模集成电路工艺制造，因此具有密度大、体积小、质量轻、存取速度快等特点。

内存储器泛指计算机系统中存放数据和指令的半导体存储单元。包括RAM（Random Access Memory，随机存储器）、ROM（Read Only Memory，只读存储器）、Cache（高速缓存）等。其中RAM是最主要的存储器，整个计算机系统的内存容量主要由它的容量决定，习惯上将RAM直接称为内存。

衡量内存的常用指标有容量与速度。目前微机内存容量主要有128MB、256MB、512MB、1GB、2GB等。微机内存的速度是指读或写一次内存所需的时间，数量级以纳秒（ns）衡量。目前微机内存速度主要是10ns、8ns、7ns等。

反映内存性能的技术指标主要有以下几种。

(1) 存取周期。内存的速度用存取周期来表示。

(2) 数据宽度和带宽。内存的数据宽度是指内存同时传输数据的位数,以位(b)为单位。内存带宽指内存的数据传输速率。

(3) 内存的"线"数。内存的"线"数是指内存条与主板插接时的接触点数,这些接触点就是"金手指"。目前,SDRAM 内存条采用 168 线,DDR 内存条采用 184 线,RDRAM 内存条采用 184 线,DDRII 采用 240 线。

(4) 容量。每个时期内存条的容量都分为多种规格,早期的 30 线内存条有 256KB、1MB、4MB 等容量,72 线的 EDO 内存条有 4MB、8MB、16MB 等容量,168 线 SDRAM 内存条有 32MB、64MB、128MB、256MB、512MB、1GB 等容量,DDR 内存条常见的内存容量为 128MB、256MB、512MB、1GB、2GB 等。

(5) 内存的电压。早期的 FPM 内存和 EDO 内存均使用 5V 电压,SDRAM 内存一般使用 3.3V 电压,RDRAM 和 DDR 均采用 2.5V 工作电压,DDR Ⅱ采用 1.8V 工作电压。

### 11.2.2 外存储器

内存由于技术及价格上的原因,容量有限,不可能容纳所有的系统软件及各种用户程序,因此,计算机系统都要配置外存储器。外存储器又称为辅助存储器。在微型计算机中,常用的外存储器主要是硬磁盘。硬磁盘简称硬盘(Hard Disk),是微型计算机中广泛使用的外部存储器,它具有容量大、可靠性高、几乎不存在磨损问题等优点,硬盘的存储介质是若干刚性磁盘片,硬盘由此得名。1956 年 9 月世界上第一块硬盘 IBM 350 RAMAC(Random Access Method of Accounting and Control)诞生。它的总容量只有 5MB,使用了 50 个直径为 24 英寸的磁盘。这些盘片表面都涂有一层磁性物质,被叠起来固定在一起,绕着同一个轴旋转。它的磁头可以直接移动到盘片上的任何一块存储区域,从而成功地实现了随机存储。硬盘作为微型计算机主要的外部存储设备,随着设计技术的不断更新和广泛应用,不断朝着容量更大、体积更小、速度更快、性能更可靠、价格更便宜的方向发展。

**1. 硬盘的结构**

1) 硬盘的外部结构

目前,市场上主要硬盘产品的内部盘片直径有 3.5 英寸、2.5 英寸、1.8 英寸和 1 英寸(后 3 种常用于笔记本及部分袖珍精密仪器中,现代台式机常用 3.5 英寸盘片)。在硬盘的正面都贴有硬盘的标签,标签上一般都标注着与硬盘相关的信息,如产品型号、产地、出厂日期、产品序列号等。在硬盘的一端有电源接口插座、主从设置跳线器和数据线接口插座,而硬盘的背面则是控制电路板等。图 11-2 所示为一款 3.5 英寸硬盘正面和背面的外部结构。

2) 硬盘的内部结构

硬盘的内部结构是全密封结构。硬磁盘是由若干个硬盘片组成的盘片组。硬盘的零部件并不算多,机械部分由盘片、磁头(臂)、马达、基座和外壳组成;电路部分由主控芯片、缓存芯片和马达控制芯片等组成。硬盘的内部结构如图 11-3 所示。

**2. 硬盘的主要参数**

硬盘是计算机中的一个主要部件,硬盘的信息组织结构如图 11-4 所示。

在使用硬盘时,应注意硬盘驱动器的常用参数及其对硬盘驱动器性能的影响。关于硬

图 11-2　硬盘的外部结构

图 11-3　硬盘的内部结构

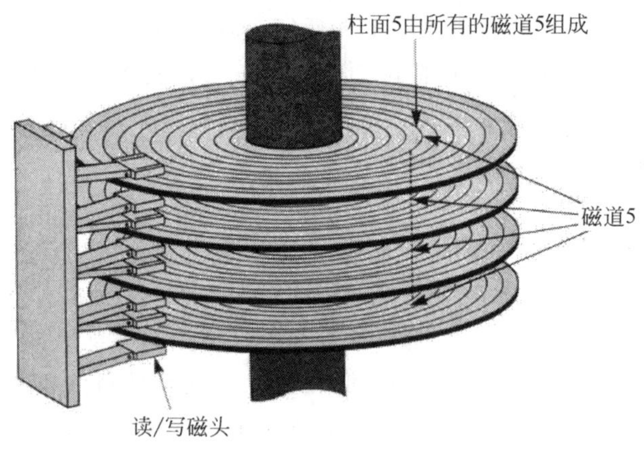


图 11-4　硬盘的信息组织结构

盘的术语有以下几种。

(1) 磁头数(Heads)。硬盘的磁头数与硬盘体内的盘片数目有关。由于每个盘片均有两个磁面，每面都应有一个磁头，因此，磁头数一般为盘片数的两倍。每面磁道数与每磁道所含的扇区数与硬盘的种类及容量有关。

(2) 柱面数。硬盘通常由重叠的一组盘片(盘片最多为 14 片，一般均在 1～10 片之间)

构成，每个盘面都被划分为数目相等的磁道，并从外缘以“0”开始编号，具有相同编号的磁道形成一个圆柱，称为硬盘的柱面。硬盘的柱面数与一个盘面上的磁道数是相等的。由于每个盘面都有自己的磁头，因此，盘面数等于总的磁头数。

属于同一柱面的全部磁道同时在各自的磁头下通过，这意味着只需指定磁头、柱面和扇区，就能写入或读出数据。

硬盘系统在记录信息时，将自动优先使用同一个或最靠近的柱面，从而使磁头组件的移动最少，有利于提高读写速度，也可减少运动机构的磨损。

(3) 每磁道扇区数(Sector)。把硬盘的磁道进一步划分为扇区，每一扇区是512B。格式化后，硬盘的容量由3个参数决定，即硬盘容量＝磁头数×柱面数×扇区数×512(B)。

(4) 交错因子。交错因子就是每两个连续逻辑扇区之间所间隔的物理扇区数。交错因子是硬盘低级格式化时，需要给定的一个主要参数，取值范围为1∶1～5∶1，具体数值视硬盘类型而定。交错因子对硬盘的存取速度有很大影响。虽然硬盘的物理扇区在磁道上是连续排列的，但进行格式化后的逻辑扇区却是交叉排列的，也就是说，连续的物理扇区对应不连续的逻辑扇区。

硬盘每当访问一个逻辑扇区后，需等待主机将该扇区的输出数据处理完毕后才能进行下一个扇区的读写。在这个等待过程中，硬盘可能已经转过了几个物理扇区。如果交错因子选择过小，则对应下一个逻辑扇区的物理扇区已转过磁头，需等待磁盘再转一圈后才能读写；如果交错因子选取过大，则对应下一个逻辑扇区的物理扇区还未转到磁头处，需要继续等待。因此，选择合适的交错因子，可使当前扇区到下一个待读写的逻辑扇区之间没有或具有最短的等待时间，从而明显提高硬盘的读写速度。因此，在硬盘低级格式化时，不要轻易改变硬盘的交错因子，其设置值应符合厂商提供的说明。

(5) 硬盘单碟容量。单碟容量是指硬盘单个盘片的容量，由单位记录密度(每平方英寸)决定，通过提高单碟容量，可以缩短寻道时间和等待时间，并极大地降低硬盘的成本。单盘容量越大，单位成本越低，平均访问时间也越短。目前，市面上大多数硬盘的单碟容量为60GB、80GB，而更高的容量则已达到了100GB。

(6) 容量(Volume)。作为计算机系统的数据存储器，容量是硬盘最主要的参数。硬盘的容量以MB或GB为单位，1GB＝1024 MB。但硬盘厂商在标称硬盘容量时通常取1GB＝1000 MB，因此，在BIOS中或在格式化硬盘时看到的容量会比厂家的标称值要小。目前微机上所配置的硬盘容量主要有200GB、500GB、1TB、2TB等。

**3. 硬盘的主要性能指标**

衡量硬盘的常用指标有容量、转速、硬盘自带Cache(高速缓存)的容量等。容量越大，存储信息量越多。

(1) 转速。转速(Rotational speed或Spindle speed)是指硬盘盘片每分钟转动的圈数，单位为r/min，即rpm。转速越高，存取信息速度越快。目前，市场上IDE硬盘的主轴转速为5400～7200rpm，主流硬盘的转速为7200rpm。SCSI硬盘的主轴转速可达7200～10 000rpm，而SCSI硬盘的最高转速高达15 000rpm(希捷“捷豹X15”系列硬盘)。

(2) 平均访问时间。平均访问时间(Average Access Time)是指磁头从起始位置到达目标磁道位置且从目标磁道上找到要读写的数据扇区所需时间，单位是毫秒(ms)。

平均访问时间体现了硬盘的读写速度，它包括了硬盘的寻道时间和等待时间，即：

平均访问时间＝平均寻道时间＋平均等待时间

硬盘的平均寻道时间(Average Seek Time)是指硬盘的磁头移动到盘面指定磁道所需的时间。这个时间越小越好。目前，硬盘的平均寻道时间通常为 8～12ms，而 SCSI 硬盘则应小于或等于 8ms。

硬盘的等待时间又称为潜伏期(Latency)，是指磁头已处于要访问的磁道，等待所要访问的扇区旋转至磁头下方的时间。平均等待时间为盘片旋转一周所需时间的 1/2，一般在 4ms 以下。

(3) 数据传输率。硬盘的数据传输率是指硬盘读写数据的速度，单位为 Mb/s。硬盘数据传输率又包括了内部数据传输率和外部数据传输率。

① 内部传输率(Internal Transfer Rate)也称为持续传输率(Sustained Transfer Rate)，是指磁介质到硬盘缓存间的最大数据传输率，它反映了硬盘缓冲区未用时的性能，内部传输率主要依赖于硬盘的旋转速度。

② 外部传输率(External Transfer Rate)也称为突发数据传输率(Burst Data Transfer Rate)或接口数据传输率，它标称的是系统总线与硬盘缓冲区之间的数据传输率，外部数据传输率与硬盘接口类型和硬盘缓存的大小有关。

(4) 缓存。缓存(Cache)是硬盘与外部总线交换数据的场所，当磁头从硬盘盘片上将磁记录转化为电信号时，硬盘会临时将数据保存到数据缓存内，当数据缓存内的暂存数据传输完毕后，硬盘会清空缓存，然后再进行下一次的填充与清空。缓存越大，计算机整体速度越快。目前，主流 ATA 硬盘的数据缓存为 8MB，而在 SCSI 硬盘中最高的数据缓存现在已经达到了 16MB。缓存大的硬盘在存取零散文件时具有很大的优势。

(5) 硬盘的表面温度。硬盘的表面温度是指硬盘工作时产生的温度使硬盘密封壳的温度上升的情况，厂家并不提供这项指标，一般只能在各种媒体的测试数据中看到。

(6) 连续无故障时间(MTBF)。连续无故障时间(MTBF)指硬盘从开始运行到出现故障的最长时间，单位是小时，一般硬盘的 MTBF 至少在 30 000 小时或 40 000 小时。

### 11.2.3 可移动存储介质

软盘就是最早的移动存储器，但是由于软盘的容量小、速度慢及软盘数据不安全等缺点，使得传统的软盘已经不能够满足人们对移动存储的需求，因此市场上出现了一大批能够取代软盘的大容量移动存储设备。目前市面上的软盘基本上被淘汰了，大容量移动存储设备主要有移动硬盘、优盘、光盘等。

**1. 移动硬盘**

移动硬盘也称为外置硬盘、活动硬盘。就是用小巧的笔记本硬盘加上特制的配套硬盘盒构成的一个便携的大容量存储系统，如图 11-5 所示。它是以硬盘为存储介质，强调便携性的外存储设备。移动硬盘在早期多以标准硬盘为基础，现在大多数采用 2.5 英寸超薄笔记本硬盘，也有部分产品使用的是 1.8 英寸的微型硬盘。

移动硬盘因采用硬盘作为存储体，故存储原理和普通 IDE 硬盘的存储原理相同。移动硬盘多采用 USB 接口和 IEEE 1394 接口，能提供较高的数据传输速度。移动硬盘容量有 10GB、20GB、40GB、80GB、120GB 等，使用方便而且数据存储可靠性高，是移动存储和数据备份的最佳选择。

图 11-5　移动硬盘

**2. 优盘**

目前普遍使用的大容量存储器仍为硬盘。硬盘虽有容量大和价格低的优点，但它是机电设备，有机械磨损，可靠性和耐用性相对较差，抗冲击、抗振动能力弱，功耗大。因此，计算机界一直在研究取代硬盘的介质。随着 Flash Memory 集成度的不断提高，价格逐渐降低，使其在便携机上取代小容量硬盘已成为可能。

闪存是一种新型的 EEPROM(电可擦可编程只读存储器)内存。它的历史并不长，从首次问世到现在只有短短的十几年时间。在这十几年中，发展出了各种各样的闪存，有市面上常用的“优盘”，有数码相机、MP3 上用的 CF(Compact Flash)卡、SM(SmartMedia)卡，MMC(Multi Media Card)卡等。它们携带和使用方便，容量和价格适中，一般容量从 16MB 到 64GB，存储数据可靠性强，因此普及很快，深受广大计算机使用者的青睐。

USB 闪存盘就是采用 Flash Memory(闪存)作为存储器的移动存储设备，即通常所说的优盘，如图 11-6 所示。它采用半导体作为存储介质。主要用于存储较大的数据文件和在计算机之间方便地交换文件。优盘不需要物理驱动器，也不需要外接电源，可热插拔，使用非常简单方便。优盘体积很小，重量极轻，可抗震防潮，特别适合随身携带，是移动办公及文件交换理想的存储产品。

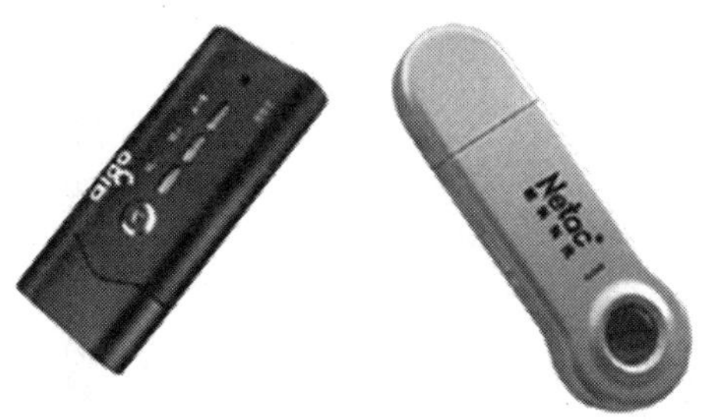


图 11-6　优盘

目前市面上的 USB 闪存盘(USB Flash Disk)普遍采用 USB 接口，与 PC 的理论传输速率可达 12MB/s。具有易扩展、可热插拔的优点。USB 闪存盘主要有两颗芯片组成：闪存芯片和 Flash 转 USB 的控制芯片。其中闪存芯片作为数据存储单元，它是一种采用非挥发存储技术的高性能存储器，在掉电状态下可永久保存信息(大于 10 年)，而且可电擦写 100 万次以上，并且擦写速度非常快；Flash 转 USB 的控制芯片完成 USB 通信和 Flash 的读写操作和其他辅助功能，它可以决定 Flash 是否能读写(是否写保护)、读写的内容以及 USB 闪存盘是模拟启动软盘还是数据存储硬盘。控制芯片有两种封装形式：一是 SOP(Small Outline Package)封装技术；另一种是绑定封装技术。

**3. 光盘**

自20世纪70年代人类发明激光以后，各国科学家就开始了高密度光学存储器的研究与开发。荷兰飞利浦(Philips)公司的研究人员开始研究利用激光来记录和重放信息，并于1972年9月向全世界展示了长时间播放电视节目的光盘系统，这就是1978年正式投放市场并命名为LV(Laser Vision)的光盘播放机。从此，利用激光来记录信息的革命便拉开了序幕。30多年来在光存储技术方面已取得了举世瞩目的成就。光存储器是指利用光学原理存取信息的存储器，其基本工作原理是利用激光改变一个存储单元的性质，而性质状态的变化就可以表示存储的数据，识别性质状态的变化就可以读出存储的数据。

1）光盘存储器的特点

光盘又称为CD(Compact Disc，压缩盘)，是通过冲压设备压制或激光烧刻，从而在其上产生一系列凹槽来记录信息的一种存储媒体。光盘的存储介质不同于磁盘，它属于另一类存储器。主要利用激光原理存储和读取信息。光盘片用塑料制成，塑料中间夹入了一层薄而平整的铝膜，通过铝膜上极细微的凹坑记录信息。光盘的外观如图11-7所示。

由于光盘的容量大、存取速度快、不易受干扰等特点，光盘的应用越来越广泛。

图11-7　光盘外观

光盘在存储多媒体信息方面具有以下主要的特点。

(1) 记录密度高。

(2) 存储容量大。

(3) 采用非接触方式读/写信息。

(4) 信息保存时间长。

(5) 不同平台可以互换。

(6) 多种媒体融合。

(7) 价格低廉。

2）光盘存储器的分类

(1) 按光盘的读/写性能来分类。按光盘的读/写性能，可将光盘分为以下3种类型。

① 只读型光盘存储器：数据是用压模方法压制而成的，用户只能读取上面的数据。

② 多次可写光盘存储器：这种光盘允许用户一次或多次写入数据，并可随时往盘上追加数据，直到盘满为止。

③ 可擦写光盘存储器：这种光盘具有磁盘一样的可擦写性，可多次写入或修改光盘上的数据，更适合作为计算机的新型标准外存设备，目前有磁光和相变两种类型。

(2) 按光盘的数据存放格式分类。光盘的家族是以最初的唱片光盘格式为基础，逐渐演变、开发和扩展而来的，在此其间制订了各种颜色的标准书。在一片不同材质的空白光盘上，可制造同规格、不同用途的光盘。按照数据存放格式和类型，光盘可分为许多不同的类型，通常包括 CD-DA、CD-ROM、CD-R、CD-RW、VCD、DVD 等。

① 数字激光唱盘 CD-DA。大约从 1978 年开始，把声音信号变成用“1”和“0”表示的二进制数字，然后记录到以塑料为基片的金属圆盘上。1982 年，Philips 公司和 SONY 公司终于成功地把这种记录有数字声音的盘推向了市场。由于这种塑料金属圆盘很小巧，因此用了英文 Compact Disc 来命名，而且还为这种盘制定了标准，这就是世界闻名的“红皮书(Red Book)标准”。这种盘又称为数字激光唱盘(Compact Disc-Digital Audio，CD-DA)。

② 只读光盘 CD-ROM。CD-ROM(Compact Disk Read Only Memory)是在 CD-DA 之后产生的，其格式规定在“黄皮书”中，尽管两者之间有许多相似之处，但是它们有一个根本区别：音频 CD 只能存放音乐，而 CD-ROM 可以存放文本、图形、声音、视频及动画。CD-ROM 中存放的是计算机数据，对误码率有一定的要求，所以在 CD-DA 的基础上又增加了一层错误检测和错误校正。

③ 可刻录光盘 CD-R。CD-R(Compact Disk Recordable，可记录光盘)是一种可刻录多次的光盘。CD-R 盘与 CD-ROM 盘相比有许多共同之处，信息存放格式与只读光盘 CD-ROM 相同，它们的主要差别在于 CD-R 盘上增加了一层有机染料作为记录层。当写入激光束聚焦到记录层上时，染料被加热后烧熔，形成一系列代表信息的凹坑。这些凹坑与 CD-ROM 盘上的凹坑类似，但 CD-ROM 盘上的凹坑是用金属压模压出的。用户可以在专用的 CD-R 刻录机上通过刻录软件向 CD-R 中写入一次数据，写入后可在普通光驱上反复读取。

④ 可重复刻录光盘 CD-RW。CD-RW(Compact Disk - Rewritable)是一种可重复刻录的光盘，技术较先进。其原理也是利用激光束加热的方式来改变材质的结构，利用“相位改变”的原理来刻录数据。

⑤ VCD。VCD(Video CD)是由 JVC、Philips 等公司于 1993 年联合制定的数字电视视盘技术规格，称为“白皮书”。它用来描述光盘上存放采用 MPEG-1 标准编码的全动态图像及其相应声音数据的光盘格式，是继 CD-DA、CD-ROM 之后又一个有很强应用前景的光盘产品。它可以在一张普通的 CD 光盘上录制 70 分钟的全屏幕、全动态的视频与音频数据及相关的处理程序。同激光视盘(LD)相比，它体积小、价格便宜，且有很好的音、视频质量和很好的兼容性。

⑥ 数字视频光盘 DVD。DVD(Digital Video Disc)是继上述光盘产品之后的新一代光盘存储介质。与以往的光盘存储介质相比，DVD 采用波长更短的红色激光、更有效的调制方式和更强的纠错方法，具有更高的道密度和位密度，并支持双层双面结构。在与 CD 大小相同的盘片上，DVD 可以提供相当于普通 CD 存储量的 8～25 倍，以及 9 倍以上的读取速度。DVD 与新一代音频、视频处理技术相结合，可提供近乎完美的声音和影像。它与计算机结合，可提供新的海量存储介质。

## 11.3 数据库存储技术



伴随着计算机技术的不断发展，数据管理的技术得到了很大的发展，其发展过程大致经历了人工管理、文件系统、数据库系统等几个阶段。数据库技术是从 20 世纪 60 年代末开始逐步发展起来的计算机软件技术，它的产生，推动了计算机在各行各业数据处理中的应用。数据库技术已成为计算机领域发展最快、应用最广泛的技术之一。数据库技术作为数据管理的有效手段，已经成为各类信息管理系统的核心技术和基础。



## 11.3.1 数据库的概念

数据库，顾名思义，就是存放数据的仓库。只不过这个仓库是在计算机存储设备上，而且数据不是杂乱无章的，是按照一定格式存放的。数据库（DataBase，DB）是长期存储在计算机内、有组织的、统一管理的相关数据的集合。数据库管理系统（DataBase Management System，DBMS）是为数据库的建立、使用和维护而配置的软件。数据库管理系统软件有FoxBase、Visual FoxPro、Access、SQL Server、Oracle 等。数据库应用系统是包含有数据库的计算机软件系统，通常为某一具体开发的应用系统，由数据库、数据管理系统、相关应用软件、管理员、用户等构成。图 11-8 所示的是数据库、数据库管理系统、数据库应用系统三者之间的关系。

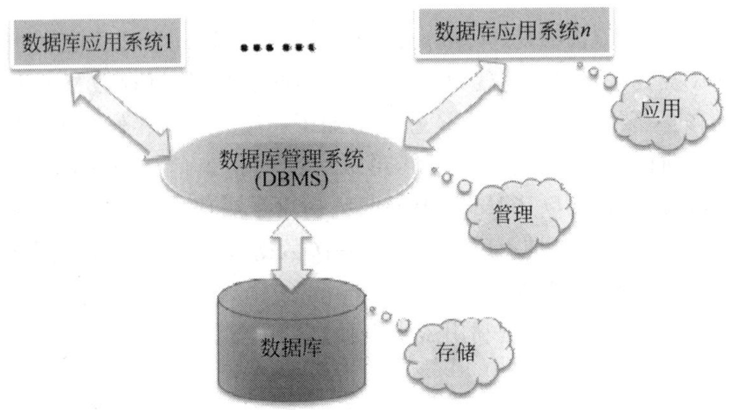


图 11-8　数据库、数据库管理系统、数据库应用系统三者之间的关系

## 11.3.2 数据库存储技术的特点

与传统的计算机文件存储方式来存储和管理数据相比，利用数据库技术来存储和管理数据具有以下一些特点。

**1. 数据共享**

数据共享是指多个用户或应用程序可以同时访问同一数据库中的数据而不相互影响。数据库管理系统提供并发和协调机制，保证在多个应用程序同时访问、存取和操作数据库数据时，不产生任何冲突，从而保证数据不遭到破坏。

**2. 减少数据冗余**

数据冗余就是数据重复，数据冗余既浪费存储空间，又容易产生数据不一致。传统的计算机文件存储方式下，由于每个应用程序都有自己的数据文件，所以数据存在着大量的重复。采用数据库技术来存储和管理，数据是有组织的、统一管理的，数据库从全局观念来组织和存储数据，数据是根据特定的数据模型结构化后存储在数据库中，从而有效地节省了存储资源，减少了数据冗余，增强了数据的一致性。

**3. 具有较高的数据独立性**

所谓数据独立性，是指数据与应用程序之间的彼此独立，它们之间不存在相互依赖的关系。数据更加独立于使用它们的应用程序，应用程序不必随着存储结构的改变而变动，可以适当地改变数据或者使用这些数据的应用程序，而不必改变另一方。还可以很方便地根据新的应用需要开发各种应用程序，便于数据库的使用与维护。

**4. 增强了数据的安全性和完整性**

数据库加入了安全保密机制，保证没有授权的用户不能进入系统或不能访问数据。数据库管理系统提供数据完整性检查机制，避免不合法的数据进入数据库中，确保数据库中数据的正确性、有效性和相容性。另外，数据库系统还采取了一系列数据恢复措施，确保当数据库遭到破坏时能及时恢复。

# 11.4 分布式存储技术

## 11.4.1 分布式存储的概念

传统的网络存储系统采用集中的存储服务器存放所有数据，存储服务器成为系统性能的瓶颈，也是可靠性和安全性的焦点，不能满足大规模存储应用的需要。分布式网络存储系统采用可扩展的系统结构，利用多台存储服务器分担存储负荷，利用位置服务器定位存储信息，它不但提高了系统的可靠性、可用性和存取效率，还易于扩展。

与目前常见的集中式存储技术不同，分布式存储技术并不是将数据存储在某个特定的节点上，而是采用将数据分布存储在多个节点上，每个节点上都存储有本地的数据，各节点之间通过通信网络连接，使得任何节点的用户都可以访问网络上的其他节点的数据。分布式存储架构模型如图 11-9 所示。

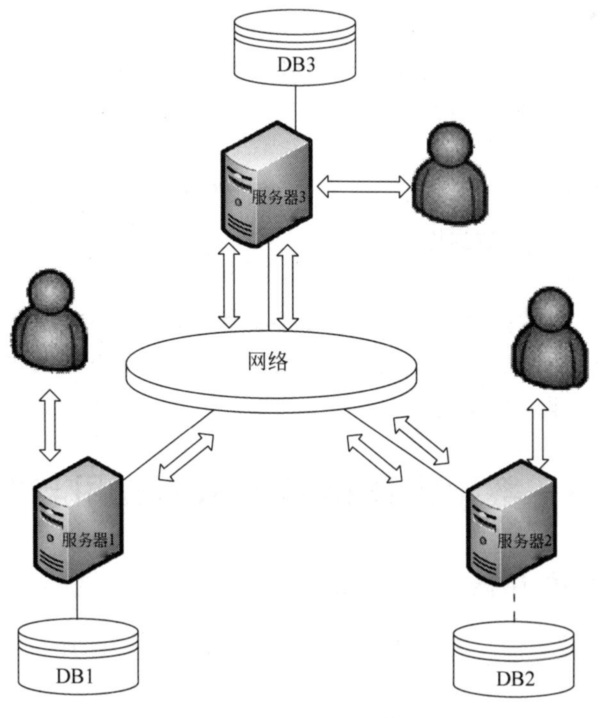


图 11-9 分布式存储架构模型

分布式存储技术可以看成是各个节点上的各个 DBMS 之间的一种合作关系。每个节点有其本地“真实”的数据库、用户、DBMS 等，用户可以在其本地节点操作数据，通过所有节点的协同工作，就好像数据存储在本地一样。几种常见的分布式存储技术如下。

**1. 集群存储技术**

随着数据存储量的激增，服务器的负荷越来越大，繁重的数据存储任务严重地降低了服务器的性能。通常，为了提高网络服务的性能，将服务和存储分离，人们发展了集群存储技术。集群文件系统通过连接大量的普通计算机作为存储节点来提供高性能、可扩展的分布式网络存储服务。

**2. 分布式共享存储技术**

随着网络技术的发展，人们的信息交流越来越频繁和迫切，本地文件系统无法满足人们数据共享的需求，于是以文件共享为目的的分布式存储技术应运而生，通过该技术，人们可以方便地交换数据和协同工作。

**3. 面向 Internet 的海量存储技术**

Internet 的发展使数据的异地存储成为可能，这也为存储系统带来了更大的分布性。在 Internet/WAN 中，数据分布的物理距离非常广阔，数据存储的平台种类繁多，为了实现 Internet 范围内数据的访问和共享，人们正努力发展面向 Internet 的海量存储技术，以有效管理分布在广阔范围内和不同平台上的数据。

### 11.4.2 分布式存储技术的特点

分布式存储技术通过网络使用系统中的每台计算机上的磁盘空间，并将这些分散的存储资源构成一个虚拟的存储设备。分布式存储技术具有以下一些特点。

(1) 数据是分布的。

数据分布在计算机网络的不同节点上，而不是集中在一个节点，区别于数据集中存放在服务器上由各用户共享的网络数据库。

(2) 数据是逻辑相关的。

分布在不同节点上的数据逻辑上属于同一数据库系统，数据间存在相互关联，区别于由计算机网络连接的多个独立数据库系统。

(3) 节点的自治性。

每个节点都有自己的计算机软件资源、硬件资源、数据库和数据库管理系统，因而能独立地管理局部数据库。局部数据库中的数据可以供本节点用户存取使用，也可供其他节点上的用户存取使用，提供全局应用。

## 11.5 数字媒体存储技术的应用与发展

### 11.5.1 数字媒体存储技术的应用

数据库的应用领域非常广泛，不管是家庭、公司或大型企业，还是政府部门，都需要使用数据库来存储数据信息。传统数据库中的很大一部分用于商务领域，如证券行业、银行、销售部门、医院、公司或企业单位，以及国家政府部门、国防军工领域、科技发展领域等。下面通过一个实例来了解分布式数据库的应用。

中国铁路客票发售和预定系统是一个典型的分布式数据库应用系统，系统中建立一个全路中心数据库和 23 个地区数据库，如图 11-10 所示。

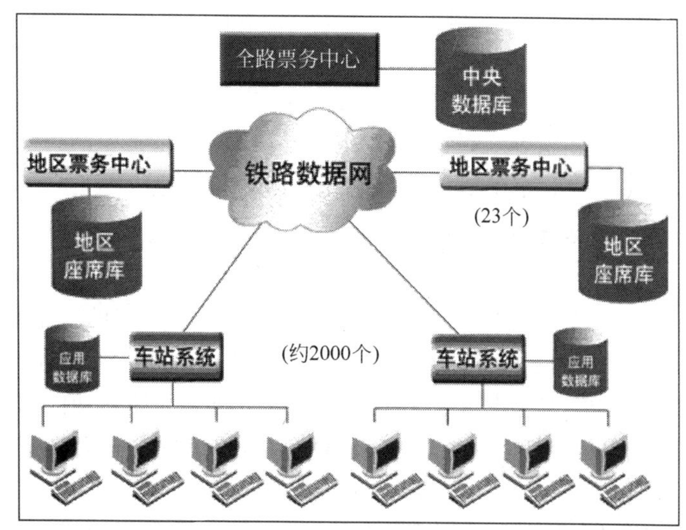


图 11-10　一个典型的分布式数据库应用系统

系统由中央级、地区级和车站级 3 层结构组成，包括全国铁路中心管理系统、地区票务中心管理系统和车站电子售票系统。在全路票务中心内安装中央数据库，这一系统主要用于计划调度全系统的数据，并接收下一系统的统计数据和财务结算数据。在地区票务中心设有地区数据库，它主要用于调度本地区数据，并响应异地购票请求。系统的基础部分是车站售票系统，它主要具有售票、预订、退票、异地售票、统计等多种功能。中国铁路售票发售和预订系统实现了计算机联网售票，以及制票、售票、结算和统计的计算机管理，为铁路客户服务提供了有效的调控手段，标志着中国铁路客户服务已走向现代化。

## 11.5.2　数字媒体存储技术的发展

### 1. 多媒体数据库技术

数据库技术的发展先后经历了层次数据库、网状数据库和关系数据库。层次数据库和网状数据库可以看作是第一代数据库系统，关系数据库可以看作是第二代数据库系统。自 20 世纪 70 年代提出关系模型和关系数据库后，数据库技术得到了蓬勃发展，应用也越来越广泛。但是随着应用的不断深入，占主导地位的关系数据库系统已不能满足新的应用领域的需求。例如，在实际应用中，除了需要处理数字、字符数据的简单应用之外，还需要存储并检索多媒体数据，如声音、图像和视频等。因此就出现了多媒体数据库技术，多媒体数据库主要存储与多媒体相关的数据，多媒体数据最大的特点是数据连续，而且数据量比较大，存储需要的空间较大。

### 2. 基于对象的存储技术

随着计算机和互联网的迅猛发展，网络存储应用出现了一些新特点：数据总量爆炸性增长的趋势越来越快，存储管理和维护的自动化和智能化程度要求越来越高，多平台的互操作性和数据共享能力越来越重要。网络存储正发生着革命性的变化，基于对象的存储应运而生。基于对象的存储将存储接口做了根本性的改变，提出了对象接口，由此克服了块接口与文件接口的缺陷，使得对象存储系统在安全性、数据共享、可扩展性及性能等方面能做到最好的折中。对象接口访问的基本单位是对象，对象除了包含用户数据外，还包含能描述对象特征的属性。通过在用户和设备之间传递对象属性信息，对象接口比其他接口具有更为丰富的语义表达能力。

**3. 云存储技术**

云计算（Cloud Computing）是由分布式计算（Distributed Computing）、并行处理（Parallel Computing）、网格计算（Grid Computing）发展而来的，是一种新兴的商业计算模型。云计算的核心思想是将大量用网络连接的计算资源统一管理和调度，构成一个计算资源池向用户按需服务。云存储是在云计算概念上延伸和发展出来的一个新的概念，是指通过集群应用、网格技术或分布式文件系统等功能，将网络中大量各种不同类型的存储设备通过应用软件集合起来协同工作，共同对外提供数据存储和业务访问功能的一个系统。所以云存储是一个以数据存储和管理为核心的云计算系统，可以用于移动学习海量数据的处理和存储。

信息技术的高速发展，数据和数据库在急剧增长，数据库应用的规模、范围和深度不断扩大，一般的事务处理已不能满足应用的需要，企业界需要在大量信息数据基础上的决策支持，数据仓库技术的兴起满足了这一需求。数据仓库作为决策支持系统的有效解决方案，涉及三方面的技术内容：数据库技术、联机分析处理技术和数据挖掘技术。数据仓库用于数据的存储和组织，联机分析处理集中于数据的分析，数据挖掘则致力于知识的自动发现。

## 练习与思考

**一、选择题**

1. 计算机的内存储器比外存储器（　　）。
   A. 更便宜　　B. 存储容量更大
   C. 存储速度快　　D. 虽贵但能存储更多信息
2. 在微机中，访问速度最快的存储器是（　　）。
   A. 硬盘　　B. 软盘　　C. 光盘　　D. 内存
3. 通常将 CD-ROM 称为（　　）。
   A. 只读辅助存储器　　B. 只读光盘
   C. 紧缩存储的磁盘　　D. 只读光盘驱动器

**二、简答题**

1. 数字媒体存储技术的常用存储设备有哪些？
2. 数字媒体存储的主要技术有哪些？
3. 结合生活中数据库应用的实例，简述数据库技术的主要特点。
4. 简述分布式存储技术的主要特点。
5. 举例说明数字媒体存储技术在现实生活中的应用。

# 参 考 文 献


[1] 杨大全.多媒体计算机技术.北京：机械工业出版社,2007.

[2] 宋清龙,王保成,向炜.计算机组装与维护.北京：高等教育出版社,2006.

[3] 陈国先.计算机组装与维护.北京：电子工业出版社,2006.

[4] 刘瑞新,丁爱萍,李树东.计算机组装与维护教程.第3版.北京：机械工业出版社,2006.

[5] 褚建立,等.计算机组装与维护技能实训教程.第3版.北京：电子工业出版社，2005.

[6] 林福宗,等.多媒体技术基础及应用.第2版.北京：清华大学出版社,2002.

[7] 余雪丽,陈俊杰,等.多媒体技术与应用.北京：科学出版社,2002.

[8] 刘卫国,熊拥军.数据库技术与应用——SQL Server 2005.北京：清华大学出版社,2010.

[9] 宋金玉,陈萍,等.数据库原理与应用.北京：清华大学出版社,2011.

# 第 12 章　数字媒体管理与保护

随着 Internet 的普及和数字化技术的发展，数字媒体作品的管理和保护面临空前的挑战。数据资源的存储和管理，包括文本、音频、图像、动画等多种类型存储和操作。数字媒体具有数据量大、数据结构异构和检索操作困难等问题，其存储和管理通常采用文件系统、扩展的关系数据库、面向对象数据库或超文本结构等方法。数字媒体具有复制简单、扩散容易，而且复制品质量相同，不会产生模拟作品类似的失真问题等。如何对数字作品进行有效的权利管理和保护已经成为十分迫切的重大研究课题。数字版权保护包括数字水印、加密/解密、数字权利描述等关键技术，已被广泛地用于电子书籍、流媒体、图像等媒体对象。本章从存储与保护两个角度介绍数字媒体管理技术，内容间相互关系如下：

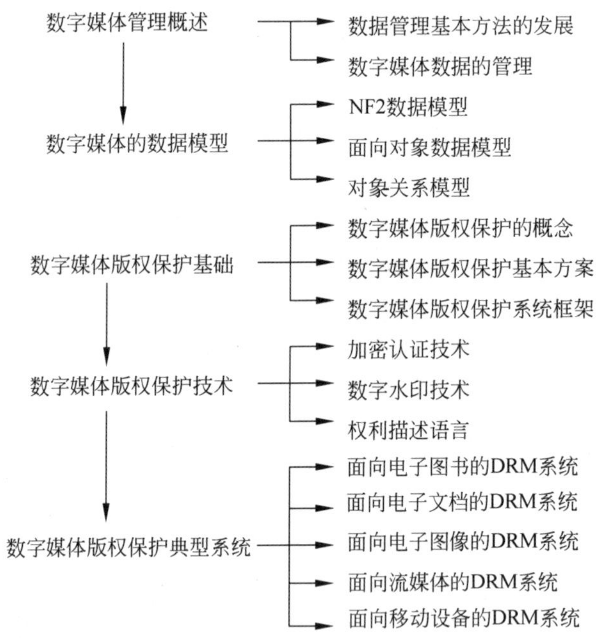


通过本章内容的学习，学习者应能达到以下学习目标。

(1) 了解数字媒体存储管理的基本方法。

(2) 理解数字媒体存储的基本数据模型。

(3) 掌握数字媒体版权保护的基本方案及系统构架。

(4) 了解数字媒体版权保护的核心技术基础。

(5) 了解目前数字媒体版权保护的典型系统。

# 12.1 数字媒体管理概述

## 12.1.1 数据管理方法的发展

数据管理方法随着计算机技术的发展，主要经历了三次重大变化：人工管理、文件系统管理和数据库系统管理。

早期计算机主要用于科学计算，没有直接存取的存储设备，没有软件系统对数据进行管理，当时一组数据对应一个应用程序，数据是面向应用的。此时的数据是人工管理的，无法互相利用，互相参照，所以程序与程序之间有大量的重复数据。

20 世纪 50 年代到 60 年代中期，计算机不仅用于科学计算，还有大量用于数据处理。存储的硬件包括磁盘盒、磁鼓等，操作系统有了管理数据的软件，一般采用文件系统。对数据文件的操作包括查询、修改、插入和删除等。

20 世纪 60 年代后期，计算机用于大规模的数据处理，出现了数据库管理系统。其特点是：面向复杂的数据结构；数据冗余度小、易扩充；具有较高的数据和程序的独立性及统一的数据控制功能。

由于数据库管理系统的出现，它使得信息系统的研制从围绕数据加工的程序中心转变到研制共享数据的数据库管理系统。这样可以大大提高数据的利用率，提高作出决策的可靠性。

## 12.1.2 数字媒体数据的管理

将不同形式的媒体信息，包括文本、图像和视频等组合在应用程序中是应用程序开发者和数据库管理者面临的最大挑战。数字媒体具有数据量大、结构复杂、存储具有分布式等特点，尚未有一种统一的方法用于数据的存储和管理。目前常见的数据管理与存储的方法如下。

**1. 文件系统管理方式**

数字媒体数据资源是以文件的形式在计算机上存储的，利用操作系统的文件管理功能实现存储与管理。Windows 的文件管理器或资源管理器不仅能实现文件的存储管理，而且还可通过文件属性关联，双击鼠标左键实现图文资料的修改和演播。

文件系统方式存储简单。文件系统的树形目录的层次结构能反映数据之间的部分逻辑关系。当数字媒体资料较少时，浏览查询还能接受，但演播的资料格式受到限制，主要原因在于数字媒体资料的数量和种类繁多，查询、修改和编辑等相当困难。所以文件系统管理方式一般只适用于小的项目管理或较特殊的数据对象，所表示的对象及相互之间逻辑关系比较简单，如图片、动画等单一媒体信息。

**2. 扩充关系数据库的方式**

关系数据库是建立在集合代数基础上，应用数学方法来处理数据库中的数据。现实世界中的各种实体以及实体之间的各种联系均用关系模型来表示。关系模型是由 IBM 公司的埃德加·科德于 1970 年首先提出的。现如今虽然对此模型有一些批评意见，但它还是数据存储的传统标准。标准数据查询语言 SQL 就是一种基于关系数据库的语言，这种语言执行对关系数据库中数据的检索和操作。关系模型由关系数据结构、关系操作集合、关系完整性约束三部分组成。

传统的关系数据模型解决了数据管理的许多问题，但格式化的数据类型不适于表达复杂的多媒体信息，如声音、图像动画等非格式化的数据信息；简单化的关系会破坏媒体实体的复杂联系，丰富的语义性超过了关系模型的表示能力。

目前的主流关系数据库系统对数字媒体的支持有限，通常采用引入新的数据类型，以便存储数字媒体对象字段，大小可以达到 GB。如有的系统采用存储文本信息和任何形式的二进制信息方法存储媒体信息，但不利于检索、查询和编辑。这种媒体信息的处理方法的数据库系统包括 Oracle、Sybase、SQL Server 等。

**3. 面向对象数据库**

关系数据库在事务管理方面获得了巨大的成功。它主要是处理格式化的数据及文本信息。由于数字媒体信息是非格式化的数据，具有对象复杂、存储分散和时空同步等特点，关系数据库尽管非常简单有效，但用其管理媒体资料仍不太尽如人意。

面向对象数据库是指对象的集合、行为、状态和联系等以面向数据模型来定义的。面向对象的方法适合于描述复杂对象。它通过引入封装、继承、对象、类等概念，可以有效地描述各种对象及其内部结构和联系。媒体资料可以抽象为被类型链联结在一起的节点网络，可以自然地用面向对象方法所描述。面向对象数据库的复杂对象管理能力可以对处理非格式媒体数据有益；根据对象的标识符的导航存取能力有利于对相关信息的快速存取；封装和面向对象编程概念又为高效软件的开发提供了支持。面向对象数据库方法是将面向对象程序设计语言与数据库技术有机地结合起来，是开发多媒体数据库系统的主要方向。

由于面向对象概念在各个领域中尚未有一个统一的标准，而且面向对象模型并非完全适合于多媒体数据库，因此用面向对象数据库直接管理多媒体资料尚未达到实用水平。

**4. 超文本(或超媒体)**

超媒体的思想来源于超文本。超文本技术是计算机出现以前就已经存在的，是一种对文本的非线性结构化技术。超文本技术思想能很方便地在互联网和计算机得以实现。超媒体技术是媒体技术与超文本结构化技术的融合，是以超文本的思想实现对媒体数据的存储、管理和检索等。

超媒体是由节点和表达节点之间联系的链组成的有向图。节点是表达信息的基本单位，一个节点可以是文本、图形、图像、音频、视频、动画，也可以是一段程序，其大小视需要而定。把建立节点之间信息联系的指针称为链，其定义了超媒体的结构，提供浏览、查询节点的能力。超媒体技术采用非线性的网状结构。这种非线性技术可以按照人脑的联想思维方式把相关信息联系起来。

## 12.2 媒体存储数据模型

数据模型是数据库管理系统中用于提供数据表示和操作手段的形式，是对现实世界中的具体事物的抽象与表示，是由若干概念构成的集合。数据模型通常由数据结构、数据操作和完整性约束 3 个部分组成，也称为数据模型三要素。

数据结构是数据库系统静态特性的描述，是所研究的对象类型的集合。这些对象是数据库的组成部分。对象一般分为两大类：一类是与数据类型、内容、性质有关的对象；另一类是与数据之间关联有关的对象。根据数据结构的类型不同，数据库结构通常分为层次模型、网状模型、关系模型和面向对象模型。

数据操作是对数据库系统动态特性的描述。对数据库的操作主要有两类：检索和更新（包括插入、删除、替换、修改等）。数据模型要定义这些操作的确切含义、操作符号、操作规则及实现操作的语言。

数据的约束条件是实现数据库完整性规则的集合。所谓完整性，是指给定的数据模型中数据及它们之间的关联所具有的制约和依存规则，用以限定符合数据模型的数据库状态以及状态的变化，以保证数据库数据的正确、有效、相容和一致。数据模型应该提供定义数据完整性约束条件的机制，以反映数据必须遵守的特定的语义约束条件。

传统数据库的数据模型先后经历了网状模型、层次模型、关系模型和面向对象模型等阶段。其中关系模型因为有完整的理论基础，取代了网状模型和层次模型，在实际应用中居于主导地位。

与传统数据相比，媒体数据对数据模型提出了更高的要求。媒体数据模型能够有效地抽象及表示媒体数据库的静态及动态特征。静态特征包括媒体对象的构成、属性、内容及媒体对象间的约束关系等。而动态特征包括对媒体对象的各种形式的操作、用户交互、媒体对象间的消息传递等。在选择具体数据模型时，要考虑具体应用的要求，如为了支持媒体数据的实时写操作，应强调数据模型的简洁性及灵活性等。由于交互性是媒体系统的一个根本特点，因而对交互性的支持也是对媒体数据模型的要求。此外，媒体数据模型还要能够反映多媒体数据库的一致性约束条件等。

如果从不同结构不同层次考虑，媒体数据模型可以分为超媒体模型、时基媒体模型、基于媒体内容模型、文献模型和信息元模型等。如果按模型的性质来分，把关于媒体表现方面模型称为表现模型，关于表现中同步问题的模型称为同步模型。从方法上讲，有 NF2 数据模型、面向对象模型、对象-关系模型等。

以上数据模型可以归纳为两大类：概念模型和表现模型。概念模型描述媒体信息之间的相互关系，即内容与结构的建模，如超文本模型、文献模型及面向对象模型等。表现模型强调表现的描述，提供的是媒体信息独有的表现建模方法，包括时空安排、同步等。通常，概念模型与表现模型总是结合在一起的。

媒体数据库的数据模型对不同的媒体有不同的要求，不同的结构有不同的建模方法。下面主要介绍几种常用的多媒体数据库模型，包括 NF2 数据模型、面向对象模型、对象-关系模型。

### 12.2.1 NF2 数据模型

在传统的关系数据库基本关系理论中，所有的关系数据库中的关系必须满足最低的要求，就是第一范式 NF1——在表中不能有表。由于多媒体数据库中具有各种各样的媒体数据，又要统一地在关系表中对这些媒体数据加以表现和处理，就不能不打破传统的关系数据库中对范式的要求，要允许在表中可以有表，即所谓的 NF2(Non First Normal Form)模型。

NF2 模型是复杂对象模型的一种，复杂对象模型是一种带有实验性质的数据模型，是对关系模型的一种扩展，其目的在于弥补关系模型在抽象能力上的缺陷。

NF2数据模型是在关系数据库中引入抽象数据类型，使得用户能够定义和表示多媒体信息对象，从而在关系模型的基础上通过更一般的扩展来提高关系数据库处理多媒体数据的能力。数据类型定义所必须的数据表示和操作，可以用关系数据库语言也可以用通用的程序语言来记述。实际上这种数据模型还是建立在关系数据库的基础上，这样就可以继承关系数据库的许多成果和方法，比较容易实现。现有的许多关系数据库都是通过对关系树形字段进行说明和扩展，并且在处理这些特殊的字段时自动地与相应的处理过程相联系，就解决了一部分多媒体数据扩展的需求。例如，人事档案增加成员的照片，就要在关系的相应地方增加描述这些照片的属性，在处理时给出显示这些照片的方法和位置。对于大多数关系数据库来说，现在采用的方法都是利用标准的扩展字段，如FoxPro的General字段，Paradox for Windows的动态注释、格式注释、图形和大二进制对象(BLOB)等，对它们的处理也都是采用应用程序处理、专门的新技术(如OLE)等方法。由于这些字段和注释中所描述的数据可以具有一定的格式，可以进行专门的解释，因此就打破了第一范式的限制，也解决了多媒体数据的表示和处理问题。

虽然这种方法可以利用关系数据库特有的优势，继承许多市场上的成果，但它的缺点也是十分明显的。虽然NF2数据模型相对于传统的关系数据模型具有描述更复杂信息结构的能力，但是在定义抽象数据类型、反映多媒体数据各成分间的空间关系、时间关系和媒体对象的处理方法方面仍有困难，建模能力不强。

它没有很好地解决数据对象的标识问题，因而没有办法支持同一对象同时为多个其他的对象所包含，结果造成了数据冗余，并增大了数据维护的难度。

尽管各种复杂对象模型只在一些实验性系统中得到了运用，它们却对下一代数据库系统(即面向对象数据库系统)产生了较大的影响。

### 12.2.2 面向对象数据模型

在软件产业兴起的面向对象技术方法在数据库领域也日益显示出强大的生命力，这其中主要的原因是面向对象数据模型具备了较强的抽象能力，能更好地描述复杂的对象，更好地维护复杂对象的语义信息，满足了多媒体数据库在建模方面的要求。

抽象数据类型、继承和对象标识是面向对象数据模型的3个最为基本的概念。

面向对象数据模型可以将任何一个客观事物(如声音、图片、文字、汽车、树木等)抽象为对象，对象具有状态及行为两方面特征，而由具有相同特征的对象所构成的集合则可用**抽象数据类型**表示。

抽象数据类型可由面向对象编程语言中的类(Class)来实现。一方面，类将数据及相关的各类操作紧密地结合在一起，使之成为一个单一的实体；另一方面，类还可以限制外界所能访问的数据或操作。前一特点被称为封装(Encapsulation)，而后一特点则被称为信息隐藏(Information Hiding)。

**对象标识**是一种使一个对象有别于其他对象的标记，也就是说，不同的对象拥有不同的对象标识。利用对象标识的一个对象可以包含多个对象，同时，也能为多个其他对象所包含。

**继承**是一种在某一类定义的基础之上构造新的类定义的手段。继承使面向对象数据模型具有了归纳/限定的抽象能力，从生成类到基类是一个归纳的过程，从基类到生成类是一个限定的过程。

**多态**是与继承紧密相关的另一个重要的概念，可被用来表示对象在行为方式上的差异。具体来讲，不同的数据对象可以具有某种意义相同的行为，但却有着不同的行为方式，而多态与继承则赋予了面向对象数据模型表示这种现象的能力。

由于抽象数据类型、对象标识、继承及多态等特征使得面向对象数据模型具有了其他数据模型所无法比拟的抽象能力，对多媒体数据具有良好的建模能力，因此这一数据模型被认为是表示多媒体信息的最佳数据模型。

### 12.2.3 对象-关系模型

对象机制对多媒体数据具有良好的建模能力，而关系模型因其成熟、坚实的理论基础得到了广泛的应用。因此，对传统的关系数据库加以扩展，增加面向对象的特性，把面向对象技术与关系数据库相结合，建立对象-关系数据模型，是现阶段实现多媒体数据库系统的有效系统。

基于对象-关系模型的多媒体数据库至少存在以下优点：

(1) 实现代价小。关系数据库的内核和成熟的关系理论，均可被多媒体数据库的实现者使用。

(2) 目前的关系数据库系统产品多、应用面广，新开发的多媒体数据库系统必须能以“引擎”的开放方式与现有数据库系统结合，对象-关系型数据库在这方面有得天独厚的优势。

(3) 对象-关系型数据库支持面向对象特性、支持复杂对象和复杂对象的复杂行为，帮助关系数据库管理人员处理新型的多媒体数据类型，同时不牺牲关系模型的强大特性。

对象-关系模型支持多媒体数据库主要体现在以下几个方面：

(1) 大型对象。多媒体数据应用存储对象的最重要特性之一是其绝对尺寸。如果用常规方法处理，视频剪辑和其他大型对象将会占用几乎所有的资源，包括缓冲区和日志记录，从而会大大降低系统性能。虽然许多数据库系统都可以存储大型对象，但必须提供特殊的方法，以提高大型对象应用的性能和尽量减少大型对象对系统资源的冲击。

(2) 用户自定义类型和函数。对象-关系型数据库系统允许客户定义新的数据类型和操作。当与大对象结合时，用户定义类型和用户定义函数工具能使客户表示具有自己内部结构的复杂的多媒体数据。

① 用户定义类型。在系统提供的数据类型的基础上客户能定义新的数据类型，但这些新的数据类型与其基础类型相比，具有不同的却能被数据库管理系统理解并能实施正确操作的语义。例如，一个客户能从整型中定义雇员编号的数据类型，它允许对雇员编号进行比较操作，但不允许两个雇员编号相同。

用户定义类型工具为实际应用提供了重要的完整性机制，减少了产生误解结果的可能。而且对象-关系模型的用户定义类型工具是基于强类型概念的，从而确保了一个为新类型明确定义的函数和操作仅仅能够在那个类型之上被执行。

② 用户定义函数。像用户定义类型一样。用户定义函数能使用户用许多途径来扩展数据库管理系统。用户可以为用户定义类型定义新的操作，为操作不同媒体类型的数据提供了方便。这些函数可以像系统提供的 SQL 函数一样使用。

用户定义函数可以用高级语言编写，并且能通过一种新的数据定义语言的语句将其注册到对象-关系型数据库系统中。以这种方式，新的线程能被链接到对象-关系型数据库系统中，这能大量节省代码和测试时间。同时用户定义函数支持重载的概念。

(3) 活性数据。对象-关系模型中活性数据可以分为两类：约束和触发器。约束是一些系统自动执行的声明性语句；触发器是一些自动操作，当探测到一定的事件或条件时，这些操作就会被自动激活。活性数据特性对于保护数据完整性、处理异常条件、产生遗失数据和维护数据库变化的审计跟踪非常有用。系统要执行的规则通过活性数据在数据库中定义而不是在每个应用中定义，避免了冗余和不一致性，简化了应用开发者的任务。

大型对象、用户定义类型和函数、约束和触发器构成了对象-关系型数据库系统所提供的对象底层结构，这个底层结构是对象-关系模型的基础。通常，新的数据类型被定义作为以一个或多个用户定义类型，对该数据类型的操作被定义成多个用户定义函数，允许所有的扩展数据类型被作为对 SQL 语言的扩展来使用。触发器和约束用于提供约束或保持内部数据结构。这些对应用程序来说是透明的。

# 12.3 数字媒体版权保护概念框架

## 12.3.1 数字媒体版权保护的概念

数字媒体版权保护经历了两个阶段：传统的数字媒体版权保护、数字版权保护。传统的数字媒体版权保护是将整个数字媒体内容加密封装，封装后的档案无法被浏览软件所开启。消费者只能借由其他的文字描述来了解此数字媒体内容。这种方法虽然保护了原创者的知识产权，却也阻止了数字媒体内容的广泛传播。数字版权保护(Digital Rights Management，DRM)是一种提供可行的知识产权解决方案与合理使用这些数字媒体内容的新兴研究。

数字版权保护是对有形和无形资产版权和版权所有者关系的定义、辨别、交易、保护、监控和跟踪的手段。数字版权保护是指对数字化信息产品(如图书、音乐、图像、录像、多媒体文件等)在网络中交易、传输和利用时所涉及的各方权利进行定义、描述、保护和监控的整体机制。数字版权保护技术通过对数字内容进行加密和附加使用规则对数字内容进行保护，其中，使用规则可以断定用户是否符合播放数字内容的条件。

MPEG 从 1997 年开始征集有关 DRM 方面的技术提案。MPEG 规范中给予 DRM 的术语是“知识产权管理与保护”(Intellectual Property Management and Protection，IPMP)。MPEG 关于 DRM 的研究工作涵盖了目前的 MPEG-2、MPEG-4、MPEG-7、MPEG-21。目前，版权持有者的机构在推动 DRM 的研究工作中扮演了重要角色，并且已经提出了很好的解决方案。这些方案的目标是实现互操作(Interoperability)，包括两个方面：从厂商的角度而言，要确保来自不同厂商的模块可以通过清晰的接口协议集成到一个产品中；从消费者的角度来看，就是要保证不同来源的内容在不同制造商的播放器上都能播放。

**DRM 基本信息模型**主要包括 3 个核心实体：用户(User)、内容(Content)、权利(Rights)。用户实体可以是权利拥有者(Rights Holder)，也可以是最终消费者(End-Consumer)；内容实体可以是任何类型和聚合层次的，而权利实体则是用户和内容之间的许可（Permission）、限制（Restriction）、义务(Obligation)关系的表示方式，如图 12-1 所示。

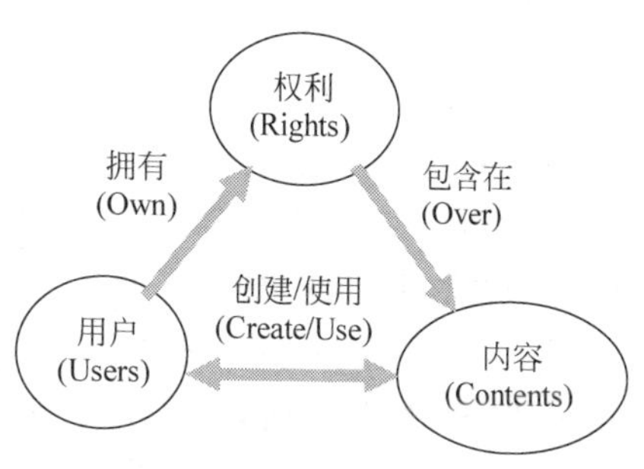

图 12-1　DRM 的基本信息模型

图 12-1 中的箭头表示用户创建了内容并对其拥有权利，内容再提供给其他用户，由其按照所拥有的权利来使用。此模型灵活且可扩展，基本上描述了 DRM 系统所具备的要素。有了这 3 个核心实体，就可以在此基础上构建更多更复杂的实体。在开放无线联盟(Open Mobile Alliance，OMA)里把内容称为资产(Asset)，包括物理和数字内容；把用户称为参与者(Parties)，可以是人、组织及定义的角色。而在 MPEG-21 里把内容称为资源(Resource)，可以是数字作品、服务，或者一段主角拥有的信息；把用户称为主体(Principal)，用以标识被授予权利的人、组织或者设备等实体。

### 12.3.2　数字媒体版权保护的基本方案

DRM 系统为资源提供了永久性保护措施，以阻止非授权的访问或授权的有限访问。它被灵活地用于管理不同资源(如音乐、视频、电子书等)在不同的使用平台上(如个人计算机、移动设备、移动电话等)的使用权利。DRM 的一个核心概念是许可证，它是一个基于使用规则的数字文件用于将一定的权利授予给购买相应权利的用户。这些规则总是与一定的商业模式结合如租借、订阅、尝试后购买、即付即用等。被保护内容可以通过客户/服务器传输，可以任意发布如数字广播、光盘等。通常被保护的内容和许可证是分开存储的，这使得 DRM 系统的设计更灵活。

DRM 起源于 20 世纪 90 年代中期欧洲委员会资助的 Imprimatur 项目(1995—1998)的部分成果，包括数字内容传播商业模式的开发和版权保护信息(Rights Management Information，RMI)以及水印的分析，最初应用于娱乐、音乐等商业领域。

目前，数字版权的保护和管理方案大多基于加密认证或数字水印两种技术。这两种技术具有各自的特点和优势，表 12-1 是对两种技术的比较。

**表 12-1　加密认证技术与数字水印技术的比较**

| 加密认证技术 | 数字水印技术 |
|---|---|
| 对内容访问的控制 | 对隐藏内容的检测和跟踪 |
| 一般与内容无关 | 一般与内容有关 |
| 终端需要显示的解密过程 | 终端无须显示的解密过程 |
| 攻击的方法主要通过各种信号处理方式，从而使隐藏内容失效 | 攻击方法主要是通过破解密钥 |
| 可以抗数/模、模/数转换 | 一旦数/模转换即失去保护 |
| 系统的安全性一般与终端设备无关 | 系统的安全性绝大程度上依赖于终端的安全性 |

#### 1. 基于加密认证技术的基本方案

在使用加密认证技术的 DRM 系统方案中，数字内容总是以加密形式进行传播，内容提供商可以随心所欲地自定义加密的方式，无论这些内容是文本文档、视频音频、图像还是其他多媒体文件，用户必须通过相应的认证，得到内容提供商或拥有者的授权许可之后，才可以访问加密内容。这些授权许可可以细化到是否允许用户复制、打印甚至复制或打印的次数、时间限制。以文本内容为例，有些用户只能看到内容，却不能把这些内容打印出来；有些用户只能在限制的时间内(如 3 分钟、10 天、半年)看到内容；有些用户只能打印限定的文件数量。加密数字内容被解密以后，就变成不再受保护，也不携带任何版权信息。当其被非法传播给非授权用户时，几乎不可能追踪传播非法复制数字内容的人或传播途径。

**2. 基于数字水印技术的基本方案**

为了解决加密认证技术存在的问题，一些 DRM 系统采用数字水印技术。水印技术的思想是当数字内容质量没有明显降低时，可对盗用数字产品版权的行为提供足够的证据，技术关键是使其他人不能消除加入的水印。水印可以是可见的，也可以是隐形的。它能给某个作品打上内容的拥有者和用户独有的印记，既声明了版权所有，又可以防止用户非法传播和复制。目前数字水印技术还不成熟，大多数 DRM 系统都采用基于加密认证技术的解决方案。

另外，还有基于加密认证技术和数字水印技术两者相结合的方案。上面两种解决方案所涉及的主要核心技术将在后面做详细的讲解，在此不一一赘述。

市场上已经存在众多的 DRM 系统，根据保护的对象可以做如下的分类。

针对网上音乐、视频的下载和流媒体播放的 DRM 解决方案主要有 Microsoft 发布的 Windows Media DRM、Real Networks 发布的 Helix DRM、Apple 的 iTunes 及 IBM 的 EMMS 等。

对于电子书的 DRM 技术国外有 Microsoft DAS、Adobe Content Server 等，国内的电子书 DRM 系统有方正 Apabi 数字版权保护技术、书生的 SEP 技术、超星的 PDG 等。

针对手机上内容转发控制的 DRM 标准目前主要为 OMA 组织的 OMA DRM 标准。

### 12.3.3 数字媒体版权保护系统框架

DRM 是一个系统概念，涉及商业运营模式、法律制度、社会文化习惯和技术体系等多方面内容。如图 12-2 是 DRM 的总体框架。

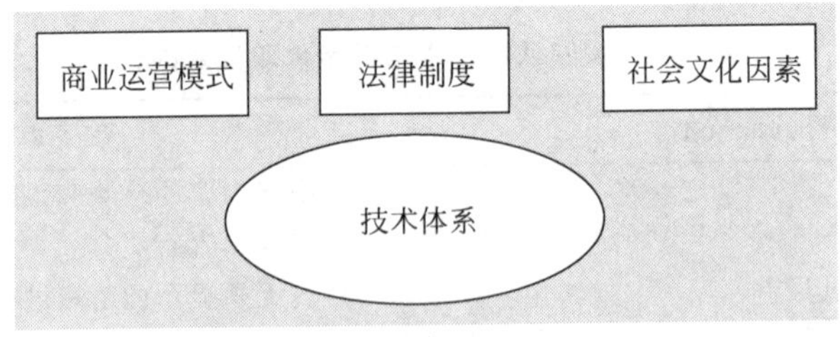


图 12-2　DRM 总体框架

DRM 系统根据不同的标准可以划分成不同的类别。如依据保护对象的不同可以分为针对软件的 DRM 和针对电子书、流媒体等一般数字内容的 DRM；依据有无使用特殊硬件可以分为基于硬件的 DRM 和纯软件的 DRM；依据采用的安全技术可以分为基于密码技术的 DRM、基于数字水印技术的 DRM、密码技术和数字水印技术相结合的 DRM。虽然不同的 DRM 系统在所侧重的保护对象、支持的商业模式和采用的技术方面不尽相同，但是它们的核心思想是相同的，即通过使用数字许可证来保护数字内容的版权，用户得到数字内容后，必须获得相应的许可证才可以使用该内容。DRM 的典型系统架构如图 12-3 所示。

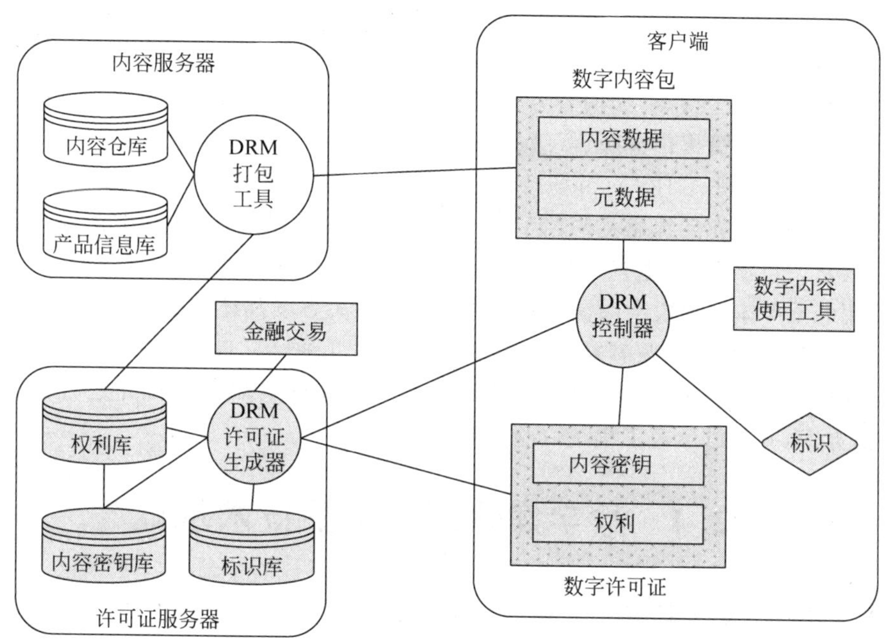


图 12-3　DRM 典型体系架构图

DRM 典型系统主要包括 3 个主要模块：内容服务器(Content Server)、许可证服务器(License Server)和客户端(Client)。

内容服务器通常包括存储数字内容的内容仓库、存储产品信息的产品信息库和对数字内容进行安全处理的 DRM 打包工具。该模块主要实现对数字内容的加密、插入数字水印等处理并将处理结果和内容标识元数据等信息一起打包成可以分发销售的数字内容。另一个重要的功能就是创建数字内容的使用权利，数字内容密钥和使用权利信息发送给许可证服务器。

许可证服务器包含权利库、内容密钥库、用户身份标识库和 DRM 许可证生成器，经常由一个可信的第三方负责。该模块主要用来生成并分发数字许可证，还可以实现用户身份认证、触发支付等金融交易事务。数字许可证是一个包含数字内容使用权利(包括使用权利、使用次数、使用期限和使用条件等)、许可证颁发者及其拥有者信息的计算机文件，用来描述数字内容授权信息，由权利描述语言描述，大多数 DRM 系统中，数字内容本身经过加密处理。因此，数字许可证通常还包含数字内容解密密钥等信息。

客户端主要包含 DRM 控制器和数字内容使用工具。DRM 控制器负责收集用户身份标识等信息，控制数字内容的使用。如果没有许可证。DRM 控制器还负责向许可证服务器申请许可证。数字内容使用工具主要用来辅助用户使用数字内容。

当前大部分 DRM 系统都是基于该参考结构的，通常情况下，DRM 系统还包括数字媒体内容分发服务器和在线交易平台。数字媒体内容分发服务器存放打包后的数字媒体内容，负责数字媒体内容的分发。在线交易平台直接面向用户，通常作为用户和数字媒体内容分发服务器、许可证服务器以及金融清算中心的桥梁和纽带，用户本身只与在线交易平台交互。

现在 DRM 的应用仍然处于起步阶段，目前采用 DRM 比较多的是销售电子书籍、音乐的网站。国内大量出现的付费看电影、电视连续剧的网站，很多是个人建设的。这些网站具备了 DRM 系统的一些特点，如内容管理、安全性、付费系统等。但这些不是真正 DRM 系统，相反，这些网站大量提供盗版、低级的内容服务。国家广播电影电视总局与电信运营商采用 DRM 系统及早进入 IPTV 市场已是迫在眉睫的事情。

国外的一些组织先后提出 OMA、ISMA、DMP 等解决方案，但是其中都隐藏着高昂的知识产权权益。目前，国内也有一些组织提出了自己的解决方案，包括 ChinaDRM 以及已经广泛采用的 CA 体制的数字保护技术。然而这些解决方案都还不能支持大规模灵活的业务发展，并还有很多其他问题需要解决，因此需要在对几种已有自主知识产权的 DRM 解决方案充分评价的基础上进行深入细致的研究，提出具有自主知识产权并适合我国国情的 DRM 解决方案，并通过示范工程予以验证和推广。

## 12.4 数字媒体版权保护技术基础

### 12.4.1 加密认证技术

首先需要区分加密和身份认证这两个基本概念。

加密是将数据资料加密，使得非法用户即使取得加密过的资料，也无法获取正确的资料内容，所以数据加密可以保护数据，防止监听攻击。其重点在于数据的安全性。身份认证是用来判断某个身份的真实性，确认身份后，系统才可以依不同的身份给予不同的权利。其重点在于用户的真实性。两者的侧重点是不同的。

**1. 加密**

所谓加密，是对可读明文(Plaintext 或 Cleartext)经过一定的算法变换，使之在逆变换之前，无法以阅读或其他方式进行使用的过程，即加密是一种对信息进行数学域上的变换，使得信息对潜在的偷窥者来说只是一段无意义的符号。对数字化作品进行加密，是实施版权保护的基础和起点。图 12-4 是数据加密与解密的过程。

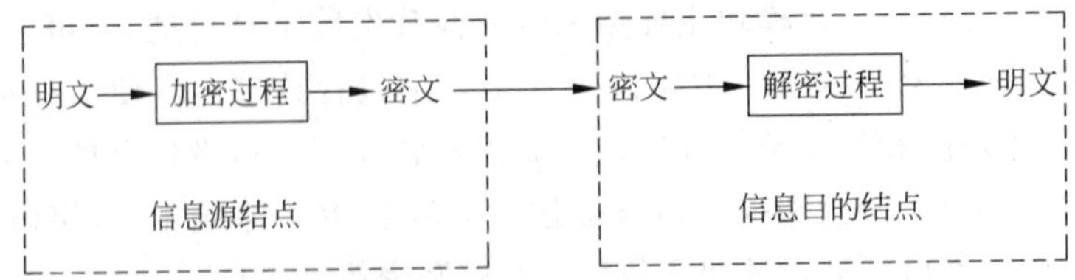


图 12-4　数据加密与解密过程

常用的密码算法主要分为对称(Symmetric)密码算法(也称为单钥密码算法、秘密密钥密码算法)和非对称(Asymmetric)密码算法(也称为公开密钥密码算法、双钥密码算法)，除此之外，密码学中还较多使用散列(Hash)函数作为辅助的加密算法。对称密钥加密中加密和解密密钥相同，如图 12-5 所示；非对称加密中加密和解密密钥不一样。对称加密技术的缺点在于：双方必须事先商量好密码，而这样通常又不能通过网络即时进行，否则容易被中间攻击者截获，从而失去密码的作用。同时，对一个网络团体，互相之间进行保密通信所需的密钥数量呈幂级增长，$n$ 个站点的保密网络需 $n(n-1)$ 个密钥，密钥管理十分不便。非对称加密需要一对密钥，即公钥和私钥，其加密过程如图 12-6 所示。

DRM 的内容保护主要是通过媒体内容进行加密实现的，加密的内容只有持有密钥的用户此可以解密，而密钥可以通过颁发内容许可证的方式来分发。

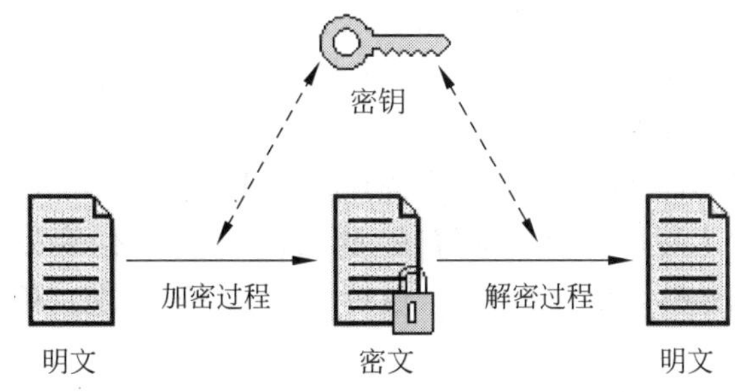


图 12-5　对称加密过程

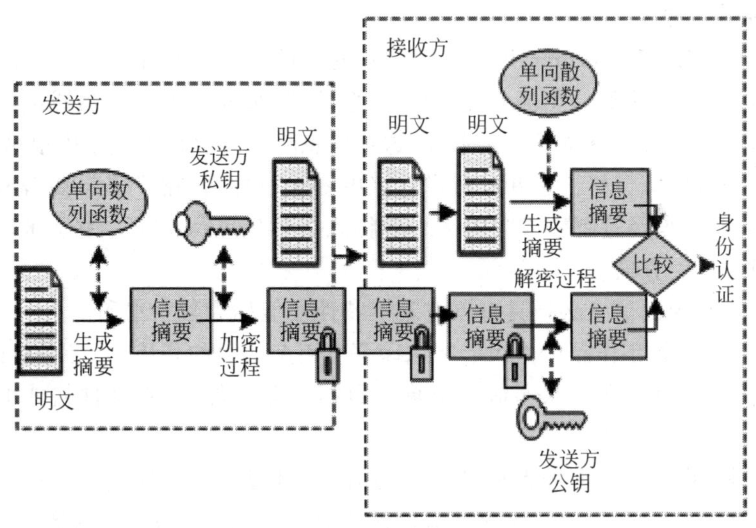


图 12-6　非对称加密过程

**2. 身份认证**

认证是计算机系统中对用户、设备或其他实体进行确认、核实身份的过程，是通过身份的某种简易格式指示器进行匹配来完成的，例如在登记和注册用户的时候事先商量好的共享秘密信息，这样做的目的是在计算和通信的各方之间建立一种信任关系。认证包括机器间认证(Machine Authentication)和机器对人的认证，后者也称为用户认证(User Authentication)。

目前的网络安全解决方案中，多采用两种认证形式，一种是第三方认证，另一种是直接认证。基于公开密钥框架结构的交换认证和认证的管理，是将网络用于电子政务、电子业务和电子商务的基本安全保障。它通过对受信用户颁发数字证书并且联网相互验证的方式，实现了对用户身份真实性的确认。

除了用户数字证书方案外，网络上的用户身份认证还有针对用户账户名＋静态密码在使用过程中的脆弱性推出的动态密码认证系统，以及近年来正在迅速发展的各种利用人体生理特征研制的生物电子认证方法。另外，为了解决网络通信中信息的完整性和不可否认性，人们还使用了数字签名技术。

身份认证可以通过3种基本途径之一或它们的组合实现。

所知(Knowledge)：个人所掌握的密码、口令。

所有(Possesses)：个人身份证、护照、信用卡、钥匙。

个人特征(Characteristics)：人的指纹、声纹、笔迹、手型、脸型、血型、视网膜、虹膜、DNA，以及个人动作方面的特征。

新的、广义的生物统计学是利用个人所特有的生理特征来设计的。

目前人们研究的个人特征主要包括容貌、肤色、发质、身材、姿势、手印、指纹、脚印、唇印、颅相、口音、脚步声、体味、视网膜、血型、遗传因子、笔迹、习惯性签字、打字韵律，以及在外界刺激下的反应等。

## 12.4.2 数字水印技术

**1. 数字水印的定义**

数字水印(Digital Watermarking)是用信号处理的方法在被保护的数字对象嵌入一段有意义的隐蔽的信息(这些信息通常是不可见的，只有通过专用的检测器或阅读器才能提取)，如序列号、公司标志、有意义的文本等，这些信息将始终存在于数据中很难去除，可以用来证明版权归属或跟踪侵权。它并没有对数字内容进行加密，用户不需要解密内容就可以查看。不像加密，数据经过解密成为明文之后将无法再提供保护了。数字水印是信息隐藏技术的一个重要研究方向。

嵌入数字作品中的信息必须具有以下基本特性才能称为数字水印。

(1) 隐蔽性：在数字作品中嵌入数字水印不会引起明显的降质，并且不易被察觉。

(2) 隐藏位置的安全性：水印信息隐藏于数据而非文件头中，文件格式的变换不应导致水印数据的丢失。

(3) 鲁棒性：指在经历多种无意或有意的信号处理过程后，数字水印仍能保持完整性或仍能被准确鉴别。可能的信号处理过程包括信道噪声、滤波、数模与模数转换、重采样、剪切、位移、尺度变化以及有损压缩编码等。

在数字水印技术中，水印的数据量和鲁棒性构成了一对基本矛盾。从主观上讲，理想的水印算法应该既能隐藏大量数据，又可以抗各种信道噪声和信号变形。然而在实际中，这两个指标往往不能同时实现，不过这并不会影响数字水印技术的应用，因为实际应用一般只偏重其中的一个方面。如果是为了隐蔽通信，数据量显然是最重要的，由于通信方式极为隐蔽，遭遇敌方篡改攻击的可能性很小，因而对鲁棒性要求不高。但对保证数据安全来说，情况恰恰相反，各种保密的数据随时面临着被盗取和篡改的危险，所以鲁棒性是十分重要的，此时，隐藏数据量的要求居于次要地位。

**2. 数字水印技术的分类**

数字水印技术可以从不同的角度进行划分。

1）按特性划分

按水印的特性可以将数字水印分为鲁棒数字水印和脆弱数字水印两类。鲁棒数字水印主要用于在数字作品中标识著作权信息，如作者、作品序号等，它要求嵌入的水印能够经受各种常用的编辑处理；脆弱数字水印主要用于完整性保护，与鲁棒水印的要求相反，脆弱水印必须对信号的改动很敏感，人们根据脆弱水印的状态就可以判断数据是否被篡改过。

2）按水印所附载的媒体划分

按水印所附载的媒体，数字水印划分为图像水印、音频水印、视频水印、文本水印以及用于三维网格模型的网格水印等。随着数字技术的发展，会有更多种类的数字媒体出现，同时也会产生相应的水印技术。

3）按检测过程划分

按水印的检测过程可以将数字水印划分为明文水印和盲水印。明文水印在检测过程中需要原始数据，而盲水印的检测只需要密钥，不需要原始数据。一般来说，明文水印的鲁棒性比较强，但其应用受到存储成本的限制。目前学术界研究的数字水印大多数是盲水印。

4）按内容划分

按数字水印的内容可以将水印划分为有意义水印和无意义水印。有意义水印是指水印本身也是某个数字图像（如商标图像）或数字音频片段的编码；无意义水印则只对应于一个序列号。有意义水印的优势在于，如果由于受到攻击或其他原因致使解码后的水印破损，人们仍然可以通过视觉观察确认是否有水印。但对于无意义水印来说，如果解码后的水印序列有若干码元错误，则只能通过统计决策来确定信号中是否含有水印。

5）按用途划分

不同的应用需求造就了不同的水印技术。按用途划分，数字水印划分为票据防伪水印、版权保护水印、篡改提示水印和隐蔽标识水印。

票据防伪水印是一类比较特殊的水印，主要用于打印票据和电子票据的防伪。一般来说，伪币的制造者不可能对票据图像进行过多的修改，所以诸如尺度变换等信号编辑操作是不用考虑的。但另一方面，人们必须考虑票据破损、图案模糊等情形，而且考虑到快速检测的要求，用于票据防伪的数字水印算法不能太复杂。

版权标识水印是目前研究最多的一类数字水印。数字作品既是商品又是知识作品，这种双重性决定了版权标识水印主要强调隐蔽性和鲁棒性，而对数据量的要求相对较小。

篡改提示水印是一种脆弱水印，其目的是标识宿主信号的完整性和真实性。

隐蔽标识水印的目的是将保密数据的重要标注隐藏起来，限制非法用户对保密数据的使用。

6）按水印隐藏的位置划分

按数字水印的隐藏位置，可以将其划分为时（空）域数字水印、频域数字水印、时域/频域数字水印和时间/尺度域数字水印。

时（空）域数字水印是直接在信号空间上叠加水印信息，而频域数字水印、时域/频域数字水印和时间/尺度域数字水印则分别是在 DCT 变换域、时/频变换域和小波变换域上隐藏水印。

随着数字水印技术的发展，各种水印算法层出不穷，水印的隐藏位置也不再局限于上述 4 种。应该说，只要构成一种信号变换，就有可能在其变换空间上隐藏水印。

**3. 数字水印的应用前景**

1）数字作品的知识产权保护

数字作品(如计算机美术、扫描图像、数字音乐、视频、三维动画)的版权保护是当前的热点问题。由于数字作品的复制、修改非常容易，而且可以做到与原作完全相同，所以原创者不得不采用一些严重损害作品质量的办法来加上版权标志，而这种明显可见的标志很容易被篡改。“数字水印”利用数据隐藏原理使版权标志不可见或不可听，既不损害原作品，又达到了版权保护的目的。目前，用于版权保护的数字水印技术已经进入了初步实用化阶段，IBM公司在其“数字图书馆”软件中就提供了数字水印功能，Adobe公司也在其著名的Photoshop软件中集成了Digimarc公司的数字水印插件。目前市场上的数字水印产品在技术上还不成熟，很容易被破坏或破解，距离真正的实用还有很长的路要走。

2）商务交易中的票据防伪

随着高质量图像输入输出设备的发展，特别是精度超过1200dpi的彩色喷墨、激光打印机和高精度彩色复印机的出现，使得货币、支票以及其他票据的伪造变得更加容易。

据美国官方报道，仅在1997年截获的价值4000万美元的假钞中，用高精度彩色打印机制造的小面额假钞就占19%，这个数字是1995年的9.05倍。目前，美国、日本以及荷兰都已开始研究用于票据防伪的数字水印技术。其中麻省理工学院媒体实验室受美国财政部委托，已经开始研究在彩色打印机、复印机输出的每幅图像中加入唯一的、不可见的数字水印，在需要时可以实时地从扫描票据中判断水印的有无，快速辨识真伪。

另一方面，在从传统商务向电子商务转化的过程中，会出现大量过度性的电子文件，如各种纸质票据的扫描图像等。即使在网络安全技术成熟以后，各种电子票据也还需要一些非密码的认证方式。数字水印技术可以为各种票据提供不可见的认证标志，从而大大增加了伪造的难度。

3）声像数据的隐藏标识和篡改提示

数据的标识信息往往比数据本身更具有保密价值，如遥感图像的拍摄日期、经/纬度等。没有标识信息的数据有时甚至无法使用，但直接将这些重要信息标记在原始文件上又很危险。数字水印技术提供了一种隐藏标识的方法，标识信息在原始文件上是看不到的，只有通过特殊的阅读程序才可以读取。这种方法已经被国外一些公开的遥感图像数据库所采用。

此外，数据的篡改提示也是一项很重要的工作。现有的信号拼接和镶嵌技术可以做到“移花接木”而不为人知，因此，如何防范对图像、录音、录像数据的篡改攻击是重要的研究课题。基于数字水印的篡改提示是解决这一问题的理想技术途径，通过隐藏水印的状态可以判断声像信号是否被篡改。

4）隐蔽通信及其对抗

数字水印所依赖的信息隐藏技术不仅提供了非密码的安全途径，更引发了信息战尤其是网络情报战的革命，产生了一系列新颖的作战方式，引起了许多国家的重视。

网络情报战是信息战的重要组成部分，其核心内容是利用公用网络进行保密数据传送。迄今为止，学术界在这方面的研究思路一直未能突破“文件加密”的思维模式，然而，经过加密的文件往往是混乱无序的，容易引起攻击者的注意。网络多媒体技术的广泛应用使得利用公用网络进行保密通信有了新的思路，利用数字化声像信号相对于人的视觉、听觉冗余，可以进行各种时(空)域和变换域的信息隐藏，从而实现隐蔽通信。

## 12.4.3 权利描述语言

对于数字权利管理来说，其中关键概念是“权利”，包括版权拥有者的权利、发布者的权利、终端用户的权利等。如何对各种各样的权利进行描述是数字权利管理研究中的一个很重要的问题。为了能够描述权利，数字权利管理引入了权利描述语言(Rights Expression Language，REL)。数字权利描述语言用以指定给予用户(以及中间层实体，如发行商或图书馆)的许可集，以及可以行使这些许可的条件与义务。也就是说，数字权利描述语言准确定义和描述了谁拥有什么数字信息产品的什么权利、按照什么协议和交易方式将哪些权利在什么范围授予给谁。这些信息必须用标准的、开放的和计算机可识别的方式描述和标记，DRM 系统才可能自动进行相应的记录、识别、解析和解释，并据此进行权利控制。

权利描述语言是权利拥有者和终端用户之间的文档、提案和协议，提供了许可、发布、访问和使用资源的权利。它定义了用于权利履行的协议中的参与各方和概念；表达了共享 DRM 的团体的潜在商业模型。它采用数据字典和标准的语法来为权利事务提供可互操作的、逻辑一致的、语义精确的文档；它应该是人和机器均可理解的。

现在可称为 DREL 主要有 XrML(Extensible Rights Markup Language，可扩展权利标记语言)、ODRL(Open Digital Right Language，开放的数字权利语言)、MPEG-21 REL (MPEG-21 的第五部分)、OMA(Open Mobile Alliance)DRM-REL、OeBF(Open e-Book Forum)REL。

最基本的 REL 有两个 ODRL 和 XrML。MPEG-21 REL 以 XrML 为基础，OMA REL 以 ODRL 为基础，OeBF REL 以 MPEG-21 REL 为基础。由于 MPEG-21 REL 以 XrML 为基础，已经成为国际标准，ContenGuard 公司不再负责发展 XrML，所以可以说 ODRL 和 MPEG-21 REL 是两个最基本的标准。下面就对这两个标准的概念和模型进行介绍。

**1. MPEG-21 REL**

MPEG-21 REL 是从 XrML 派生出来的基于 XML 的权利描述语言。MPEG-21 REL 的设计目的是提供一种可扩展的、可互操作的机制来支持数字媒体的出版、发行和消费。它在保护数字内容的同时也考虑到权利、条件和对数字内容所支付的费用。标准的 REL 必须保证不同系统和服务间的互操作性、一致性和可靠性。为了达到这个目的，它提供了丰富的、可扩展的权利定义方法，简单、一致的数字内容标志方法，并可以灵活地支持多种应用和业务模型。使用 MPEG-21 REL 可以用一种通用的方法为一个数字资源(内容、服务或应用程序)的分发和使用指定权利和行使权利所必需的条款、条件或约束。

MPEG-21 REL 由三部分组成：核心集，标准扩展集和多媒体扩展集，如图 12-7 所示。核心部分规定了 MPEG-21 REL 中一些基本元素的语义，定义了授权时所需要的模式机制、变量机制以及授权算法。标准扩展部分则定义了对所有数字资源都适用的权利、条款、条件或约束。多媒体扩展则定义了多媒体特定的一些权利、条款、条件或约束。扩展增强了核心功能与适用性。第三方组织可以在 MPEG-21 REL 之外再定义使用与自己领域的扩展。

MPEG-21 REL 的核心为许可证，图 12-8 是一个许可证的权利模型。

许可证的核心元素为授权，授权注意要由主体、资源、权利和条件 4 个元素组成。

(1) 主体：授予或行使某种权利相关的实体标识的封装。通常与主体相关联的身份验证信息证明其身份的真实性。

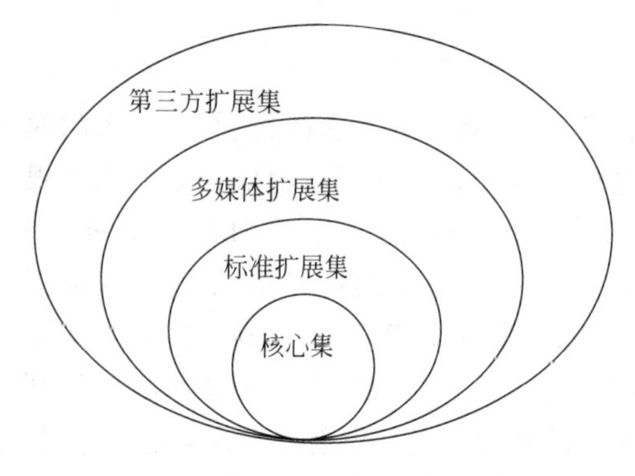


图 12-7　MPEG-21 REL 体系结构

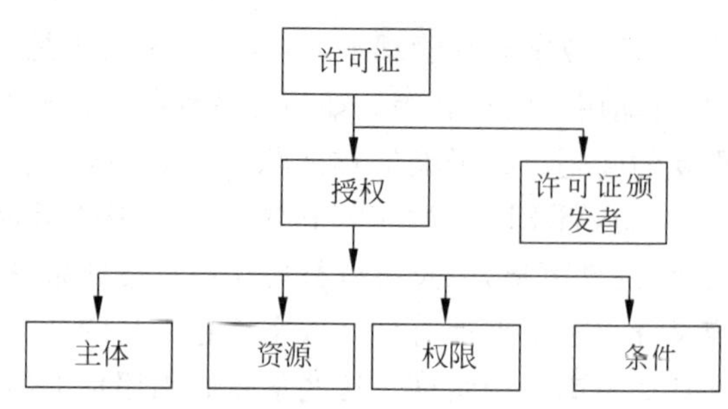


图 12-8　许可证的权利模型

(2) 资源：主体可在其上授予权利的对象。资源可能是数字作品、服务或是主体所拥有的一段信息。

(3) 权利：在 REL 中，它是“动词”，使得主体在某种条件下对资源进行操作。最典型的情况是，权利(right)详细说明主体(principal)可以在相关资源(resource)上执行或使用的一个动作(行为)或一组动作，如打印、播放、签署、获取等。

(4) 条件：为了行使一种权利(right)必须存在或完成的某种事情。如时间限制、付费、区域所在地、使用次数，以及拥有一些信任状和其他权利。

一个许可证包含一个或多个授权，许可证颁发者，应该授予的权利和其他的管理信息。每个授权必须含有 4 个元素(主体、资源、权利和条件)的信息。许可证包含一个或多个授权(grant)和一个发放者(issuer)，一个授权保护主体、权利、资源和条件。其中许可证是 MPEG-21 REL 的基本元素，也是比较重要的一个概念。从概念上讲，一个许可证是授权的容器，一个许可证可能包含一个或多个授权，许可证发行者(License issuer)将权利授予许可证所包含的授权。而每一个授权是一个四元组(主体、资源、权利、条件)，它向一个特定的主体传达一种许可，即某个主体在某些特定的资源上行使指定的权利，可能需要先满足一些条件。许可证是一个概念上的容器，但它不仅仅是一个容器，它也许是许可证发行者表达授权的一种途径。许可证是授权、颁发者和其他相关信息

**2. ORDL**

开放数字权利语言(Open Digital Rights Language，ODRL)是由国际 ODRL Initiative 研制的 XML 格式的权利表示语言。关于 ODRL 和最新规范的信息可以在 http://odrl.net 上得到。ODRL 已经由开放移动联盟(Open Mobile Alliance，以前的 WAP 论坛)确定为移动内容的权利信息标准，最近又被 W3C 发布为标准草稿。ODRL 也被一些大公司采用，并已经合并到国际 COLIS 项目，这个项目的研究表明，在教学内容管理系统、教育资源库系统和数字图书馆系统之间进行带有权利管理的学习对象的集成是可行的。

ODRL 是 DRM 研究领域描述针对内容权利的语言，它以 XML 作为基本语法。ODRL 也是 DRM 研究领域针对内容权利的语言，它旨在提供灵活的、可互操作的机制，以支持在出版、发行和消费电子出版物、数字媒体、音频、电影、学习对象、计算机软件和其他以数字形式存在的资源，实现无障碍的和创新的使用。它以 XML 作为语法，包括一组核心语法，这组核心语法包括权利持有者和对资源进行许可使用的表示。这是可以在 ODRL 之上定义

第三方的具有另外数据字典的增值服务的附加语法。ODRL 侧重于权利描述语言的语义和数据字典元素的定义。

ODRL 基本模型如图 12-9 所示。

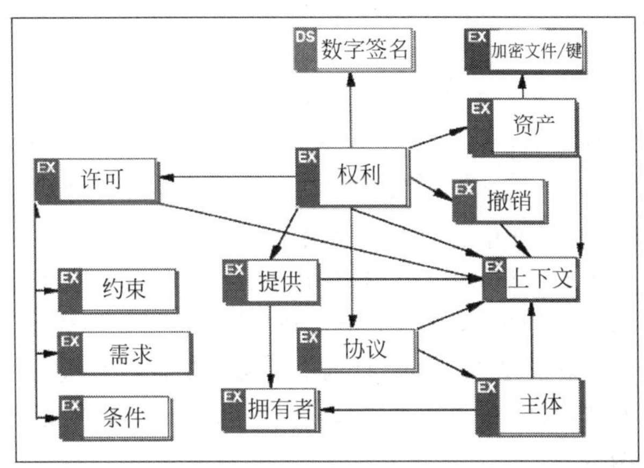


图 12-9　ODRL 基本模型

ODRL 基于一种权利表达扩展模型，它包括大量核心实体以及实体间的关系。ODRL 权利信息模型主要由资源(Asset)、权利(Right)、主体(Party)3 个核心实体组成。

(1) 主体：包括终端用户和权利持有者。主体可以是人、组织或者指定的角色。终端用户通常是资源的消费者；权利持有者通常是在资源的创建、生产和分发中扮演重要角色的团体，在资源和资源的许可上能断言的某种形式的拥有者。

(2) 资源：包括实物和数字化内容。一个资源必须被唯一认证，它可能由很多子部分组成，也可能有其他不同形式。资源也可能被加密以保证内容安全发布。

(3) 权利：包括许可，许可又包括约束、前需和条件。许可是在资源上被许可的实际用法或行为。约束是对许可的限制(如最多播放 5 次视频)。前需是为了执行而必须要完成的义务(如每次播放视频时，都要付 5 元)。条件知明例外，即如果例外为真，则许可过期，需要重新协商(如信用卡过期，则所有的许可都不能播放视频)。

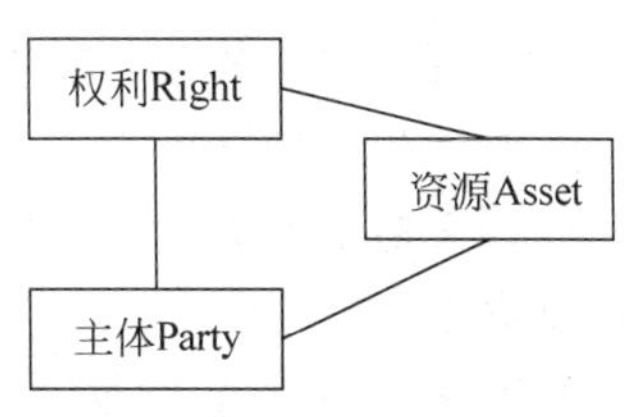


图 12-10　3 个实体之间的关系

这 3 个实体之间的关系如图 12-10 所示。

利用这 3 个实体，基础模型能够表示提议和协议。提议是权利持有者在资源上拟定的权利的建议；协议是主体签合同或处理特定协议时达成的一致性约定。

## 12.5　数字媒体版权保护典型系统

### 12.5.1　面向电子文档的 DRM 保护系统

电子文档的 DRM 典型保护系统包括微软的 RMS 系统、Sealed Media Enterprise License Server 、Authentic Active Rights Management，以及国内的书生 SEP 系统、方正的

CEB 系统等。

**1. 微软的 RMS 版权保护系统**

Rights Management Services(RMS,权利管理服务)是适用于企业内部的数字内容管理系统。在企业内部有各种各样的数字内容,常见的是与项目相关的文档、市场计划、产品资料等。这些内容通常仅允许在企业内部使用。此外,市场分析报告、业绩考核报告、财务报告等都有很高的保密需求,仅允许高级管理人员通过电子邮件等传送使用。微软 RMS 是针对企业数字内容管理需求而设计的系统解决方案。

微软 RMS 系统分为服务器和客户端两部分。客户端按角色不同又分为权利授予者和接受者两种。RMS 服务上存放并维护由企业确定的信任实体数据库。信任实体包括可信任的计算机、个人、用户组和应用程序。对数字内容的授权包括读、写、复制、打印、存储、传送、编辑等。授权还可附加一些约束条件,如权利的作用时间和持续时间等。典型的应用实例如下:一份财务报表可限定仅能在某一时刻由某人在某台计算机上打开,且只能读,不能打印,不能屏幕复制,不能存储,不能修改,不能转发,到另一时刻自动销毁。

**2. 书生的 SEP DRM**

书生的 SEP DRM 系统最大的特点是攻克了防止有权接触信息的人扩散该信息的世界级难题,提供了全方位、细粒度的管理权利。它可以根据用户需求选择的 8 种目录及文档权利,可实现细粒度、多层次的权利设置,并可提供更多的权利支持。

书生 SEP 保护系统由客户端、服务器端及数据库组成。客户端包含 SEP Writer、SEP Reader 及商业机密保护系统客户端。服务器端由 SEP 文档服务器及数据库组成。其中数据库包含管理信息库、SEP 文档库和可编辑源文件的源文件库等。

SEP Writer: SEP 文档格式转换工具,可将各种可打印文档转换为不可篡改的 SEP 格式。

SEP Reader: SEP 文件的专用阅读器,也是唯一能够阅读 SEP 格式文件的阅读器。

SDP 客户端: 书生文档共享管理系统的客户端软件,可实现目录浏览、文档提交、阅读、权利管理等客户端操作。

SEP 文档服务器: 管理所有提交到服务器端的 SEP 文件,同时实现其他所有的服务器端管理功能。

书生 SEP 保护系统通过文档的集中管理,在应用传统的存储加密、传输加密技术的基础上,采用书生自有知识产权的全球领先的数字权利管理和页交换技术,将阅读权利与下载、修改、摘录、打印等操作权利分离,从而达到在保证信息安全的前提下实现信息的最大限度的共享。

## 12.5.2 面向电子图书的 DRM 系统

比较典型电子书的 DRM 保护系统包括微软 DAS、Adobe Content Server,以及国内的方正 Apabi、书生的 SEP、超星的 PDG 等。

**1. 微软的电子图书 DRM 系统**

微软的电子图书 DRM 系统主要包括服务器端的数字资源服务器(Digital Asset Server, DAS)和客户端的阅读器。数字资源服务包括两个组件,其中数字资源服务器包括数字资源数据库和包装工具;电子商务组件主要用语集成到零售商的电子商务网站。微软电子图书技术的 DRM 模型是一种非常紧密的集成，不仅包括数字资源服务器(Digital Asset Server，DAS)和客户端的阅读器，而且包括微软的 Passport 用户标识和注册系统。

**2. Adobe Content Server**

Adobe 在传统印刷出版领域内一直有着深刻的影响，Adobe 的可移植文档格式(PDF)早已成为电子版文档分发的公开实用标准。Adobe 软件在出版业的使用传统以及 PDF 格式的流行，共同造就了 Adobe 在电子书领域的先天优势。Adobe Content Server 2.0 是 Adobe 公司为电子书版权保护和图书发行而开发的软件，是一种保障 eBook 销售安全的易用集成系统。

出版商可以利用 Adobe Content Server 的打包服务功能对可移植文档格式(PDF)的电子书进行权利设置(打印次数、阅读时限等)，从而建立数字版权保护(Digital Rights Management，DRM)。

Adobe Acrobat 5.0 是建立可移植文档格式(PDF)电子书的最重要的转换工具。使用 Adobe Acrobat 几乎可将任何文档转换成 Adobe 可移植文档格式(PDF)。Adobe PDF 文件可以在众多硬件上和软件中可靠地再现，而且外观与原文件一模一样，页面设置、格式和图像完好无损。

**3. SureDRM**

我国的书生公司，是与方正并驾齐驱的 DRM 技术厂商。书生公司一直跟踪国际 DRM 技术的发展，并自主研发了一套完整的 DRM 技术核心。

SureDRM 以安全和加密技术为基础，采用版权描述语言、身份标识系统、设备标识绑定等技术实现文档保护。SureDRM 为文档共享管理系统、数字图书馆系统、公文服务器等提供了文档保护功能。

SureDRM 提供不同安全级别、不同粒度、不同形式的版权保护机制，既有离线的数据绑定，也有在线的数据 DRM 。SureDRM 的开放的版权描述接口支持 XrML 等技术标准。SureDRM 提供对各种应用数据和应用系统自身的版权保护，支持对各种数字媒体、文字、图形、图像、流媒体等的保护。

**4. Apabi 权利保护系统**

方正的 Apabi 数字版权保护技术一直走在国内前列，且已经形成一个完整的系统。在 Apabi 系统中，主要有以下 4 种支柱型产品。

(1) Apabi Maker：是将多种格式的电子文档转化成 eBook 的格式，该格式是一种“文字＋图像”的格式，可以完全保留原文件中字符和图像的所有信息，不受操作系统、网络环境的限制。

(2) Apabi Rights Server：实现数据版权的管理和保护，电子图书加密和交易的安全鉴定，一般用在出版社服务器端。

(3) Apabi Retail Server：实现数据版权的管理保护，电子图书加密和交易的安全鉴定，用在书店服务器端。

(4) Apabi Reader：用来阅读电子图书的工具。通过浏览器，阅读者可以在网上买书、读书、下载等，并建立自己的电子图书馆，实现分类管理。方正 Apabi 权利保护系统的核心是加密技术，采用了 168 位的加密。

基于方正 Apabi DRM 的电子书系统，是目前唯一有完整数字版权保护技术的中文电子书系统，用于制作、发行、销售电子图书。方正 Apabi 数字版权保护系统的应用范围涵盖了出版社、图书馆、网站、政府、报社等多种行业，包括网络出版、数字图书馆、电子公文等多种业务。



### 12.5.3 面向电子图像的 DRM 系统

目前已有的保护图像的方法是数字水印技术。数字水印技术通过一些算法，把重要的信息隐藏在图像中，同时使图像基本保持原状。把版权信息通过数字水印技术加入图像后，如果发现有人未经许可而使用该图像，可以通过软件检测图像中隐藏的版权信息，来证明该图像的版权。

目前国外的数字水印技术开发商有美国的 Digimarc Corp 及英国的 High Water Signum Ltd。Digimarc 提供的版权保护服务利用数字水印技术在静止图像中嵌入版权信息。这些服务被用来将摄影师、出版商及业内其他单位联结起来，作为专业人员之间信息传递的手段，其目的是防止未授权的复制。随着因特网的推广与普及，日本 NEC 及美国的 Fraunhofer 计算机图形研究中心（CRCG）等开发的版权保护软件，用于因特网上处置图像数据。

国内华旗公司自主研发了数字水印系统“爱国者版神”。爱国者数字水印技术集抗攻击、抗压缩、易损性和抗重复添加等技术于一体，已经于 2002 年分别成功应用于新华社多媒体数据库图片版权保护系统和中国图片总社的版权保护项目，2005 年又为中国外交部提供完整的数字版权保护与数据安全解决方案。

### 12.5.4 面向流媒体的 DRM 系统

对于流媒体的 DRM 主要有 IBM 的 EMMS 和 Microsoft Windows Media DRM。

**1. Microsoft Windows Media 数字版权保护技术**

微软在最新的 Windows 媒体播放器 Windows Media 10 里面集成了 DRM 技术，这一技术最大的改进代码名为“Janus”。Janus 可以跨设备工作，也可以工作在下一代的 Windows 媒体中心版操作系统上，还可以定制支持付费音乐服务和某些流媒体。当消费者从网站下载到经过加密以后的媒体文件以后，他同时需要获取一个包含解锁秘钥的许可证来播放这个媒体文件。内容的所有者可以方便地通过 Windows Media 数字版权保护程序来管理这些许可证和秘钥的分发。通过 Windows Media DRM 技术，网上的音乐零售网站可以在消费者购买音乐前提供对音乐的预览。消费者在网站注册以后可以下载到完整的音乐并且可以在计算机上播放两次。而当消费者第三次播放该文件的时候，就会被引导到网站的销售页面，在这里他可以付费进行音乐播放许可证的购买。

Windows Media 版权保护是一个端到端的多媒体文件流通 DRM 系统。它包括 Windows 媒体播放器、媒体认证服务器和包装工具等。微软数字版权系统仅支持 WMA（Windows Media Audio）、WMV（Windows Media Vidio）等文件格式。

**2. IBM 的 EMMS 数字版权保护方案**

电子媒体管理系统（Electronic Media Management System，EMMS）是 IBM 开发的版权保护系统。EMMS 具有开放式体系结构，可以在声频压缩、加密、格式化、水印、终端用户设备和应用程序集成等方面不断改进。

EMMS 工具让零售商或最终用户可以将被保护的内容发送给多个用户(如将音乐附在一个发送给多个接收者的电子邮件上)。最初的接收者可以具有全部的使用权,但是如果相同的音乐文件或电子书籍被再次发送的话,发布链中的下一个接收者只有使用这些数据的有限权利,除非他从原始发布人那里购买全部的使用权。从盗版音乐站点下载或通过电子邮件传送的歌曲复制可能不能完整地播放,或者只能播放一次,或者完全不能播放。

IBM 公司的 EMMS 只支持 Windows 平台。它已经被全球众多企业采用,如 MusicMatch 公司的 MusicMatch Jukebox 和 RealNetworks 公司的 Real Jukebox,并得到了索尼和 BMG Entertainment 公司的支持。

### 12.5.5 面向移动设备的 DRM 系统

随着移动数据增值业务的迅猛发展,内容提供商通过大量下载类业务及 MMS 等信息类业务传播的音视频和应用软件、游戏等数字内容越来越多,其版权及相关利益必须得到保证。将 DRM 技术引入移动增值业务,可以确保数字内容在移动网络内传播,保证内容提供商的利益。移动 DRM 已成为目前全球范围内移动业务研究的热点之一。

由于移动设备和移动网络的特点,移动 DRM 的实施较一般 DRM 容易。目前,国际上针对移动 DRM 开展了大量的研究工作。其中,OMA 制定的移动 DRM 标准得到了广泛的支持和认同。2005 年 6 月 14 日,OMA 公布了最新的 OMA DRM V2.0,制定了基于 PKI 的安全信任模型,给出了移动 DRM 的功能体系结构、权利描述语言标准、DRM 数字内容格式(Digital Content Format, DCT)和权利获取协议(Rights Obtain Access Protocol, ROAP)。

通过 OMA DRM,用户能够通过超级分发等各种方式获得受保护的数字内容,数字内容使用权利通过 ROAP 协议获取,使用权利与一个或者一组 DRM 代理(Agent)绑定,数字内容的使用受到严格的控制。

当前,已经出现了支持 OMA DRM 的移动设备,如智能手机、平板电脑等。但是,就目前的下载速度和下载费用而言,移动 DRM 产品的普及使用还存在一定的困难。随着 4G 移动技术以及 OMA DRM 的发展,DRM 在移动领域的应用研究将更进一步,市场上将会出现更多的移动 DRM 系统和产品。

国内的移动 DRM 典型案例是掌上书院。掌上书院是目前使用最为广泛的手机电子书阅读软件之一,它使用的电子书格式为.UMD,这种格式的压缩比很高,10 万字的书籍体积只有 100KB 左右,支持 DRM 版权保护。

## 练习与思考

1. 数据管理经历了哪几个阶段?
2. 目前数字媒体数据的管理方式有哪些?
3. 简要介绍几种主要的多媒体数据模型。
4. 说明数字媒体版权保护的概念,基本方案及系统框架。
5. 目前主要的加密算法有哪些? 试说明其特点。
6. 数字水印必须具有哪些条件?

7. 典型的数据版权保护系统有哪些？

8. 描述 Microsoft Windows Media DRM 数字版权保护技术的工作流程。



# 参 考 文 献


[1] 钟玉琢，蔡莲红，史元春，等. 多媒体计算机技术基础及应用. 第 2 版. 北京：高等教育出版社，2005.

[2] 杨学良. 多媒体计算机技术及其应用. 北京：电子工业出版社，1995.

[3] 李彬，杨士强. 数字权利管理的关键技术、标准与实现. 现代电视技术，2004(11).

[4] 王爱华，孙士兵，朱本军. 数字权利描述语言及其比较研究. 开放教育研究，2005(8).

[5] 余银燕，汤帜. 数字版权保护技术研究综述. 计算机学报，2005，28(12).

[6] 郭德华. 国外标准版权保护措施及对我国的启示. 世界标准化与质量管理，2005(2).

# 第13章　数字媒体传输技术

随着计算机互联网和多媒体技术的发展，对数字媒体的内容如何进行有效地编码和传输是数字媒体走入人们的生活重要前提。流媒体是一种新兴的数字媒体网络传输技术，它可以在互联网上实时顺序地传输和播放视/音频等多媒体内容；使用P2P技术可以使网络上的任何设备(包括大型机、PC、手机等)平等地直接进行连接并进行协作；IPTV是一种以家用电视机或PC为显示终端，通过互联网，提供包括电视节目在内的内容丰富的多媒体服务业务。本章对数字媒体传输技术、流媒体传输技术、P2P技术、IPTV技术、数字媒体传输技术的应用与发展等相关的内容进行介绍，其相互关系如下：

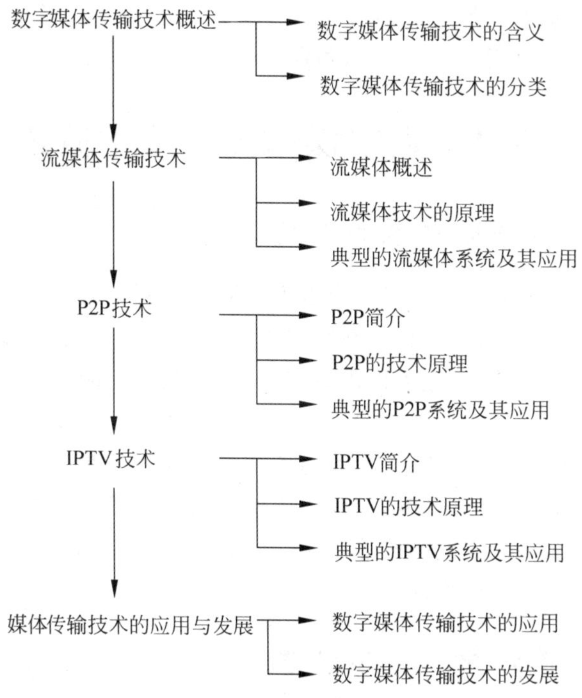


本章主要从数字媒体传输技术、流媒体传输技术、P2P技术、IPTV技术、数字媒体传输技术的应用与发展5个方面对数字媒体的传输技术进行比较全面的介绍，主要分为以下5个部分。

(1) 数字媒体传输技术：介绍媒体传输技术的含义以及媒体传输系统的构成，重点阐述有线传输技术和无线传输技术。

(2) 流媒体传输技术：介绍流媒体的定义、特点、应用和典型的流媒体应用系统，重点阐述流媒体的传输协议和技术原理。

(3) P2P技术：介绍P2P技术的定义、特点、应用和典型的P2P应用系统，重点阐述了

P2P 技术的原理。

(4) IPTV 技术：介绍 IPTV 技术的定义、特点、应用和典型的 IPTV 应用系统，重点阐述 IPTV 技术的原理。

(5) 数字媒体传输技术的应用与发展：介绍数字媒体传输技术的应用和发展情况，重点阐述数字媒体传输技术的应用和发展趋势。

通过本章内容的学习，学习者应能达到以下学习目标。

(1) 了解数字媒体传输技术的定义和分类。

(2) 了解流媒体的定义和应用。

(3) 理解流媒体技术的原理。

(4) 知道流媒体的传输协议。

(5) 了解 P2P 的定义、特点和应用前景。

(6) 理解 P2P 技术的工作原理。

(7) 知道什么是 IPTV。

(8) 掌握 IPTV 的系统构成和基本工作原理。

(9) 了解 IPTV 的应用领域和应用现状。

(10) 了解数字媒体传输技术的应用和发展趋势。

## 13.1 数字媒体传输技术概述

### 13.1.1 数字媒体传输技术的含义

传输是数据从一个地方传送到另一个地方的通信过程。数字媒体传输系统通常由传输信道和信道两端的数字终端设备组成，在某些情况下，还包括信道两端的复用设备。传输信道可以是一条专用的通信信道，也可以由数据交换网、电话交换网或其他类型的交换网来提供。数字终端设备是用来输入、处理、输出数字媒体的各种数字设备。

随着计算机互联网、多媒体技术、无线通信技术的快速发展，对数字媒体的内容如何进行有效地编码和高效地进行传输是数字媒体应用和发展的基础。传输技术是指充分利用不同信道的传输能力构成一个完整的传输系统，使信息得以可靠传输的技术。有效性和可靠性是信道传输性能的两个主要指标。

### 13.1.2 数字媒体传输技术的分类

传输技术主要依赖于具体信道的传输特性。它可由一种传输媒体或几种不同的传输媒体链接组成。不同的传输信道对数据传输速率、传输质量影响很大。

按信道的使用方法可分为专用信道和公用信道。专用信道是两个数字终端设备之间固定连接的信道。通常是从电信局租用的信道，它适用于短距离或数据传输业务量比较大的情况。公用信道是需要通信时才通过交换机接通的信道，也称为交换信道。其特点是通信路由不固定，线路利用率较高，它适用于数据传输业务量不太大的情况。

按传输信道的不同可以把数字媒体传输分类为有线信道传输和无线信道传输。有线传输通常指由光缆、电缆等传输介质引导的电磁波的传输，有线信道包括明线、对称电缆、同轴电缆和光缆；无线信道则为自由空间中的电磁波，包括微波、卫星、散射、超短波和短波信道等。对应的数字媒体传输技术可以分为有线传输技术和无线传输技术。下面就对数字媒体传输中的有线传输技术和无线传输技术进行介绍。

**1. 有线传输技术**

有线传输，顾名思义，就是以光电信号通过光缆、电缆等传输介质实现信息传送的传输方式。一般有线传输系统包括信息终端、信道终端、信号处理和有线信道四大部分，有线传输系统模型如图 13-1 所示。

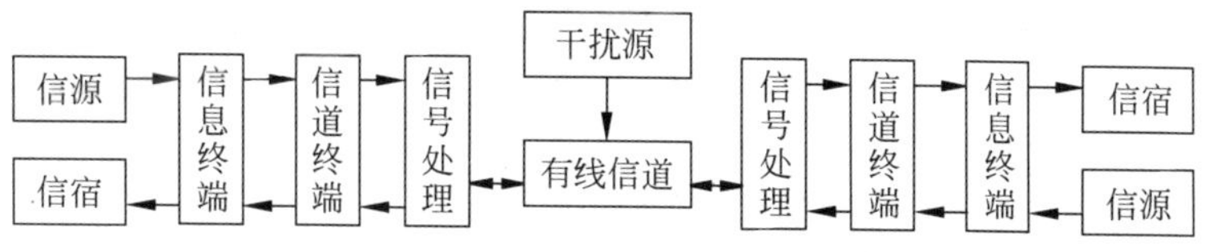


图 13-1　有线传输系统模型

1）架空明线线路传输

架空明线一般都是指地面和电杆支持架两者之间的裸导线的通信线路，这种线路就直接属于有线电通信线路，其所具有的主要用途也是在电话、传送电报以及传真等方面。通常根据架空明线以及两者之间的导线就能有效地形成一种回路，再将电话机分别连接在回路的两端，就能真正实现一路传送的电话。但是如果想要进行多项路线电话的传送，就必须要将载波电话机连接在回路的两端，从而真正保证开通电话的通畅性。而且明线线路本身所具有的优点也相对较多。总共所需要的器材相对要简单，而且架设和拆除起来非常容易和方便，同时在真正发生问题时，修理起来比较便捷。不过，也仍然具有一定的缺点，这种缺点非常容易受到外来因素的影响，比如其所具有的容量相当有限，而且频带也不够宽广。

2）平衡电缆传输

通常平衡电路都会产生相应的对等值，不过其相位的信号却截然相反，所以就需要将其传输到两个导体之上的电路。电路的平衡性越好，其所受到的辐射也就相对较少，相应的抗扰度也会比较大。高频对称电缆和低频对称电缆是两种最主要的类别。一般低频对称电缆和市政电话电缆有些相似，有着比较窄的频带，而且在正常的情况下，一个信道当中的频带也只能携带一路的电话来进行使用。其中屏蔽双绞线在实际的操作中使用得比较少，而非屏蔽双绞线则在实际操作中使用得比较多，如今新技术和新材料正在不断地开发和使用，所以平衡电缆传输技术的应用市场必将越来越广阔。

3）光纤传输

有线传输技术中的光纤传输主要是通过相应介质来作为光导纤维进行各种信号和数据的传输，通常光导纤维能够直接用于数字信号和模拟的信号进行传输，同时也能够进行视频信号的传输。当今社会发展有线传输技术占据了比较大的比重，而且必须要通过光缆来进行数据的快速传输，这种传输的速度非常快。光纤传输也具有非常多的优点，如其带宽以及通信的容量都相对较大，而受到外界的干扰就显得比较低，因此其保密性和通信的质量就相对较好；整体的重量相对较轻，体积也非常小；造价低、稳定性好，将成为未来有线传输工作所采用的最主要传输的方式。

**2. 无线传输技术**

无线传输是指利用无线技术进行数据传输的一种方式。无线传输和有线传输是对应的。随着无线技术的日益发展，无线传输技术应用越来越被各行各业所接受。它可分为模拟微波传输和数字微波传输两种类型。无线传输系统可分为公网数据传输和专网数据传输。公网无线传输包括 GPRS、2G、3G、4G 等；专网无线传输包括 MDS 数传电台、WiFi、ZigBee 等。无线传输的方式主要有微波、激光、感应耦合、磁耦合谐振、电场耦合方式等，可实现小功率到大功率，远距离到近距离的不同应用场合、不同功率需求的能量传输，如图 13-2 所示。

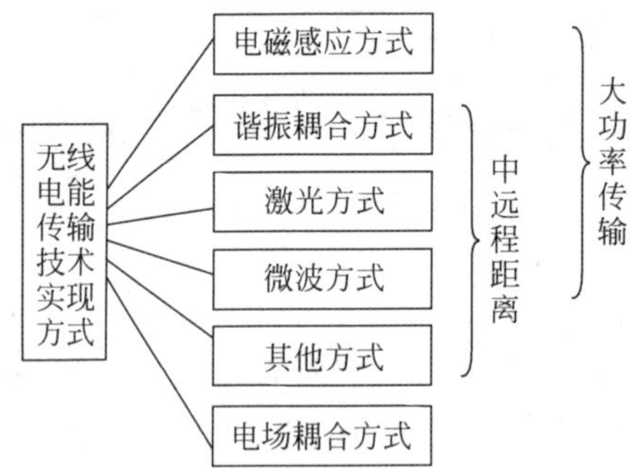


图 13-2　无线电能传输技术主要实现方式

下面介绍几种常见的无线传输技术。

1）SmartAir 传输

无线 SmartAir 技术是通信业界唯一的单天线模式千兆级无线高速传输技术。其采用多频带 OFDM 空口技术、TDMA 的低延时调度技术，以及低密度奇偶校验码 LDPC、自适应调制编码 AMC 和混合自动重传 HARQ 等高级无线通信技术，实现到达 1Gbps 的传输速率。

2）MIMO 无线通信技术

MIMO 无线通信技术源于天线分集技术与智能天线技术，它是多入单出（MISO）与单入多出（SIMO）技术的结合，具有两者的特征。MIMO 系统在发端与收端均采用多天线单元，运用先进的无线传输与信号处理技术，利用无线信道的多径传播，开发空间资源，建立空间并行传输通道，在不增加带宽与发射功率的情况下，成倍提高无线通信的质量与数据速率，堪称现代通信领域的重要技术突破。它在无线链路两端均采用多天线，分别同时接收与发射，能够充分开发空间资源，在无须增加频谱资源和发射功率的情况下，成倍地提升通信系统的容量与可靠性。

3）ZigBee 无线传输技术

ZigBee 技术是一种新兴的短距离、低复杂度、低功耗、低数据速率、低成本的无线网络技术。ZigBee 协议采用 IEEE802.15.4 标准的物理层和链路层，并在其上增加了网络层、安全模块和应用支持子层模块，从而实现了大区域网络覆盖。ZigBee 由于其在低功耗、低复杂度、自组织等方面的优势，逐渐成为无线传感器网络的首选通信协议。它具有功耗更小、接入设备多、成本更低、传输速率更低等特点。

4）DMB-TH 数字电视

DMB-TH 技术的基础平台是欧洲的 DVB-T 标准。而 DMB-TH 比 DVB-T 灵敏度提高了10%，信号传输效率提高了10%。其具有以下优点。

（1）接收性能上，DMB-TH移动接收性能、室内接收性能均良好，而且支持突发数据、支持双速率传输，在节省功耗方面表现不俗。

（2）抗干扰方面，DMB-TH具有前向纠错能力、抗短脉冲能力、抗长脉冲能力、抗单载波干扰能力、抗静态多径干扰能力和抗动态多径干扰能力。

（3）覆盖范围广。

（4）系统稳定性良好。

DMB-TH不但能够解决电视信号高清的问题，同时还考虑到了移动电视和手持电视的兼容性。

## 13.2 流媒体传输技术

随着多媒体、网络技术的迅猛发展，新的传播媒体不断涌现。继多媒体、网络技术之后，又出现了一个新的传播媒体，这就是流媒体。是近年来兴起的一种在线媒体传输技术，它一出现就受到人们的普遍欢迎，并得到了广泛的应用。下面主要介绍流媒体的定义和应用、流媒体技术的原理和流媒体传输协议。

### 13.2.1 流媒体概述

以前多媒体文件需要从服务器上下载后才能播放，一个1分钟的较小的视频文件，在56Kbps的窄带网络上至少需要30分钟时间进行下载，这限制了人们在互联网上大量使用音频和视频信息进行交流。"流媒体"不同于传统的多媒体，它的主要特点就是运用可变带宽技术，以"流"(Stream)的形式进行数字媒体的传送，使人们在从28Kbps到1200Kbps的带宽环境下都可以在线欣赏到连续不断的高品质的音频和视频节目。在互联网大发展的时代，流媒体技术的产生和发展必然会给人们的日常生活和工作带来深远的影响。

**1. 流媒体的定义**

目前在网络上传输音频和视频等多媒体信息主要有下载和流式传输两种方式。一般音频和视频文件都比较大，所需要的存储空间也比较大；同时由于网络带宽的限制，常常需要数分钟甚至数小时来下载一个文件，采用这种处理方法延迟也很大。流媒体技术的出现，使得在窄带互联网中传播多媒体信息成为可能。当采用流式传输时，音频、视频或动画等多媒体文件不必像采用下载方式那样等到整个文件全部下载完毕再开始播放，而是只需经过几秒或几十秒的启动延时即可进行播放。当音频、视频或动画等多媒体文件在用户机上播放时，文件的剩余部分将会在后台从服务器继续下载。

所谓流媒体，是指采用流式传输方式的一种媒体格式。流媒体的数据流随时传送随时播放，只是在开始时有些延迟。流媒体技术是网络音频、视频技术发展到一定阶段的产物，是一种解决多媒体播放时带宽问题的"软技术"。实现流式传输有两种方法：顺序流式传输和实时流式传输。

1）顺序流式传输

顺序流式传输PST(Progressive Streaming Transport)是顺序下载，用户在下载文件的同时可观看在线媒体，在给定时刻，用户只能观看已下载的那部分文件内容，而不能跳到还未下载的文件部分。顺序流式传输在传输期间不可以根据用户连接的速度进行调整。由于利用超文本传输协议HTTP(Hypertext Transfer Protocol)可发送这种形式的文件，而不需要其他特殊协议的支持，因此顺序流式传输经常被称为HTTP流式传输。顺序流式传输比较适合播放高质量的短片段，如片头、片尾和广告。用户在观看前必须经历一定的延时。

顺序流式文件是放在标准的HTTP或FTP服务器上，便于管理。但是不适合播放长片段和有随机访问要求的视频，如讲座、演说与演示。它也不支持现场广播，严格来说，它是一种点播技术。

2）实时流式传输

实时流式传输RST(Real-time Streaming Transport)与HTTP流式传输不同，实时流式传输总是实时传送，特别适合现场广播，也支持随机访问，用户可快进或后退以观看后面或前面的内容。实时流式传输需要媒体信号带宽与网络连接匹配，以便使传输的内容可被实时观看。为了保证传输的质量，实时流式传输需要特定的流媒体服务器，如Real Server、Windows Media Server与QuickTime Streaming Server等。这些流媒体服务器允许用户对媒体发送进行更多级别的控制，但是系统设置和管理较HTTP服务器更为复杂。实时流式传输也需要特殊的传输协议，如RTSP(Real-time Streaming Protocol)或MMS(Microsoft Media Server)。

一般来说，如果为实时广播或使用流式传输媒体服务器，即为实时流式传输。如果使用超文本传输协议(HTTP)服务器，文件通过顺序流发送，即为顺序流式传输。

**2. 流媒体的基本特点**

这种对多媒体文件边下载边播放的流媒体传输方式具有以下优点：

(1) 缩短等待时间。

流媒体文件的传输是采用流式传输的方式，边传输边播放。避免了用户必须等待整个文件全部从Internet上下载才能观看的缺点，极大地减少了用户等待的时间。这是流媒体的一大优点。

(2) 节省存储空间。

虽然流媒体的传输仍需要缓存，但由于不需要把所有内容全部下载下来，因此对缓存的要求大大降低；另外，由于采用了特殊的数据压缩技术，在对文件播放质量影响不大的前提下，流媒体的文件体积相对较小，节约存储空间。

(3) 可以实现实时传输和实时播放。

流媒体可以实现对现场音频和视频的实时传输和播放，适用于网络直播、视频会议等应用。

### 13.2.2 流媒体技术的原理

流媒体技术的基本原理是先从服务器上下载一部分音视频文件，形成音视频流缓冲区后实时播放，同时继续下载，为接下来的播放做好准备。下面就介绍流媒体传输的网络协议、流媒体的传输过程和流媒体播放方式。

**1. 流媒体传输的网络协议**

流媒体在互联网上的传输必然涉及网络传输协议，其中包括Internet本身的多媒体传输协议，以及一些实时流式传输协议等。只有采用合适的协议才能更好地发挥流媒体的作用，保证传输质量。互联网工程任务组IETF是Internet规划与发展的主要标准化组织，已经设计出几种支持流媒体传输的协议。主要有用于Internet上针对多媒体数据流的实时传输协议RTP (Real-time Transport Protocol)、与RTP一起提供流量控制和拥塞控制服务的实时传输控制协议RTCP (Real-time Transport Control Protocol)、定义了一对多的应用程序如何有效地通过IP网络传送多媒体数据的实时流协议RTSP (Real-time Streaming Protocol)等。

1) 实时传输协议

实时传输协议RTP (Real-time Transport Protocol)是用于Internet上针对多媒体数据流的一种传输协议。RTP被定义为在一对一或一对多的传输情况下工作，其目的是提供时间信息和实现流同步。RTP通常适用UDP来传送数据，但RTP也可以在TCP和ATM等其他协议之上工作。RTP本身不能为按顺序传送数据包提供可靠的传送机制，也不能提供流量控制或拥塞控制。它依靠RTCP提供这些服务。

2) 实时传输控制协议

实时传输控制协议RTCP(Real-time Transport Control Protocol)和RTP一起协作，为顺序传输数据报文提供可靠的传送机制，并提供流量控制或拥塞控制服务。RTCP是用来增强RTP的服务。通过RTCP，可以监视数据传输质量，控制和鉴别RTP传输。它依靠反馈机制，根据已经发送的数据报文对带宽进行调整和优化，从而实现对流媒体服务的QoS控制，使之最大限度地利用网络资源。

3) 实时流协议

实时流协议RTSP(Real-time Streaming Protocol)是由Real Networks和Netscape共同提出的。RTSP在体系结构上位于RTP和RTCP之上，它使用TCP或RTP完成数据传输。RTSP协议是与HTTP协议十分类似的一个应用层协议，例如对URL地址的处理。但它们之间也有不同之处。首先，HTTP是无状态协议，而RTSP则是有状态的，因为RTSP服务器必须记录客户的状态以保证客户请求与媒体流的相关性；其次，HTTP是个不对称协议，客户机只能发送请求，服务器只能回应请求，而RTSP是对称的，客户机和服务器都可以发送和回应请求；另外，HTTP传送HTML，而RTSP传送的是多媒体数据。

RTSP提供了一个可扩展的框架，使实时数据的受控、点播成为可能。该协议的目的在于控制多个数据发送连接，为选择发送通道(如UDP、组播UDP和TCP)提供途经，并为选择基于RTP的发送机制提供方法。

4) 资源预留协议

由于音频和视频数据流比传统数据对网络的延时更敏感，要在网络中传输高质量的音频、视频信息，除了带宽要求之外，还需要其他更多的条件。资源预留协议RSVP (Resource Reserve Protocol)是开发在Internet上的资源预订协议，属于传输层协议。使用RSVP预留一部分网络资源(即带宽)，能在一定程度为流媒体的传输提供服务质量(Quality of Server，QoS)。

通过预留网络资源建立从发送端到接收端的路径，使得IP网络能提供接近于电路交换质量的业务。即在面向无连接的网络上，增加了面向连接的服务；它既利用了面向无连接网络的多种业务承载能力，又提供了接近面向连接网络的质量保证。但是RSVP没有提供多媒体数据的传输能力，它必须配合其他实时传输协议来完成多媒体通信服务。

**2. 流媒体的传输过程**

流式传输的实现需要合适的传输协议。由于TCP需要较多的开销，故不太适合传输实时数据。在流式传输的实现方案中，一般采用HTTP/TCP来传输控制信息，而用RTP/UDP来传输实时音视频数据。下面以一种简单和常用的顺序流式传输为例来说明流媒体传输的过程，其示意图如图13-3所示。

图13-3　流媒体的传输过程示意图

(1) 用户通过Web浏览器与Web服务器建立TCP连接，然后提交HTTP请求信息，要求传送某个多媒体文件。

(2) Web服务器收到请求后，在媒体服务器中进行检索。

(3) 检索成功，向Web浏览器发送响应信息，把关于该多媒体文件的详细信息返回。

(4) Web浏览器接收到HTTP响应消息之后，检查其中的类型和内容，如果请求被Web服务器批准，则把响应的详细信息传给相应的媒体播放器。

(5) 媒体播放器直接与媒体服务器建立TCP连接，然后向媒体服务器发送HTTP请求消息，请求文件的发送。

(6) 在某种传输协议(如RTP、RTSP等)的控制下，媒体服务器把目标多媒体文件以媒体流的形式传送到媒体播放器的缓冲区内，双方协调工作，完成流式传输。

需要说明的是，在流式传输中，使用RTP/UDP和RTSP/TCP两种不同的通信协议与音视频服务器建立联系，目的是为了能够把服务器的输出重定向到一个非运行音视频客户程序的客户机的目的地址。另外，实现流式传输一般都需要专用服务器和播放器。

**3. 流媒体播放方式**

流媒体的播放方式主要分为单播、组播、点播和广播等几种形式。

1) 单播

单播是指在客户端与媒体服务器之间需要建立一个单独的数据通道，从一台服务器送出的每个数据包只能传送给一个客户机。每个用户必须分别对媒体服务器发送单独的请求，而媒体服务器必须向每个用户发送所申请的多媒体数据包复制。还要保证双方的协调。单播方式所造成的巨大冗余，首先会加重服务器的负担，使服务器的响应很慢，甚至导致服务器停止响应。

2) 点播与广播

点播连接是客户端与服务器之间的主动的连接。在点播连接中，用户通过选择内容项目来初始化客户端连接。用户可以开始、停止、后退、快进或暂停流。点播连接提供了对媒体流的最大控制，但这种方式由于每个客户端各自连接服务器，却会迅速用完网络带宽。

广播是指用户被动接收流。在广播过程中，客户端接收流，但不能控制流。例如，用户不能暂停、快进或后退该流。广播方式将数据包的一个单独复制发送给网络上的所有用户，而不管用户是否需要。这将造成网络带宽的巨大浪费。

3）组播

无论是单播方式还是广播方式都会非常浪费网络带宽。为了充分利用网络带宽资源，可以采用组播发送方式。组播发送方式克服了单播与广播两种发送方式的弱点，将数据包的单独一个复制发送给需要的那些客户。组播不会复制数据包的多个拷贝传输到网络上，也不会将数据包发送给不需要它的那些客户，保证了网络上多媒体应用占用网络的最小带宽。

组播是利用IP组播技术构建的一种具有组播能力的网络，允许路由器一次将数据包复制到多个通道上。采用组播方式，单台服务器能够对几十万台客户机同时发送连续数据流而无延时。媒体服务器只需要发送一个信息包，而不是多个；所有发出请求的客户端共享同一信息包。信息可以发送到任意地址的客户机，减少网络上传输的信息包的总量。因此，网络利用效率大大提高，成本大为下降。

## 13.2.3 典型的流媒体系统

一般而言，流媒体系统都由编码器、服务器和播放器3个部分构成。目前使用较多的流媒体系统主要有Real Networks公司的Real System、Microsoft公司的Windows Media和Apple公司的QuickTime。

**1. Real Networks公司的Real System**

Real Networks公司的Real System是目前最常见也是应用最广泛的流媒体系统，整个系统包括媒体内容制作工具（Real Producer）、服务器端（Real Server）、客户端软件（Client Software）三部分。其流媒体文件包括RealAudio、Real Video、Real Presentation和Real Flash四类文件，分别用于传送不同的文件。Real System采用智能流（Sure Stream）技术，自动地并持续地调整数据流的流量以适应实际应用中的各种不同网络带宽需求，轻松在网上实现视音频和三维动画的播放。Real System采用的是REAL专用压缩算法。由于其成熟稳定的技术性能，互联网巨人美国在线（AOL）、ABC、AT&T、Sony和Time Life等公司和网上主要电台都使用Real System向世界各地传送实时影音媒体信息以及实时的音乐广播。

**2. Microsoft公司的Windows Media**

Windows Media是Microsoft公司提出的信息流式播放方案。其核心是ASF（Advanced Stream Format）文件。ASF是一种包含音频、视频、图像、控制命令、脚本等多媒体信息在内的数据格式。ASF支持任意的压缩/解压缩编码方式，并可以使用任何一种底层网络传输协议，具有很大的灵活性。

Windows Media由Media Tools、Media Server和Media Player组成。Media Tools则由创建工具和编辑工具组成，创建工具主要用于生成ASF格式的多媒体流，包括Media Encoder、Author、Video To ASF、Wav To ASF、Presenter等工具；编辑工具主要对ASF格式的多媒体流信息进行编辑与管理，包括后期制作编辑工具ASF Indexer与ASF Chop，以及对ASF流进行检查并改正错误的ASF Check等。Media Server可以保证文件的保密性，不被下载，并具有多种文件发布形式和监控管理功能。Media Player 则提供流媒体的播放功能。

**3. Apple 公司的 QuickTime**

Apple 公司的 QuickTime 由服务器 QuickTime Streaming Server、带编辑功能的播放器 QuickTime Player、制作工具 QuickTime Pro、图像浏览器 Picture Viewer 以及使 Internet 浏览器能够播放 QuickTime 影片的 QuickTime 插件等组成。QuickTime 支持实时流和快速启动流两种类型的流。使用实时流的 QuickTime 影片必须从支持 QuickTime 流的服务器上播放，是真正意义上的 Streaming Media，它使用实时传输协议(RTP)来传输数据。快速启动影片可以从任何 Web Server 上播放，使用超文本传输协议(HTTP)或文件传输协议(FTP)来传输数据。压缩编码可以选择包括 H.263 在内的多种编码，但以 Sorenson Video 为主，由 5.0 开始已经采用了 MPEG-4 压缩技术。

以上介绍的 3 种流媒体系统各有特色，Real Networks 公司的 Real System 应用最为广泛，生成文件较小，便于网上传输，而且很好地结合了 SMIL(同步多媒体集成语言)，功能强大，但使用较为复杂；而 Windows Media 虽然功能较简单，但容易使用和管理是它的特点。QuickTime 也正以虚拟现实的独特技术优势给人以身临其境的感觉，这也是流媒体技术的另一个发展方向。

### 13.2.4 流媒体的应用

Internet 的迅猛发展和普及为流媒体业务发展提供了强大的市场动力，流媒体应用正变得日益流行。流媒体技术现广泛地用于视频点播、远程教育、网络直播和视频会议等领域，对人们的工作和生活产生深远的影响。

**1. 视频点播**

视频点播(Video On Demand，VOD)是当代信息技术，尤其是计算机技术、多媒体技术、网络技术和通信技术发展的产物。视频点播与普通电视不同之处在于收视者不再是被动地观看电视台播放的节目，而是主动点播自己所需的节目。

随着宽带网和信息家电的发展，流媒体技术会越来越广泛地应用于视频点播系统。目前，很多大型的新闻娱乐媒体，如中央电视台，在 Internet 上提供基于流媒体技术的点播节目。

**2. 远程教育**

计算机技术、多媒体技术的发展以及 Internet 的迅速崛起，给远程教育带来了新的机遇。学生在家通过一台计算机、一条电话线、一个调制解调器就可以参加远程学习。在远程教学过程中，如何将多媒体教学信息(包括文本、图片、音频、视频等)从教师端传送到学生端是实现远程教学需要解决的问题。在当前网络带宽的限制下，流式传输将是一种较好的选择。教师可以通过流式媒体进行异地的实时授课，突破了传统面授的局限，为学习者在空间和时间上都提供了便利。

除了实时教学外，使用基于流媒体的 VOD 技术还可以进行交互式教学，达到因材施教的目的。学生可以通过网络共享学习经验。大型企业可以利用基于流媒体技术的远程教育对员工进行培训。

**3. 视频会议**

视频会议是流媒体技术的一个商业用途，通过流媒体可以进行点对点的通信，最常见的就是可视电话。只要两端都有一台接入 Internet 的计算机和一个摄像头，在世界任何地点都可以进行音视频通信。此外，大型企业可以利用基于流媒体的视频会议系统来组织跨地区的会议和讨论。利用视频会议可以节约会议经费和时间，提高开会效率，特别适合于召开各种紧急会议。

**4. 网络直播**

随着 Internet 技术的发展和普及，在互联网上直接收看体育赛事、重大庆典成为很多网民的愿望，而很多厂商希望借助网上直播的形式将自己的产品和活动传遍全世界。这些需求促成了互联网直播的形成，但是网络的带宽问题一直困扰着网络直播的发展，不过随着宽带网的不断普及和流媒体技术的不断改进，网络直播已经从实验阶段走向实用，并能够提供较满意的音视频效果。

# 13.3 P2P 技术

随着 Internet 的发展，近年来，互联网上 P2P 技术大行其道，而且方兴未艾，已经产生了很多主流应用。

## 13.3.1 P2P 简介

尽管 P2P 被许多人视为 21 世纪的技术热点之一，但它并不是一个新概念。早在 30 年前，就有公司推出了一些具有典型 P2P 特征的产品。事实上，互联网最初的设计目标就是让网络上的计算机互相之间可以直接通信而不需要中介，只是随后由于网络规模的扩大，"客户/服务器"模型才逐渐成为互联网上占统治地位的计算模型。从这个意义上看，最近几年才开始成为热点的 P2P 计算实际上是一种"向传统的回归"。

**1. P2P 技术的定义**

P2P 是 Peer-to-Peer 的缩写，Peer 在英语里有"地位、能力等同等者"、"同事"和"伙伴"等意义。因此，P2P 被称为"伙伴对伙伴"或"对等连接"或"对等网络"。P2P 打破了传统的 C/S (Client/Server，客户/服务器)体系结构和 B/S(Browser/Server，浏览器/服务器)体系结构中以服务器为中心的模式。在网络中的每个节点的地位都是对等的。每个节点既充当服务器，为其他节点提供服务，同时也享用其他节点提供的服务。P2P 不是一种新技术，而是一种新的 Internet 应用模式，指网络上的任何设备(包括大型机、PC、手机等)可以平等地直接进行连接并进行协作。P2P 模式示意图如图 13-4 所示。

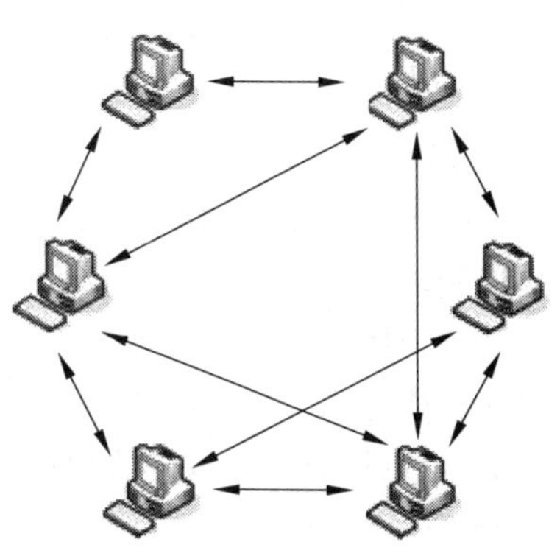

图 13-4 P2P 模式示意图

当前人们对 P2P 有不同的认识与理解：Intel 将 P2P 计算定义为"通过系统间的直接交换所达成的计算机资源与信息的共享"，这些资源与服务包括信息交换、处理器时钟、缓存和磁盘空间等；IBM 则给 P2P 赋予了更宽泛的定义，把 P2P 看成是由若干互联协作的计算机构成的系统，并具备如下若干特性之一：系统依存于边缘化（非中央式服务器）设备的主动协作；每个成员直接从其他成员而不是从服务器的参与中受益；系统中成员同时扮演服务器与客户端的角色；系统应用的用户能够意识到彼此的存在，构成一个虚拟或实际的群体。

总体来讲，P2P 是一种分布式网络，网络的参与者共享他们所拥有的一部分硬件资源（处理能力、存储能力、网络连接能力、打印机等），这些共享资源需要由网络提供服务和内容，能被其他对等节点（Peer）直接访问而无须经过中间实体。在此网络中的参与者既是资源（服务和内容）提供者（Server），又是资源（服务和内容）获取者（Client）。因此，P2P 使网络沟通更通畅，使用户资源获得更直接的共享和交互。

**2. P2P 技术的特点**

P2P 是一种新近兴起的网络模型，与传统的 C/S 模型比较，它在网络资源利用率、消除服务器瓶颈等多方面有明显的优势。P2P 技术的特点体现在以下几个方面。

1）非中心化

网络中的资源和服务分散在所有节点上，信息的传输和服务的实现都直接在节点之间进行，可以无须中间环节和服务器的介入，避免了可能的瓶颈。P2P 的非中心化基本特点，带来了其在可扩展性、健壮性等方面的优势。

2）可扩展性

在 P2P 网络中，随着用户的加入，不仅服务的需求增加了，系统整体的资源和服务能力也在同步地扩充，始终能较容易地满足用户的需要。整个体系是全分布的，不存在瓶颈。理论上其可扩展性几乎可以认为是无限的。

3）健壮性

P2P 架构天生具有耐攻击、高容错的优点。由于服务是分散在各个节点之间进行的，部分节点或网络遭到破坏对其他部分的影响很小。P2P 网络一般在部分节点失效时能够自动调整整体拓扑，保持其他节点的连通性。P2P 网络通常都是以自组织的方式建立起来的，并允许节点自由地加入和离开。P2P 网络还能够根据网络带宽、节点数、负载等变化不断地做自适应式的调整。

4）高性价比

性能优势是 P2P 被广泛关注的一个重要原因。随着硬件技术的发展，个人计算机的计算和存储能力以及网络带宽等性能依照摩尔定理高速增长。采用 P2P 架构可以有效地利用互联网中散布的大量普通节点，将计算任务或存储资料分布到所有节点上。利用其中闲置的计算能力或存储空间，达到高性能计算和海量存储的目的。通过利用网络中的大量空闲资源，可以用更低的成本提供更高的计算和存储能力。

5）隐私保护

在 P2P 网络中，由于信息的传输分散在各节点之间进行而无须经过某个集中环节，用户的隐私信息被窃听和泄露的可能性大大缩小。此外，目前解决 Internet 隐私问题主要采用中继转发的技术方法，从而将通信的参与者隐藏在众多的网络实体之中。在传统的一些匿名通信系统中，实现这一机制依赖于某些中继服务器节点。而在 P2P 中，所有参与者都可以提供中继转发的功能，因而大大提高了匿名通信的灵活性，能够为用户提供更好的隐私保护。

6）负载均衡

P2P 网络环境下由于每个节点既是服务器又是客户机，减少了对传统 C/S 结构服务器计算能力、存储能力的要求，同时因为资源分布在多个节点，更好地实现了整个网络的负载均衡。

## 13.3.2 P2P 技术的原理

P2P 起源于最初的联网通信方式，如在建筑物内 PC 通过局域网互联，不同建筑物间通过 Modem 远程拨号互联。其中建立在 TCP/IP 协议之上的通信模式构成了今天互联网的基础，所以从基础技术角度看，P2P 不是新技术，而是新的应用技术模式。现在互联网是以 C/S(Client/Server)或 B/ S(Browser/Server)结构的应用模式为主的，这样的应用必须在网络内设置一个服务器，信息通过服务器才可以传递。信息或是先集中上传到服务器保存，然后再分别下载(如网站)，或是信息按服务器上专有规则(软件)处理后才可在网络上传递流动(如邮件)。

下载模式经历了从最原始的 IE 浏览器下载，到后来的下载工具，下载速度越来越快。现在网上有多种下载工具，但它们使用的下载原理不同，使用起来效果也各不相同。下面以网络文件下载为例讨论基于 P2P 技术的分布式文件分发模式的工作原理。

**1. 传统的集中模式**

传统的集中模式是人们熟悉的 Web 下载方式，Web 下载方式分为 HTTP(Hyper Text Transportation Protocol，超文本传输协议)与 FTP(File Transportation Protocol，文件传输协议)两种类型，它们是计算机之间交换数据的方式，也是两种最经典的下载方式，该下载方式原理非常简单，就是用户两种规则(协议)和提供文件的服务器取得联系并将文件搬到自己的计算机中，从而实现下载的功能。其工作原理如图 13-5 所示。

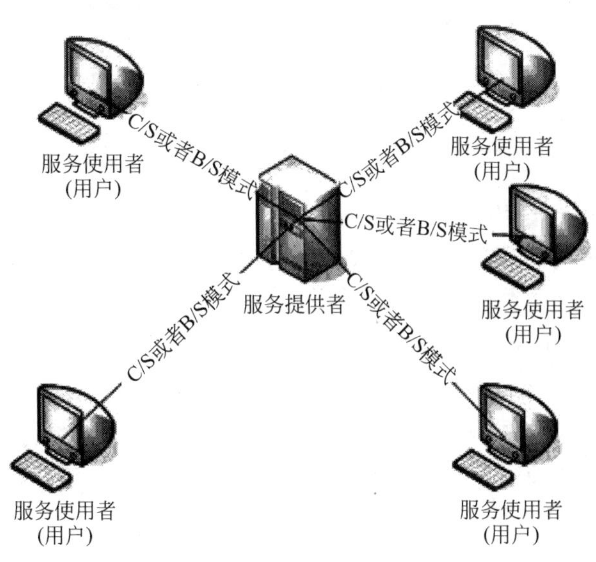


图 13-5 传统的集中模式示意图

当有一个较大的文件(几百 MB 或更大)要通过网络向位置分散的用户分发时，传统的做法是把要发布的文件上传到 Web 服务器或 FTP 服务器上，然后通知用户从这个中心服务器下载该文件。服务器承担了全部的上传（服务器向下载者传递文件）开销，它的处理能力和传输速率是影响文件分发速度的瓶颈。随着用户数量的增多，一方面每个用户可获得的下载速度将会降低，另一方面服务器的负载过大，甚至会使服务器出现故障，所以很多的服务器都会限制用户人数和下载速度，这样就给用户带来诸多的不便。

**2. 基于P2P的分布式模式**

与传统的客户机/服务器（C/S）模式不同，P2P工作方式中，每一个客户终端既是客户机又是服务器，也可以说每台用户机都是服务器。考虑到用户与服务器之间的连接是双向的，用户彼此之间也是可以互相访问的。P2P技术认为所有互联的设备互为对等体。每台用户机在自己下载其他用户机上文件的同时，还提供被其他用户机下载的作用，所以使用该种下载方式的用户越多，其下载速度就会越快。其工作原理如图13-6所示。这样将大大减轻服务器的压力，从而可以克服集中模式的缺点。

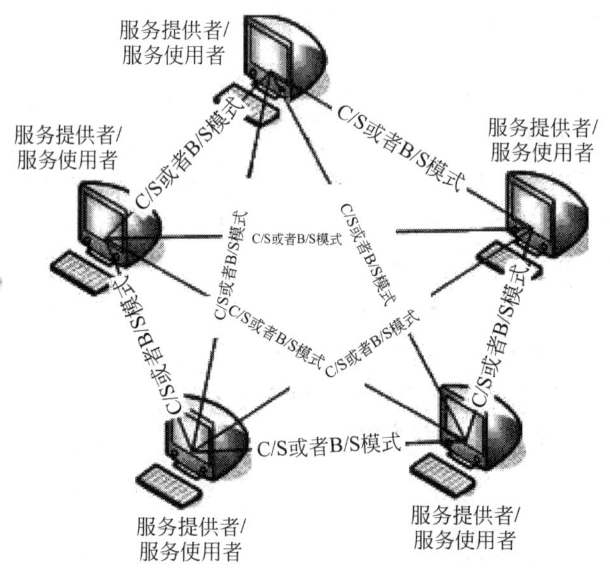


图13-6 基于P2P的分布式模式工作原理

**3. P2P的网络体系结构**

P2P系统是分布式的，有别于集中式的结构，也有别于基于服务器的结构。纯粹的P2P系统不存在不可或缺的服务器（某些混杂系统存在中央服务器），在P2P系统中的实体一般同时扮演两种角色：客户和服务器。

1）中央控制网络体系结构

第一代P2P网络采用中央控制网络体系结构，如图13-7所示。早期的Napster就采用这种结构。它采用快速搜索算法，排队响应时间短，使用简单的协议能够提供较高的性能，缺点是容易中断服务。

2）分散分布网络体系结构

第二代P2P采用分散分布网络体系结构，如图13-8所示。不再使用中央服务器，消除了中央服务器带来的问题。没有中央控制点，不会因为一点故障导致全部瘫痪，是真正的分布式网络。由于每次搜索都要在全网进行，造成大量网络流量，使得其搜索速度慢，排队响

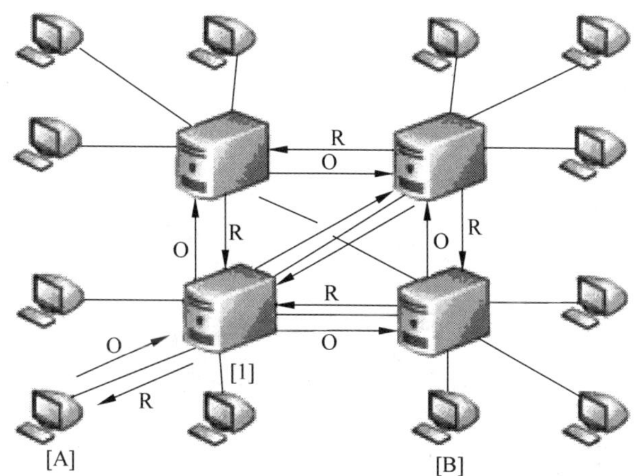

图 13-7 第一代 P2P 网络采用中央控制网络体系结构

应时间长。用户 PC 性能及其与网络连接方式决定网络的性能。这种模式具有自组织行为,降低了拥有者的成本,提供可扩展性。特别适合在自组织网上的应用,如即时通信等。

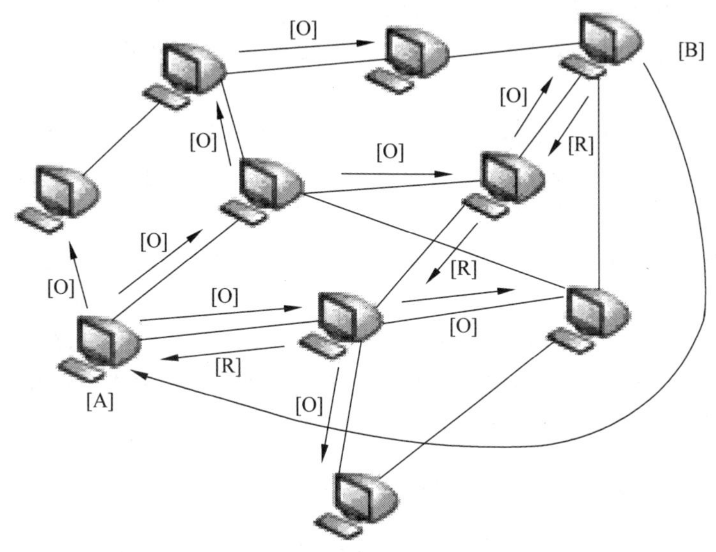

图 13-8 第二代 P2P 采用分散分布网络体系结构

3) 混合网络体系结构

第三代 P2P 采用混合网络体系结构,如图 13-9 所示。这种模式综合第一代和第二代的优点,用分布的超级节点取代中央检索服务器。采用分层次的快速搜索改进了搜索性能,缩短了排队响应时间,每次排队产生的流量低于第二代分布网络。超级智能节点的布设提供了更高的性能。没有中央控制点,不会因为一点故障导致全部瘫痪。

内容被分布存储在分布的存储器和客户终端中。通过快速检索系统可以快速发现内容分布存储的位置。目前常用的 P2P 软件有 BT 下载软件和 Gnutella 等,这些软件采用"快速追踪"技术构成 P2P 网络,有着许多传统客户机/服务器网络所没有的优点。技术上不但

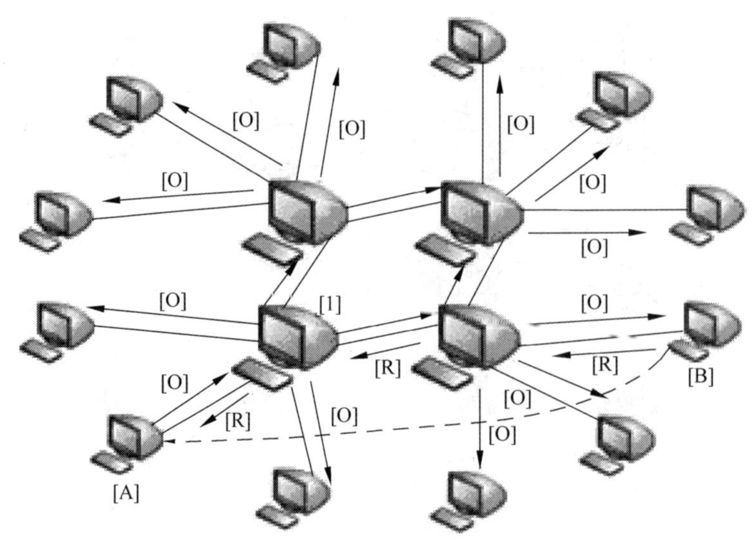


图 13-9　第三代 P2P 采用混合网络体系结构

可以大大地减少文件搜寻的时间，更重要的是可以不用昂贵的中央控制硬件设备（服务器等）。这种 P2P 网络使用终端本身计算机的处理能力，网络处理能力随着终端使用者人数增长而增加。

第四代 P2P 目前正在发展中。主要发展技术有动态口选择和双向下载。

动态口选择：目前 P2P 使用固定的口，但是一些公司已经开始引入协议可以动态选择传输口，一般来说，口的数目为 1024～4000。甚至 P2P 流可以用原来用于 HTTP（SMTP）的端口 80 来传输以便隐藏。这将使得识别跨运营商网络的 P2P 流，掌握其流量变得更困难。

双向下载：BT 等公司进一步发展引入双向流下载。可以多路并行下载和上载一个文件或多路并行下载一个文件的一部分。而目前传统的体系结构要求目标在完全下载后才能开始上载。这将大大加快文件分发速度。

### 13.3.3　典型的 P2P 应用系统

2002 年，18 岁的肖恩·范宁开发了第一个 P2P 软件——Napster。其初衷只是利用互联网更方便地交换 MP3，结果无意中引入了“对等”的概念——让两个用户脱离服务器直接连接起来交换数据。在最近短短几年里，基于 P2P 的网络应用已经在人们的网络生活中占据了一席之地，知名的即时通信软件 ICQ、MSN 以及国内的 QQ 等都是 P2P 的经典应用。而在网络资源下载方面，目前最为热门的基于 P2P 的 BT 下载和电驴下载，基于 P2P 技术下载的 MP3 和视频文件已经成为宽带用户流量的主体。还有基于 P2P 技术的流媒体网络视频应用系统。

**1. ICQ 类的即时通信软件**

两个或多个用户互相使用文字、语音或文件进行交流，快速、直接，易于同非 PC 网络设备（如 PDA、手机）通信，而且它不依赖设备即可辨别用户。由于利用 P2P 技术可以弱化甚至摆脱对中央服务器的依赖，这样的通信更接近非互联网通信模式。

**2. 文件和其他内容共享——BT 技术**

目前 P2P 领域较为热门的应用系统如 Napster、Gnutella 等，大多是为了共享音乐、视频、电影、图片和文档等资源而设计的，因此信息共享应该是 P2P 目前最有吸引力的应用领域。更为高级的共享机制可以通过信息的收集和组织功能，构造具有通用任务管理器功能的计算机。

现在人们已经很熟悉用 BT 下载资源，BT 的全名为 BitTorrent，中文译为“比特湍流”，它是一种不同于互联网常态的资源交流机制。作为一种革新性下载工具，BT 吸纳了 P2P 的技术优势，简单而有效地实现了下载压力的分担。以共享下载文件为例，下载同一个文件的众多用户中的每一个用户终端只需要下载文件的一个片段，然后互相交换，最终每个用户都能得到完整的文件。BT 的基本工作原理是这样的：首先，在上传一个文件到服务器之前把它分成 $N$ 个部分(块)，用户甲在服务器随机下载了第 $i$ 个块，用户乙在服务器随机下载了第 $j$ 个块，这样用户甲的 BT 就会根据情况从用户乙拿用户乙已经下载的第 $j$ 个块，用户乙的 BT 就会根据情况从用户甲拿用户甲已经下载的第 $i$ 个块，这样就不但减轻了服务器的负载，也加快了用户方(甲和乙)的下载速度，效率也提高了，还减少了地域之间的限制。譬如用户丙从服务器下载的速度可能只有每秒几 KB，但是从距离较近的用户甲和用户乙下载的速度就快很多。所以与传统的模式不同，用 BT 下载时用户越多，总下载速度越快。

随着互联网的普及和宽带技术的发展，以 P2P 技术为核心的软件产品正在为越来越多的网民所接受和喜爱。自 2000 年开始，国内外多家 P2P 产品纷纷问世，如以国内 Kugoo、BitTorrent、eMule 等为代表的 P2P 产品在短短几年时间，用户的注册量不断增长，已成为许多网民不能离弃的上网伙伴。

**3. 基于 P2P 技术的流媒体网络视频**

在实际应用中，很多网络运营商联合影视公司共同推出 P2P 流媒体网络视频，代替原有的 P2P 下载，不但显著减少了网络的负荷，而且杜绝了盗版现象。P2P 在网络视频中已经开始体现其巨大的商业价值。在国内网络视频行业中，作为专门从事宽带网络视频的媒体，“悠视网”采用其独特的协议和传输机制(组播＋P2P)在目前网络条件下处于领先地位。PPLive 是一款用于互联网上大规模视频直播的共享软件。它使用网状模型，有效解决了当前网络视频点播服务的带宽和负载有限问题，实现用户越多，播放越流畅的特性，整体服务质量大大提高。

## 13.3.4 P2P 的应用前景

与传统的分布式系统相比，P2P 技术具有无可比拟的优势，具有广阔的应用前景。P2P 技术蕴涵着巨大的商业和技术潜在价值。另外，P2P 技术的广泛应用以及它本身具备的成本低、通信效率高的特点，可广泛适用于分布式存储、分布式计算、分布式搜索等领域。

**1. 基于 P2P 的分布式存储系统**

基于 P2P 的分布式存储系统是一个用于对等网络的数据存储系统，它可以通过使用网络边缘设备以本地方式存储项目和信息，从而降低对服务器存储方面的需求。基于 P2P 的分布式存储系统可以提供高效率的和负载平衡的文件存取功能。

**2. 基于 P2P 的分布式计算系统**

加入对等网络的节点除了可以共享存储能力之外，还可以共享 CPU 处理能力。将大型任务进行分解，然后将子任务传送到其他节点机上进行处理，然后将结果返回，从而实现分布式计算。这种计算能力共享系统可以用于进行基因数据库检索和密码破解等需要大规模计算能力的应用。

**3. 基于 P2P 的适应性信息检索系统**

基于 P2P 的适应性信息检索系统由若干个自治的节点组成，它们按照网络架构组成一个信息检索网络，每一个节点都是对等的。每一个节点都由一个客户端代理和一个服务器端代理组成。用户通过客户端代理提交提问，对于每个提问，客户端代理可根据具体情况，使用元搜索、爬行器和转交给服务器端代理 3 种方式的任意组合进行检索处理，对于 3 种方式返回的结果文档，客户端代理经过合并过滤之后呈现给用户。用户在浏览结果时，通过将文档标记为感兴趣或不感兴趣的方式，向客户端代理提交相关反馈。利用这些反馈，客户端代理可以建立一个用户模型，该用户模型一方面将用于今后的结果过滤，另一方面也将用于修改用户的原始提问，以便今后进行进一步的检索处理。与此同时，服务器端代理负责节点之间的通信，它可以在接收用户模型和相关文档的基础上，进行用户聚类，并在聚类的基础上，在具有相同或相似兴趣的用户之间实现合作式推荐和转发检索请求。

## 13.4 IPTV 技术

随着互联网的发展和计算机应用的普及，不仅人们对多媒体播放业务的需求越来越大，而且提出了更高的要求——交互能力，IPTV 为人们提供了实现这一目标的绝佳机会。

### 13.4.1 IPTV 简介

**1. IPTV 的概念**

网络电视在 20 世纪 90 年代中期开始发展，当时通过互联网向大众提供实时视音频流的流媒体技术开始出现。网络电视，也称为 IP 电视或 IPTV，是指利用互联网作为传输通路传送电视节目及其他数字媒体业务，在终端设备观看的技术。

IPTV 是利用宽带网的基础设施，以家用电视机（或计算机）作为主要终端设备，集互联网、多媒体、通信等多种技术于一体，通过互联网络协议（IP）向家庭用户提供包括数字电视在内的多种交互式数字媒体服务的新兴技术。IPTV 在国内也被称为网络电视，是一种个性化、交互式服务的崭新的媒体形态。

由于它在交互性、实时性等方面的先天优势，网络电视逐渐被越来越多的人所认可。IPTV 的优势在于它可以实现真正的互动，它不但能接收广播信号，也能实现用户与运营商的互动。而且由于使用的是 TCP/IP 协议，IPTV 还可以非常容易地将电视服务和互联网浏览、电子邮件收发以及多种在线信息咨询、娱乐、教育及商务功能结合在一起。IPTV 能提供点播、广播/直播、视频通信、短信/彩信、信息服务、游戏等业务。

**2. IPTV 的特点**

不妨把网络电视与有线数字电视做个比较。数字电视利用专有的频率带宽和传输方式传送电视节目，优点在于可以大规模广播，信号质量稳定可靠，接入响应速度快。网络电视则相对灵活一些，它利用 IP 协议传送流媒体节目，传输手段多样，可以是 ADSL、WAN、有线等方式，并且它通常具有回传通道，可以进行双向交互。与有线数字电视相比，其最主要的改变是可以根据用户的需求点播节目，提高了用户友好性与交互性。IPTV 主要有以下功能。

(1) 点播功能：即用户可以在任何时候点播收看节目库中喜欢的节目内容。

(2) 广播时移功能：即广播时，用户可以实现"暂停"、"再继续"等播放功能。

(3) 双向互动功能：用户可以参与感兴趣节目的互动讨论，可以主动选择节目。IP 电视不仅是传播工具，它还具备网络固有的互动性和反馈性。用户可按需获取宽带 IP 网提供的媒体节目，实现实质性互动。

其次，IPTV 借助先进高效的视频压缩技术，为用户提供高质量的数字媒体信息服务。此外，IPTV 还可以为用户提供包括数字电视节目、可视电话、VOD、Internet、网络游戏、网上购物和远程教育等在内的交互式多媒体信息服务。

用户在使用 IPTV 的时候，由于开设了 BBS 留言板等沟通渠道，观众收看 IP 电视的同时就可各抒己见。通过观众的反馈，网络电视台便可有效地实时调整其节目内容。如果观众正在收看一场直播球赛时，突然有急事要出去一下，不妨让电视暂停，出去办完事情回来后可以继续播放，球赛的每一个精彩片断都不会漏看；又如电视剧时，前面有个细节没看清楚，观众可以后退到想看的部分；若对正在播放的部分不感兴趣，可以快进绕过它。此外，还可参与节目互动，享受信息速递、时尚游戏、电子商务等各种形式的服务。所有这一切的实现，只需用计算机鼠标或电视遥控器轻轻一点。这些实实在在的功能能为用户带来他们所需要的服务，能得到用户的认可和最大限度的拥护。

## 13.4.2 IPTV 技术的原理

IPTV 是一种以家用电视机或 PC 为显示终端，通过互联网，提供包括电视节目在内的内容丰富的多媒体服务业务，IPTV 是计算、通信、多媒体和家电产品崭新技术的融合，其关键技术是利用计算机或"机顶盒＋电视"完成接收视频点播节目、视频广播及网上冲浪等功能。

**1. IPTV 的工作原理**

IPTV 的工作原理和基于互联网的电话服务相似，它把呼叫分为数据包，通过互联网发送，然后在另一端进行复原。其实也是跟大多数的数据传输过程一样。首先是编码，即把原始的电视信号数据进行编码，转化成适合 Internet 传输的数据形式；然后通过互联网传送，最后解码，通过计算机或电视播放。只是要求传输的数据是视频和同步的声音。如果效果要达到普通的电视效果(每秒 24 帧)甚至是 DVD 效果就要采用最新的高效视频压缩技术，并要满足带宽的要求(带宽至少达到 500～700Kbps 即可收看 IPTV，768Kbps 的能达到 DVD 的效果，2Mbps 就非常清楚了)。

**2. IPTV 的系统组成**

IPTV 通过电信通道，利用 ADSL 或以太网或者有限电视网络等接入宽带网，通过互联网协议来传送电视信号，以家用电视机或计算机作为主要终端电器。提供包括电视节目在内的多种数字媒体服务。其关键技术是利用计算机或"机顶盒＋电视"完成信号接收。还原成原始数据以便在 PC 软件或电视中播放。

IPTV 是一个综合业务，它的基本系统模型中包括 3 个组成部分，即 IPTV 业务系统平台、IP 网络和用户端，每个部分都由一些关键设备组成，完成相应的基本功能以保证 IPTV 业务的顺利运营。图 13-10 展示了 IPTV 业务系统各组成部分。

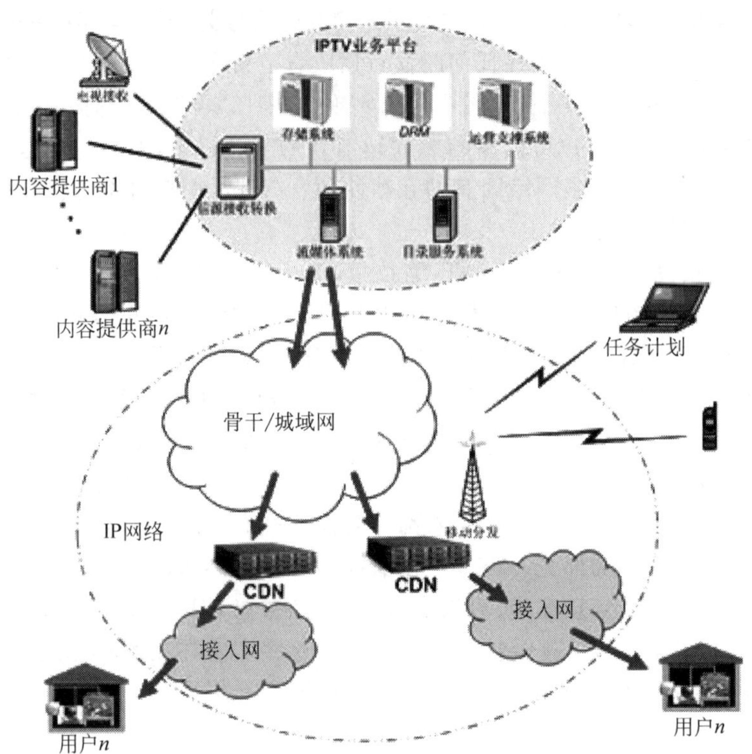


图 13-10　IPTV 业务系统各组成部分

1）IPTV 业务系统平台

IPTV 的业务前端主要包括了流媒体系统、用户管理系统、存储系统、编码系统、信源接收转换系统等。内容提供商提供原始内容，它们可以是模拟或数字内容。

（1）流媒体系统。流媒体系统把经过数字化处理的视频内容以视频流的形式推送到网络中，使得用户可以在仅下载部分视频文件后即可开始观看，在观看的同时后续视频内容将继续传输。流媒体系统中包括了提供组播和点播服务的视频服务器。

（2）用户管理系统。用户管理包括对 IPTV 业务用户的认证、计费、授权等功能，保证合法用户可以得到安全高质量的服务。

（3）存储系统。存储系统主要用于存储数字化后的供点播的视频内容和各类管理信息，考虑到数字化后的视频文件相当庞大以及各类管理信息的重要性，因此存储系统必须兼顾海量和安全等特性。

（4）编码系统。编码器的作用是按照一定的格式和码率特性要求完成模拟视频信号的数字化。

（5）信源接收转换系统。信源接收转换系统能完成各种视频信号源，如有线电视、卫星电视等的接收。

2）IP 网络

IPTV 系统所使用的网络是以 TCP/IP 协议为主的网络，包括骨干/城域网络、宽带接入网络和内容分发网络。

（1）骨干/城域网络。骨干/城域网络主要完成视频流在城市范围和城市之间的传送，目前城域网络主要采用千兆/万兆以太网络，而长距离的骨干网络则较多选用 SDH 或 DWDM 作为 IP 业务的承载网络。

(2) 宽带接入网络。宽带接入网络主要完成用户到城域网络的连接，目前常见的宽带接入网络包括 xDSL、LAN、WLAN 和双向 HFC 等，可以为用户提供数百 Kbps 至 100Mbps 的带宽。

(3) 内容分发网络。内容分发网络是一个叠加在骨干/城域网络之上的应用系统，其主要作用是将位于前端的视频内容分布存放到网络的边缘以改善用户获得服务的质量，减少视频流对骨干/城域网络的带宽压力。

一般而言，IPTV 系统的业务提供平台直接连接在骨干/城域网络上，视频流通过内容分发网络被复制到位于网络边缘的宽带接入设备或边缘服务器中，然后通过宽带接入网络传送到业务的接收端，由此可以看出网络电视业务中的视频流实际上是通过分布在全网边缘的各个宽带接入设备或边缘服务器与前端部分共同完成的。

3) 用户接收端

IPTV 系统的用户端一般有 3 种接收方式，包括了 PC 终端、机顶盒＋电视和手机。

(1) PC 终端。PC 终端包括了各种台式计算机以及各种可以移动的计算机，如 PDA 等，此类设备的特点是自身具备较强的处理能力，不仅可以独立完成视频解码显示任务，同时还可以安装其他软件完成信息交互、自动升级和远程管理等功能，如浏览器和终端管理代理等。

(2) 机顶盒＋电视。电视一般仅具备显示各类模拟和数字视频信号的能力，而不具备交互能力，无法满足 IPTV 的业务要求。因此目前采用机顶盒＋电视的终端应用较多。机顶盒主要作为数字视频信号的接收和处理设备，与网络进行交互控制，实现 IPTV 业务功能。电视机只完成数字视频的显示工作。

(3) 手机。手机作为 IPTV 业务的终端设备必须具备处理和显示数字视频信号的能力，一般用于移动 IPTV 业务。目前市场上具有处理显示动态画面的手机基本受其网络传输速率和视频解码处理能力的限制还无法提供比较流畅的视频信号，因此在 3G 网络投入运营以及有更为有效的编码方案后，手机才会逐步成为 IPTV 的终端设备。

### 13.4.3 典型的 IPTV 应用系统

**1. IPTV 的典型应用领域**

IPTV 业务充分利用高带宽和交互性的优点，提供各种能满足用户有效需求的增值服务，让用户体验到宽带消费物有所值。对于成熟的宽带业务至少应该具备 4 个特点：多媒体化、互动性、人性化、个性化。由具有上述特点的 IPTV 业务衍生的宽带增值应用很多，典型应用包括以下内容。

1) 直播电视

直播电视类似于广播电视、卫星电视和有线电视所提供的服务，这是宽带服务提供商为与传统电视运营商进行竞争的一种基础服务。直播电视通过组播方式实现直播功能。

2) 时移电视

时移电视能够让用户体验到每天实时的电视节目，或是今天可以看到昨天的电视节目。

时移电视是基于网络的个人存储技术的应用。时移电视功能将用户从传统的节目时刻表中解放出来，能够让用户在收看节目的同时，实现对节目的暂停、后退操作，并能够快进到当前直播电视正在播放的时刻。

3）视频点播

IPTV 的视频点播是真正意义上的 VOD 服务，它能够让用户在任何时间任何地点观看系统可提供的任何内容。通过简单易用的遥控器，让用户有了充分支配自己观看时间的权利。这种新的视频服务方式让传统的节目播出时刻表失去意义，使用户在想看的时候立即得到视频服务的乐趣。

4）网络游戏

网络游戏是指在互联网上运行的游戏，分为服务器端和客户端，用户安装客户端软件后，需要登录运营商服务器才可以进行游戏。网络游戏是一种网络服务，游戏者需要向运营商缴纳一定的费用才能进行网络游戏。

网络游戏近几年随着互联网技术和网络带宽的提高得到蓬勃发展，引起政府和社会各界广泛关注，国家对网游产业采取积极扶植和大力支持的态度，最近由国家新闻出版总署公布了首批“中国民族网络游戏出版工程”名单。这说明我国的网游产业正向着多元化、本土化的方向发展，已成为一个健康向上的朝阳产业。网络游戏在今后发展中必将成为一种规范化、标准化、产业化的新兴行业，是未来发展不可忽视的领域。

网游产业发展壮大，将彻底改变人们生活娱乐方式，使人们的生活越来越丰富多彩。

5）电视上网

尽管目前个人计算机日益普及，但仍有相当一部分人认为计算机过于昂贵、太复杂。这个群体的人们只是喜欢偶尔上上网，收发电子邮件，而不想费神去拥有或学习使用计算机。

IPTV 业务的出现使他们的愿望得以实现。他们可以利用机顶盒的无线键盘或遥控器在电视机上享受定制的互联网服务、浏览网页和收发电子邮件，享受高科技带来的丰富的信息资源。

6）远程教育

远程教育是指通过音频、视频（直播或录像）以及包括实时和非实时在内的课程通过计算机、多媒体与远程通信技术相结合的网络传送到校园外的教育。IPTV 所具有的点播功能完全符合远程教育的需求，是远程教育课件点播很好的应用平台。

随着信息技术的发展，远程教育作为一种新型教育方式为所有求学者提供了平等的学习机会，使接受高等教育不再是少数人享有的权利，而成为个体需求的基本条件。IPTV 业务的应用更使得远程教育贴近授众，人们坐在家中电视机前随时可以获得想要的学习资料。IPTV 的远程教育应用提供了教育资源、教育对象、教育时空的广泛性，为大众的终身学习提供了可能性。

**2. 典型的 IPTV 应用系统**

1）方正天骄的网络电视系统

（1）产品概述。方正天骄网络电视（Founder IPTV）是为媒体单位量身打造的网络电视整体解决方案，该方案由节目制作、节目整合及节目运营 3 个关联系统组成，可以帮助用户完成从节目制作、整合到运营的全部业务流程。方正通过多年经验积累和技术创新，已成为网络电视领域一流的技术方案提供商。

方正天骄网络电视产品不仅支持媒体单位用户完成节目制作商、节目提供商、节目运营商的单一角色定位，也同时支持3种角色的统一定位。此外，方正天骄还以标准接口方式(XML和SOAP)与电信运营商业务运营支撑系统(BOSS)对接，可以随时开展联合运营，让媒体单位用户发挥节目优势的同时，也能够充分利用电信运营商完善的运维体系以及客户资源，实现多方共赢。

(2) 产品架构。方正天骄网络电视系统以内容管理系统和工作流引擎为平台，在此之上构建了节目生产、节目整合及发布运营3种应用系统，系统采用SOA(面向服务架构)形式组成完整的网络电视系统。

方正天骄网络电视系统由平台软件、应用软件及工具软件等不同类型的功能软件构成，其中内容管理系统和工作流引擎提供了易于扩展的坚实平台，而多种高效易用的应用软件和工具软件则保证了业务的顺利开展。方正天骄网络电视产品架构如图13-11所示。

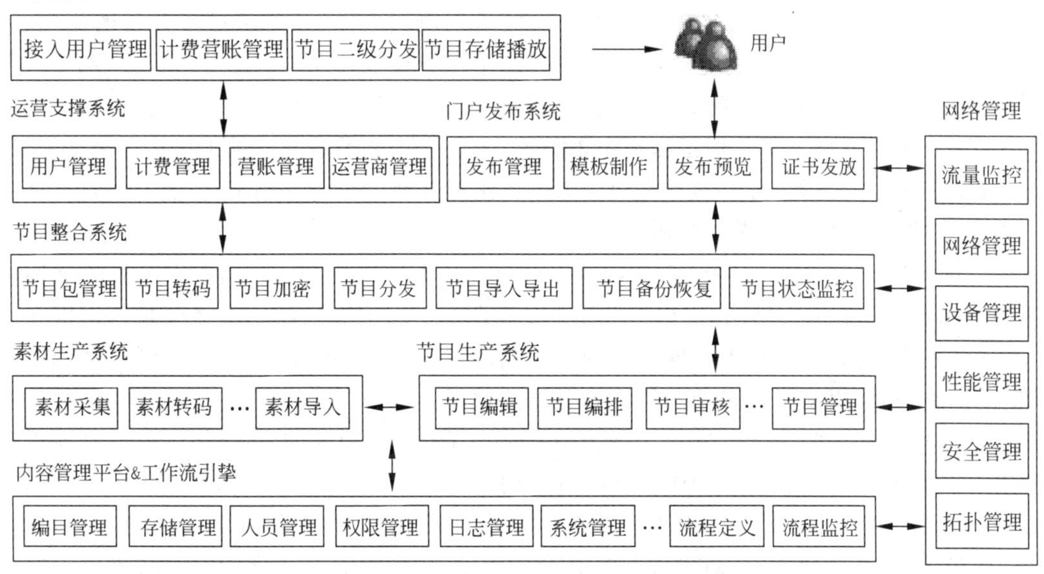


图13-11　方正天骄网络电视产品架构

(3) 详细介绍。

① 节目生产系统。节目生产系统针对节目制作商，实现节目内容的策划、采集、编辑、编排、审核、存储管理等业务流程。

② 节目整合系统。节目整合系统针对节目提供商，实现节目包管理、节目加密、节目转码、节目分发、状态监控等业务流程。

③ 发布运营系统。发布运营系统针对节目运营商，由门户发布和运营支撑两个系统构成，实现节目内容网站发布、数字版权证书发放、用户管理、计费管理、营账管理、运营商管理等业务流程。

(4) 技术优势。

① 流媒体技术(Streaming Media，SM)。方正天骄网络电视系统以微软VC-1视音频编码方案为基础，通过技术创新，开发出拥有自主知识产权的网络化采集、帧精确快编、集群

化转码、集群化加密、复合信源编播等多种软件，解决了网络电视节目大规模生产中的效率瓶颈，为各项业务的开展提供了不可或缺的技术工具。

② 数字版权保护技术(Digital Rights Management,DRM)。方正天骄网络电视通过执行数字版权保护策略，完成了对发布节目的有效控制，防止节目被恶意下载和传播。方正天骄网络电视同时支持加密节目中自包含加密密钥，针对不同的用户，由各地服务器为各家节目运营商指定商业策略，最终实现了多家节目运营商执行各自运营策略的要求。

③ 内容管理技术(Content Management,CM)。网络电视节目制作、整合和运营过程需要处理大量的节目资料，方正天骄网络电视利用方正博思内容管理平台，为网络电视节目处理应用提供了基础平台支持。该平台面向海量内容处理，集内容数字化、内容分布式存储、内容挖掘分析为一体。支持数据结构定制，支持各种元数据标准和分类法，具有超强的跨媒体管理特性，能够统一管理各种类型的多媒体内容。同时还提供统一的用户管理、权限认证、日志记录等系统管理机制。

④ 工作流引擎技术(Work Flow,WF)。网络电视的全部流程，包括了节目的规划、采集、编辑、审查、编排、交换、转码、加密、分发等多个业务环节。如此多的环节，一方面要求每个子系统都必须高效稳定运行，另一方面也要求各个子系统相互配合，形成完整的工作业务流程。方正天骄网络电视采用工作流引擎技术，为各个业务子系统提供工作流程驱动引擎，满足了业务系统的需要。同时，系统包含有基于图形界面的流程定制工具，更是将这一优势通过“所见即所得”的方式提供给用户。

⑤ 内容分发技术(Content Delivery Network,CDN)。方正天骄网络电视系统利用CDN技术建立内容分发网络，可以按照不同的节目包、不同的分发站点，将节目内容发布到边缘服务器上。同时，方正天骄网络电视采用独有的IP组播技术实现节目分发，降低了分发时的网络消耗，提高了网络的利用率和分发的效率。

⑥ 内容发布技术(Web Content Management,WCM)。方正天骄网络电视通过模板技术实现内容的准实时发布，其中的发布内容在用户访问时，能够通过发布程序自动完成同模板的合成，并动态生成HTML页面。系统也提供生成静态HTML页面的功能，能够自动生成静态的HTML页面，并具有即时更新的能力，通过配置后台调度的时间间隔保证信息发布的即时性和滚动性。同时，网站以静态页面形式发布，使得最终用户在更短的时间内查询到需要的信息，提升了用户的访问体验。

(5) 典型案例。

① 央视网络电视。2004年5月31日，由北京北大方正电子有限公司承担建设的央视网络电视系统(v.cctv.com)北京站正式开通试运行，首都的宽带用户可以随时点播中央电视台丰富的节目内容。

目前央视网络电视已经开通了影视剧场、记录时空、体育传奇、娱乐空间等28个频道，已经存储了1.2万条、近万小时的电视节目，每日平均新增40小时节目，将央视最新播出的节目在第一时间放在网上供用户点播收看。央视网络电视除了自办栏目外，还积极引进其他节目运营商的优秀节目，目前天气预报频道、动画频道等外包节目也已经与观众见面。央视计划逐渐扩展到80个栏目，一批精品频道、个性频道将陆续推出。

央视网络电视采取与各地的电信营运商合作的模式，继北京站开通运营后，又相继在上海、江苏两省市落地，2005年又在云南、黑龙江、新疆、河南、河北和吉林落地，覆盖了国内十余个省份。方正天骄网络电视提供的 CDN 内容分发系统,可以与电信运营商的存储系统进行对接,保证每日更新的节目在一小时内送达各地存储节点。同时,方正天骄网络电视通过与互联星空运营平台等系统的对接,可以及时准确地掌握央视网络电视的运营收入情况。央视网络电视播放界面如图 13-12 所示。

图 13-12 央视网络电视播放界面

央视网络电视北京站开通运行后,吸引了每日百万次的点击量,充分显示出央视的影响力和观众的巨大热情。央视网络电视北京站已经开始收费运营,目前以包月形式计费,每月 30 元,以后还将推出按照栏目包月以及按次计费的模式。其他省市站点目前处于免费试运行阶段。同时,央视网络电视通过与广州捷报等运营商的合作(www.icctv.cn),借助其网络资源和用户资源,使得央视网络电视的节目可以覆盖全球互联网用户。

央视网络电视的成功运营,确立了北大方正在网络电视领域的领先地位。相信精益求精的北大方正,一定会在中国网络电视市场一路领跑。

② 搜狐网站。2005 年 5 月 23 日,方正和搜狐互联网信息服务公司签署战略合作协议,今后双方将发挥各自优势,共同开拓发展基于互联网的视音频服务及增值业务。

搜狐是中国领先的新媒体、电子商务、通信及移动增值服务公司,是中文世界最知名的互联网品牌之一。随着互联网视音频应用的发展,搜狐网站迫切需要统一管理越来越多的视音频形式的新闻、体育节目内容、嘉宾访谈录像,以及用以宽带增值服务的影视节目,进而探索视音频媒体内容的多种增值应用。

方正电子凭借多年来在视音频领域的研究和积累,此次合作将为搜狐网站提供全套的视音频内容管理系统、生产系统、整合系统,以及各类视音频处理软件,帮助搜狐全面提升视音频资产的管理水平和应用水平,为搜狐在互联网领域的进一步发展提供技术支持。搜狐娱乐页面如图 13-13 所示。

图 13-13　搜狐娱乐页面

目前搜狐每日拍摄、收录、制作的大量节目已经全部著录到方正视音频管理系统，包括上万小时的娱乐、体育和访谈节目，4000 部（集）影视节目。300 多人的内容编辑部门也开始全面采用方正视音频处理软件进行后期编辑加工，网站整体的视音频节目采集、编辑、存储、发布各个环节完全纳入了流程化管理，网站的视音频应用呈现出全新的面貌。

借助与方正视音频技术的有力支撑，搜狐已经在国内部署了北京、上海、广州、重庆 4 个视频服务中心，通过广告和付费收看等多种方式，为全国互联网用户提供优质的视音频服务。

2）奔流（RollingStream）运营级 IPTV 整体解决方案

UT 斯达康运营级 IPTV 整体解决方案是一套开放的支持多业务、多服务终端的宽带多媒体业务平台，通过 IP 网络提供广播级视频质量的视频和各类互动服务，为运营商提供端到端的数据、语音、视频“Triple play”业务。奔流（RollingStream）系统为 IPTV 业务提供了端到端的业务解决方案，包括内容制作、内容存储/加密、内容分发、内容播放、终端显示的各个方面，都可提供基于电信级的解决方案。同时，奔流（RollingStream）系统也是一个开放的系统，可提供基于中间件形式的系统整合能力，成功的集成第三方的产品，诸如 DRM 系统、机顶盒、内容 Encoder 等。

（1）奔流（RollingStream）整体解决方案优势。

① 国内外运营商广泛采用，是全球唯一超百万用户规模的商用解决方案，技术先进，产品成熟，系统稳定。

② 提供丰富的视听类和增值类互动业务，特别是业界首家创新推出的时移电视，可以随心所欲地进行暂停、2～32 倍速前进或后退。

③ 真正开放性服务平台，支持多 CP 和多 SP 的无缝接入，真正做到系统架构与编解码格式无关，解决了多运营商联合运营的 IPTV 行业难题。

④ 技术领先，多项创新技术彻底解决大规模业务部署中存在的瓶颈，保证完美电视服务体验。

运营商可以通过 UT 斯达康特有的综合业务管理平台引入多种渠道的节目内容，能够有针对性地进行用户管理、EPG 管理、终端管理、网络管理、SP 管理和经营分析等功能。解决了电信运营商同时管理多个内容渠道的复杂需求。

(2) 奔流(RollingStream)系统的组成。

奔流(RollingStream)系统为 IPTV 业务提供了端到端的业务解决方案，先进的系统架构对 Codec 完全透明，可透明支持 AVS，如图 13-14 所示。奔流(RollingStream)系统包括内容制作、内容存储/加密、内容分发、内容播放、终端显示各个方面，都可提供基于电信级的解决方案。

奔流(RollingStream)采用模块化的组件架构的通用性设计，在内容发布、运维支撑和网络分发 3 个部分，与视频数据的具体编码格式是无关的，透明的。

奔流(RollingStream)系统采用分布式体系架构部署，整体分为内容服务平台、存储分发平台、运营支撑平台、网络分发平台、终端服务平台 5 大部分。其主要平台分类如图 13-14 所示。

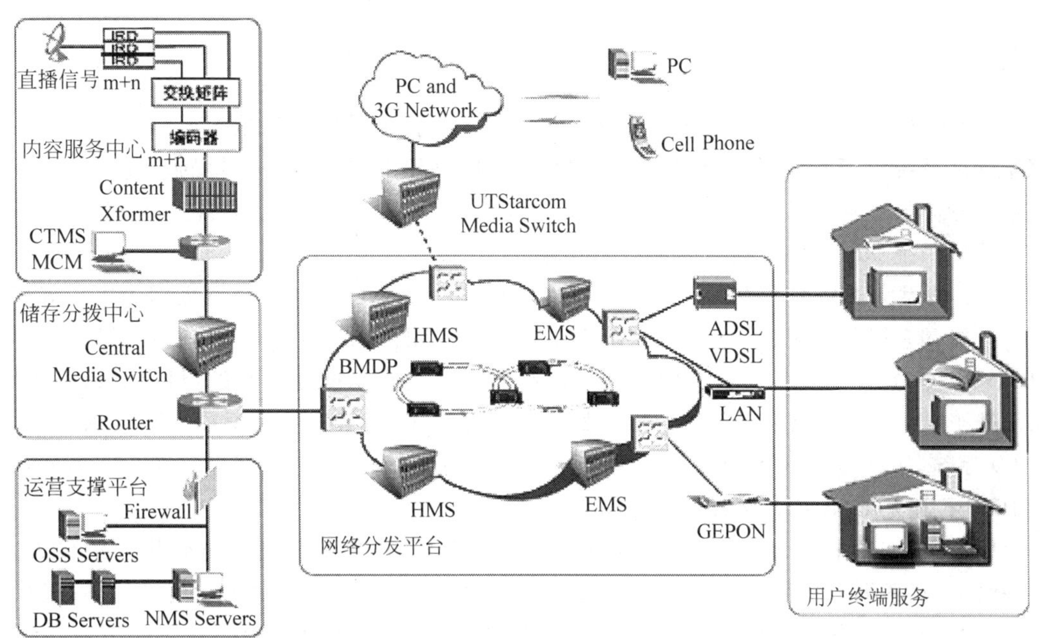


图 13-14 奔流(RollingStream)系统体系架构

(3) 支持的特色业务。

奔流(RollingStream)系统不仅仅支持以 LiveTV、Timeshift-TV、VOD、TVOD 等为基础的各项功能，而且具有良好的功能上的可扩展性，在此平台上具有众多丰富多彩的增值互动业务，如时移电视、直播电视、视频点播、时移电视、虚拟电视频道/准 VOD 点播、Tcommerce/电视商务、视频电话、视频会议、互动竞猜/投票、卡拉 OK、网络录像、高清电视、信息浏览、网络游戏、远程教育/医疗、在线炒股、互动广告、高速上网、电子商务、数码相集、即时信息、紧急消息、竞猜、彩票等。奔流（RollingStream）系统支持的增值互动业务如图 13-15 所示。

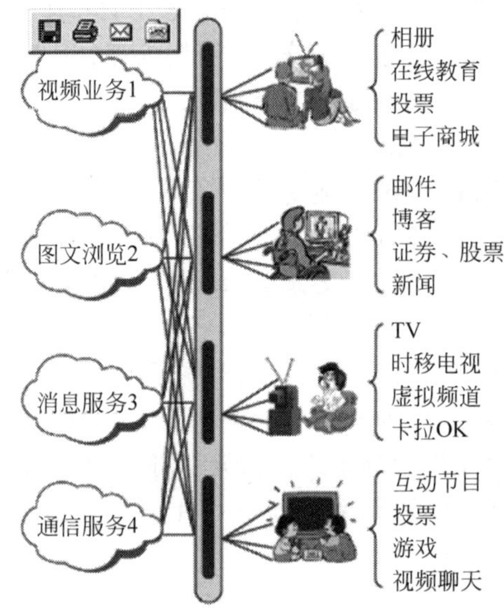


图 13-15　奔流（RollingStream）系统支持的增值互动业务

(4) 运营支撑系统和网络管理系统。作为运营维护的重要决策依据，运营支撑系统和网络管理系统承担着重要的管理职能。UT 斯达康基于对电信网络多年的研究，深刻理解电信运营商的运营需求和管理模式，自行研发了奔流（RollingStream）运营支撑系统 OSS 和网络管理系统 NMS，协助运营商创造无限价值。

(5) 典型大规模组网方案。奔流（RollingStream）系统可以支持百万级别的用户规模，支持 3 级和多级部署架构，包括中心节点（CMS）、区域汇聚节点（HMS）以及边缘服务节点（EMS）。奔流（RollingStream）系统对于宽带 IP 网络的容忍度是很高的，可以支持各种网络承载形式，也可支持各种接入方式，如 LAN 接入、DSLAM 接入、GEPON 接入。对于 IPTV 系统，可建设专网，CMS 和 HMS、EMS 直接相连，也可以旁挂在城域网上。另外，无论 PPPoE 还是 DHCP 上网方式都可以支持。

IPTV 业务自在全球开展以来，受到了来自运营商、内容提供商及宽带用户的极大欢迎，欧、美、亚各洲都取得了令人瞩目的成绩。UT 斯达康公司作为全球领先的整体解决方案提供商，已经为各大洲超过 10 余家运营商提供了系统设备和终端产品。

① 国内案例：中国电信 CTC。上海电信共有宽带用户 220 万，为发展 IPTV 业务提供了巨大的机会。UT 斯达康的奔流（RollingStream）解决方案凭借整体优势，从众多的竞争厂家（UT 斯达康、西门子、阿尔卡特、华为、中兴参与竞标）中脱颖而出，获得最大的市场份额，为上海 15 个区局中的 8 个区局提供 IPTV 系统。这进一步巩固了 UT 斯达康作为国内 IPTV 系统商用规模最大的厂商的领导地位，也进一步印证了 UT 斯达康奔流系统的成熟性、可靠性和稳定性，彰显了 UT 斯达康在 IPTV 领域的强大的技术实力。

上海 IPTV 项目是国内首个采用 H.264 编码格式的大规模商用点。上海 IPTV 业务是上海电信和上海文广新闻传媒集团强强联合，共同打造的新媒体服务，提供最适合用户的、与众不同的视听服务。

奔流(RollingStream)为上海 IPTV 项目提供：60 个直播频道；5000 小时的 VOD 点播节目；48 小时时移；丰富的交互视频应用，如 NPVR、虚拟频道、电视书签；小康、时尚及全能 IPTV 3 种套餐包；丰富多彩的互动增值业务，如可视电话、电视短信、电视竞猜、电视投票、游戏、信息浏览等；成熟稳定的业务支持能力，放号以来奔流(RollingStream)一直为上海用户提供安全稳定的各种业务服务。

上海 IPTV 业务自 2006 年 9 月 1 日放号以来，发展十分迅速。截至 10 月 7 日，上海电信 IPTV 业务共计发展用户达 2.2 万。图 13-16 所示是上海 IPTV 商用系统 EPG 页面。

图 13-16　上海 IPTV 商用系统 EPG 页面

奔流(RollingStream)借助整体方案优势，在中国电信各 IPTV 项目建设中，先后承建了上海、浙江、广东、福建、云南、安徽、海南等地的 IPTV 系统。

② 中国网通 CNC：中国 IPTV 业务提供先驱。

哈尔滨通信公司 2004 年下半年开始建设 IPTV 项目，“IPTV-百视通”是哈尔滨市通信公司和上海文广新闻传媒集团共同打造的互动电视业务品牌，UT 斯达康作为系统和终端提供商提供了全套系统。“IPTV-百视通”业务不仅包含比传统电视更丰富的频道，更重要的是改变了传统电视的收看方式，实现了“想看就看，想停就停”的收视梦想，同时提供大量精品电影、电视节目点播。

系统一期提供 10 万并发的规模，采用三层部署架构，二期提供 20 万并发规模。

“百视通”第一阶段推出的内容包括：至少 50 个电视频道；时移电视功能；3000 小时的在线点播库。同时“百视通”将不断扩充内容，电视频道将达到 150～200 个，在线点播库达到 20000 小时容量。截至 2006 年 10 月，哈尔滨 IPTV 用户达到 8 万，是目前国内最大的 IPTV 商用网。

此外，奔流(RollingStream)借助整体方案优势，在中国网通各 IPTV 项目建设中，先后承建了黑龙江、山东、辽宁、河北、河南、山西等多省市的 IPTV 系统。

③ 国际案例——Yahoo! BB：全球最大的 IPTV 业务提供商。

Yahoo! BB 是日本 BB 科技公司和 Yahoo! 日本公司联合推出的宽带业务，是全日本最大的宽带服务运营商。Yahoo! BB 从 2002 年 9 月开始在东京地区开展基于 ADSL 线路的 TV 业务试验和试运营。开始采用了系统集成的思路进行建设，如视频服务器、机顶盒、DRM、中间件均采用不同厂家的产品，提供实时电视（LiveTV）节目和 VOD 节目。在经过了两年的业务试验和小规模商业运营后意识到了原有采用系统集成方式的局限，决心采用奔流（RollingStream）来建设其 IPTV 系统。

2007 年 4 月，全球著名的信息技术和电信行业市场咨询顾问公司 IDC 发布的《中国 IPTV 市场预测与分析（2007—2011）》报告指出，截至 2006 年 12 月，UT 斯达康奔流是目前中国国内商用规模最大的 IPTV 系统，占据了国内商用用户市场的 69％的市场份额。在日前举行的 2007 年度"IPTV 在中国高峰论坛暨中国优秀 IPTV 解决方案与成功案例展示与推荐大会"上，UT 斯达康公司的奔流 IPTV 端到端解决方案获称"2007 年度中国优秀 IPTV 整体解决方案"，而哈尔滨和上海 IPTV 案例则分别获得"国内 IPTV 成功案例"奖。

## 13.5 数字媒体传输技术的应用与发展

### 13.5.1 数字媒体传输技术的应用

数字媒体传输技术打破了现实生活的实物界限，缩短了信息传输的距离，使数字媒体信息得以有效利用。数字媒体传输技术可以帮助建立可视化的信息平台，提供即时声像信息，利于快速响应，为人们提供更广泛、更便捷、更具针对性的信息及服务，正在被越来越多的行业所应用。

数字媒体作为最经济的交流方式，被广泛应用于政府、企事业单位、高等院校、广告等行业。这些行业对数字媒体的需求巨大，主要应用于交流信息文化、推广品牌形象、提供公共信息、反映民生需求、应对突发事件等。目前数字媒体传输技术广泛应用于电力、电信、消防、交通、旅游、建设等与民生息息相关的政府职能部门与企事业单位，作为最直接的交流方式，数字媒体传输技术已成为群众、企业与政府了解、沟通的主要信息渠道。

### 13.5.2 数字媒体传输技术的发展

经过多年的发展，数字媒体由最先的文字、图片传输到视音频的传输，流量不断加大，对信息网络的带宽要求不断加大。信息网络的发展成为数字媒体快速发展的主要促进因素之一。目前，数字终端设备除了常用的台式计算机、数字电视机外，大量的移动数字终端设备（笔记本电脑、PAD、智能手机等）逐步走入人们的生活。目前，移动通信的主要需求来自移动互联网的发展，特别是智能终端的发展激发了移动通信数据业务量的猛增。移动通信和移动互联网的快速发展，正在对人们的生产和生活方式带来深刻变化。随着调制解调技术、光纤接入技术的发展，有线传输技术将向更高传输速率、更远传输距离和更稳定传输效果的方向发展。无线传输技术具有方便、快捷、灵活等特点，最适用于语言通信，但对于机对机及人机之间的联系，有线传输技术则最为适用。因此，数字媒体传输技术中的无线传输技术也不可能完全替代有线传输技术，而是走向有线传输技术与无线传输技术逐步结合。下面主要介绍移动通信技术的应用与发展。

在过去的20年里，我国移动通信技术和产业取得了举世瞩目的成就。2000年我国主导的TD-SCDMA成为3个国际主流3G标准之一，2012年我国主导的TD-LTE-Advanced技术成为国际上两个4G主流标准之一，我国实现了移动通信技术从追赶到引领的跨越发展，已经成为世界上移动通信领域有重要话语权的国家；以华为、中兴等为代表的我国的移动通信企业，已经形成了移动通信设备和系统的产业链，产品在全球的市场份额已位居世界前列，我国移动通信产业已经具有较强的国际竞争力。

随着移动通信技术经过第一代(1G)、第二代(2G)、第三代(3G)、第四代(4G)的快速发展与应用，目前，下一代移动通信技术(5G)正向人们走来。

第三代无线通信系统(3G)最基本的特征是智能信号处理技术，支持话音和多媒体数据通信，它可以提供前两代产品不能提供的各种宽带信息业务，如高速数据、慢速图像与电视图像等。3G的通信标准共有WCDMA、CDMA2000和TD-SCDMA三大分支，如WCDMA的传输速率在用户静止时最大为2Mbps，在用户高速移动时最大支持144Kbps。但是，3G存在频谱利用率还比较低、支持的速率还不够高以及通信标准的相互兼容性等问题，这些不足远远不能适应未来移动通信发展的需要，因此人们继续寻求一种既能解决现有问题，又能适应未来移动通信需求的新技术。

第四代移动通信系统(4G)是第四代移动通信及其技术的简称，是集3G与宽带网络于一体并能够传输高质量视频图像(图像传输质量与高清晰度电视不相上下)的技术产品。4G系统能够以100Mbps的速度下载，比拨号上网快2000倍，上传的速度也能达到20Mbps，并能够满足几乎所有用户对于无线服务的要求。4G主要解决了视频技术等问题，其网络延迟也大大减少。

第五代移动通信系统(5G)将与其他无线移动通信技术密切结合，构成新一代无所不在的移动信息网络，满足未来10年移动互联网流量增加1000倍的发展需求。5G具有超高的频谱利用率和超低的功耗等特点。5G已经成为全球移动通信领域新一轮技术的竞争焦点。欧盟于2012年启动了面向5G的METIS研究计划，日本、韩国、英国也相继立项支持5G的研究与开发工作。

我国在经历了2G跟随，3G突破，TD-LTE引领发展之后，已经开始积极布局5G系统技术的研发工作。启动了国家863计划“第五代移动通信系统研究开发一期”重大项目，前瞻性地部署了5G前沿技术研究。

随着移动互联网的快速发展，宽带移动通信技术已经渗透到人们生活的方方面面，也代表了数字媒体传输技术发展的美好未来。在未来的移动传输中，用户将可以在任何地点、任何时间以任何方式接入网络；移动终端的类型不再限于手机，且用户可以自由地选择业务、应用和网络。数字媒体传输技术使得人类的信息传播更为迅速和广泛，为人类的发展提供了无限的发展空间。

## 练习与思考

1. 什么是流媒体？流媒体与传统媒体相比有何特点？
2. 简述流媒体的传输过程和基本工作原理。

3. 流媒体系统包括哪3个部分？目前三大主流的流媒体格式及协议是什么？
4. 什么是P2P技术？P2P技术有何特点？
5. 典型的P2P应用系统有哪些？试举例说明。
6. 什么是IPTV？IPTV有何特点？
7. IPTV系统由哪几个主要部分组成？
8. 查阅资料，了解IPTV的应用现状和发展趋势。
9. 查阅资料，了解有线传输技术与无线传输技术的应用与发展。

# 参考文献

[1] 张丽．流媒体技术大全．北京：中国青年出版社，2001．
[2] 陈洪彬．前沿流媒体实用手册．北京：中国科学技术出版社，2003．
[3] 倪青山，宋宝泉，绳涛．宽带视听风暴——网络流媒体全攻略．济南：山东电子音像出版社，2003．
[4] Rober Flenner，Micheal Abbortt，Toufic Boubez，等．Java P2P技术内幕．高岭，刘红，周兆确译．北京：人民邮电出版社，2003．
[5] 白煜．Windows Media与Real网络流媒体案例教程．北京：清华大学出版社，2004．
[6] 许永明，谢质文，欧阳春．IPTV——技术与应用实践．北京：电子工业出版社，2006．
[7] 廖勇，等．流媒体技术入门与提高．北京：国防工业出版社，2006．
[8] 朱耀庭，穆强．数字化多媒体技术与应用．北京：电子工业出版社，2006．
[9] 黄勇，骆坚，尉红艳．新手实战博客、RSS、播客、IPTV．北京：人民邮电出版社，2007．
[10] 李海燕，丛培岩．动态影像与宽带流媒体应用．北京：中国轻工业出版社，2007．

# 第14章　数字媒体技术发展趋势

数字媒体产业包括高清晰度电视、数字电影、网络游戏、数字动画、网络出版等，是迅速发展起来的现代服务业。数字媒体服务是以视、音频和动画内容和信息服务为主体，研究数字媒体内容处理关键技术，实现内容的集成与分发，从而支持具有版权保护的、基于各类消费终端的多种消费模式，为公众提供综合、互动的内容服务。数字媒体内容处理技术研究方向包括可伸缩编解码、音视频编转码、条目标注、内容聚合、虚拟现实和版权保护等多项技术。对于图像、音视频检索，需要经过计算机处理、分析和解释后才能得到它们的语义信息，这是当前多媒体检索正在努力的方向。针对这个问题，人们提出了基于内容的多媒体检索方法，利用多媒体自身的特征信息来表示多媒体所包含的内容信息，从而完成对多媒体信息的检索。数字媒体内容的传输应适应多种网络，融合更多服务，满足各类要求。数字媒体具有数据量大、交互性强、需求广泛等特性，要求内容能及时、准确地传输。典型的传输技术研究涉及内容分发网络、数字电视信道、IPTV 网络，以及异构网络互通等。各内容之间的关系如下：

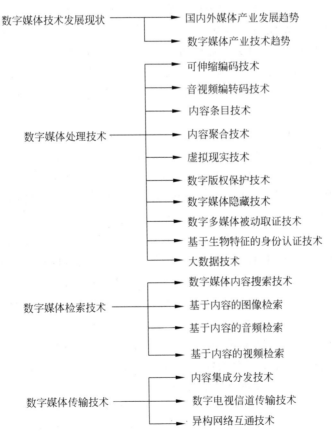

- 数字媒体技术发展现状
  - 国内外媒体产业发展趋势
  - 数字媒体产业技术趋势
- 数字媒体处理技术
  - 可伸缩编码技术
  - 音视频编转码技术
  - 内容条目技术
  - 内容聚合技术
  - 虚拟现实技术
  - 数字版权保护技术
  - 数字媒体隐藏技术
  - 数字多媒体被动取证技术
  - 基于生物特征的身份认证技术
  - 大数据技术
- 数字媒体检索技术
  - 数字媒体内容搜索技术
  - 基于内容的图像检索
  - 基于内容的音频检索
  - 基于内容的视频检索
- 数字媒体传输技术
  - 内容集成分发技术
  - 数字电视信道传输技术
  - 异构网络互通技术

本章主要从 4 个方面探讨数字媒体技术发展的趋势，首先，分析国内外媒体产业和技术发展趋势；其次，从内容处理技术上，讨论可伸缩编解码、音视频编转码、条目标注、内容聚合、虚拟现实和版权保护等研究现状和热点；再次，从内容的检索技术方面探讨图像、音视频检索研究趋势；最后探讨不同网络的数字媒体传输技术和内容互通融合技术。

通过本章内容的学习，学习者应能达到以下学习目标。

(1) 了解数字媒体产业及技术发展趋势。

(2) 了解数字媒体内容处理相关技术及发展趋势。

(3) 了解基于内容的媒体检索技术及发展趋势。

(4) 了解数字媒体传输技术及发展趋势。

## 14.1 数字媒体技术发展现状

数字媒体内容包括数字音频、数字视频、互联网及其他用来生成、阐述和分发数字内容的所有技术。我国已确定了数字媒体内容的主要领域，就是发展"面向文化娱乐消费市场和广播电视事业，以视、音频信息服务为主体的数字媒体内容关键技术和现代传媒信息综合内容平台"，并确定了数字出版、数字影音等几大重点领域。

### 14.1.1 国内外媒体产业发展趋势

目前，数字媒体产业在世界范围内已经成为极具活力、具有巨大发展潜力的产业，世界主要国家及地区在数字媒体内容产业方面做了详细规划部署，并取得了较大进展。欧盟早在 1996 年就提出"信息 2000 计划"，以促进数字媒体内容和服务在教育、文化、信息等公共领域的发展。爱尔兰政府 2002 年制定《爱尔兰数字内容产业战略》，韩国文化观光部于 2001 年将内容产业订为国家策略发展的重点产业，目标成为全球主要的数字内容生产国家。

我国"十五"期间在数字媒体产业方面已经取得了系列成果，已确定将数字媒体产业作为我国产业结构调整的重点产业予以扶持发展，并已进行了一系列的部署和安排。

国家广电总局将 2004 年确定为"数字发展年"和"产业发展年"，明确指出数字化是广播影视发展的重要任务，是拓展各项业务的基础和前提，数字电视整体转换工作也轰轰烈烈地展开。

2005 年 5 月 13 日，国家科技部发布了《关于同意组建"国家数字媒体技术产业化基地"的批复》，正式同意在北京、上海、成都、长沙组建"国家数字媒体技术产业化基地"。

2005 年 10 月，青岛成为我国第一个数字电视整体转换城市，数字电视用户达到 70 万户。广电总局在数字媒体领域基础设施和受众规模上所达到的能力，已经为发展数字媒体产业奠定了良好的发展基础。

在国家科技部高新司的指导下，《2005 中国数字媒体技术发展白皮书》于 2005 年 12 月 26 日正式发布，"白皮书"提出了我国数字媒体技术未来五年发展的战略、目标和方向。

2006 年 4 月 4 日，上海"国家 863 数字媒体技术产业化基地"揭牌仪式上，国家科技部领导明确指出在"十一五"期间，将进一步通过 863 计划和"现代服务业科技专项"加大对数字媒体技术及技术产业化的投入，把握数字媒体服务特性，通过关键技术、服务运营体系以及组织管理的创新，实现我国数字媒体技术从支撑到引领的跨越。

在2008年开始的国际金融危机爆发之时，传统行业举步维艰，而数字媒体产业的发展却逆势而上，保持着良好的发展态势。2008年，我国数字媒体产业产值达9000亿元，2010年更是达到15 000亿元，年复合增长率超过50%。随着数字、网络技术的应用和消费需求的扩大，文化产业不断升级，数字媒体产业规模迅速扩大。据估计，至2016年包括数字媒体产业在内的文化产业规模将达到2.5万亿元，年增长率达到25%左右。在数字媒体产业化、信息网络快速发展及下游行业市场强劲需求推动下，我国数字媒体技术开发及应用服务行业保持快速增长态势。

国家高性能宽带信息网专项在“十五”期间从应用业务层次为IPTV类业务构建了完整的内容、传输、运营等平台和业务环境，在上海长宁区建设了包括IPTV在内的宽带业务示范区，进行了2万户以上的运营试验，根据新的规划，在以后几年将用户数量增加到百万数量级。

### 14.1.2 数字媒体产业技术趋势

**1. 高清晰度电视和数字电影**

由于高清晰度电视和数字电影涉及的视频分辨率是普通标准清晰度电视的6～12倍，因此对演播室节目编辑与制作设备要求极高，相应地设备成本也非常昂贵，成为我国发展数字高清晰度电视和数字电影内容产业的瓶颈之一。其关键技术和系统为少数几家国外公司所拥有。国外公司Discreet、Avid、Apple等公司在节目制作领域具有传统优势，比较有代表性的三维动画制作软件包括Softimage、Maya、3ds Max，等；后期合成软件包括inferno、flame、Shake、Combustion等；非线性编辑软件包括HD-DS、Final Cut Pro等。

影视节目制作一般包括三部分：一是三维动画制作及处理；二是后期合成与效果；三是非线性编辑。第一部分相对独立，依赖于计算机动画创作系统，合成系统和非线性编辑系统的界限并不是太明显，只不过侧重点有所不同。

由于软件水平的限制，国内公司在上述节目制作系统中的第一类和第二类产品方面尚未涉足。自20世纪90年代末开始，以在字幕机开发方面积累的经验为起点，一些国内公司逐渐进入并占领了非线性编辑和字幕机市场，并涌现出像中科大洋、成都索贝、奥维讯、新奥特等一批企业。但是，国内公司的工作仅仅局限于标清领域；而且国内公司对核心技术的拥有程度仍处于比较低的层次，上述公司开发的非线性编辑系统最核心的硬件板卡和SDK软件系统均由国外公司提供。

**2. 网络游戏**

国内外的研究集中在3D游戏引擎、游戏角色与场景的实时绘制、网络游戏的动态负载平衡、人工智能、网络协同与接口，并已经开发出很多较为成熟的网络游戏引擎，如EPIC公司出品的Unreal Ⅱ(国内称为“虚幻”引擎)、ID公司的Quake Ⅲ引擎和Monolith公司的LithTech引擎等。目前网络游戏技术除了继续朝着追求真实的效果外，主要朝着两个不同的方向发展：一是通过融入更多的叙事成分、角色扮演成分以及加强游戏的人工智能来提高游戏的可玩性；二是朝着大规模网络模式发展，进一步拓展到移动网和无线宽带网。

网络游戏与数字动画作为数字媒体内容的重要组成部分，近几年得到了迅速的发展，我国已经涌现出了一大批游戏、动画的创作、开发公司，他们已经开始从早期的外加工、代理经营转入到自主开发。但目前，动画创作工具和游戏引擎严重依赖于进口软件，昂贵的进口软件和缺乏灵活性制约了自主动画和游戏软件的创作和开发。

在游戏引擎技术方面，我国高校在3D建模、真实感绘制、角色动画、虚拟现实等方面已积累了丰富的研究经验，北京大学、浙江大学、上海交通大学等单位还开发完成了原型系统。国内已有一些公司利用开放源码组织或者采用引擎改造的方法开发了一些原型系统，但目前这些原型系统尚停留在实验室阶段。市场上尚未出现自主知识产权的国产网络游戏集成开发环境。

**3. 数字动画**

国内外对数字动画的研究集中在三维人物行为模拟、三维场景的敏捷建模、各种动画特效和变形手法的模拟、快速的运动获取和运动合成、艺术绘制技法的模拟等，并已经发行了很多较为成熟的二维和三维动画软件系统，包括Maya、3ds Max、Animo系统、Softimage等。目前在计算机动画研究方面的主要发展方向除了继续研究计算机动画的关键技术和算法外，在软件系统上，二维动画和三维动画技术出现了一体化的无缝集成趋势，并力图支持计算机动画全过程。

我国在计算机动画系统方面的研发在整体上还比较薄弱，一些公司、高校和科研机构在卡通动画制作的某些环节上做了一些工作，较有代表性的软件如北京大学与中央电视台联合研制的点睛卡通动画制作系统，迪生公司开发的网络线拍系统。在三维计算机动画方面的研究工作包括动画特效模拟、人脸表情动画、计算机辅助动画自动生成、运动捕捉和运动合成等，仍停留在学术研究阶段，目前还没有具有自主知识产权的高水平三维计算机动画制作软件问世。

**4. 网络出版**

网络出版产业在国内外已经有了6年多的发展，到目前为止，基于数字版权保护技术(Digital Rights Management，DRM)的电子图书系统在国内外都有了长足的发展。NetLibrary、Overdrive、Libwise以及Microsoft公司是国外最著名的电子图书技术和服务提供商。这几家厂商提供的电子图书，都不约而同地采用了按“本”销售数字版权保护的方式，按“本”销售是电子图书产业界的一个趋势。

国内基于DRM的电子图书发展也非常迅速，与国际上电子图书的发展相比较，国内的基于DRM的电子图书的发展基本同步。不过到目前为止，只有北大方正集团有限公司的方正Apabi电子图书DRM系统同时支持对个人和对图书馆都按“本”进行销售。

国内还有少量公司也在做电子图书，由于没有实现完整的数字版权保护技术，没有得到出版社的认可，并且相当多的图书都未经出版社等版权拥有者的认可，有很大的版权隐患，并且这样的公司会对正规的网络出版造成极大的伤害，并造成无法挽回的损失。

经过几年的发展，国内外的网络出版领域虽然形成了一些成熟的技术与运营模式(如按“本”销售的数字版权保护模式等)，但该领域的技术还需要不断发展和完善，包括以下几个方面。

(1) 高质量电子图书制作的流程化和自动化。电子图书的制作生产的流程化作业越来越成为一个趋势。电子图书的制作的规范性越来越强，电子图书的制作不仅包括电子图书全文内容的制作，还包括电子图书元数据的著录、元数据描述等。此外，电子图书制作过程中，需要通过版式理解，自动提取电子图书的元数据、目录等信息，提高制作的自动化程度。

(2) 电子图书的多样化表现形式。相比较而言，纸张的图书无法以语音方式读出其中的内容，无法显示动态的影像，而在电子图书中就没有这个限制。进一步增强电子图书的表现形式，需要在文件格式、数据压缩，以及嵌入其他媒体技术、读者易用性操作等方面，进行深入的研究与开发。

(3) 跨平台的阅读技术。电子图书的阅读平台再也不是仅仅局限于 PC。现在，各种各样的便携移动设备的硬件性能不断提高，基于移动设备阅读高质量的电子图书已成为可能，移动设备的便携性必将促进网络出版产业的发展。移动阅读设备包括电子书专用阅读器、PDA、智能手机等。但目前的移动设备的阅读技术还处于发展初期，存在很多问题。

(4) 数字版权保护。移动阅读设备的增多，使阅读终端的硬件特征与运行环境复杂，例如部分移动设备的硬件更换、有些设备不能上网、有些设备没有稳定的时钟等，DRM 系统需要针对这些变化，提高可用性和安全性。

**5. 移动应用与 HTML5**

据中国互联网发展状况统计报告，截至 2010 年 6 月，中国网民规模达到 4.2 亿，其中手机网民规模达 2.77 亿，促使了移动应用技术的迅猛发展。各种移动应用层出不穷，已经成为数字媒体产业中发展最迅速的领域之一。其中，手机支付、手机购物和手机银行等移动应用半年用户增长率均在 30%左右，远远超过其他类型的数字媒体应用。电子支付行业近几年增速迅猛，2009 年网上支付的交易额已近 6000 亿元。未来 10 年移动宽带的流量增长将超过 2000 倍。

移动应用逐渐渗透到人们生活、工作的各个领域。短信、铃图下载、移动音乐、手机游戏、视频应用、手机支付、位置服务等丰富多彩的移动应用，改变着信息时代的社会生活，各种移动应用也给用户带来了方便和丰富的体验。爱立信最新发布的全球网络数据流量测量结果显示，去年全球移动数据流量几乎增长了两倍，比语音流量的增长速度快 10 倍以上。根据爱立信的统计数据，截至 2010 年第二季度，全球每月移动数据流量接近 22.5 万太字节。诺基亚西门子通信公司大中国区执行副总裁、客户运营总经理马博策年初曾预测，到 2015 年，全球移动宽带流量预计将激增 10 倍，达到 23 个艾字节，相当于地球上 63 亿人口每天通过网络设备下载一整本书的流量。综上所述，这些数字的变化已显示出移动应用已成为当今主流与数字媒体技术的发展趋势。

目前移动操作系统主要包括 Android、iOS、Window Phone、Symbian、BlackBerry OS 等，应用软件相互独立，不同系统不可兼容，差异性大，造成多平台应用开发周期长，移植困难。最新的 HTML5 技术为跨平台移动应用的开发打开另一扇大门，开发者利用 Web 网页技术实现一次开发，多平台应用。促进移动互联网应用产业链快速发展。作为越来越多的移动应用开发者而言，如何利用最少的时间成功有效地开发出适应不同平台的应用是需要直接面对的问题。以 HTML5 为代表的网络应用技术标准已经开始崭露头角，其作为下一代互联网的标准，是构建以及呈现互联网内容的一种语言方式，被认为是互联网的核心技术之一。HTML5 添加了许多新的语法特征，组合 HTML、CSS、JavaScript 等技术，提供更多可以有效增强网络应用功能的标准集，减少浏览器对于插件的烦琐需求，以及丰富跨平台间网络应用的开发。HTML5 标准所带来的冲击，是它几乎可以处理任何原始程序能处理的运算、联网及显示等功能，不仅涵盖 Web 的应用领域，甚至扩展到一般的原始应用程序。理论上，HTML5 提供了一个很好跨平台的软件应用架构，可以设计符合桌面计算机、平板电脑、智能电视、智能手机的应用。

## 14.2 数字媒体内容处理技术

数字媒体服务是以视音频、动画内容和信息服务为主体，研究数字媒体内容处理关键技术，实现内容的集成与分发，从而支持具有版权保护的、基于各类消费终端的多种消费模式，为公众提供综合、互动的内容服务。数字媒体内容处理技术包括音视频编转码、版权保护、内容虚拟呈现等多项技术。

### 14.2.1 可伸缩编解码技术

为了适应传输网络异构、传输带宽波动、噪声信道、显示终端不同、服务需求并发和服务质量要求多样等问题，以"在无须考虑网络结构和接入设备的情况下灵活地使用或增值多媒体资源"为主要目标可伸缩编解码技术的研究应运而生。

目前可伸缩编解码的研究有以下两条主要途径。

(1) 以"H.264/AVC＋精细粒度可伸缩编码技术 FGS(Fine Granularity Scalability)"为主要结构的原型框架。

(2) 以运动估计/补偿技术、小波分解重构以及小波系数编解码技术为核心技术的可伸缩编解码技术。

从2003年起，国际MPEG组织的SVC小组开始致力于可伸缩视频编解码技术的研究、评估以及相关标准的制定。2003年7月，该小组对9个系统提案进行了专家级的主观测试比较，其中基于小波技术的系统提案就有6个，并且都实现了空间、时间及质量的完全可伸缩性，到2006年形成国际标准草案。未来几年内，可伸缩视频编解码体系的相关技术都将处于不断完善，推陈出新的创新时期。

### 14.2.2 音视频编转码技术

国际上音视频编解码标准有主要两大系列：ISO/IEC JTC1 制定的 MPEG 系列标准；ITU 针对多媒体通信制定的 H.26x 系列视频编码标准和 G.7 系列音频编码标准。

MPEG-2 标准主要用于高清电视和 VCD/DVD 领域的应用，促进了数字媒体业务的迅猛发展。此后，MPEG 制定了一系列多媒体视音频压缩编码、传输、框架标准，包括 MPEG-4、H.264/AVC(ITU 与 MPEG 联合发布)、MPEG-7、MPEG-21。以 MPEG-4、H.264/AVC 为代表的新一代编码处理技术，提供了更高的压缩效率，综合考虑互联网的带宽随机变化性、时延不确定性等因素，引入新的网络协议和技术，在点对多点的 VOD 流媒体服务中有了飞跃发展，从而成为面向互联网多媒体业务应用的主流。

我国具有自主知识产权的 AVS 音视频编解码标准工作组所推出的视频技术，在 H.264/AVC 技术的基础上，形成简化复杂度和一定效率的算法工具集，目前在卫星直播和高清光盘应用中进入实验阶段。

针对以上格式的转码技术，目前基本停留在学术研究阶段，大部分现有的转码工具主要针对一些非通用的、民间的自定标准和格式进行，如 DIVX、XVID 等。全面系统地实现 MPEG-2、MPEG-4、H.264/AVC 之间的转码还未进入实用阶段。在这个背景下，研究用于音视频等主流数字媒体内容格式和编码的实用化的转码技术，为用户提供丰富多彩的节目源，并根据网络带宽变化和终端设备的处理能力提供最佳的视听服务，将促进数字媒体服务业的良性发展。

### 14.2.3 内容条目技术

我国的电视节目编目主要是以国家标准为参考（《广播电视节目资料分类法》等），多种标准并存模式。有以内容性质、专业领域、节目体裁、节目组合方式为标准的分类，也有以传播对象的职业、年龄和性别特征为标准的分类。例如，以内容为标准，分为新闻类节目、社教类节目、文艺性节目、服务性节目；按照内容涉及的专业领域，分为经济节目、卫生节目、军事节目和体育节目；依节目体裁，分为消息、专题、访谈、晚会和竞赛节目等；根据节目组合形式，划分为单一型节目、综合型节目、杂志型节目等；甚至以传播对象的社会特征为标准，将节目简单地划分为少儿节目、妇女节目和老年人节目；或者工人节目、农民节目等。

在美国，对电视节目类别的划分也是五花八门。T. G. 艾尔斯沃思（Thomas G. Aylesworth）教授在其著作《图解美国电视史》中，按照节目类型标准，列举每一类型最具代表性的节目，对整个美国电视发展史进行了梳理和归纳。Aylesworth 涉及的类别有综艺节目、情景喜剧、犯罪片、科幻片、冒险片、电视剧、肥皂剧、西部片、少儿节目和新闻等。

另一方面，在编目标准上，国际上，为了方便广电行业各个单位之间的媒体资产交换，SMPTE 制定了完善的元数据模式（编目标准），称为 DCMI（Dublin Core）。元数据的分类和属性的标准化是非常重要的环节，英国电视广播公司 BBC 给自己的制作和后期制作步骤制定了一套元数据系统并命名为标准媒体格式（Standard Media Exchange Format，SMEF）。SMEF 元数据模型包含 142 个实体和 500 个属性用来描述实体。BBC 把 SMEF 方案提交给 EBU 组织，作为欧洲地区的广播技术标准。在国内，关于节目或素材的编目问题，目前学术界众说纷纭，多年没有定论。国家主管部门也研究了全国广播电视系统多家电台、电视台、音像资料馆现行的音像编目标准，同时借鉴了国内外目前通行的节目分类编目法，本着实用性、简单性、灵活性、可扩展性的原则，将 DC 元数据概念引入到对节目或素材的描述中，但由于兼容性等问题目前并没有得到广泛推广应用。

综上所述，无论是国内还是国外的广播电影电视节目分类，几乎都广泛罗列了众多的节目类别。所不同的只是美国节目分类是以美国荧屏上的电视节目为基础，我国的节目分类则针对自身的节目实际。相同之处在于：都是以单一维度或属性来划分类别。各种划分方法都力图从单一维度出发，用一种属性来划分节目类别，由此带来的问题就是，节目分类要么过于冗繁琐碎；在面对一些具有较多特性的节目时，又因为单一维度难以顾及和凸显节目的多种特性，往往导致分类时丢失许多关于节目特征的信息。而且现有的编目系统自动化程度很低，一般是依靠人工进行标记，这样会花费大量的人力成本，工作效率低。因此，有必要以国家的编目标准为参考，结合自动编目的要求，研究一种新的基于元数据描述的广播电影电视类数字媒体内容节目级层次化分类与编目体系。

另一方面，随着数字媒体内容在网络环境中的广泛传播，各类不同类型、不同风格、不同粒度（素材/片段/样片/成品等）、不同格式的海量数字媒体内容冲击着传统的广电媒体传播途径，造成了媒体内容管理与检索的混乱与困境。在此环境下，研究基于精细粒度元数据表示的数字媒体内容分类与编目索引体系以适应各类不同类型的数字媒体内容的管理与检索成为数字媒体内容管理的一项紧迫任务。

### 14.2.4 内容聚合技术

内容聚合以 Web 2.0 的 RSS 为代表。Web 2.0 的 RSS 内容聚合技术的主要功能是订阅 Blog 和新闻。各 Blog 网站和新闻网站对站点上的每个新内容生成一个摘要，并以 RSS 文件（一般称为 RSS Feed）的方式发布。用户需要搜集自己感兴趣的各种 RSS Feed，利用软件工具阅读这些 RSS Feed 中的内容。Web 2.0 的 RSS 内容聚合技术的缺点是功能有限，目前主要支持文本内容的聚合，对推送的信息没有进行语义关联，并且没有利用用户的个性对推送的信息进行过滤。

个性化服务系统以基于规则的系统 ILOG、基于内容过滤的系统 Personal WebWatcher 和基于协作过滤的系统 GroupLens 为代表。个性化服务系统追踪用户的兴趣与行为，利用用户描述文件来刻画用户的特征，通过信息过滤实现主动向用户推荐信息的目的。为了刻画用户的兴趣和行为，个性化服务系统利用了加权矢量模型、类型层次结构模型、加权网络模型、书签和目录结构等模型。系统要求用户注册一部分基本信息，并且隐式地收集用户信息。系统允许用户自主修改用户描述文件中的部分信息，还通过分析以隐式方式收集的用户信息自适应地修改用户描述文件。根据学习的信息源，用户跟踪的方法可分为两种：显式跟踪和隐式跟踪。显式跟踪是指系统要求用户对推荐的资源进行反馈和评价，从而达到学习的目的。隐式跟踪不要求用户提供什么信息，跟踪由系统自动完成，隐式跟踪又可分为行为跟踪和日志挖掘。

数字媒体内容的聚合是通过对各类数字媒体内容深层主题信息的检测、挖掘与标注，并利用各类媒体主题语义关联链接，形成丰富的多媒体内容综合摘要，通过用户行为分析与内容过滤为用户定制和推送所关注和感兴趣的主题相关的丰富多彩的数字媒体内容信息服务，是未来数字网络互动娱乐服务社区的发展趋势。

目前，在文字、语音、视频内容识别与信息抽取、自动摘要等方面都有一些较为成熟的技术，但尚未完全形成数字媒体内容聚合的概念。

### 14.2.5 虚拟现实技术

虚拟现实（Virtual Reality，VR）技术又称为灵境技术，是指用立体眼镜和传感手套等一系列传感辅助设施来实现的一种三维现实，人们通过这些设施以自然的方式（如头的转动、手的运动等）向计算机送入各种动作信息，并且通过视觉、听觉及触觉设施使人们得到三维的视觉、听觉及触觉等感觉世界。随着人们不同的动作，这些感觉也随之改变。目前，与虚拟现实相关的内容已经扩大到了与之相关的许多方面，像“人工现实（Artificial Reality）”、“遥现（Telepresence）”、“虚拟环境（Virtual Environment）”和“赛伯空间（Cyberspace）”等，都可以认为是虚拟现实的不同术语或形式。事实上，虚拟现实技术不仅仅是指那些戴着头盔和手套的技术，而且还应该包括一切与之有关的具有自然模拟、逼真体验的技术与方法。它要创建一个酷似客观环境又超越客观时空、能沉浸其中又能驾驭其上的和谐人机环境，也就是由多维信息所构成的可操纵的空间。它的最重要的目标就是真实的体验和方便自然的人机交互，能够达到或者部分达到这样目标的系统就称为虚拟现实系统。简单来说，虚拟现实就是一种人与通过计算机生成的虚拟环境可自然交互的人机界面。

虚拟现实系统有5个关键成分：虚拟世界、虚拟现实软件、计算机、输入设备和输出设备。虚拟世界是可交互的虚拟环境，可以从任意角度连续地观看和考察，它一般是一个包含三维模型或环境的数据库；虚拟现实软件提供实时观察和参与虚拟世界的能力；输入设备可用于观察和构造虚拟世界，包括鼠标、游戏杆和定位跟踪器等；输出设备显示当前虚拟世界视图，包括显示器和头盔等。

虚拟现实技术的实现，涉及三大技术：建模技术、显示技术、三维场景中的交互技术。建模技术从线框模型、面元模型（曲面、实体及混合建模）经历了一个迅速发展的过程。由于体元建模技术能够支持产品的快速成形、体元分析、动态仿真等应用，特别是体元模型技术允许人们能够沉浸到仿真建模的环境中，而不是像通常的CAD系统里人只能从外部去观察建模结果。因此体元模型的应用基本上能够满足虚拟现实技术的3I，即沉浸、交互、想象的要求。

基于实景图像构造虚拟空间是利用照相机或摄像机拍摄的图像或视频作为原始数据，然后经过图像处理转化为全景图像并对其进行空间关联，从而建立虚拟场景，使用者可以进行360度漫游。QuickTime VR系统首先提出了基于实景图像实现虚拟景观漫游的技术途径。基于实景图像的建模技术显然只能是对现实世界模型数据的一个采集，并不能给设计者一个自由想象发挥的空间。但它具有广泛的应用前景，尤其适用于那些难于用CAD方法建立真实感模型的自然环境，以及需要真实重现环境原有风貌的应用，例如，建筑展示、飞行模拟、交互式游戏、医疗模拟、虚拟购物、虚拟博物馆和艺术陈列馆等虚拟现实的应用领域。

VRML语言是一种解释执行语言，支持VRML的浏览器也就是VRML的解释器。VRML浏览器用来显示场景图中的声音和造型。它是独立运行的应用程序，又是传统的虚拟现实中同样也使用的实时3D着色引擎，这使得VRML应用从三维建模和动画应用中分离出来。在三维建模和动画应用中可以预先对前方场景进行着色，但是没有选择方向的自由；VRML提供了6+1度的自由，可以沿着3个方向移动，也可以沿着3个方位旋转，同时还可以建立与其他3D空间的超链接。

网络应用的关键在于交互，VRML所带来的并不仅仅是用户和场景之间的交互，更具有划时代意义的是在交互的场景中，用户和用户的交流。现实生活中的你可以在一个虚拟的三维的“真实”世界中变成另一个真正的你，并且可与他人“交谈”、“接触”，而需要的只是一个3D鼠标和一个话筒。

由于虚拟现实在技术上的进步与逐步成熟，其应用在近几年发展迅速，应用领域已由过去的娱乐与模拟训练发展到包含航空、航天、铁道、建筑、土木、科学、计算可视化、医疗、军事、教育、娱乐、通信、艺术和体育等广泛领域。

### 14.2.6 数字版权保护技术

媒体内容产业的数字化为内容盗版与侵权使用带来了便利，版权问题正成为制约数字媒体内容产业发展的瓶颈之一。解决盗版问题，需要依靠技术、行业协定及国家法规协同解决，而数字媒体版权保护与管理技术在“内容创建－内容分发－内容消费”整个价值链中实现数字化管理，同时为行业协定及国家法规的实施提供技术保障。

在数字广播电视领域，DVB制定的条件接收框架已得到广泛应用；在网络流媒体领域，国外已推出 DRM 解决方案及开发包，如 Microsoft 的 Windows Media DRM、Real networks 的 Helix DRM；在移动媒体领域，OMA 组织也推出 OMA DRM 2.0 的规范，并已在爱立信等手机上实现；在数字家庭领域，Thomson 等公司推出了 Smart Right 规范，并集成于产品之中。MPEG、AVS、CORAL 等组织也在着手解决数字版权保护互操作性的问题。

数字权利管理共性技术包括数字对象标识、权利描述语言和内容及权利许可的格式封装，这是数字权利管理系统互操作性的基础。DRM 技术已经发展到第二代。第一代 DRM 技术侧重于对内容加密，限制非法复制和传播，确保只有付费用户能够使用，第二代 DRM 技术在权限管理方面有了较大的拓展。除了加密、密钥管理以外，DRM 系统还可包括授权策略定义和管理、授权协议管理、风险管理等功能。

DRM 基本信息模型主要包括用户、内容、权利 3 个核心实体。用户实体可以是权利拥有者，也可以是最终消费者，内容实体可以是任何类型和聚合层次的，而权利实体则是用户和内容之间的许可、限制、义务关系的表示方式。

DRM 系统关键组件一般包含内容打包（Content Packager），许可证服务和客户端等组件。内容打包组件将要发布的内容编码成受 DRM 保护的格式，包括标注元数据、加密、水印等操作，在这里要实现内容和权利绑定机制。许可证服务组件负责管理内容加密密钥，用户标识和规则等，然后按照权利描述语言（REL）来生成许可证，许可证里包含了内容的解密密钥和使用规则等信息。客户端主要包括 DRM 控制组件和播放组件，DRM 控制组件负责识别受 DRM 保护内容，获取许可证，解释并执行许可证，并把解密的内容提交给播放组件进行内容的展示。DRM 具体的实现涉及很多关键技术，主要包括以下几种。

(1) 密码术。DRM 的内容保护主要是通过媒体内容进行加密实现的，加密的内容只有持有密钥的用户才可以解密，而密钥可以通过颁发内容许可证的方式来分发。常用的密码算法主要分为对称密码算法和非对称密码算法。除此之外，密码学中还使用散列函数作为辅助的加密算法。

(2) 数字水印。数字水印是向被保护的数字对象（如静止图像、视频、音频等）嵌入一段有意义的信息，如序列号、公司标志、有意义的文本等，这些信息将始终存在于数据中很难去除，可以用来证明版权归属或跟踪侵权。不像加密，数据经过解密成为明文之后将无法再提供保护。

(3) 身份认证。认证是计算机系统中对用户、设备，或其他实体进行确认、核实身份的过程，是通过身份的某种简易格式指示器进行匹配来完成的，例如在登记和注册用户的时候事先商量好的共享秘密信息，这样做的目的是在计算和通信的各方之间建立一种信任关系。认证包括机器间认证和机器对人的认证，后者也称为用户认证。

(4) 信任计算。信任计算的目标是提供一系列能高效抵抗恶意攻击的软件、硬件系统，使得大多数情况下用户都能按照可靠的、可预测的方式来操作，不仅是远程用户，本地用户也包括在内。在开放性计算平台上，实施 DRM 许可证技术，阻止用户直接访问解密数据内容是非常困难的。由一些公司发起并成立的信任计算平台联盟（Trust Computing Platform Alliance）[2003 年改名为 TCG（Trust Computing Group）]与微软的下一代安全计算机基础 NGSCB（Next Generation Secure Computing Base）都是部分地针对此问题的。

目前，国家音视频标准（AVS）的 DRM 工作组正结合 AVS 音视频编码格式制定版权保护的共性技术标准。数字权利管理涉及安全领域的基础性技术包括媒体加密技术和媒体水印技术，针对具体的媒体对象可进行相应优化。例如，对流媒体的加密算法的设计要求包括安全性较高、复杂度低、容错性好、对压缩效率的负面影响小，并提供对透明的码率调整的支持。媒体水印技术虽然尚未成熟，但已经投入商用，用于提供媒体认证及增值服务，特别是在P2P内容分发技术，国外新近推出的产品纷纷采用脆弱性水印技术、识别非授权媒体及追踪盗版。我国一些高校在媒体加密和水印方面有一定的研究基础并拥有技术商业化的能力。

### 14.2.7 数字媒体隐藏技术

数字媒体资源是社会发展的重要战略资源之一，国际上围绕数字媒体资源的获取、使用和控制的斗争愈演愈烈，致使数字媒体安全问题上升为世界性的问题，成为维护国家安全和社会稳定的一个焦点，同时也是急待解决、影响国家大局和长远利益的重大关键问题。

随着数字媒体技术的发展与应用的不断深入，数字媒体安全的内涵也在不断延伸，从最初的媒体保密性发展到媒体的完整性、可用性、可控性和不可否认性，进而又发展到“攻（攻击）、防（防范）、测（检测）、控（控制）、管（管理）、评（评估）”等多方面的基础理论和实施技术。通常讨论的数字媒体安全是指数字媒体系统的安全和数字媒体内容的安全，后者主要侧重于保护信息的秘密性、真实性和完整性，避免攻击者利用系统的安全漏洞进行窃听、冒充、诈骗、盗用等有损合法用户利益的行为，保护合法用户的利益和隐私。由于密码加密方式存在容易被破解或秘钥丢失等问题，后续的数字媒体隐藏技术作为新兴的数字媒体安全技术受到了越来越多的关注。

数字媒体隐藏是利用人类感觉器官的不敏感，以及多媒体数字信号本身存在的冗余，将秘密信息隐藏在一个宿主信号中，不被人的感知系统察觉或不被注意到，而且不影响宿主信号的感觉效果和使用价值。目前，数字媒体隐藏的研究和应用的主要领域有隐写术(Steganography)领域和数字水印(Digital Watermarking)领域。前者强调如何将隐藏在多媒体信息中的秘密信息不被他人发现，既隐藏了秘密信息的内容又同时隐藏了秘密信息通信的存在。后者则关心隐藏的信息是否被盗版者移去或修改。而它们的反问题是隐藏信息的发现和破坏方法的研究。

隐写术是隐蔽通信内容及其秘密通信存在事实的一门科学和技术。密码术与隐写术都可以用于秘密通信，密码学的理论和技术也被一些研究者应用于现代隐写术中，但他们分属于不同的学科，并有本质的区别：密码加密是将信息的语义变为看不懂的乱码，攻击者得到乱码信息后，已经知道有秘密信息存在，只是不知道秘密信息的含义。攻击者通过密文乱码可以知道是加密的信息，只是没有密钥难以破译其中的内容。隐写术是将秘密信息本身的存在性隐藏起来，攻击者得到表面的掩护信息，但并不知道有秘密信息存在和秘密通信发生，因而降低了秘密信息被攻击和破译的可能性。

数字水印是指将数字水印嵌入被保护信息中，用来证明被保护信息的版权等有关内容。数字水印指特定的信息，如所有者的名称、标志、签名等。数字水印中的水印会使人们联想到纸币上的水印，传统的水印用于证明纸币上内容的合法性，同理数字水印用于证明数字产品的拥有权、真实性，它是分辨数字产品真伪的一种手段。与传统水印不同的是数字水印是肉眼看不见的，它隐藏在数字化产品中，人眼看不见，人耳听不着，即不易感知的，只有通过数据处理才可识别。

数字水印与隐写术不同的是数字水印中的载体信息是被保护的信息，它可以是任何一种数字媒体，如数字图像、声音、视频或电子文档。数字水印一般需要具有较强的鲁棒性。隐写术中的载体只是掩护信息，其中隐藏的信息才是真正重要的信息。

目前数字水印主要采用不可感知数字水印(Imperceptible Watermarking)，它主要包括鲁棒数字水印(Robust Watermarking)、易损数字水印(Fragile Watermarking)和数字指纹(Digital Fingerprinting)。

### 14.2.8 数字多媒体被动取证技术

随着数字多媒体技术不断发展，功能强大的数字多媒体编辑、处理、合成软件也随之出现，对数字多媒体数据进行编辑、修改、合成等操作变得越来越简单、容易，使得网络、电视、报纸、杂志等传播媒体上出现了大量具有真实感的计算机编辑、篡改、伪造或合成的多媒体数据。这些经过篡改、伪造的多媒体数据变得越来越逼真，以致在视觉和听觉上与真实多媒体数据难以区分，让人难辨真伪。尽管部分人对数字多媒体的编辑、修改只是为了增强其表现效果，但也不乏有人出于各种目的，故意甚至恶意地传播经过精心篡改、伪造的数字多媒体数据。一旦这些伪造的数字多媒体用于司法取证、媒体报道、科学发现、金融、保险等，将对社会、经济、军事、政治、文化等造成非常严重的影响。数字多媒体取证正是针对这些危害而提出的，主要用于对数字多媒体数据的真实性、原始性、完整性和可靠性等进行验证，对维护社会的公平、公正、安全和稳定有着非常重要的战略意义。

数字多媒体取证是对数字多媒体的安全问题进行研究，根据取证方式分为数字多媒体主动取证和数字多媒体被动取证。其中，数字多媒体主动取证包括数字多媒体签名和水印技术，是利用数字多媒体中的冗余信息随机地嵌入版权信息，通过判断签名和水印信息的完整性实现主动取证。数字多媒体被动取证是指在没有嵌入签名或水印的前提下，对数字多媒体进行取证。尽管多数篡改、伪造的数字多媒体不会引起人们听觉上的怀疑，但不可避免地会引起数字多媒体统计特征上的变化，数字多媒体被动取证通过检测这些统计特性的变化来判断多媒体的真实性、原始性、完整性和可靠性。与主动取证相比，数字多媒体被动取证对数字多媒体自身没有特殊要求，事实上待取证、待检测的数字多媒体往往未被事先嵌入签名或水印，也没有其他辅助信息可以利用，因此被动取证是更具现实意义的取证方法，也是更具挑战的课题。数字多媒体被动取证主要包括数字媒体篡改取证技术、数字媒体源识别技术、数字媒体隐写分析技术。

### 14.2.9 基于生物特征的身份认证技术

在现代社会中，人们的日常工作与生活都离不开身份识别与认证技术，数字媒体技术的高速发展要求个人的身份信息能够具备数字化和隐性化的特性。如何在当前网络化环境中进行安全、高效、可靠地辨识个人身份，是保护信息安全所必须解决的首要问题之一，其具有重要的理论价值和现实意义。传统的身份认证方式，一是使用身份标识物(如各类证件、智能卡等标识卡片)，但却极易遭伪造或者丢失，二是使用身份标识信息(密码和用户名等信息)，也很容易遭泄露或者遗忘。这些问题的产生原因都可以归结于身份标识物或者标识信息都无法实现和使用者建立唯一关联性和不可分离性。而基于生物特征的身份认证技术，是利用人类固有的生理特征（如指纹、虹膜、人脸、掌纹、静脉、声音等）和行为特征（如步态、签名、声音、击键等）来进行个人身份认证。与传统身份认证技术相比，生物特征具有唯一性、不可否认性、不易伪造、无须记忆、方便使用等优点，基于生物特征的身份认证在一定程度上解决了传统的身份认证中所出现的问题，并逐渐成为目前身份认证的主要实现手段。

### 14.2.10 大数据技术

现在的社会是一个信息化、数字化的社会，互联网、物联网和云计算技术的迅猛发展，使得数据充斥着整个世界，与此同时，数据也成为一种新的自然资源，亟待人们对其加以合理、高效、充分的利用，使之能够给人们的生活工作带来更大的效益和价值。在这种背景下，数据的数量不仅以指数形式递增，而且数据的结构越来越趋于复杂化，这就赋予了“大数据”不同于以往普通“数据”更加深层的内涵。

在科学研究（天文学、生物学、高能物理等）、计算机仿真、互联网应用、电子商务等领域，数据量呈现快速增长的趋势。美国互联网数据中心（IDC）指出，互联网上的数据每年将增长50%以上，每两年便将翻一番，而目前世界上90%以上的数据是最近几年才产生的。数据并非单纯指人们在互联网上发布的信息，全世界的工业设备、汽车、电表上有着无数的数码传感器，随时测量和传递有关位置、运动、震动、温度、湿度乃至空气中化学物质的变化等也产生了海量的数据信息。

对于“大数据”的概念目前来说并没有一个明确的定义。经过多个企业、机构和数据科学家对于大数据的理解阐述，虽然描述不一，但都存在一个普遍共识，即“大数据”的关键是在种类繁多、数量庞大的数据中，快速获取信息。维基百科中将“大数据”定义为：所涉及的资料量规模巨大到无法透过目前主流软件工具，在合理时间内达到撷取、管理、处理，并整理成为帮助企业经营决策更积极目的资讯。IDC将大数据定义为：为更经济地从高频率的、大容量的、不同结构和类型的数据中获取价值而设计的新一代架构和技术。信息专家涂子沛在著作《大数据》中认为：“大数据”之“大”，并不仅仅指“容量大”，更大的意义在于通过对海量数据的交换、整合和分析，发现新的知识，创造新的价值，带来“大知识”、“大科技”、“大利润”和“大发展”。

从“数据”到“大数据”，不仅仅是数量上的差别，更是数据质量的提升。传统意义上的数据处理方式包括数据挖掘、数据仓库、联机分析处理等，而在“大数据时代”，数据已经不仅仅是需要分析处理的内容，更重要的是人们需要借助专用的思想和手段从大量看似杂乱、繁复的数据中，收集、整理和分析数据足迹，以支撑社会生活的预测、规划和商业领域的决策支持等。

大数据处理的流程主要包含数据采集、数据处理与集成、数据分析、数据解释4个重要的步骤。大数据技术主要有以下几个关键技术：云计算和MapReduce、分布式文件系统、分布式并行数据库、大数据可视化、大数据挖掘。

## 14.3 基于内容的媒体检索技术

随着计算机技术及网络通信技术的发展，使多媒体数据库的规模迅速膨胀，文本、数字、图形、图像、音频、视频等各种超大规模的多媒体信息检索十分重要。对于图像检索和音视频检索，需要经过计算机处理、分析和解释后才能得到它们的语义信息，这是当前多媒体检索正在努力的方向。针对这个问题，人们提出了基于内容的多媒体检索方法，利用多媒体自身的特征信息（如图像的颜色、纹理、形状，视频的镜头、场景等）来表示多媒体所包含的内容信息，从而完成对多媒体信息的检索。

## 14.3.1 数字媒体内容搜索技术

搜索引擎是目前最重要的网络信息检索工具，市场上已有许多成熟的搜索引擎产品。但是目前的搜索引擎没有考虑用户的兴趣爱好，搜索出的信息量庞大，经常将与用户兴趣不相关的文档提交给用户。这种现象的发生主要是由于用户所提交的关键词意义不够精确造成的，或者是由于搜索引擎对文档发现和过滤的能力有限造成的。目前的搜索引擎普遍在用户界面、搜索效果、处理效率几个方面存在不足。

(1) 过分强调查全率，忽视了查准率的提高。

(2) 搜索引擎的查询接口缺乏统一的标准，这使得用户在使用不同的搜索引擎时经常采用不同的检索策略，增加了用户检索的负担。

(3) 搜索引擎工作检索机能尚不能满足用户需求：如何处理如此繁重的任务并提高处理效率，是一个优秀的搜索引擎必须要考虑的问题。

由于存在以上问题，近年来在搜索引擎研究和应用领域出现了很多新的研究思想和技术：P2P 搜索理念、信息检索 Agent、后控词表技术、多媒体搜索引擎等。其中，多媒体搜索引擎目的是使用户能够像查询文字信息那样方便快捷地对多媒体信息进行搜索和查询，找出自己感兴趣的多媒体内容进行播放和浏览。为了达到这个目标，就必须把现有的多媒体信息重新进行组织，使之成为便于搜索、易于交互的数据。目前根据数字媒体类型的不同，多媒体搜索引擎可分为图像搜索引擎、音视频搜索引擎、音频搜索引擎。对于每类搜索引擎而言，根据搜索方式的不同可分为文本方式和内容方式。基于内容的多媒体搜索具有如下特点。

(1) 从多媒体内容中获取信息，直接对图像、视频、音频内容进行分析，抽取其特征和语义，利用这些内容建立特征索引，从而进行多媒体搜索。

(2) 基于内容的多媒体搜索不是采用传统的点查询和范围查询，而是进行相似度匹配。在相似度的计算中，采用欧氏和其他距离公式，甚至采用非距离的度量。

(3) 基于内容的多媒体搜索实质是对大型数据库的快速搜索。多媒体数据库不仅数据量巨大，而且种类和数量繁多，所以必须能实现对大型库的快速搜索。

与较为成熟的文本内容搜索相比，数字媒体（多媒体）内容搜索目前仍处于技术发展和完善阶段，国际国内都有一些可实用的系统和引擎推出。在此基础上，多种检索方法融合的综合检索和基于深层语义信息关联的检索策略将是其进一步的发展方向。

## 14.3.2 基于内容的图像检索

目前，基于内容的图像检索的研究主要集中在特征层次上，根据图像的低层可视内容特征，如颜色、纹理、形状、空间关系等，建立图像的索引，计算查询图像和目标图像的相似距离，按相似度匹配进行检索。该检索技术从提出到现在，在国内外已经取得了不少研究成果，开发了许多基于内容的图像检索原型系统。其中，具有代表性的系统有 QBIC、

VisualSeek、MARS、Virage 等。

基于内容的图像检索可在低层视觉特征和高层语义特征两个层次上进行，其中，基于低层视觉特征的图像检索是利用可以直接从图像中获得的客观视觉特征，通过数字图像处理和计算机视觉技术得到图像的内容特征，如颜色、纹理、形状等，进而判断图像之间的相似性；而图像检索的相似性则采用模式识别技术来实现特征的匹配，支持基于样例的检索、基于草图的检索或者随机浏览等多种检索方式。利用高层的语义信息进行图像检索是研究和发展的热点。

### 14.3.3 基于内容的音频检索

基于内容的音频检索是多媒体、数据库等技术前沿的研究方向之一，从 20 世纪 90 年代起成为一个较为活跃的研究领域。所谓基于内容的音频检索，是指通过音频特征分析，对不同的音频数据赋以不同的语义，使具有相同语义的音频信息在听觉上保持相似。基于内容的音频检索是一个较新的研究方向，由于原始音频数据除了含有采样频率、编码方法、精度等有限的描述信息外，本身仅仅是一种非结构化的二进制流，缺乏内容语义的描述和结构化的组织，因而音频检索受到极大的限制。相对于日益成熟的基于内容的图像与视频检索，音频检索相对滞后。但它在相当多的领域中具有极大的应用价值，如新闻节目检索、远程教学、环境监测、卫生医疗、数字图书馆等，这些应用的需求推动着基于内容的音频检索技术的研究工作不断深入。

由于基于内容的音频检索有着广泛的应用前景和市场前景，引起了国际标准化组织的关注。随着多媒体内容描述的国际标准化，音频内容的描述也将随之标准化，音频内容描述及查询语言将成为研究的热点，基于内容的音频检索将朝商业化方向迈进。

### 14.3.4 基于内容的视频检索

近年来视频处理和检索领域的研究方向主要针对以下 3 个主要问题。

（1）视频分割。从时间上确定视频的结构，对视频进行不同层次的分割，如镜头分割、场景分割、新闻故事分割等。

（2）高层语义特征提取。对分割出的视频镜头，提取高层语义特征。这些高层语义特征用于刻画视频镜头以及建立视频镜头的索引。

（3）视频检索。在事先建立好的索引的基础上，在视频中检索满足用户需求（Query）的视频镜头。用户的需求通常由文字描述和样例（图像样例、视频样例、音频样例）组合构成。

对视频信息进行处理，首先需要将视频按照不同的层次分割成若干个独立的单元，这是对视频进行浏览和检索的基础。视频分割必须考虑视频之间在语义上的相似程度。已有的场景分割算法考虑了结合音频信息来寻找场景的边界。

早期的视频索引和检索主要是针对一些底层的图像特征进行的，如颜色、纹理、运动等。随着用户需求的不断升级和技术本身的发展，基于内容的视频索引和检索研究关注不同视频单元的高层语义特征，并用这些语义特征对视频单元建立索引。Tsekeridou 通过语音获得说话人方面的信息，结合其他图像方面的特征，可以建立诸如语音、静音、人脸镜头、正在说话的人脸镜头等语义的索引。对于一些更加复杂的语义概念，可以定义一些模型来组合从不同信息源得到的信息。例如，有的文献中提出 ADMIRE 模型就可以用于刻画足球赛视频中的语义概念。另外，也有很多方法利用从压缩域上得到的音频和图像特征进行索引和检索，以提高建立索引的速度。

在视频检索中可以利用的音频处理技术包括：用于找特定人的说话人识别和聚类；用于找人的说话人性别检测；语音文本检索和过滤；用于分析和匹配查询中的音频样例的音频相似度比较等。如果事先不对音频建立索引，也可以在检索的过程中直接利用音频特征比较检索样例与待检索视频之间的相似性，从而实现基于内容的视频检索。

## 14.4 数字媒体传输技术

### 14.4.1 内容集成分发技术

数字媒体内容集成分发是随着数字媒体内容的发展而提出的。从技术发展上，数字媒体内容的发展趋势是适应多种网络，融合更多服务，满足各类要求。目前，在数字媒体内容集成分发领域，全球仍处于发展阶段，相关体系与标准尚未健全，世界各主要国家均在根据自身的特点在关键技术的研究应用、产品与服务的体系建设方面进行研究。

CDN 通常被称为内容分发网络(Content Distribution Network)，有时也称为内容传递网络(Content Delivery Network)。内容分发和传递一方面可以看作是 CDN 的两个阶段，分发是内容从源分布到 CDN 边界节点的过程，传递是用户通过 CDN 获取内容的过程；另一方面，分发和传递可以看作是 CDN 的两种不同的实现方式，分发强调 CDN 作为透明的内容承载平台，传递强调 CDN 作为内容的提供和服务平台。

一个 CDN 网络通常由 3 个部分构成：内容管理系统、内容路由系统、Cache 节点网络。其中，内容管理系统主要负责整个 CDN 系统的管理，特别是内容管理，如内容的注入和发布、内容的分发、内容的审核、内容的服务等。内容路由系统负责将用户的请求调度到适当的设备上，内容路由通常通过负载均衡系统来实现。Cache 节点网络是 CDN 的业务提供点，是面向最终用户的内容提供设备。从功能平面的角度，这 3 个部分分别构成了 CDN 的管理平面、控制平面和数据平面。此外，从完整的 CDN 内容提供的角度，CDN 网络还可以包括内容源(媒体资源库)和用户终端(媒体播放器)。

在宽带流媒体业务的驱动下，CDN 目前正处于高速发展的时期。但长期以来，CDN 缺乏统一的技术标准。这给 CDN 的大规模应用造成很大的障碍。近年来，CDN 的标准化工作得到了较多的重视。各个标准化组织都展开了相关的研究。例如，IETF 对内容互联的架构方面正展开相关的研究。在 ITU(国际电信联盟)，有一些关于移动 CDN 的提案正在被讨论。尽管如此，CDN 的标准化工作还是落后于产品的研发。CDN 的标准化工作还有很长的路要走。

传统的内容分发平台建立在客户/服务器模式的基础上，系统伸缩性差，服务器常常成为系统的瓶颈，而最近兴起的 P2P 技术在充分利用计算资源、提高系统伸缩性等方面具有巨大的潜力，利用 P2P 数据共享机制，有助于改进 CDN 分发效率，基于 P2P 的内容分发平台的研究正在成为一个备受关注的问题。

P2P 流媒体传输系统根据其源节点提供数据的形式可分为两种：单源的 P2P 流媒体传输和多源的 P2P 流媒体传输。P2P 流媒体的关键技术涉及媒体文件定位机制、QoS 控制机制和激励机制等。此外CDN目前存在的一个亟待解决的问题是安全问题，采用SSL协议在CDN节点之间传输数据是大势所趋，而对CDN而言，其所面临的最大挑战是提供安全的和具有高QoS保障的内容分发。

目前，CDN技术已经比较成熟，市场上有许多厂商提供CDN设备和集成的解决方案。从运营的角度，CDN的运营商主要分为两类，一类是传统的网络运营商建设CDN并运营，如AT&T、德国电信、中国电信和中国网通；另一类是纯粹的CDN运营商，如国外的Akamai、国内的ChinaCache。

### 14.4.2 数字电视信道传输技术

目前，美国、欧洲和日本各自形成3种不同的数字电视标准，分别为ATSC、DVB、ISDB。ATSC成员30个(其中包括美国国内成员20个)，我国的广播科学研究院也参加了ATSC组织。从3个数字电视标准的成员数量及分布情况看，DVB标准的发展最快，普及范围最大。

3种数字电视标准在信源编码方面都采用MPEG-2的标准，在信道方面则各具特色。

(1) ATSC数字电视信道编码标准。地面数字电视广播，标准采用Zenith公司开发的8VSB，此系统可通过6MHz的地面广播频道实现19.3Mbps的传输速率。有线数字电视广播，采用高数据率的16VSB，可在6MHz的有线信道中实现38.6Mbps的传输速率。

(2) 主要的DVB数字电视信道编码标准

① 数字卫星广播标准DVB-S，调制采用QPSK方式，一个54MHz转发器传送速率可达68Mbps。标准公布之后，几乎所有的卫星直播数字电视均采用该标准，包括美国的Echostar等，我国也选用了DVB-S标准。

② 数字有线广播标准DVB-C，以有线电视网作为传输介质，调制选用16QAM、32QAM、64QAM3种方式。采用64QAM正交调幅调制时，8MHz带宽可传送码率为41.34Mbps。2001年我国国家广电总局已颁布的行业标准《有线数字电视广播信道编码和调制规范》等同于DVB-C标准。

③ 数字地面广播标准DVB-T，采用COFDM(编码正交频分复用)调制，8MHz带宽内能传送4套电视节目。

### 14.4.3 异构网络互通技术

就我国目前现状而言，在未来的一段时间内，IPTV、数字电视、移动多媒体3种网络将是并存的态势，如何充分利用好各部分的资源，实现有效的互通共用、资源共享，通过转码技术来做到这一点是当前研究中的一个热点和难点。

数字电视的一种技术方案是采用MPEG-2，虽然技术相对较老，但其技术成熟、设备解决方案非常完整，节目素材也很多。另外，以应用到数字电视和高清电视为初衷的AVS也是数字电视的一个选择。数字电视以广播的方式传播。利用转码技术把质量较高的MPEG-2/AVS节目转码到H.264/AVS/VC-1形式，可以为IPTV和移动视频网络提供较高质量的节目源。

在未来的一段时间内，双向电视网改造基本完成之后，在数字电视网中开展点播业务也成为一种可能。因此IPTV与DTV之间实现双向互通成为一种可能。

在移动网络中传播视频采用的压缩技术标准可能有 H.264、AVS。这些标准支持移动传输中包的封装，更加友好的面向网络传输。在移动多媒体应用中，网络的带宽和终端设备的计算能力、显示分辨率是限制移动应用的关键因素。如何保证用户在有限的带宽、移动设备能力的条件下获得最好的多媒体服务是移动多媒体内容提供商最为关注的问题，也是转码研究一个重要方面。在解决了这方面的问题之后才有可能实现数字电视、IPTV 到移动多媒体的互联互通。此时，需要根据终端用户所需要的视频内容和网络资源占用情况，综合进行降帧率、降码率、降分辨率转码，使用户得到最大的视频欣赏效果。

针对异构网络、异类终端及不同传输需求问题，现有的数字媒体内容传播与消费过程中的共享与互通技术主要可分为以下两大类。

(1) 兼容已有音视频压缩标准的转码技术。转码技术在数字媒体压缩标准传输链路中增加额外处理环节，使码流能够适应异构传输网络和异类终端。它主要着眼于现有编码码流之间的转换处理。转码技术分为异构转码和同步转码。异步转码是指在同一压缩标准的编码码流之间的转码技术，同构转码则是指不同压缩标准的编码码流之间的转码技术。

(2) 面向下一代媒体编解码标准的可伸缩编解码技术。为了适应传输网络异构、传输带宽波动、噪声信道、显示终端不同、服务需求并发和服务质量要求多样等问题，以“异构网络无缝接入”为主要目标可伸缩编解码技术的研究应运而生。

## 练习与思考

1. 简述数字媒体产业及技术发展的趋势。
2. 数字媒体内容处理包含哪些典型技术，简要说明其研究发展趋势。
3. 检索相关文献，对图像检索的基本方法进行归类描述。
4. 基于内容的视频检索存在哪些主要问题？已有的算法有哪些，请进行分类描述？
5. 简述数字版权保护系统的功能结构，并探讨其发展的趋势。
6. 内容集成分发技术的主要原理是什么？
7. 异构网络互通融合需要哪些技术？简要分析其特点。

## 参考文献

[1] 林福宗. 多媒体技术基础. 北京：清华大学出版社，2000.
[2] 胡晓峰. 多媒体技术基础. 北京：人民邮电出版社，2001.
[3] 许永明，谢质文，欧阳春. IPTV——技术与应用实践. 北京：电子工业出版社，2006.
[4] 廖勇，等. 流媒体技术入门与提高. 北京：国防工业出版社，2006.
[5] 朱耀庭，穆强. 数字化多媒体技术与应用. 北京：电子工业出版社，2006.
[6] 黄勇，骆坚，尉红艳. 新手实战博客、RSS、播客、IPTV. 北京：人民邮电出版社，2007.
[7] 李海燕，丛培岩. 动态影像与宽带流媒体应用. 北京：中国轻工业出版社，2007.

# 图书资源支持

感谢您一直以来对清华版图书的支持和爱护。为了配合本书的使用，本书提供配套的资源，有需求的读者请扫描下方的“书圈”微信公众号二维码，在图书专区下载，也可以拨打电话或发送电子邮件咨询。

如果您在使用本书的过程中遇到了什么问题，或者有相关图书出版计划，也请您发邮件告诉我们，以便我们更好地为您服务。


**我们的联系方式：**

地　　址：北京海淀区双清路学研大厦 A 座 707

邮　　编：100084

电　　话：010－62770175－4604

资源下载：http://www.tup.com.cn

电子邮件：weijj@tup.tsinghua.edu.cn

QQ：883604（请写明您的单位和姓名）


资源下载、样书申请

书圈

**用微信扫一扫右边的二维码，即可关注清华大学出版社公众号“书圈”。**